Computer in der Chemie

Praxisorientierte Einführung

Herausgegeben von E. Ziegler

Unter Mitarbeit von R. W. Arndt P. Bischof
J. T. Clerc J. Gasteiger C. Krüger G. Székely
K. Varmuza E. Zass E. Ziegler

Zweite, korrigierte und erweiterte Auflage

Mit 109 Abbildungen und 21 Tabellen

Springer-Verlag
Berlin Heidelberg New York Tokyo

Dr. Engelbert Ziegler
Max-Planck-Institut für Kohlenforschung
Kaiser-Wilhelm-Platz 1
D-4330 Mülheim/Ruhr

ISBN-13:978-3-642-70295-2   e-ISBN-13:978-3-642-70294-5
DOI: 10.1007/978-3-642-70294-5

CIP-Kurztitelaufnahme der Deutschen Bibliothek
Computer in der Chemie: praxisorientierte Einf. / hrsg. von E. Ziegler.
Unter Mitarb. von R. W. Arndt ... – 2., korrigierte u. erw. Aufl.
Berlin; Heidelberg; New York; Tokyo: Springer 1985
ISBN-13:978-3-642-70295-2

NE: Ziegler, Engelbert [Hrsg.]; Arndt, R. W. [Mitverf.]

2152/3140-543210

Vorwort zur zweiten Auflage

Da seit dem Erscheinen der ersten Auflage nur ca. 12 Monate verstrichen sind, wurden für die zweite Auflage lediglich geringfügige inhaltliche Änderungen vorgenommen. Insbesondere wurden die Kapitel 2 (online-Recherche) und 4 (Mikroprozessoren) aktualisiert.

Mülheim a. d. Ruhr, März 1985   Engelbert Ziegler

Vorwort zur ersten Auflage

In den vergangenen zwei Jahrzehnten hat die Computertechnik nahezu alle Bereiche des menschlichen Lebens erfaßt. Auch die Chemie blieb davon nicht unberührt: Computer haben die Meß- und Gerätetechnik der instrumentellen Analytik revolutioniert. Sie ermöglichen mit verbesserten bzw. mit gänzlich neuartigen Untersuchungs- und Auswertetechniken nicht nur genauere quantitative Analysen, sondern auch detaillierte Strukturbestimmungen. Sie steuern und automatisieren Reaktionsabläufe und unterstützen den Chemiker bei der Syntheseplanung. Mit hochentwickelten Rechenverfahren werden neue Erkenntnisse über den Molekülaufbau und die chemische Bindung gewonnen. Computer werden eingesetzt, um die exponentiell zunehmende Informationsflut zu bewältigen (zu der sie andererseits selbst beitragen!). Der Arbeitsstil des Chemikers, der die modernen Hilfsmittel einzusetzen weiß, unterscheidet sich beträchtlich von der Arbeitsweise früherer Chemikergenerationen.

Viele Chemiker beschränken sich jedoch darauf, sich dieser Hilfsmittel über die Vermittlung des Analytikers (und gelegentlich auch des Theoretikers) zu bedienen. Meist aus Scheu vor dem fremden Arbeitsgebiet wollen sie sich nicht näher mit den neuen Techniken befassen – und vergeben damit die Chance, durch bessere Kenntnis die neuen Hilfsmittel effektiver zu nutzen. *Ziel dieses Buches ist es deshalb, dem Chemiker die Computertechnik näher zu bringen und ihm die Möglichkeiten und Grenzen neuartiger Verfahren aufzuzeigen.* Schwerpunktmäßig werden einige der wichtigsten Einsatzbereiche von Computern in der Chemie von unterschiedlichen Autoren in jeweils einem Kapitel dargestellt. Hierbei wird in keinem Falle die Vollständigkeit des behandelten Stoffes angestrebt; stattdessen wird versucht, *eine leicht verständliche Einführung in die jeweiligen Sachgebiete zu geben.* Mit Kurzerläuterungen von computerbezogenen Fachausdrücken im Anhang des Buches soll dem Leser der Umgang mit „Computer-Chinesisch" erleichtert werden.

Als Herausgeber möchte ich den beteiligten Autoren für ihre bereitwillige Zusammenarbeit sowie den Verlagsmitarbeitern Herrn Dr. F. Boschke und Frau A. Heinrich für ihre Anregungen und ihre Unterstützung danken.

Mülheim a. d. Ruhr, Oktober 1983 Engelbert Ziegler

Inhaltsverzeichnis

Kapitel 1. Einführung in die Computertechnik

E. Ziegler

Max-Planck-Institut für Kohlenforschung, D-4330 Mülheim/Ruhr

Die ersten Computer erschienen in den fünfziger Jahren auf dem Markt. Sie wurden damals euphorisch und fast ehrfurchtsvoll als ‚Elektronengehirne' bezeichnet. Heutzutage begegnen sie uns meist im Zusammenhang mit Schlagworten wie Datenschutzgesetz, Mikroprozessoren, Arbeitsplatzgefährdung, Computerkriminalität, usw. Diese Entmythologisierung zeigt, daß Computer mittlerweile in unseren Alltag eingezogen sind, ja, daß sie dabei sind, die Struktur unserer Gesellschaft zu verändern.

1.1 Eigenschaften von Computern

Der Siegeszug des Computers ist eine Folge seiner wichtigsten Eigenschaften:

- Ein Computer kann Daten, allgemeiner: Informationen, speichern und bei Bedarf wieder abrufen;
- er kann auf Grund von programmierten Algorithmen Information umwandeln (z. B. numerische Berechnungen durchführen, oder Daten sortieren und miteinander korrelieren);

- er kann logische Entscheidungen treffen in der Form: *wenn* Bedingung A erfüllt ist, *dann* führe Aktion X aus, *andernfalls* führe Y aus;
- er arbeitet beliebig reproduzierbar;
- er tut dies alles sehr schnell.

Ein Computerprogramm besteht aus einer Folge von Einzelschritten. Programmieren heißt, auf Grund von Algorithmen, die für die Lösung einer gestellten Aufgabe entwickelt wurden, Einzeloperationen in logisch richtiger Abfolge aneinanderzureihen.

Aus einer Vielzahl von primitiven Einzelschritten lassen sich überaus komplexe Programmstrukturen aufbauen, die um so unüberschaubarer werden, je mehr Verzweigungen in Form von logischen Entscheidungen sie enthalten.

Die genannten Eigenschaften besaßen schon die „Elektronengehirne' der fünfziger Jahre. Die allerersten von ihnen bestanden aus einer Unzahl von Elektronenröhren und waren so voluminös, daß ein einzelner Computer eine mittlere Fabrikhalle füllte. Diese Computer der ersten Generation waren nicht nur entsetzlich teuer, sondern auch sehr reparaturanfällig. Deshalb begann der eigentliche Siegeszug der Computer erst mit der Geburt der Halbleitertechnik: der Transistor löste die Elektronenröhre ab. Die weitere Entwicklung der Computertechnik war und ist untrennbar verbunden mit den Fortschritten der Halbleitertechnologie. Während zunächst pro Transistor ein Halbleiterplättchen („Chip") benötigt wurde, werden inzwischen mehrere 100 000 Transistorfunktionen auf einem derartigen Plättchen realisiert. Die dazu benötigten Schaltkreise werden dem Halbleitermaterial mit Licht oder mit Elektronenstrahlen eingeprägt.

Diese fortschreitende Miniaturisierung der Bauteile resultierte zum einen in höheren Rechengeschwindigkeiten und in größeren Datenspeichern bei gleichzeitiger Verringerung des Raumbedarfs, zum anderen brachte sie einen unerhörten Preisverfall.

Zunächst zur Leistungssteigerung: Bewegte man sich vor 30 Jahren im Bereich von Millisekunden, nämlich bei ca. 1000 pro Sekunde ausführbaren Elementarschritten, so ist man inzwischen im Bereich von Mikro- und Nanosekunden angelangt. Eine Nanosekunde ist der Milliardste Teil einer Sekunde. Zur Veranschaulichung: Ein Lichtstrahl braucht vom Mond bis zur Erde etwas mehr als eine Sekunde. In einer Nanosekunde kann ein Lichtstrahl, ebenso wie ein elektrisches Signal, gerade noch die Strecke von 30 cm zurücklegen.

Ein paar Worte zum Preisverfall: Eine einzelne Transistorfunktion kostet heute nur noch Bruchteile eines Pfennigs. Sie ist innerhalb von 15 Jahren um etwa den Faktor 1000 billiger geworden. Zum Vergleich: bei einer ähnlichen Preisentwicklung im Automobilbau dürfte ein VW-Käfer heute nur noch 5 Mark kosten!

Diese Entwicklung hat zur Herstellung von Kleinstrechnern geführt, den sog. Mikroprozessoren. Ein Rechenwerk, das früher einige Schränke mit Elektronik gefüllt hätte, wird jetzt als einzelnes Halbleiterbauteil angeboten. Dabei ist ein Ende dieser Miniaturisierung vorerst ebenso wenig in Sicht wie ein Ende des Preisverfalls.

Spätestens seit Anfang der sechziger Jahre werden Computer auch im Bereich der Chemie eingesetzt: zunächst für die reinen Rechenaufgaben, z. B. für quantenchemische Berechnungen, oder um die Deutung gemessener Spektren zu erleichtern. Beispiele hierfür sind Kraftkonstantenberechnungen in der Schwingungsspektroskopie und die Simulationsrechnungen für NMR- und ESR-Spektren. Einige Jahre später finden die elektronischen Rechenanlagen den direkten Zugang in das analytische Laboratorium in Form von Minicomputern, die („on-line") schon bei der Registrierung und Bearbeitung des Meßsignals sowie bei der Steuerung des Meßablaufs mitwirken und in zunehmenden Maße zu einem integrierten Bestandteil des analytischen Meßgeräts („Instrumentenrechner") werden. Stimuliert durch die stürmische Entwicklung der Computertechnologie wurden die Laborrechner immer zahlreicher, die mit Computern angegangenen Aufgabenstellungen immer komplexer.

Der Chemiker, der sich erstmals mit der Welt der Computer befaßt, wird überrollt durch eine Fülle von neuen Begriffen und ungewohnten Schlagworten. Deshalb soll in diesem Kapitel versucht werden, die Arbeitsweise von Computern verständlich zu machen und die wichtigsten Fachausdrücke zu erklären. Zum schnellen Nachschlagen befindet sich im Anhang dieses Buches ein alphabetisches Verzeichnis der wichtigsten Begriffe und deren Kurzerklärungen. Wenn hier und in den folgenden Ausführungen von Computern, oder auch von Elektronenrechnern, Datenverarbeitungsanlagen, oder einfach von Rechnern die Rede ist, so sind damit immer digital arbeitende (und speicherprogrammierbare) Computer gemeint – im Gegensatz etwa zu Analogrechnern, die nicht mit diskreten Zahlenwerten, sondern mit kontinuierlich veränderlichen physikalischen Größen operieren.

1.2 Wie Computer arbeiten

Die interne Arbeitsweise eines Computers verlangt die Darstellung von Informationen in Form einer Kombination von Ja/Nein-Zuständen (Stromkreis entweder offen oder geschlossen, Magnetisierung positiv oder negativ usw.). Diesem „dualen" Charakter der im Computer zur Informationsdarstellung benutzten physikalischen Zustände entspricht unter den Zahlensystemen das Dualsystem (auch Zweiersystem genannt). Während das im Alltag übliche Dezimalsystem Zahlen mit Hilfe der zehn Ziffern 0–9 darstellt, benutzt das Dualsystem nur zwei Ziffern; im folgenden seien dafür 0 und L gewählt. Die Zahlen 0 und 1 werden im Dualsystem dann mit den Zeichen 0 bzw. L dargestellt. Größere Zahlen als 1 müssen dann (ebenso wie im Zehnersystem Zahlen über 9) durch Kombinationen der Zeichen 0 und L in einer Zeichenfolge dargestellt werden.

Die einzelne Stelle einer Binärdarstellung wird als ein Bit (von „binary digit") bezeichnet. Da es 2^n Kombinationsmöglichkeiten in einer Binärdarstellung von n Stellen (n Bits) gibt, ist die größte durch n Bits darstellbare Zahl $2^n - 1$.

Bei großen Zahlen wird es allerdings sehr lästig, wollte man sie im Zweiersystem notieren. Bequemer lassen sich dann das Oktalsystem (Achtersystem) und das Hexadezimalsystem verwenden, die unmittelbar aus der Binärdarstellung hervorgehen, wenn man je drei bzw. vier Binärstellen zu einer Oktalstelle ($2^3 = 8$) bzw. zu einer Hexadezimalstelle ($2^4 = 16$) zusammenfaßt. Beispielsweise läßt sich die Binärdarstellung

0L0 LLL 0L0 LL0

leicht in die Oktaldarstellung

2   7   2   6

umsetzen. Ebenso leicht durchführbar ist das Umgekehrte, nämlich das Umsetzen einer Oktal- in eine Binärdarstellung. Eine zusammengefaßte Gruppe von Binärstellen, die als geschlossene Einheit verarbeitet wird, bezeichnet man als ein *Byte*. Fast alle modernen Rechenanlagen arbeiten mit Bytes von je 8 Bits. Wird Textinformation bearbeitet, so ist ein Buchstabe durch eine Kombination der 8 Bits eines Bytes verschlüsselt. Zur binären Zahlendarstellung sind im Computer mehrere Bytes, meist 2 oder 4, zu einem *Wort* zusammengefaßt. Bei einer „Wortlänge" von insgesamt n Bits lassen sich dann 2^n verschiedene Zahlen im Binärsystem darstellen.

Um sowohl positive wie negative Ganzzahlen abbilden zu können, wird 1 Bit des Wortes als Vorzeichen interpretiert. Um nun aber neben ganzen Zahlen auch gebrochene Zahlen unterschiedlichster Größe darstellen zu können, bedarf es einer weiteren Übereinkunft: die Zahl wird zerlegt in ein Produkt aus Mantisse und einer Potenz zu einer vorgewählten Basis. Beispielsweise läßt sich die Zahl 32 561,25 auch darstellen als $0,3256125 \cdot 10^5$. Eine Normierung der Mantisse derart, daß sie durch die geeignete Wahl des Exponenten immer zwischen 0,1 und 1 liegt, hat den Vorteil, daß das Dezimalkomma immer an der gleichen Stelle liegt. In moderneren Rechnern wird der Exponent allerdings nicht zu Basis 10, sondern üblicherweise zur Basis 2 oder 8 oder 16 gebildet.

Entsprechend einer solchen Zerlegung von gebrochenen Zahlen wird nun auch das Computerwort aufgeteilt in *Vorzeichen* (V), *Exponent* (k) und *Mantisse* (m). Die Aufteilung eines Wortes in verschiedene Felder und insbesondere die Interpretation des Exponenten (z. B. zur Basis 2, 8, 10 oder 16) unterscheiden sich in den einzelnen Rechnertypen. Eine mögliche Aufteilung eines 32-Bit-Wortes mit einer Exponentendarstellung zur Basis 2 ist die folgende:

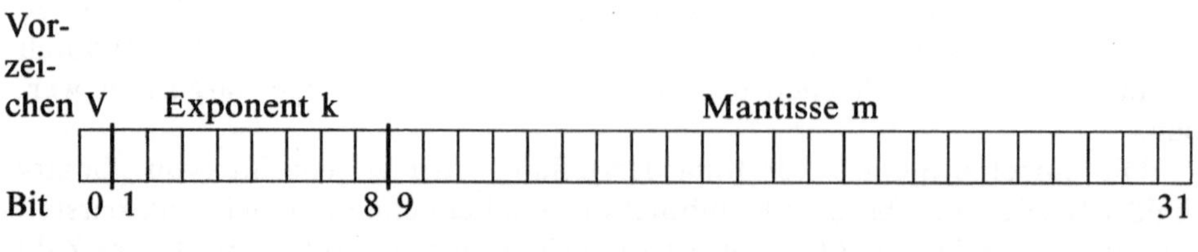

Diese Aufteilung wird nun als Zahl $(-1)^v \cdot 2^{(k-128)} \cdot (m\,2^{-23})$ interpretiert. Dabei sind Exponent und Mantisse so normiert, daß das erste Bit der Mantisse „L" ist, also daß

$$\frac{1}{2} \leq m \cdot 2^{-23} < 1$$

gilt. Man nennt eine solche Darstellung einer Zahl durch Exponent und Mantisse eine *Gleitkomma*-Darstellung.

Als Beispiel sei zur weiteren Erläuterung die Zahl 3,25 in Gleitkomma dargestellt. Um eine Mantisse zwischen 0,5 und 1 zu erhalten, muß der Exponententeil $2^{k-128} = 4$ ergeben, also $k = 130$ sein. Die Mantisse beträgt dann

$$\frac{3{,}25}{4} = \frac{1}{2} + \frac{1}{4} + \frac{1}{16}$$

Daraus ergibt sich folgendes 32-Bit-Wort:

| 0 | L00000L0 | LL0L0000000000000000000 |

Die Addition von 2^7 zum eigentlichen Exponenten ermöglicht die Darstellung auch negativer Exponenten und damit von Zahlen zwischen 0 und 1/2.

Im gewählten Beispiel sind Zahlen im Bereich von -2^{127} bis $+2^{127}$ also zwischen etwa -10^{38} bis $+10^{38}$ darstellbar. Die Genauigkeit dieser Zahlen beträgt bei einer Mantissenlänge von 23 Bits 7 Dezimalstellen. Wenn diese Genauigkeit nicht ausreicht, können bei den meisten Rechnern Doppel- oder Vierfachworte für die Zahlendarstellung benutzt werden. (Die Ausführungsgeschwindigkeit der Rechenoperationen verlangsamt sich dadurch.)

Dem Zustand eines Computerwortes läßt sich nicht eindeutig ansehen, ob darin Ganzzahlen, gebrochene Zahlen oder Buchstaben verschlüsselt sind. Es bleibt dem Computerprogramm überlassen, über die verwendeten Datentypen Buch zu führen und die jeweils für sie geeigneten Operationen auf sie anzuwenden.

1.3 Zentraleinheit und Hauptspeicher

Das Herz des Computersystems besteht aus der *Zentraleinheit* und dem *Hauptspeicher*. Die aus elektronischen Registern und Schaltkreisen aufgebaute Zentraleinheit führt die einzelnen logischen und arithmetischen „Anweisungen" als Sequenz und Kombination von elektronischen Impulsen aus. Der Hauptspeicher besteht aus einer größeren Anzahl von Halbleiter-Speicherelementen. (Früher waren sog. Kernspeicher im Gebrauch, die aus magnetisierbaren Ferrit-Ringen bestehen.)

Die kleinste mögliche Informationseinheit (1 Bit) wird als Ja/Nein-Zustand einer elektronischen Schaltung gespeichert. Dieser Zustand kann elektronisch

„gelesen" und geändert („geschrieben") werden. Die heutige Halbleitertechnologie erlaubt die Unterbringung einer Vielzahl von solchen Informationseinheiten in Form von elektronischen Schaltkreisen auf einem einzelnen Halbleiterplättchen. Galten 1978 in der Massenproduktion noch Halbleiter-Chips mit 4 K-Bit Speicherkapazität, also 4096 Bits pro Chip, als Stand der Technik, so war man 1982/83 bereits bei 64 K-Chips angelangt und konnte eine weitere Verdichtung um jeweils den Faktor 4 für alle 2–3 Jahre prognostizieren.

Die Anzahl der Speicherelemente des Hauptspeichers gibt seine Größe an, wobei üblicherweise $2^{10} = 1024$ Worte als 1 K-Worte oder 1024 Bytes als 1 K-Bytes (1 KB) abgekürzt werden. Jedem Wort, oder auch jedem Byte, ist durch einfache Durchnumerierung (beginnend mit 0) eindeutig eine *Adresse* zugeordnet. Durch Angabe dieser Adresse kann die Zentraleinheit den Inhalt des zugeordneten Hauptspeicherwortes „lesen" oder auch neue Information in das Hauptspeicherwort „schreiben".

Ein Speicherelement kann entweder Daten für die Verarbeitung, einen Befehl für die Zentraleinheit oder die Adresse eines anderen Befehls oder eines anderen Speicherelements enthalten.

Das Computer-*Programm* besteht aus einer Folge von Befehlen *(Instruktionen)*, die als Bit-Kombinationen verschlüsselt im Hauptspeicher untergebracht sind. Zur Ausführung der Befehle werden diese Bit-Kombinationen von der Zentraleinheit interpretiert. Diese schreitet dann zum jeweils nächsten Befehl weiter. Lediglich, wenn der letzte Befehl ein „Sprungbefehl" war, der auf eine andere, irgendwo innerhalb des Programms liegende Adresse verweist, wird dieser sequentielle Programmablauf unterbrochen. Zur Buchführung steht der Zentraleinheit ein spezielles Register, der „Befehlszähler" (auch „Befehlsfolgeregister"), zur Verfügung, der jeweils die Adresse des nächsten durchzuführenden Befehls enthält.

Neben diesem Register für die Befehlsadresse besitzt eine Zentraleinheit noch eine Reihe weiterer *Register,* so zum Beispiel „Indexregister". Diese dienen zur Modifizierung einer Hauptspeicheradresse, die in einem Befehl enthalten ist. So können beispielsweise sehr schnelle „Schleifen" programmiert werden, mit denen viele aufeinanderfolgende Adressen angesprochen werden, indem der Inhalt des Indexregisters bei jedem Schleifendurchlauf verändert wird.

Über Datenregister läuft die Ein- und Ausgabe von Informationen: Daten, die z. B. für den Drucker gedacht sind, werden per Programm in ein bestimmtes Datenregister transportiert. Von dort aus reicht sie die Hardware weiter zum Drucker und dessen Druckmechanik. Im allgemeinen verfügt ein Rechner über ca. 100 oder 200 unterschiedliche, von der Zentraleinheit ausführbare Befehle. Typische logische oder arithmetische Operationen, die von solchen Computerbefehlen ausgeführt werden, sind beispielsweise: Addition des Inhalts einer Speicheradresse zum Inhalt einer anderen; Übertragung des Inhalts eines Hauptspeicherworts in ein Register, und umgekehrt; Rotation oder Verschieben des Inhalts eines Speicherelements um eine bestimmte Anzahl von Bits; unbedingte Sprünge im Programm; bedingte Sprünge, je nachdem ob eine Bedingung (z. B. Inhalt einer Speicherstelle größer, kleiner oder gleich null) erfüllt ist, usw.

Je umfangreicher und ausgeklügelter das Befehlsrepertoire ist, desto leistungsfähiger und vielseitiger ist eine Zentraleinheit. (So verfügen z.B. nicht alle Computer über Gleitkommabefehle, also über Instruktionen zur Addition, Subtraktion, Multiplikation und Division von Gleitkommazahlen.) In älteren Rechnern war die Elektronik einer Zentraleinheit sehr voluminös und mußte in mehreren Schränken untergebracht werden. In modernen kleineren Rechnern, den sog. Mikroprozessoren, ist die Zentraleinheit in einem einzigen Halbleiterplättchen (Chip) enthalten.

1.4 Sonstige Computer-Hardware: Angeschlossene Geräte

Ein Computersystem besteht selbstverständlich nicht nur aus Zentraleinheit und Hauptspeicher. Zum Verkehr mit der Computer-Außenwelt und zum Abspeichern großer Datenmengen sind je nach Größe einer Anlage eine Anzahl von „on-line" angeschlossenen peripheren Geräten vorhanden (s. Abb. 1.1). Über die normalerweise üblichen Geräte wird im folgenden ein kurzer Überblick gegeben.

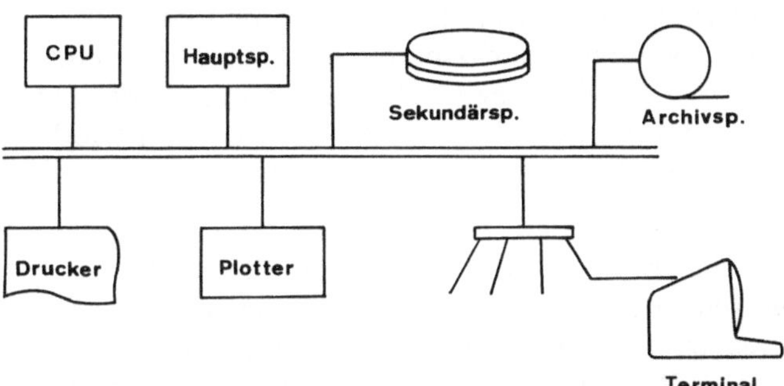

Abb. 1.1. Aufbau eines Computersystems: Die einzelnen Komponenten sind üblicherweise über einen zentralen Datenweg („Bus") miteinander verbunden: Zentraleinheit („CPU"), Hauptspeicher, Sekundärspeicher (z.B. Magnetplatte), Archivspeicher (z.B. Magnetband) und Geräte für die Datenein-/-ausgabe wie Terminal(s), Drucker und Plotter

1.4.1 Datenein-/-ausgabe. Das sichtbarste Verbindungsglied des Computers zur Außenwelt ist üblicherweise das *Dialogterminal*. Dieses besteht in der Regel aus einem Bildschirm und einer zugehörigen Tastatur. Mit diesen Hilfsmitteln findet die unmittelbare Kommunikation des menschlichen Benutzers mit dem Rechner statt. Die meisten Bildschirm-Terminals können nur („alphanumerische") Textinformation darstellen. Sollen Kurvenzüge gezeichnet werden, so sind aufwendigere Terminals nötig, die graphische Darstellungen mit Hilfe eines Feldes von Rasterpunkten (z.B. 640×480 Punkte über einen Bildschirm) ausführen. Ein heller Strich wird dann z.B. als dichte Folge heller Punkte dargestellt. Im Gegensatz zu diesen Raster-Displays zeichnen die üblicherweise teureren Vektordisplays einen durchgehenden Strich.

Soll die Ausgabe (oder auch die Eingabe!) „schwarz auf weiß" als „Hardcopy" festgehalten werden, so muß das Bildschirmterminal mit einem Kopierer verbunden werden, der per Knopfdruck den augenblicklichen Schirminhalt auf Papier kopiert. Man kann natürlich anstelle des Bildschirms von vorneherein ein Schreibmaschinenterminal (z. B. mit einem Nadeldruckerschreibwerk) benutzen. Die Schreibgeschwindigkeit ist dann allerdings mit ca. 30 bis 150 Buchstaben pro Sekunde niedriger als beim Bildschirmterminal mit meist ca. 240 bis 960 Buchstaben pro Sekunde.

Andere Ausgabegeräte sind *Drucker,* die es in sehr unterschiedlichen Ausführungen und Druckgeschwindigkeiten gibt (Nadel-, Band-, Walzen-, Ketten-, Laserdrucker), und Zeichengeräte, sog. *Plotter,* die entweder mit Endlosrollen arbeiten oder als Flachbettplotter auf Einzelblätter zeichnen.

Früher waren Lochkarten- und Lochstreifengeräte für die Dateneingabe und Datenspeicherung weit verbreitet. In den heutigen Rechnern sind diese Geräte praktisch vollständig durch Terminals und Magnetspeicher abgelöst.

Für den Direktanschluß von Meßgeräten und für die Meßdatenerfassung sind spezielle Kopplungsglieder („Interfaces") und Signal-Wandler erforderlich. Diese werden in Kapitel 3 beschrieben.

1.4.2 Magnetspeicher. Zur magnetischen Aufzeichnung von Daten dienen Magnetbänder, Disketten und Magnetplatten. Letztere übernehmen dabei die Rolle des immer zugriffsbereiten „on-line"-Speichers, oder auch eines „verlängerten" Hauptspeichers. Demgegenüber dienen Magnetbänder überwiegend der Langzeit-Archivierung von Daten, der periodischen Datensicherung der Plattenspeicherinhalte und dem Datenaustausch mit anderen Rechnern.

Magnetband. Es gibt verschiedene Arten Magnetbänder: kleine Kassettenbänder, die in ihrer Form den marktüblichen Kassettentonbändern entsprechen, die schnelleren und größeren standardisierten 9-Spur-Magnetbänder und sog. Streamer-Bänder, deren non-stop-Durchlauf sich besonders gut für das Kopieren von Plattenspeicherinhalten zur Datensicherung eignet. Näher beschrieben wird im folgenden das *9-Spur-Standardband:* Die Spuren des 0,5 Zoll breiten Bandes werden mit Normdichten von 800, 1600 und 6250 Bits pro Zoll (abgekürzt: bpi = bits per inch) beschrieben und ermöglichen Übertragungsgeschwindigkeiten von bis zu ca. 800 000 Zeichen (Bytes) pro Sekunde. Allerdings sind die „Zugriffszeiten" recht hoch, weil das ca. 700 m lange Band vor einer Datenübertragung erst auf die richtige Stelle, nämlich den jeweiligen Beginn eines Datensatzes, gespult werden muß, um dann sequentiell gelesen oder beschrieben werden zu können (im Gegensatz zum wahlfreien Zugriff auf beliebige Speicherzellen des Hauptspeichers oder eines Plattenspeichers).

Magnetplatte. Die Datenspeicherung erfolgt auf einer rotierenden Platte. Die Übertragungsgeschwindigkeiten reichen von einigen 100 KBytes/s bis über 2 MBytes/s je nach Rotationsgeschwindigkeit und Beschreibungsdichte. Der wesentliche Vorteil gegenüber Magnetbändern liegt in der erheblich kürzeren mittleren *Zugriffszeit.* Diese setzt sich zusammen aus der halben Rotationszeit (meist ca. 10–20 ms) und der Zeit, die für die Bewegung des Lesekopfs auf die richtige Spur benötigt wird (meist 10–100 ms). Man bezeichnet diesen praktisch gleich schnellen und direkten Zugriff auf alle Speicherstellen der Platte als *random access*. Magnetplatten eignen sich nicht nur besonders gut für das schnelle Auffinden von Datensätzen, sondern auch zur Speicherung oder kurzzeitigen Auslagerung schnell abrufbarer Programme.

Mehrere Magnetplatten können zu einem Turm von Platten, einem „Plattenstapel" zusammengefaßt sein (Abb. 1.2). Je nachdem, ob ein Plattenstapel auswechselbar oder fest im Gerät montiert ist, spricht man von *Wechselplatten* oder *Festplatten*. Letztere können – staubfrei versiegelt – mit höchster mechanischer Präzision arbeiten: die Schreib-/Leseköpfe „fliegen" auf einem Luftkissen von ca. $1\,\mu$m über der Plattenoberfläche. Die dabei erzielbaren Magnetisierungsdichten ermöglichen Speicherkapazitäten von mehr als 500 Millionen Bytes pro Plattenstapel.

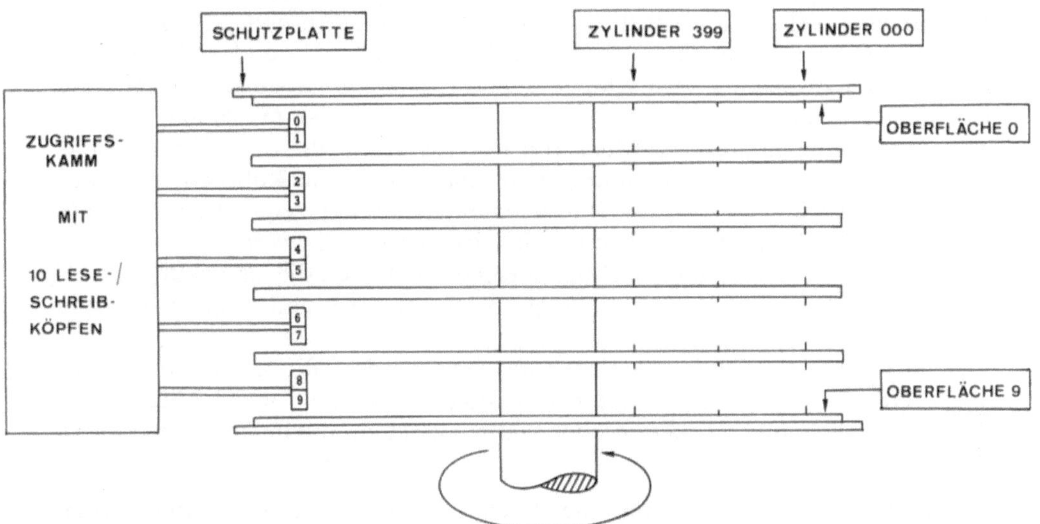

Abb. 1.2. Auf den magnetisierbaren Oberflächen eines Plattenstapels wird mit beweglichen Schreib-/Leseköpfen Information in Form von Bit-Mustern geschrieben und gelesen

Die *Diskette* oder „*floppy disk*" ist ein Magnetplattenspeicher in Einfachausführung. Mit Speicherkapazitäten zwischen 250 und 1000 KByte und Zugriffszeiten von ca. 300 ms übernimmt sie die Rolle eines billigen „on-line"-Speichers für Kleinrechner und eignet sich wegen ihrer Handlichkeit besonders gut für den Datenaustausch.

Andere Speichermedien, wie Magnetblasenspeicher und optische Speicher, sind bis jetzt und auch auf absehbare Zeit gegenüber den Plattenspeichern aus Kostengründen nicht konkurrenzfähig.

1.5 Speicherhierarchie

Wir haben bisher drei verschiedene Arten von Speichern kennengelernt:

a) den Hauptspeicher, in dem sich Programme und Daten während der eigentlichen Programmausführung befinden. Er ist von der Zentraleinheit direkt und schnell ansprechbar. Typische Zugriffszeiten auf ein Datenwort betragen ca. 200 ns. Seine Größe ist beschränkt durch die Kosten von Halbleiterspeichern und oft auch durch die festgeschriebene Architektur eines Rechners. Trotz des kontinuierlichen Preisverfalls ist der Preis pro Bit immer noch deutlich höher als für Externspeicher.

b) den Sekundärspeicher, wo Programme und Daten längerfristig, jedoch ständig abrufbereit („on-line") gespeichert sind. Als Sekundärspeicher sind rotierende Plattenspeicher üblich: Ein dort gespeichertes Datenwort ist von der Zentraleinheit aus nicht mehr direkt adressierbar, sondern muß in den Hauptspeicher „eingelesen" werden. Da das Auffinden eines zu lesenden Datenworts auf dem Plattenspeicher relativ lange dauert (ca. 30 ms), aber andererseits die Transfergeschwindigkeit sehr hoch ist, wird üblicherweise mit einem Lesebefehl ein zusammenhängender Block von Daten gelesen. Bei zu kleinem Hauptspeicher übernimmt der Sekundärspeicher meist auch die Rolle eines verlängerten Hauptspeichers, wohin Programme (swapping) oder Programmteile (paging) im Laufe ihrer Ausführung zeitweise ausgelagert werden.

Im Gegensatz zu Halbleiter-Hauptspeichern behalten die als Sekundärspeicher eingesetzten Plattenspeicher die gespeicherte Information auch im Falle einer Stromabschaltung.

c) den Archivspeicher, wo Daten abgelegt werden, die nicht immer „on-line" verfügbar sein müssen. Diese Funktion übernehmen meist Magnetbänder, gelegentlich auch Disketten oder Plattenkassetten, die in Archivschränken gelagert werden.

Der normale Programmierer eines Rechners hat nur mit diesen drei Ebenen der Speicherhierarchie zu tun. Die Konstruktion moderner Rechner schließt einen Kompromiß zwischen schnellen, aber teuren und langsamen, aber billigen Speichertechnologien. Die Hardware umfaßt deshalb gewöhnlich noch weitere Arten von Speichern, beispielsweise um die Rechengeschwindigkeit zu erhöhen (schnelle „Cache"-Speicher, Register), um eine wirtschaftlichere Realisierung des Instruktionssatzes zu ermöglichen („Mikroprogrammspeicher"), die Speicherverwaltung zu unterstützen (z. B. „Assoziativspeicher") oder um den Datentransfer zu puffern („Silospeicher"). Diese Speicherarten sind in Tabelle 1.1 wiedergegeben, geordnet nach Leistung und Kosten (fallend) und nach steigender Speicherkapazität.

1.6 Die Software von Computern

Bisher haben wir uns mit den Hardwarebestandteilen des Computers, mit seiner Elektronik befaßt. Um arbeiten zu können, muß der Computer mit einem

Tabelle 1.1. Speicherarten in einem Computersystem (geordnet nach Geschwindigkeit und Kosten)

	Zweck	Realisierung	per Programm ansprechbar
Mikroprogrammspeicher	enthält den Instruktionssatz		nein
interne Rechenregister	höhere Rechengeschwindigkeit	sehr schnelle Halbleiterschaltkreise; teuer	ja
Cachespeicher			nein
Assoziativspeicher	Mapping und Segmentieren von Programmen		nein
Hauptspeicher	enthält Programme und Daten während der Ausführung	billige Halbleiterspeicher („MOS")	ja
Silospeicher	Pufferung von Ein- und Ausgabedaten		nein
Paging-Speicher	für temporär ausgelagerte Programm(e)(teile)	schnelle Plattenspeicher evtl. Halbleiter	nein
Sekundärspeicher	für on-line zugriffsbereite Datensätze	preisgünstige Plattenspeicher	ja
Archivspeicher	Langzeitspeicherung	Magnetspeicher	(nein)

Programm „geladen" werden, d. h. die Folge der auszuführenden Instruktionen muß in Form der zugehörigen Bit-Kombinationen in die Computerworte des Hauptspeichers eingespeichert werden. Ist dies geschehen (durch „Einlesen" des Programms von einem Peripheriegerät), so genügt die Angabe der Adresse der ersten auszuführenden Instruktion und ein Startsignal, um ein Programm anlaufen zu lassen. Auf die Mechanismen einer derartigen Initialisierung soll hier nicht näher eingegangen werden. Solche Aufgaben werden dem Benutzer normalerweise vom Betriebsprogramm des Rechners (siehe weiter unten) abgenommen.

1.6.1 Programmiersprachen. Für das Erstellen von Programmen, das Programmieren, sind eine Reihe von Hilfsmitteln entwickelt worden. Besonders wichtig sind Programmiersprachen, die dem Programmierer erlauben, Aufgabenstellungen problemgerecht für den Computer aufzubereiten. Jedes Programm muß letztlich als Sequenz von einzelnen, von der Hardware auszuführenden Bit-Verschlüsselungen im Hauptspeicher vorliegen. Man bezeichnet diesen Zustand eines Programms auch als „Maschinenprogramm" oder „Objektprogramm". Es bedarf keiner näheren Erläuterung, daß es äußerst mühsam wäre, Programme derart in „Maschinensprache" zu entwerfen. Nicht nur müßte der Programmierer die Binärcodes aller Maschinenbefehle beherrschen, er muß sich auch von Anfang an im klaren über die Verteilung der Hauptspeicheradressen auf Befehle und Daten sein, da alle Adressen absolut, d. h. als feste Nummern anzugeben sind (siehe Abb. 1.3 a). Wesentliche Erleichterungen

```
Adresse            Speicherinhalt              symbolisch
(oktal)            (oktal)

000000             016767                      MOV A,C
000002             000174
000004             000176
000006             066767                      ADD B,C
000010             000170
000012             000170
                                               .LOC = 200
000200             000003            A:        .WORD 3
000202             000005            B:        .WORD 5
000204             000000            C:        .WORD 0

        (a)                                        (b)
```

Abb. 1.3. Beispiel eines Programmteils zur Addition zweier Zahlen: *a* in Maschinensprache (oktale Zahlenkodierung); *b* in einer symbolischen Assembler-Sprache. (Die Speicherinhalte von A und B sind mit 3 bzw. 5 initialisiert)

bringen symbolische Programmiersprachen, die ein Programmieren mit symbolischen Bezeichnungen sowohl für den Befehlscode wie für Speicheradressen ermöglichen.

Assemblersprachen. Eine symbolische Programmiersprache, bei der jede Anweisung, die im Programm aus symbolischen Bezeichnungen zusammengesetzt ist, in genau einen Maschinenbefehl übersetzt wird (1:1-Korrespondenz), bezeichnet man als Assemblersprache. Eine solche Sprache ist noch auf unmittelbarer Tuchfühlung mit der Maschinensprache. Die Tatsache, daß ein Programm „in Assembler geschrieben" wird, geht also *nicht* auf Kosten des vom Programm benötigten Speicherplatzes, sondern erleichtert nur die Arbeit des Programmierers.

Ein in symbolischer Programmiersprache geschriebenes Programm bedarf natürlich einer Übersetzung. Hierfür ist ein spezielles Systemprogramm nötig, ein sog. „Assembler", das jeden einzelnen symbolisch geschriebenen Befehl in eine Binärdarstellung übersetzt und überdies den mit symbolischen Namen bezeichneten Größen feste Speicheradressen zuordnet. Abb. 1.3b zeigt eine in Assembler geschriebene Befehlsfolge zur Addition zweier Zahlen A und B und Abspeicherung des Ergebnisses auf C. Die Befehlsfolge der Abb. 1.3b entspricht genau dem Maschinenprogramm und wird vom Assembler in diese übertragen.

Damit dies geschehen kann, müssen die alphanumerischen Zeichen (Buchstaben und Ziffern) des *Quellenprogramms* an einem Terminal (mit Hilfe eines *Texteditors*) eingetippt und vom Rechner auf einer Magnetplatte gespeichert werden. Dieses Quellenprogramm wird sodann vom Assembler in die Binärdarstellung der Maschinensprache übersetzt; das resultierende Objektprogramm kann dann, evtl. nach Verknüpfung mit anderen Programmmodulen, zur Ausführung in den Rechner geladen werden.

Problemorientierte Programmiersprachen. Für den überwiegenden Teil der zu programmierenden Probleme ist das Programmieren in Assembler unzumutbar aufwendig und setzt überdies genaue Kenntnis der auf dem jeweiligen Rechner verfügbaren Maschineninstruktionen voraus. Insbesondere aber ist das in Assembler geschriebene Programm immer nur für einen bestimmten Typ von Computern verständlich und muß für andere Rechner gänzlich neu geschrieben werden.

Einen Ausweg aus diesem Dilemma bieten die sog. problemorientierten Sprachen, wie *FORTRAN, PASCAL, COBOL, PL/1, ALGOL* oder *ADA*. Die „Statements" (Anweisungen) eines in einer solchen Sprache geschriebenen Programms sind dann nicht mehr ein Spiegel des Befehlsrepertoires eines Rechners, sondern sind der Aufgabenstellung angepaßt. FORTRAN- oder ALGOL-Statements beispielsweise eignen sich besonders für den numerischen oder technisch-wissenschaftlichen Anwendungsbereich, COBOL-Statements für die kaufmännischen Anwendungen.

Dadurch wird das Programmieren erheblich erleichtert. Das in der Abb. 1.3 gegebene Programmbeispiel reduziert sich in FORTRAN auf das Statement:

$$C = A + B$$

Überdies werden Programme zwischen verschiedenen Rechnern austauschbar. (Dies gilt allerdings nicht uneingeschränkt; denn für manche Rechner kann mehr oder auch weniger „erlaubt" sein, als in den Standarddefinitionen für die Programmiersprache festgelegt ist.)

Um die Statements der problemorientierten Sprache zu verstehen, benötigt jeder Rechner einen *Compiler,* ein Übersetzungsprogramm, das jedes Statement des Quellenprogramms in eine Folge von Maschinenbefehle überträgt und ein Objektprogramm erzeugt.

Da im Gegensatz zu Assemblerprogrammen die 1:1-Entsprechung zwischen Statements des Quellenprogramms und daraus entstandenen Maschinenbefehlen fehlt, ist der Programmierer nicht mehr so maschinennahe und seine Programme sind, was Größe und Ausführungsgeschwindigkeit anbelangt, nicht mehr optimal. Dieser Nachteil wird jedoch in der Regel von den vorher erwähnten Vorteilen mehr als aufgewogen.

„Interpreter"-Sprachen. Diese ebenfalls problemorientierten Programmiersprachen sind mit der Verbreitung von dialogfähigen Computer-Systemen entstanden, die das Schreiben, Ausführen und Modifizieren von Programmen interaktiv über Dialogterminal ermöglichen. Die bekannteste Interpreter-Sprache ist BASIC.

Während Compiler ein Quellenprogramm in ein Objektprogramm übersetzen (nur nach jeder Änderung ist eine Neuübersetzung nötig), das dann beliebig oft ausgeführt werden kann, interpretieren die Interpreter jedes Statement erst während der Programmausführung. Zur Interpretation muß der Interpreter eine Kette von Unterprogrammen zusammenfügen, die bei der Ausführung durchlaufen werden. Wird ein Statement hundertmal in einer Schleife durchlaufen, so wird auch der Interpretationsprozeß hundertmal durchgeführt. Solche Programme sind deshalb erheblich langsamer als Programme auf Compiler- oder Assemblerebene. Andererseits sind Programmänderungen im Dialogverfahren denkbar einfach durchzuführen. Überdies verlangen Interpreter-Sprachen die geringsten Computer-Kenntnisse vom Benutzer und sind deshalb auch für den Neuling schnell erlernbar.

Es sei jedoch angemerkt, daß die Benutzung von Interpreter-Sprachen keineswegs eine notwendige Voraussetzung für den programmierten Dialog zwischen Rechner und Benutzer darstellt. Dazu eignen sich die meisten anderen Sprachen ebenso gut.

1.6.2 Das Betriebssystem. Neben dem schon erwähnten Texteditor, mit dem wir ein Programm eintippen oder korrigieren können, und dem Compiler, der das in Textform vorliegende Quellenprogramm in die ausführbare Maschinensprache übergibt, wird zum Betreiben eines Rechners noch ein „Betriebssystem" benötigt, das gewissermaßen als Verbindungsglied zwischen dem Benutzer, seinem Programm und der Computerhardware fungiert und die folgenden Aufgaben übernimmt:

a) Interpretation und Ausführung der am Terminal eingetippten Befehle, z. B. des Befehls

PRINT result.dat/COPIES = 4

der 4 Kopien des mit dem Namen „result.dat" versehenen Datensatzes auf dem Schnelldrucker ausdrucken soll.

b) Verwaltung und Manipulation von Dateien, die z. B. auf Benutzer-spezifischen, geschützten Bereichen eines Plattenspeichers abgelegt sind, und denen frei wählbare Namen zugeordnet sind.

c) Verwaltung und Vergabe von Betriebsmitteln im Mehrbenutzerbetrieb. Dazu zählt die Zuteilung von Rechnerzeit der Zentraleinheit oder von Hauptspeicherplatz an „konkurrierende" gleichzeitige Benutzer ebenso wie die Erlaubnis zur ausschließlichen Benutzung eines Ausgabegerätes oder die Organisation von Warteschlangen für die Nutzung bestimmter Betriebsmittel.

d) Erleichterung der Programmierarbeit, z. B. für die Datenein- und -ausgabe. Ein Programmierer kann in seinem Programm beispielsweise mit einem einzigen „WRITE"-Befehl ein ganzes Datenfeld zur Platte schreiben, ohne sich darum zu kümmern, wo (auf welcher Oberfläche, auf welcher Spur) die Daten wirklich abgelegt werden. Dies, ebenso wie das Wiederfinden der Daten, übernimmt das Betriebssystem für ihn.

e) Buchhaltung über Betriebsmittelnutzung, Datenbelegung, Datum, Uhrzeit, etc.

f) Regelung der Zugriffsrechte auf Dateien, z. B. für das Lesen, Ergänzen oder Löschen von Daten durch unterschiedlich priviligierte Benutzer.

Die Qualität eines Betriebssystems wird in erster Linie an seiner Benutzerfreundlichkeit gemessen: die Befehle müssen einfach sein, Anfänger oder vergeßliche Leute brauchen unterstützende Erläuterungen, Fehlermeldungen müssen klar verständlich, die Antwortzeiten auf Benutzereingaben so kurz wie möglich sein.

Heutzutage verfügen selbst Kleinstrechner, wie Heim- und Hobbycomputer, über ein Betriebssystem. Lediglich in Anwendungen mit eng begrenzter und unveränderlicher Aufgabenstellung, z. B. bei der Steuerung eines Haushaltsgeräts oder bei der kontinuierlichen Überwachung von Meßgrößen, kann darauf verzichtet werden.

Je universeller ein Computer einsetzbar ist, je unterschiedlicher die eventuell konkurrierenden Aufgabenstellungen sind und je umfangreicher die Rechnerhardware ist, desto größer und komplexer ist selbstverständlich auch sein Betriebssystem. Parallel dazu steigt auch der Selbstverwaltungs-Overhead; deshalb greift man bei sehr kritischen Aufgabenstellungen, z. B. einer schnellen Meßdatenerfassung, gerne auf einfache Einzelbenutzerbetriebssysteme zurück oder verzichtet ganz auf ein Betriebssystem.

1.6.3 Betriebsarten von Rechnern. Die Art und Weise wie ein Rechner betrieben wird, hängt davon ab, für welche Aufgabenstellungen und für wieviele Benutzer er eingesetzt wird und welchen Bedienungskomfort er bieten soll. Die hauptsächlichen Betriebsweisen von Computern, die zum Teil auch die historische Entwicklung widerspiegeln, werden im folgenden kurz vorgestellt.

Aus der Sicht des Rechnerbenutzers kann man verschiedene Nutzungsarten unterscheiden, die durch unterschiedliche Möglichkeiten des interaktiven Dialogs gekennzeichnet sind:

1) *Batch-System:* („Stapel-Betrieb", keine Interaktion.) Die einzelnen Programme („Jobs") werden in eine Warteschlange eingereiht und nacheinander abgearbeitet. Während der Programmausführung ist kein Dialog mit dem Benutzer möglich. Ältere Rechner arbeiteten ausschließlich auf diese Weise. Programme und Daten wurden beispielsweise als Lochkartenpakete im Rechenzentrum abgegeben, die Ergebnisse kamen in Form von Druckerlisten zurück. In größeren Rechnern konnten mehrere parallel laufende Batch-Ströme verarbeitet werden („Multi-programming"-Batch).

2) *Interaktives Editieren.* Etwas modernere Rechner ermöglichten die Programmentwicklung („Vordergrund") parallel zum Batch-Betrieb („Hintergrund"). Interaktives Arbeiten beschränkt sich hier auf das Editieren (Eintippen, Modifizieren) des Programms an einem Terminal. Für die eigentliche Ausführung jedoch wird das Programm dann in die Batch-Schlange eingereiht.

3) *Interaktive Ausführung* (programmierter Dialog). Während der Programmausführung wird ein Dialog mit dem Benutzer geführt, der Eingabedaten eintippen kann und z. B. in Abhängigkeit von Zwischenergebnissen die weitere Ausführung steuern kann.

Heute wird von allen Rechnern die Möglichkeit der interaktiven Ausführung erwartet. Darüber hinaus muß die Kommunikation mit dem Rechner, das sog. „human interface", möglichst einfach und flexibel, kurz: „benutzerfreundlich", sein. Trotzdem ist für sehr rechenintensive Aufgaben, die keiner Interaktion bedürfen, eine Hintergrundabarbeitung in einem Batch-Strom wünschenswert. Praktisch alle größeren Rechner verfügen mittlerweile über Betriebssysteme, die ein derartiges Nebeneinander von Batch- und Dialogbetrieb erlauben.

Eine andere, und mit der vorherigen kombinierbare, Klassifizierung von Betriebsarten eines Rechners läßt sich nach den Möglichkeiten des Mehrbenutzerbetriebes vornehmen:

a) *Einzelbenutzersystem*. Nur jeweils 1 Programm – und somit auch jeweils nur 1 Benutzer – kann aktiv sein, wobei offen bleibt, ob der Rechner dialogfähig (Nutzungsart 3) ist oder nicht (Nutzungsart 1). Zu dieser Kategorie zählen auch Rechner, die ohne Betriebssystem, im sog. „stand-alone"-Betrieb, arbeiten.

b) *Multi-programming-Betrieb*. Mehrere Programme oder Teile von Programmen befinden sich gleichzeitig im Hauptspeicher und werden quasigleichzeitig ausgeführt. Dies führt zum einen zu einer besseren Ausnutzung der Zentraleinheit: wenn der Ablauf eines Programms unterbrochen werden muß, weil es auf Eingabedaten wartet, kann ein anderes Programm über die Zentraleinheit verfügen. Zum anderen ist die Zuteilung der Rechenzeit in Form kurzer Zeitscheiben an die gleichzeitig aktiven Programme eine notwendige Voraussetzung eines Dialogbetriebes mit vielen Teilnehmern.

c) *Multi-tasking*. Hier handelt es sich um einen Multi-programming-Betrieb, in dem die einzelnen Programme nicht völlig unabhängig voneinander sind, sondern über bestimmte, möglicherweise von außen, z. B. von einem Laborexperiment, kommende Ereignisse miteinander synchronisiert sind. So läßt sich beispielsweise die komplexe Meßaufgabe einer GC/MS-Kopplung in eine Reihe von Teilaufgaben („tasks") zerlegen, z. B. die Datenerfassung, die Peaksuche, die Massenzuordnung, die Abspeicherung, der Benutzerdialog, etc. Diese nicht sequentiell, sondern überlappt ablaufenden Teilaufgaben können durch die Hilfsmittel eines geeigneten Multi-task-Betriebssystems organisiert werden.

1.7 Zusätzliche Begriffe aus der Computertechnik

Die Hardware eines im Multi-programming-Betrieb eingesetzten Rechners muß über besondere Einrichtungen verfügen, um den Ablauf mehrerer gleichzeitig aktiver Programme organisieren zu können: Ein Programmunterbrechungssystem, um die Rechenzeit zu verteilen; eine Hauptspeicherverwaltung für die dynamische Zuordnung von Hauptspeicherbereichen, und einen Speicherschutz, um die einzelnen Programme gegeneinander abzusichern.

Diese und damit zusammenhängende Techniken werden im folgenden erläutert.

Programmunterbrechungssystem („Interrupts"). Der normale sequentielle Ablauf eines Programms wird unterbrochen, wenn auf Daten von Eingabegeräten gewartet werden muß. Die Geschwindigkeit dieser Geräte ist üblicherweise durch bewegliche, mechanische Teile limitiert; deshalb dauert die Übertragung eines Datenworts weit länger als etwa eine hauptspeicherinterne Umspeicherung. Die Zentraleinheit könnte in einer derartigen Situation in eine Warteschleife gehen, in der sie fortwährend überprüft, ob die Übertragung schon erfolgt ist. Dies wäre eine schlechte Nutzung des Rechners; denn während der Wartezeit kann auch ein anderes Programm bedient werden. Dies ist möglich, wenn ein elektronisches Unterbrechungssignal, ein Interrupt, erzeugt wird, so-

bald das Eingabegerät das erwartete Datenwort im Rechner abgeliefert hat.
Auf einen solchen Interrupt hin wird das augenblicklich laufende Programm
unterbrochen, das Datenwort umgespeichert (um Platz für das nächste zu
schaffen), evtl. über die Gesamtzahl der angekommenen Daten Buch geführt,
und schließlich das unterbrochene Programm an der Abbruchstelle wieder aufgenommen. Ein größerer Rechner mit vielen Peripheriegeräten benötigt ein In-
terruptssystem mit gestaffelten Prioritäten: Geräte mit sehr schneller Datenübertragung erhalten höhere Priorität, damit keine Daten verloren gehen können (s. Abb. 1.4).

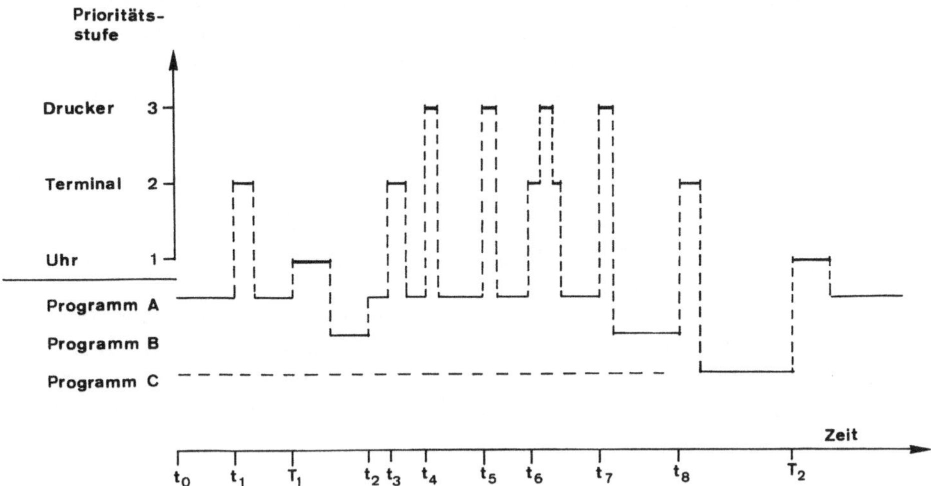

Abb. 1.4. Beispiel eines Programmunterbrechungssystem mit gestaffelten Interrupts-Prioritä-
ten zur Organisation des Rechenablaufs für drei gleichberechtigte, aktive Programme A, B
und C: Zum Zeitpunkt t_0 verfügt A über die CPU, B wartet auf die CPU, C auf Eingaben vom
Terminal, die zu den Zeiten t_1, t_3, t_6, t_8 erfolgen. Interrupts-Signale einer (Echtzeit)-Uhr
(T_1, T_2) initiieren jeweils eine Neuzuordnung der CPU. Zum Zeitpunkt t_2 beginnt B mit Druk-
kerausgabe, die dann nach dem Interrupts-Signal vom Drucker zur Zeit t_4 erstmals und zu t_7
letztmals erfolgt. Deshalb wird für diesen Zeitraum die CPU wieder für A verfügbar. Interrupts-Signale höherer Priorität unterbrechen die Bearbeitung von Interrupts niedrigerer Priorität (t_6: Drucker unterbricht Bearbeitung des Terminal-Interrupts)

Effizienter kann die Datenübertragung gestaltet werden, wenn nicht für je-
des einzelne Datenwort, sondern erst am Ende der Übertragung eines ganzen
Blocks von n Worten ein Interrupt erfolgt. Diese Übertragungsart setzt eine direkte Ankopplung des Peripheriegeräts an den Hauptspeicher voraus; unter
Umgehung der Zentraleinheit werden die Daten direkt in aufeinanderfolgende
Speicherplätze geschrieben. Erst wenn alle n Worte übertragen sind, informiert
ein Interruptssignal die Zentraleinheit. Diese Art der Ankopplung wird als
DMA („Direct Memory Access")-Methode bezeichnet und wird gewöhnlich
für besonders schnelle Geräte, wie Platten- oder Magnetbandlaufwerke eingesetzt.

Interruptssignale einer Quarz- oder Netzfrequenz-betriebenen („Echtzeit")-Uhr werden vom Betriebssystem benutzt, um den Betriebsablauf zu steuern, z. B. um in einem Multi-programming System nach einem bestimmten Zeitintervall vom Bearbeiten eines Programms auf ein anderes umzuschalten.

Hauptspeicherverwaltung. In einem Multi-programming-Betrieb sind gleichzeitig mehrere Programme aktiv, die sich in den vorhandenen physikalischen Hauptspeicher teilen. Dieser ist aus Kostengründen oder bedingt durch Beschränkungen der jeweiligen Rechnerarchitektur nicht beliebig ausbaufähig. Deshalb wird ein Teil der Programme jeweils kurzzeitig auf den Externspeicher, in der Regel einen Plattenspeicher, ausgelagert und später wieder zurückgeholt *(Swapping-Betrieb)*. Anstatt ganze Programme auszulagern, kann sich das Auslagern auch auf Programmteile beschränken, die gerade nicht benötigt werden. Dies ist möglich, wenn der Adreßraum eines Programms (d. h. die vom Programmanfang durchgezählten Speicherplätze) in einzelne Abschnitte (sog. „Kacheln" oder „pages") unterteilt wird, die einzeln auf verschiedene, nicht unbedingt zusammenhängende Pages des physikalischen Speichers abgebildet werden *(Paging-System)* (Abb. 1.5). Man spricht dann von der Abbildung („mapping") des *virtuellen Adreßraums* auf den physikalischen Speicher. Im Hauptspeicher befinden sich nur die jeweils benötigten pages (das sog. „working set"), die anderen sind ausgelagert.

Die Größe des virtuellen Adreßraums ist ein wichtiger Parameter bei der Beurteilung einer Rechnerarchitektur; denn sie bestimmt die maximal mögliche Größe eines Programms. Sie ist bestimmt durch die Art der Adressierung, die mit dem Instruktionssatz des Rechners möglich ist. Bei den 16-Bit-Mini-

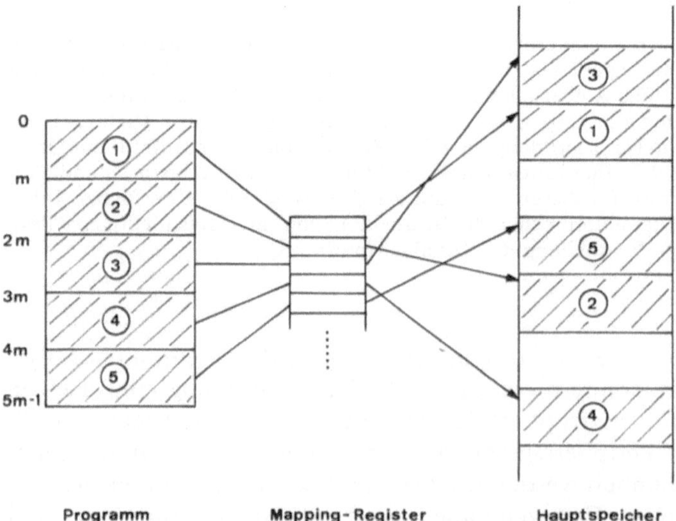

Abb. 1.5. „Mapping" des virtuellen Adreßraums: Ein Programm wird in Seiten („pages") zu je m Speicherzellen zerlegt. Die einzelnen Seiten werden über mapping-Register auf Segmente des realen Hauptspeichers abgebildet. Die mapping-Register enthalten die Anfangsadressen der einzelnen Seiten im Hauptspeicher

rechnern erfolgt die Angabe einer Adresse innerhalb einer Instruktion durch ein 16-Bit-Wort; also kann die Adresse nicht größer als 2^{16} (in Einheiten von Bytes oder Worten) werden: 64 KByte oder 32 KWorte ist dann zugleich die maximale Größe eines einzelnen Programms. Bei den 32-Bit-Rechnern sind Adressen von 24 oder 32 Bits möglich. Während also bei den 16-Bit-Rechnern der physikalische Speicher meist größer ist als der virtuelle Adreßraum, ist es bei den 32-Bit-Rechnern gerade umgekehrt. Letztere entsprechen damit dem Trend zu immer größeren Programmen. Wegen dieser Beschränkung werden 16-Bit-Rechner praktisch nicht mehr als Universalrechner eingesetzt.

Speicherschutz. Um zu verhindern, daß ein Programm in Hauptspeicherbereichen anderer Programme liest oder schreibt, muß die Hardware vor jedem Speicherzugriff überprüfen, ob die in der Instruktion angegebene Adresse innerhalb des eigenen Adressenbereichs liegt. Dies geschieht beispielsweise durch Vergleich der Adresse mit dem Inhalt von vorher (vom Betriebssystem) gesetzten Begrenzungsregistern oder durch Überprüfung, ob eine angesprochene Page zum Satz der dem Programm zugeordneten Pages gehört. Im Falle einer unerlaubten Adressierung wird die Ausführung des fehlerhaften Programms abgebrochen.

1.8 Trends in der Benutzung von Computern

Ein Ende der rasanten Entwicklung in der Halbleitertechnik ist vorerst noch nicht abzusehen. Dies bedeutet, daß die Integration von immer mehr Schaltkreisen auf dem einzelnen Bauelement sich fortsetzt und damit zu einer weiteren Verbilligung von Zentraleinheiten und Hauptspeichern führen wird. Ähnliches gilt für den Bereich der Externspeicher sowie der Terminals und Ausgabegeräte. Die Ausfallsicherheit nicht nur einzelner Bauteile, sondern auch von Gesamtsystemen wird noch zunehmen.

Als Folge der technologischen Entwicklung werden auch Minirechner immer leistungsfähiger; hier ist der Trend in Richtung 32-Bit-Rechner anstelle der 16-Bit-Kleinrechner unverkennbar.

1.8.1 „Personal computer" oder „der Computer für jeden". Noch bis weit in die siebziger Jahre bildete die zentrale Rechenanlage, das Rechenzentrum, vielerorts den einzigen Zugang zu Computerleistung. Die Rechenzentren zeichneten sich meistens nicht gerade durch Benutzerfreundlichkeit aus: zu viele Reglementierungen, lange Wartezeiten, veraltete Betriebsarten („Batch"-Verarbeitung statt Dialogbetrieb) und zu hohe Kosten verhinderten den breiteren Einsatz. Eine erste teilweise Abnabelung von den Rechenzentren wurde durch die Verwendung von Minirechnern für Laboraufgaben erzielt. An ihnen wurden die Vorteile des interaktiven, dialogorientierten Arbeitens mit Rechnern, evtl. unterstützt durch die Möglichkeit graphischer Kurvendarstellungen, offensichtlich; das sog. „human interface" gewann an Bedeutung. So konnte denn die lawinenartige Verbreitung von Mikrocomputern in Gestalt von dialogfähigen Tischrechnern (*personal computer* und *Arbeitsplatzrechner,* wie z. B. „Apple", „TRS80", „Commodore", „LISA" und „Professional 300") zu Beginn der achtziger Jahre nicht mehr verwundern: der Computer für jeden und an jedem Arbeitsplatz war erschwinglich geworden; die in vielen Organisationen oftmals langwierigen und schwierigen Genehmigungsverfahren für die Anschaffung waren nicht mehr notwendig. Parallel dazu sehen wir im privaten Bereich eine zunehmende Anzahl von Heimcomputern.

In der ersten Euphorie werden die Nachteile dieser Entwicklung leicht übersehen: die Erstanschaffungskosten sind meist nur ein Einstandspreis, teurere Erweiterungen (Drucker, Plotter, Plattenspeicher) folgen in kurzer Zeit. Gänzlich dezentrale Softwareentwicklung kann nicht „professionell" sein, sondern bleibt oft dilettantisch. Eine Integration so erstellter Softwareteile ist meist nicht möglich, schon die Hardwarekompatibilität unter verschiedenen Tischrechnern ist gewöhnlich nicht gegeben.

Aus diesen Gründen ist ein dialogfähiges, an einen leistungsfähigen Zentralrechner angeschlossenes Terminal normalerweise dem „personal computer" vorzuziehen. Der Zentralrechner bietet in der Regel eine vielfältige Ausgabeperipherie (schnelle Drucker, gute Zeichengeräte, etc.), verfügt über mehr Dienstleistungssoftware, ermöglicht die Ablage von großen Datenmengen und erlaubt den Rückgriff auf höhere Rechenleistung. Die Benutzung einer zentralen Anlage fördert überdies eine gewisse Standardisierung und die Übertragbarkeit der Programme. Diese Vorteile kommen allerdings nur dann voll zur Geltung, wenn der Zugang zur Zentralanlage attraktiv gestaltet und nicht zu stark reglementiert wird.

Andererseits verstärkt sich der Trend zu immer „intelligenteren" Terminals, die über eigene Rechenleistung verfügen und Bildschirmgraphiken erstellen können. Sind solche „work stations" in ein Rechnernetzwerk eingebunden, in dem auch leistungsfähige Zentraleinrichtungen zugänglich sind, so kann der Vorteil der lokalen Verfügbarkeit mit den geschilderten Vorteilen der Zentralanlage verknüpft werden.

1.8.2 Rechnernetze. Die Verknüpfung von Rechnern zu Rechnernetzen kann aus verschiedenen Gründen sinnvoll sein:

a) In einem „Lastverbund" können einzelne Aufgaben eines temporär stark belasteten Rechners von einem weniger ausgelasteten übernommen werden. Dies setzt in der Regel eine enge Kopplung von Rechnern mit kompatibler Hardware und Betriebssoftware voraus.

b) In einem „Funktionsverbund" werden verschiedenartige Aufgaben von unterschiedlichen Rechnern ausgeführt; z. B. in einem für die Anwendung in der Instrumentellen Analytik hierarchisch strukturierten Rechnersystem die experiments- oder gerätebezogenen Aufgaben von geeigneten Kleinrechnern, die anspruchsvollere Datenauswertung und die Benutzerkommunikation durch ein größeres Universalrechnersystem.

c) Der „Datenverbund" ermöglicht den Zugriff zu den an anderen Rechnern vorhandenen Datensammlungen.

Für den Benutzer sind insbesondere der Funktionsverbund und der Datenverbund interessant. In der Regel wird sich der Verbund auf lokale Netze, z. B. innerhalb eines Betriebes, beschränken. Nur im Falle größerer, geographisch gestreuter Unternehmen, oder wenn auf externe Datenbanken zugegriffen werden soll, wird man darüber hinaus auch das öffentliche Postnetz benutzen.

Für einen Rechnerverbund sind verschiedene Verknüpfungsarten (Topologien) möglich. Punkt-zu-Punkt-Verbindungen erlauben besonders schnelle Datenübertragungen, sind jedoch in größeren Netzen wegen der großen Zahl benötigter Verbindungswege nicht realisierbar. In solchen Fällen ist eine Ringstruktur besser geeignet. Aus Wirtschaftlichkeitsgründen werden sich auf breiterer Ebene voraussichtlich lokale Netze auf der Basis eines zentralen Datenbusses durchsetzen, z. B. „Ethernet". Hierbei werden die Arbeitsplatzrechner der einzelnen Teilnehmer an einen passiven Koaxialkabel-Datenbus angeschlossen (Abb. 1.6). Über dieses zentrale Koaxialkabel sind dann auch größere Rechner und Datenspeicher zugänglich.

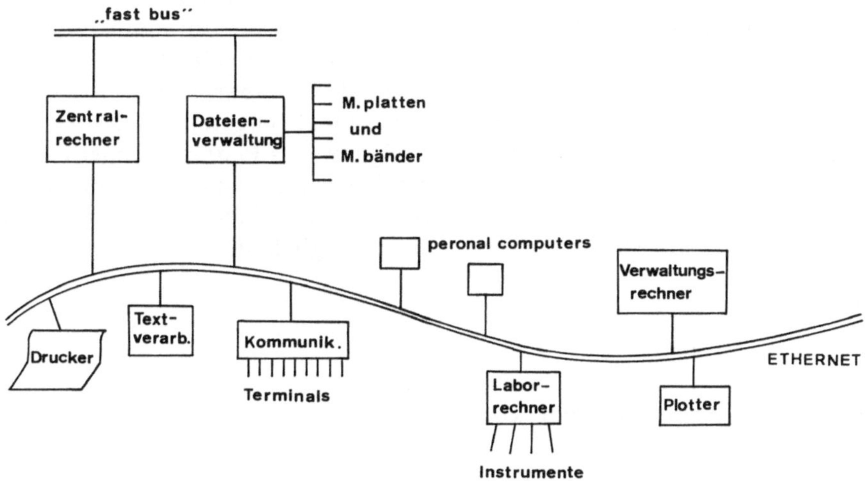

Abb. 1.6. ETHERNET-System: Unterschiedliche Rechner und Peripheriegeräte sind durch eine Koaxialkabelverbindung in ein lokales Rechnernetz eingebunden

1.8.3 Trends in der Computersoftware. Verglichen mit der Entwicklung des letzten Jahrzehnts auf dem Hardware-Sektor sind die Fortschritte in der Computersoftware deutlich bescheidener, aber doch sichtbar:

a) Selbst kleinere Rechner werden mittlerweile mit leistungsfähigen Betriebssystemen angeboten, die in der Regel den Parallelbetrieb mehrerer Programme erlauben.

b) Interaktive Datenverarbeitung hat sich allgemein durchgesetzt. Nicht nur die Programmeingabe und Programmänderungen werden im Dialog („Text editing") mit dem Rechnersystem ausgeführt; auch die Programmausführung erfolgt interaktiv. Die Software wird insgesamt benutzerfreundlicher.

c) Die Programme werden immer größer und komplexer. Die Ursachen liegen teilweise in gestiegenen Anforderungen, teilweise in der billigen Verfügbarkeit der dafür benötigten Hardware.

d) Von zeitkritischen Softwareprogrammen in Echtzeitsystemen abgesehen, werden alle Programme in höheren Programmiersprachen, z. B. in FORTRAN, PASCAL oder BASIC geschrieben.

e) Fortschritte in der Programmtechnik führen zu übersichtlicheren, modular aufgebauten Programmen, die leicht modifizierbar sind und weniger Fehler enthalten. Andererseits läßt sich feststellen, daß gerade auf diesem Gebiet neue Konzepte, ebenso wie neue Programmiersprachen, sich meist nur langsam durchsetzen.

1.8.4 Datenbanken. Die Eigenschaften von Computern, sehr große Datenmengen ohne „Gedächtnisschwund" speichern und diese bei Bedarf jederzeit wieder abrufen zu können, schlägt sich nieder im Aufbau großer Datensammlungen. So wurden in Deutschland die sog. Fach-Informationszentren eingerichtet, in denen Datenbanken für eine Reihe von wissenschaftlichen Disziplinen unterhalten werden. Besondere Anstrengungen wurden für den Aufbau von Literaturdatenbanken unternommen (s. Kapitel 2). Verschiedene Spektren- und Strukturdatensammlungen sind international verfügbar, so z. B. aus den Bereichen Massenspektrometrie, Kernresonanz und Röntgendiffraktometrie (s. Kapitel 4). Mit der fortschreitenden Verbilligung von Plattenspeichern wird auch die immer zugriffsbereite „on-line"-Speicherung großer Datenmengen wirtschaftlich; – zumindest dann, wenn die Daten auf einer Zentralanlage gehalten werden und damit vielen Interessierten zugänglich sind.

1.9 Was Computer nicht können

Ein Computer ist ein Automat, der genau das tut, was ein Programm ihm vorschreibt. Ohne ein Programm ist ein Computer völlig wertlos.

Ein Computerprogramm kann nur Entscheidungen treffen, deren Voraussetzungen und Alternativen vorgezeichnet sind. Auf unvorhergesehene Situationen ist es nicht anwendbar oder liefert unsinnige Ergebnisse.

Ein Programm muß alle Regeln enthalten, die benötigt werden, um Entscheidungen zu treffen. Selbst sog. lernende Programme sind nur innerhalb eines genau vorgegebenen Rahmens lernfähig, d. h. sie können nur innerhalb bestimmter Randbedingungen aus vergangenen Anwendungen lernen, indem sie Algorithmen oder einzelne Parameter eines Algorithmus variieren.

Ein Computer ist auf manchen Teilgebieten dem Menschen wegen seiner Geschwindigkeit, seines „Gedächtnisses" und der Reproduzierbarkeit seiner Arbeit überlegen und ist aus diesen Gründen ein überaus leistungsfähiges Werkzeug der menschlichen Intelligenz. Er kann aber letztlich nur ausführen, was menschlicher Geist und Phantasie ihm vorgeben.

1.10 Weiterführende Literatur

Computertechnik:

Färber, G.: Prozeßrechentechnik, Springer-Verlag, Berlin, Heidelberg, New York 1979
Geiger, H.: So arbeiten Microcomputer, Karamanolis-Verlag, München 1982
Bell, C. G., Mudge, J. C., McNamara, J. E.: Computer Engineering, Digital Press, Maynard 1978

Informatik:

Bauer, F., Goos, G.: Informatik, (3. Aufl.), Springer-Verlag, Berlin, Heidelberg, New York 1982

Programmiersprachen:

Schauer, H.: PASCAL für Anfänger, Oldenbourg-Verlag, Wien, München 1976
Bowles, K. L.: PASCAL für Mikrocomputer, Springer-Verlag, Berlin, Heidelberg, New York 1982
Erbs, H., Stolz, O.: Einführung in die Programmierung mit PASCAL, B. G. Teubner Verlag, Stuttgart 1982
Kwiatkowki, J. Arndt, B.: BASIC, Springer-Verlag, Berlin, Heidelberg, New York 1982
Wehnes, H.: FORTRAN 77, Carl Hanser Verlag, München, Wien 1982
Wagener, J. L.: FORTRAN 77 – Principles of Programming, John Wiley Sons, New York 1980

Kapitel 2. Computer als Hilfsmittel für die Informationsversorgung
Online-Literatur- und Struktur-Recherchen

E. Zass

Laboratorium für organische Chemie, ETH Zürich, CH-8092 Zürich

2.1 Einleitung

Chemiker sind wie alle Naturwissenschaftler und Ingenieure fast täglich mit dem Problem konfrontiert, aus einer Flut von Informationen das für sie Wichtige herauszufinden. Die Lösung dieses Informations- und Kommunikationsproblems ist vor allem durch die enormen Zuwachsraten seit den fünfziger Jahren immer schwieriger geworden (vgl. z.B. [1]). In *sechs Wochen* werden z.B. vom *Chemical Abstracts Service* (CAS)

       ca.   40 000 *neue* Verbindungen registriert
       ca.   50 000 Abstracts publiziert
       ca. 120 000 Autorennamen verarbeitet
       ca. 180 000 Verbindungen identifiziert [2].

Im gleichen Zeitraum registriert das *International Patent Documentation Center* (INPADOC) [3] in Wien etwa 100 000 Patente weltweit (alle Gebiete einschl. Chemie). Wenn auch gewisse Anzeichen darauf hinzudeuten scheinen, daß sich das exponentielle Wachstum der wissenschaftlichen Literatur abschwächen könnte – z.B. stellte CAS 1981 sogar einen leichten Rückgang in der Zahl der bearbeiteten Literatur fest [4] – so bliebe doch selbst bei einer Bestätigung dieses Trends immer noch die Masse der bisher und vor allem in den letzten 15 Jahren veröffentlichten Information. Dies sei wieder durch die Zahl der in *Chemical Abstracts* (CA) zitierten Dokumente veranschaulicht [5]:

$$
6'418'796 \text{ online} \begin{cases} 1907-66: & 3'791'519 \\ 1967-71: & 1'314'655 \quad \text{(8. Sammelregister)} \\ 1972-76: & 1'772'194 \quad \text{(9. Sammelregister)} \\ 1977-81: & 2'201'680 \quad \text{(10. Sammelregister)} \\ 1982- \ \ : & 1'130'267 \quad \text{(bis Bd. } 100; \ 30.\ 6.\ 84) \end{cases}
$$

Seit 1965 hat CAS 6'699'392 verschiedene chemische Verbindungen registriert (Stand: 30. 6. 84); dazu kommen noch ca. 1,5 Mill. Verbindungen, die vor 1965 in der Literatur erschienen sind und z. Z. maschinell erfaßt werden [6].

Wie kann man nun diese Informationsmengen noch mit vertretbarem Aufwand bewältigen? Als etwa Mitte des letzten Jahrhunderts die Zahl der Zeitschriften so groß wurde, daß sie vom einzelnen Wissenschaftler nicht mehr überschaubar war, entstanden die ersten Referatezeitschriften [1 a, 7]. Heute reicht dieses Instrument der Information in seiner gedruckten, manuell zu benutzenden Form nicht mehr aus. Die Verarbeitung und Speicherung von großen Datenmengen mit Computern liegt auf der Hand [8]. Die heute wichtigste Einsatzform des Computers zur gezielten (Wieder)gewinnung von Information („Retrieval‘) durch den (End)benutzer ist die ‚Online-Recherche‘.

2.1.1 Was ist eine Online-Recherche? Bei einer *Online-Recherche* [9, 10] ist der Benutzer über eine Datenend- und entsprechende Nachrichtenübertragungseinrichtungen *direkt* („online‘) mit einem meist weit entfernten Großrechner verbunden, der die gesuchten Informationen geordnet (in Form von Datenbasen* oder Datenbanken*) und unmittelbar abfragbar gespeichert hat. Durch Eingabe von Befehlen und vom Benutzer zur Beschreibung der Fragestellung gewählten Suchbegriffen wird der Rechner veranlaßt, die gewünschte Information im Speicher zu suchen und auszugeben. Aufgrund dieser unmittelbar verfügbaren Resultate kann die Fragestellung vom Benutzer sofort modifiziert und optimiert werden, bis er mit dem erzielten Ergebnis zufrieden ist. Die charakteristische Eigenschaft einer Online-Recherche ist also die direkte Interaktion, *der ‚Dialog‘ mit dem Computer* und die dem Benutzer damit in die Hand gegebene Einflußmöglichkeit auf die Suche.

Folgendes *Beispiel (1)* soll dies veranschaulichen: Gesucht war eine bestimmte Publikation von R. H. HOLM aus dem Jahr 1973 oder 1974 über eine Modellverbindung für den makrozyklischen Corrin-Chromophor. Abb. 2.1 zeigt den Ablauf der entsprechenden Online-Literaturrecherche im Datenbasensystem des *DIALOG Information Service,* einem der vielen Datenbasenbetreiber, die die hier benutzte maschinenlesbare Version von *Chemical Abstracts* auf ihrem Computer anbieten. Durch das Zeichen ‚?‘ signalisiert der Computer seine Bereitschaft zur Entgegennahme einer Eingabe. Mit dem ersten Befehl ‚BEGIN 309‘ wurde das zu suchende, die Literatur von 1972–76 enthaltende File 309 gewählt (aus technischen Gründen ist die Online-Version von CA ebenso wie die gedruckte Fassung meist nach Zeitperioden (Sammelregister) unterteilt, um die zu suchende Informationsmenge und damit auch die Suchzeit in annehmbaren Grenzen zu halten). Der Rechner quittierte den Befehl mit einer Zustandsmeldung, die Datum, Uhrzeit (amerikanische Lokalzeit!), Benutzernummer sowie Zeit und Kosten des zuletzt benutzten Files angibt, bevor der ‚Kopf‘ des jetzt gewählten Files ausgedruckt wurde. Mit ‚EXPAND AU = HOLM, R. H.‘ wurde ein Ausschnitt aus dem alphabetischen Autorenregister angefordert, um verschiedene Schreibweisen des Autorennamens, z. B. Initialen

---

* Kurze Erläuterungen von Fachausdrücken befinden sich im Anhang dieses Buches.

```
? BEGIN 309

          9nov82 2:52:43 User6880
    $1.54  0.024 Hrs File309


File309:CA Search - 1972-1976 (See 308,310,320,311)
(Copr. Am. Chem. Soc.)
        Set Items Description
        --- ----- -----------
? EXPAND AU=HOLM, R. H.

Ref Items  Index-term
E1      3  AU=HOLM, R. E.
E2     16  AU=HOLM, R. H (ED)
E3     56 *AU=HOLM, R. H.
E4      6  AU=HOLM, R. T.
E5      1  AU=HOLM, RAINER
E6      5  AU=HOLM, REIMER
E7      4  AU=HOLM, REINER
E8      1  AU=HOLM, RICHARD D.
E9      2  AU=HOLM, RICHARD F.
E10     1  AU=HOLM, RICHARD H.
E11     9  AU=HOLM, ROBERT A (ED)
E12     2  AU=HOLM, ROBERT A.
                                  -more-
? SELECT E3,E10

      1    57 E3,E10
              E3: AU=HOLM, R. H.
? SELECT CORRIN?

      2   184 CORRIN?
? COMBINE 1 AND 2

      3     2 1 AND 2
? TYPE 3/3/1-2

3/3/1
83070797   CA: 83(8)70797c   JOURNAL
   Synthetic   transformations   of   tetraaza   macrocyclic   metal   complexes.
Preparation   of   the   corrinoid   and   other   unsaturated   ring   systems   by
oxidative   dehydrogenation   reactions   of   nickel(II),   copper(II),   and
cobalt(II) macrocycles
   AUTHOR: Tang, S. C.; Holm, R. H.
   LOCATION: Dep. Chem., Massachusetts Inst. Technol., Cambridge, Mass.
JOURNAL: J. Am. Chem. Soc.      DATE: 1975   VOLUME: 97   NUMBER: 12
PAGES: 3359-66    CODEN: JACSAT    LANGUAGE: English

3/3/2
78084382   CA: 78(13)84382x   JOURNAL
   General   synthetic   routes   to  tetraaza  macrocycles.   Preparation of the
corrin inner ring structure
   AUTHOR: Tang, S. C.; Weinstein, G. N.; Holm, R. H.
   LOCATION: Dep. Chem., Massachusetts Inst. Technol., Cambridge, Mass.
JOURNAL: J. Amer. Chem. Soc.     DATE: 1973   VOLUME: 95   NUMBER: 2
PAGES: 613-14    CODEN: JACSAT    LANGUAGE: English

? .COST

          9nov82 2:54:09 User6880
    $1.60  0.025 Hrs File309 3 Descriptors
    $0.20  2 Types
    $1.80  Estimated Partial Cost
```

Abb. 2.1. Originalausdruck für *Beispiel (1)* in CA SEARCH im System DIALOG (verkleinert, Benutzereingabe unterstrichen) © American Chemical Society

oder ausgeschriebener Vorname, zu erfassen. ,SELECT E3,E10' wählte dann das Gewünschte aus der Liste. Die ,Antwort' des Rechners war ein ,Set 1', der 57 Publikationen des gesuchten Autors enthielt. Damit war das gestellte Problem aber noch nicht gelöst, da ja nur *eine* bestimmte Publikation zum Thema ,Corrin-Modell' gesucht war. In einem zweiten Schritt wurden daher mit ,SELECT CORRIN?' *alle* Veröffentlichungen von 1972–76 über dieses Thema gesucht. Das Fragezeichen steht hier für ,beliebig viele beliebige Zeichen' (,Truncation'); dadurch erfaßt man gleichzeitig verschiedene Synonyme und Schreibweisen eines Begriffs wie z. B. ,corrin', ,corrin*s*', ,corrin*ic*', ,corrin*oid*', ,corrin*ates*' usw. Dieser Kunstgriff ist notwendig, da der Computer ja nicht ,liest', sondern nur mechanisch Zeichen für Zeichen des Suchbegriffs mit einem gespeicherten Register vergleicht; ,corrin' und ,corrin*s*' z. B. sind also für ihn völlig verschieden. Ein ,Set 2' mit ,184 items' (= Publikationen über Corrine) war das Resultat. Die logische Verknüpfung der beiden Konzepte der Fragestellung durch ,COMBINE (Set) 1 AND 2' reduzierte die Menge der Zitate auf zwei; mit dem Boole'schen Operator ,AND' wurde verlangt, nur Zitate zu wählen, die sowohl vom gewünschten Autor stammen als auch das Schlagwort ,corrin…' enthalten. Der Ausdruck der beiden Zitate mittels ,TYPE (Set) 3/(Format)3/(Zitat-Nr.)1–2' erlaubte eine sofortige Kontrolle des Ergebnisses; das zweite Zitat war das vom Fragesteller gesuchte. Die Kosten dieser knapp zwei Minuten dauernden Online-Literaturrecherche betrugen $ 1.80; dazu kamen noch die Telefongebühren (ca. DM 3,–).

Zum Vergleich dazu die entsprechende *manuelle* Recherche in der *gedruckten* Version von CA: Konsultierung des Autoren-Sammelregisters 1972–76 ergab unter dem Namen ,Holm, R. H.' 7 Literaturzitate (d. h. Nummern von Abstracts mit Titeln; die bibliographischen Angaben müssen dann einzeln nachgeschlagen werden!), wovon keines dem gesuchten entsprach, und Querverweise auf 30 andere Autoren. Da CA aus Platzgründen im gedruckten Register immer nur den jeweils ersten Autor einer Publikation direkt suchbar macht, sind alle anderen 30 Autoren (mit R. H. Holm als Koautor) auch noch nachzuschlagen und insgesamt 57 Titel auf das Vorhandensein des Schlagworts ,corrin' zu überprüfen. Das Beispiel zeigt einen der wesentlichen Vorteile von Online-Recherchen: die Ersparnis von Zeit und Mühe.

2.1.2 Wie funktioniert eine Online-Recherche? In Abb. 2.2 ist vereinfachend schematisch dargestellt, was gewissermaßen hinter dem besprochenen Beispiel (Abb. 2.1) einer Literaturrecherche steckt. Die Datenendeinrichtung (Terminal) des Benutzers ist über ein Modem und ein normales Telefon mit einem Nachrichtennetzwerk verbunden, das die Verbindung mit dem Computer des Datenbasenanbieters herstellt, der die vom Benutzer gewünschte Information gespeichert hat. Der Anbieter seinerseits bezieht diese Information von einem Datenbasenproduzenten in maschinenlesbarer Form auf Magnetband (z. B. CA SEARCH von CAS), formatisiert sie um (,Implementierung') und speichert sie so, daß sie mittels ,Retrievalsprache' direkt abgefragt werden kann [11].

Da Terminal und Computer zur Informationsübertragung digitale Signale (Gleichstrom) benutzen, über das normale Telefonnetz aber nur analoge Signale (Wechselstrom) übertragen werden können, besorgt ein Modem (MOdulator/DEModulator) oder ein „akustischer Koppler" die erforderliche Signalumwandlung. Die eigentlichen Informationsträger, die Zeichen (Zahlen, Buchstaben, Sonderzeichen inkl. Leerstelle) sind binär durch je 7 bit (d. h. $2^7 = 128$ Zeichen codierbar) verschlüsselt. Durch Hinzufügen von Kontroll-(Paritäts)- und Steuerbits ergeben sich schließlich 10 bit/übertragenes Zeichen; damit folgt für die meist benutzten [12] Übertragungsgeschwindigkeiten 300 Baud = 300 bit/s = 30 Zeichen/s bzw. 1200 Baud = 1200 bit/s = 120 Zei-

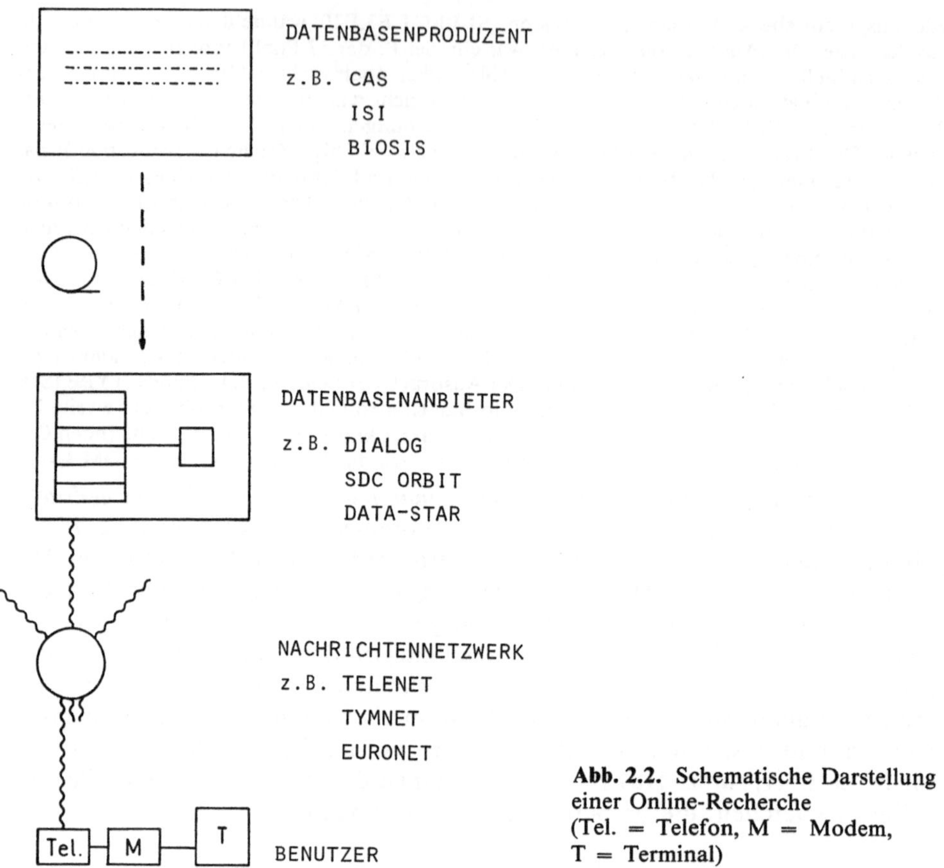

Abb. 2.2. Schematische Darstellung einer Online-Recherche (Tel. = Telefon, M = Modem, T = Terminal)

chen/s (Einzelheiten s. Fachliteratur [13]). Die Herstellung der Verbindung mit dem Datenbasensystem erfolgt durch ein ‚Protokoll'; nach Wählen der Telefonnummer eines ‚Netzknotens' muß der Benutzer die ‚Adressen' des gewünschten Netzwerks und des Datenbasensystems eingeben; außerdem hat er sich durch ‚Benutzerkennungen' zu legitimieren, die einen unbefugten Zugang (auf Kosten des Benutzers!) verhindern sollen. Eine ausführliche Beschreibung solcher Protokolle findet sich z. B. in REHM et al., S. 44–49. Nach Verbindungsherstellung kann dann der ‚Dialog' Benutzer/Datenbasis wie oben beschrieben stattfinden.

Auskunft über die zur Einrichtung einer Datenstation für Online-Recherchen notwendige Ausrüstung (Terminal [14], Modem) und Abmachungen (Telefonanschluß, Benutzerverträge für die Datenbasensysteme) erteilen u. a. die Postbehörden, EURONET/DIANE bzw. die einzelnen Datenbasenanbieter (s. Adressen im Anhang und z. B. REHM et al.).

Drei technische Voraussetzungen haben im wesentlichen Online-Recherchen ermöglicht: 1. das Vorhandensein maschinenlesbarer Information infolge der Computerisierung bei der Produktion der Sekundär- und neuerdings zum

Teil auch der Primärliteratur, 2. die erhöhte Leistungsfähigkeit von Computern und die Verfügbarkeit relativ billiger Speichermedien mit schnellem direktem Zugriff („random access'), 3. die internationalen Kommunikationsnetze zur Daten- und Nachrichtenübertragung.

Die Produzenten von Referateorganen (Sekundärliteratur) wie *Chemical Abstracts Service* oder *BioSciences Information Service* sahen sich gegen Ende der fünfziger Jahre mit einer derartigen Menge an Primärpublikationen konfrontiert, daß sie ihre bisherigen Herstellungsmethoden, die auf Karteisystemen, manueller Informationsverarbeitung und konventionellen Druckmethoden wie Bleisatz beruhten, aus (Personal)kostengründen und wegen des sich vergrößernden Zeitrückstandes auf die Primärveröffentlichung nicht mehr lange hätten durchhalten können. Sie begannen daher mit einer schrittweisen, sich über Jahre erstreckenden Einführung von Computertechnologie zur Verarbeitung, Kontrolle, Speicherung und Druck (Satz) der Information [15]. Die ab 1960 erscheinenden Informationsprodukte des *Institute for Scientific Information* (ISI) wurden z. B. von Anfang an mit Computern produziert [16]. Neben den so auf neuartige Weise hergestellten *gedruckten* Referatezeitschriften stand nun als „Abfallprodukt' die gesamte Information auch in *maschinenlesbarer* Form zur Verfügung. (Daraus folgt u. a., daß die Mehrzahl der heute online verfügbaren Datenbasen bzgl. Inhalt und Indexierung nicht speziell für diese Art Recherchen geschaffen wurde [17 a]).

Um das neue Produkt auszunützen, machte man die Magnetbänder zuerst Informationszentren zugänglich, die sie mit Hilfe von relativ einfachen Suchprogrammen im ‚batch'-(Stapel)Betrieb abfragten [18]. Die vom Benutzer erstellten und dem Informationszentrum zugeschickten Suchprofile wurden dabei mit der gespeicherten Information verglichen, ‚Treffer' ausgedruckt und dem Benutzer zugesandt. Die Art des Speichermediums (Magnetband) und die *sequentielle* Speicherung der Information bedingte ein relativ langsames sequentielles Absuchen des gesamten Bandes. Eine interaktive Suche war nicht möglich, da nach jeder Änderung des Suchprofils der gesamte Prozeß wiederholt werden mußte und außerdem keine direkte Verbindung zwischen Computer und Benutzer bestand. Während die Suchzeiten für laufende Literaturüberwachung, d. h. Suche nur im letzten gelieferten Magnetband, noch akzeptabel waren, eignete sich dieses System nur bedingt für retrospektive Recherchen, d. h. Abfragen der gesamten verfügbaren maschinenlesbaren Information. Die auf diese Weise gesammelten Erfahrungen ebneten aber den Weg für die Einführung von ‚Online-Systemen'. Auch heute werden Suchsysteme im ‚batch'-Betrieb noch verwendet, und zwar vor allem für interne, private Speicher, da sie einfacher und billiger als Online-Systems sind [18, 121].

Für einen schnelleren Zugriff auf gespeicherte Information wird eine Art ‚Register', das sog. ‚*inverted file*' [8 d] benötigt, wo für jeden in der gespeicherten Information auftretenden suchbaren Begriff eine ‚Liste' mit den ‚Nummern' der entsprechenden, den Begriff enthaltenden Dokumentationseinheiten erscheint [8 c, 11 b] (Abb. 2.3). Dann muß nämlich statt der gesamten sequentiell gespeicherten Information nur noch das alphabetisch geordnete ‚inverted file' durchgesucht werden, was wesentlich schneller geht. Die vollständige Dokumentationseinheit kann dann über ihre ‚Nummer' als Adresse schnell aufge-

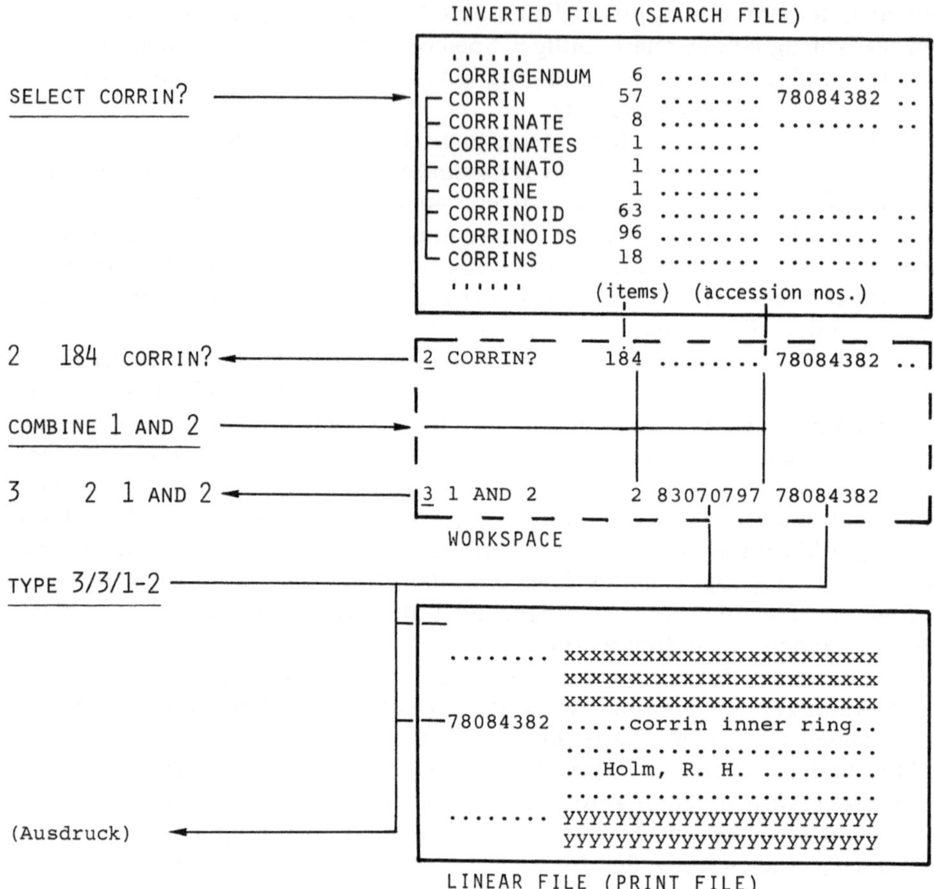

Abb. 2.3. Vereinfachte schematische Darstellung der Online-Recherche in einem Datenbasensystem mit ‚inverted file' (vgl. Abb. 2.1)

rufen und ausgedruckt werden, wenn sie statt auf einem Magnetband auf einem Medium mit schnellem, direktem Zugriff wie z. B. einer Magnetplatte gespeichert ist. Der Vorteil eines solchen Systems mit ‚inverted files' sind die kurzen Suchzeiten, Nachteile der mehr als verdoppelte Speicherplatzbedarf, da ja für das ‚inverted file' die im ‚linear file' (Abb. 2.3) schon enthaltene Information noch einmal wiederholt wird, und das aufwendige Nachladen (‚updating') des Files. Während im ‚batch'-System einfach ein zusätzliches Magnetband sequentiell abgesucht wird, müssen beim Nachladen eines Systems mit ‚inverted files' alle ‚neuen' Suchbegriffe mit dem ‚inverted file' verglichen werden, und die Nummern der neuen Dokumentationseinheiten sind den entsprechenden Begriffen zuzuordnen, was praktisch eine Neuerstellung des ‚inverted files' bedeutet.

Weitere Voraussetzungen für Online-Systeme waren eine möglichst einfache ‚*Retrievalsprache*' für den ‚Dialog' Benutzer/Computer, leistungsfähige

‚time-sharing' Computer-Betriebssysteme und Nachrichtenverbindungen, die vielen Benutzern gleichzeitig Zugang zum Datenbasensystem erlauben. Nur durch große Benutzerzahlen lassen sich nämlich in Anbetracht des sehr hohen Aufwands [9a, 17c, 19] für Einrichtung und Unterhalt solcher Systeme die Kosten für den einzelnen Benutzer auf einem annehmbaren Niveau halten. Die in den USA existierenden (privaten) Nachrichtennetzwerke wie TYMNET oder TELENET [20a] trugen wesentlich zur schnellen Verbreitung von ‚online' seit Anfang der siebziger Jahre bei, als Firmen wie *Lockheed* oder *System Development Corporation* (SDC) ihre im Regierungsauftrag u.a. für die NASA und die *National Library of Medicine* entwickelten Online-Systeme DIALOG bzw. ORBIT auf kommerzieller Basis öffentlich zugänglich machten. In Europa mit seinen komplexen politisch-rechtlichen Verhältnissen im Kommunikationsbereich stand eigentlich erst ab 1980 mit EURONET/DIANE [21] auch ein europäisches Nachrichten- und Datenbasennetz zur Verfügung. Für Einzelheiten zur Geschichte der Online-Systeme [17] bzw. über die modernen Datenübertragungsnetzwerke [20] wird auf die Literatur verwiesen.

Die Technologie-Explosion nach dem zweiten Weltkrieg hat also nicht nur einen wesentlichen Beitrag zur heutigen Informationsüberflutung geleistet, sondern sie hat uns gleichzeitig auch die Mittel in die Hand gegeben, dieser Flut besser Herr zu werden. Computer- (vgl. Kap. 1) und Kommunikationstechnologie [13, 20] (für die Verknüpfung dieser Technologien wurde von Nora & Minc der Begriff ‚telematique' = TELEcommunication + inforMATIQUE geprägt [22]) ermöglichen es heute, riesige auf Computern von Datenbasensystemen zentral gespeicherte Datenmengen dezentral und interaktiv abzufragen. Leider werden diese Hilfsmittel noch zu wenig benutzt, was nicht nur mit den Kosten, sondern wahrscheinlich mehr noch mit einem Mangel an Information über Möglichkeiten (und Grenzen!) von Online-Recherchen und einer gewissen ‚Computer-Schwellenangst' zusammenhängt. In diesem Beitrag soll versucht werden, die ‚Angst des Benutzers vor dem Terminal' zu mildern, und anhand von Beispielen zu zeigen, wie Online-Recherchen dem Chemiker in Forschung, Entwicklung, Anwendung und Lehre helfen können. Während nämlich in der chemischen Großindustrie diese Informationshilfsmittel schon weitverbreitet sind – das hängt wohl damit zusammen, daß diese Firmen über Einrichtungen wie z.B. die IDC [23] oder BASIC [24] an ihrer Entwicklung beteiligt waren – scheint bei kleineren und mittleren Betrieben und vor allem an den Hochschulen [25] noch ein beträchtliches Defizit an solchen Informationsmöglichkeiten zu bestehen.

2.2 Online-Recherchen zur Lösung chemischer Informationsprobleme: Beispiele aus der Praxis

Die Informationsprobleme in der Chemie lassen sich *formal* in folgende Kategorien einteilen:

1. Literatur-Recherchen
   - a) bibliographische Daten (Autoren usw.)
   - b) Sachverhalte
   - c) Reaktionen
   - d) Verbindungen
2. Daten-Recherchen
3. Substrukturrecherchen

Die folgenden Beispiele sollen die Lösung chemischer Informationsprobleme mit Hilfe von Online-Recherchen demonstrieren und dabei Anwendung, Möglichkeiten und Grenzen dieser Methode zeigen. Es ist in diesem Rahmen nicht möglich, eine detaillierte praktische Anleitung für Online-Recherchen zu geben. Dafür wird auf die im Literaturverzeichnis angegebenen Lehrbücher etc. verwiesen.

2.2.1 Literaturrecherchen. Eine Autoren-Recherche wurde bereits in 2.1.1 vorgestellt. Bei solchen Fragen nach *bibliographischen Daten* sind Online-Recherchen vorzuziehen, wenn (wie in Beispiel (1)) aus einer Fülle von Publikationen eines Autors nur einige thematisch eingeschränkte herausgesucht werden sollen, oder wenn z.B. gemeinsame Veröffentlichungen mehrerer Autoren gefragt sind (vgl. auch Beispiel 1 in [26]). Für ‚online' spricht auch die ‚gedruckte', sofort archivierbare Form des Resultats.

Das folgende *Beispiel (2)* einer *Sachverhalts-Recherche* demonstriert einige weitere Vorzüge der Online-Suche gegenüber dem manuellen Verfahren. Für neuere Literatur (ab 1980) über „Droplet Countercurrent Chromatography" gab die *manuelle* Recherche in den fünf CA Sachregistern der Bände 92–96 insgesamt 13 relevante Publikationen, die mit dem Deskriptor ‚chromatography, column and liquid, droplet countercurrent' (11) bzw. ‚chromatography, droplet countercurrent' (2) indexiert waren [27]. Die Suche in den 17 (!) Schlagwortregistern der Hefte des laufenden Bandes *97* unter ‚droplet', ‚countercurrent' bzw. ‚chromatog...' gab keine relevanten Zitate.

Das Gesamtergebnis der teilweise in Abb. 2.4 gezeigten Online-Recherche für den gleichen Zeitraum 1980–82 betrug 21 Publikationen, davon 20 relevante. Als Suchbegriffe dienten die zwei wesentlichen, den Sachverhalt beschreibenden Schlagworte ‚droplet' und ‚chromatog?', wobei durch die ‚Truncation' mit ‚?' (= beliebig viele beliebige Zeichen inkl. Leerstellen) verschiedene Synonyme wie ‚chromatography', ‚chromatographic' und vor allem die von CA häufig verwendete Abkürzung ‚chromatog' mit einer Eingabe erfaßt wurden. Die Verknüpfung der Begriffe mit dem Kontext-Operator (F) bedingt, daß beide Begriffe im gleichen Datenfeld und damit in einem gewissen Zusammenhang vorkommen müssen, damit ein Zitat gefunden wird (Abb. 2.4). Das bessere Ergebnis der Online-Recherche erklärt sich folgendermaßen: Die neueste, in Abb. 2.4 zuerst ausgedruckte Veröffentlichung aus CA Heft 19 wurde manuell nicht gefunden, da am 6.12. CA in der Bibliothek nur bis Heft 17, online aber bis Heft 22 verfügbar war; dieser Aktualitätsunterschied von etwa fünf Heften war üblich. Die beiden folgenden neuesten Arbeiten wurden manuell ebenfalls nicht gefunden, da die Suchbegriffe lediglich im (nur online suchbaren) Titel, nicht aber in den Heftregister-Schlagworten (in Abb. 2.4 im IDENTIFIER-Datenfeld ausgedruckt), bzw. nur an einer späteren, nicht mehr alphabetisierten Stelle der Schlagwort-Phrase auftreten (letztes Beispiel). Auch die anderen vier manuell nicht gefundenen Publikationen enthielten die Suchbegriffe nur im Titel oder an einer späteren Stelle der Registerphrase (vgl. auch Beispiel 5 in [26]).

```
File311:CA Search 1982 UD=09722 (See 308,309,310,320)
(Copr. Am. Chem. Soc.)
        Set Items Description
        ---- ------- -------------

? S DROPLET(F)CHROMATOG?


        1       6 DROPLET(F)CHROMATOG?
? T1/2/1-6

1/2/1
97158980     CA: 97(19)158980g     JOURNAL
  Droplet countercurrent chromatography with nonaqueous solvent systems
  AUTHOR: Domon, Bruno; Hostettmann, Maryse; Hostettmann, Kurt
  LOCATION: Ec. Pharm., Univ. Lausanne, CH-1005, Lausanne, Switz.
JOURNAL: J. Chromatogr.    DATE: 1982    VOLUME: 246    NUMBER: 1    PAGES:
133-5    CODEN: JOCRAM    ISSN: 0021-9673    LANGUAGE: English
  SECTION.
CA109003 Biochemical Methods
  IDENTIFIERS:    droplet    countercurrent    chromatog nonaq solvent,    natural
product droplet countercurrent chromatog


1/2/2
97074312     CA: 97(10)74312c     JOURNAL
  Separation    and    purification    of    various    fatty    acids    by    droplet
countercurrent chromatography
  AUTHOR: Yonese, Chizuo; Saito, Katsushige; Nishiguchi, Tatsuro
  LOCATION: Osaka Inst. Technol., Osaka, Japan
JOURNAL: Osaka Kogyo Daigaku Kiyo, Rikohen    DATE: 1981    VOLUME: 26
NUMBER: 1    PAGES: 43-60    CODEN: OKDRAK    ISSN: 0375-0191    LANGUAGE:
Japanese
  SECTION.
CA145003 Industrial Organic Chemicals, Leather, Fats, and Waxes
  IDENTIFIERS: fatty acid chromatog countercurrent


1/2/3
97074311     CA: 97(10)74311b     JOURNAL
  Separation    and    purification    of    various    synthetic    simple    glycerides    by
droplet countercurrent chromatography
  AUTHOR: Yonese, Chizuo; Saito, Katsushige; Nishiguchi, Tatsuro
  LOCATION: Dep. Appl. Chem., Osaka Inst. Technol., Osaka, Japan
JOURNAL: Osaka Kogyo Daigaku Kiyo, Rikohen    DATE: 1982    VOLUME: 26
NUMBER: 2    PAGES: 179-91    CODEN: OKDRAK    ISSN: 0375-0191    LANGUAGE:
Japanese
  SECTION:
CA145003 Industrial Organic Chemicals, Leather, Fats, and Waxes
  IDENTIFIERS: glyceride chromatog droplet countercurrent
```

Abb. 2.4. Originalausdruck für *Beispiel (2)* in CA SEARCH im System DIALOG (verkleinert, Benutzereingabe unterstrichen, Befehle in der üblichen Kurzform: S = SELECT, T = TYPE, Suchbegriffe eingerahmt) © American Chemical Society

Dieses Beispiel zeigt eine typische Beschränkung gedruckter Register: Begriffe werden (außer durch Zufall) nur dann gefunden, wenn sie alphabetisiert sind, d. h. am Beginn einer Phrase stehen. Eine mögliche Lösung des Problems ist die Permutierung von Phrasen, so daß jeder Begriff einmal alphabetisiert am Anfang steht. Das geht bei relativ kleinen Registern wie z. B. dem ‚*Permuterm Subject Index*‘ des *Science Citation Index* [28 a], wegen des enormen Platzaufwands aber nicht bei den gedruckten CA Registern. Bei einer Online-Recherche hingegen sind alle Begriffe unabhängig von der Position suchbar.

Die Online-Recherche war nicht nur weniger aufwendig (Zeit: 6 Min., Gesamtkosten ca. DM 26,—) als die entsprechende Suche in den gedruckten CA, sie war auch aktueller und bietet bei prinzipiell gleichem Informationsgehalt

Tabelle 2.1. Zugriffsmöglichkeiten zur CA Information

	gedruckt	online
Titel	–	+
Autorennamen	+	+
Autorenadresse	–	+
Zeitschriftenname	–	+
Publikationsjahr	–	+
Publikationstyp u. -sprache	(–)[a]	+
Patentinformation	(+)[b]	+
CA Sektion	–	+
Schlagworte	(+)[c]	+
Registerbegriffe	(+)[d]	+
Verbindungsnamen	+	+
Summenformel	+	+
Ringdeskriptoren	(+)[e]	+

[a] Patente und Reviews sind mit P bzw. R vor der CA Abstract No. gekennzeichnet
[b] relativ zu online nur beschränkte Suchmöglichkeiten
[c] nur Beginn der Phrase; nur lfd. Band, da Heftregister normalerweise nicht gebunden werden
[d] nur Beginn der Registerphrase (‚index heading‘), da erläuternder Text (‚index modifier‘) ja nicht alphabetisiert
[e] nur Stammsysteme im ‚*Parent Compound Handbook*‘ [29] (ab 1984: ‚*Ring Systems Handbook*‘)

(gedruckte und online CA Version werden ja vom gleichen Magnetband produziert) Zugriff zu wesentlich mehr Daten(feldern) (Tabelle 2.1).

Wenn statt einer retrospektiven Recherche *laufende* Information aus der neuesten Literatur gewünscht wird, dann bietet sich ein SDI-Auftrag an (SDI = Selective Dissemination of Information). Ein wie üblich eingegebenes Suchprofil wird durch einen Befehl gespeichert (END/SDI im System DIALOG) und dann vom System automatisch alle zwei Wochen beim ‚Nachladen‘ (update) ausgeführt; die gefundenen neuen Zitate werden ausgedruckt und dem Benutzer zugeschickt (Abb. 2.5). *Beispiel (3)* zeigt dies für ein Profil über Corrine und Hydroporphyrine:

(1)	S CORRIN?	(7)	S ISOBACTERIOCHLORIN?
(2)	S CORPHIN?	(8)	C 1–7/OR
(3)	S CORRIPHYRIN?	(9)	S PORPHIN? OR PORPHYRIN?
(4)	S SIROHYDRO-CHLORIN?	(10)	S TETRAHYDRO OR HEXAHYDRO
(5)	S SIROHEM?	(11)	C 9 AND 10
(6)	S BACTERIOCHLORIN?	(12)	C 8 OR 11

Auf diese Weise kann man sich ‚CA Selects‘ [30, 31], allerdings ohne den Abstract, für den eigenen Bedarf gewissermaßen maßschneidern. Ein SDI-Profil kann jederzeit gelöscht oder modifiziert werden; das ist z. B. nötig, wenn sich die Terminologie oder Indexierungspolitik von CAS ändert. Die monatlichen Kosten betragen je nach Suchprofillänge und Datenbasensystem ca. DM 25–35,—.

Der *Ausdruck der Ergebnisse* von Recherchen kann *online* auf dem Terminal während der Suche (Abb. 2.1, 2.4), oder *offline,* d.h. auf einem Schnelldrucker (meist Laserdrucker) des

```
Print 12/2/1-5
DIALOG File311: CA Search 1982 UD=09716 (See 308,309,310,320)


97127349    CA: 97(15)127349d    JOURNAL
  Synthesis of the parent compound of isobacteriochlorins.    A
diminution of the .pi.-system of porphins
   AUTHOR: Flitsch, Wilhelm; Schulz, Dieter
   LOCATION: Org.-Chem. Inst., Univ. Muenster, D-4400, Muenster
, Fed. Rep. Ger.
  JOURNAL: Tetrahedron Lett.    DATE:    1982    VOLUME:    23
NUMBER:    22    PAGES:    2297-300    CODEN: TELEAY    ISSN:
0040-4039  LANGUAGE: English
   SECTION:
CA126007 Biomolecules and Their Synthetic Analogs
   IDENTIFIERS: isobacteriochlorin parent, porphin bisdesetheno
, platinum bisdesethenoporphin, copper bisdesethenoporphin


97126060    CA: 97(15)126060r    JOURNAL
  Effect of pantothenate on indexes related to cobalamin
during vitamin B12 deficiency
   AUTHOR: Moiseenok, A. G.; Bud'ko, T. N.; Sheibak, V. M.
   LOCATION: Otd. Regul. Obmena Veshchestv, Grodno, USSR
JOURNAL: Vopr.  Pitan.    DATE: 1982    NUMBER:  3    PAGES:
48-51    CODEN: VPITAR    ISSN:  0042-8833  LANGUAGE:  Russian
   SECTION:
CA118002 Animal Nutrition
   IDENTIFIERS: calcium pantothenate vitamin B12 deficiency,
cobalamin metab diet pantothenate


97122326    CA: 97(15)122326j    JOURNAL
  Moessbauer studies of iron-sulfur (3Fe-3S) clusters and
sulfite reductase
   AUTHOR: Muenck, Eckard
   LOCATION: Gray Freshwater Biol. Inst., Univ.  Minnesota,
Navarre, MN, USA
JOURNAL: Met. Ions Biol.    DATE: 1982    VOLUME: 4    NUMBER:
Iron-Sulfur  Proteins    PAGES:   147-75    CODEN:   MIOBDS
ISSN: 0271-2911  LANGUAGE: English
   SECTION:
CA106003 General Biochemistry
CA107XXX Enzymes
CA109XXX Biochemical Methods
   IDENTIFIERS: iron sulfur cluster Moessbauer spectra, sulfite
reductase Moessbauer spectra, ferredoxin Moessbauer spectra


96034890    CA: 96(5)34890n    PATENT
  Elimination of alkyl and alkenyl groups
   INVENTOR(AUTHOR): Scheffold, Rolf; Amble, Erik
   LOCATION: Switz.
   ASSIGNEE: Ciba-Geigy A.-G.
   PATENT: European Pat. Appl. ; EP 37373 A1  DATE: 811007
   APPLICATION: EP 81810099 (810316); *CH 80/2240 (800321)
     PAGES:   26  pp.    CODEN:  EPXXDW    LANGUAGE:  German
CLASS: C07C-051/09, C07C-059/50, C07C-063/06, C07B-007/00,
```

Abb. 2.5. Offline-Ausdruck (halbe Seite, verkleinert) für das SDI-Profil *Beispiel (3)* in CA SEARCH im System DIALOG © American Chemical Society

Datenbasenbetreibers mit Zusendung per Luftpost an den Benutzer erfolgen. Die Online-Ausgabe ist sofort verfügbar, wegen der von der Post für jedes übertragene Zeichen erhobenen ‚Volumengebühr' und der benötigten Computer- und Telefonzeit jedoch teurer. Offline-Ausdrucke sind von besserer Qualität (Abb. 2.5) und sehr gut zum Archivieren geeignet. Selbst aus den USA dauert die Zusendung meist nur 5–10 Tage, bei europäischen Anbietern ist sie natürlich noch schneller, so daß die Dringlichkeit der Recherche kein Argument gegen Offline-Ausdruck sein muß. Das *Sortieren* des Ausdrucks z. B. nach Autoren, Zeitschriften oder Erscheinungsjahr ist meist auch nur bei Offline-Ausgabe möglich (Ausnahme: DIALOG), und gerade bei großen Zitatmengen sehr nützlich. Für beide Arten der Ausgabe können feste und/oder frei wählbare *Formate* spezifiziert werden, um den Inhalt des Ausdrucks zu definieren, d. h. welche Datenfelder (z. B. Titel, Autorennamen) der Dokumentationseinheit gewünscht werden. Bei CA sind außer den bibliographischen Angaben die Informationen der gedruckten Register ausdruckbar; der Text des Abstract ist hingegen in CA SEARCH nicht enthalten und nur bei CAS ONLINE verfügbar [32]. Der Abstract ist jedoch über die bei der Online-Recherche erhaltene Abstract-Nummer (‚accession no.') derzeit in der gedruckten Version nachschlagbar, was in vielen Fällen aber nicht notwendig ist, da schon Titel oder Schlagworte genügend Auskunft über die Relevanz des Zitates geben, so daß man mittels der bibliographischen Daten sofort in die Primärliteratur einsteigen kann.

Die bisherigen Beispiele stammen alle aus CA SEARCH im System DIALOG. Die maschinenlesbare Version von *Chemical Abstracts* [33] wird jedoch noch von vielen anderen Datenbasensystemen angeboten. Diese Systeme unterscheiden sich in der Implementierung [11a] des CA SEARCH-Magnetbandes und der ‚Retrievalsprache', und damit auch z. T. in den Suchmöglichkeiten. Daher ist es trotz des Aufwandes, zusätzliche ‚Retrievalsprachen' zu lernen (die aber in ihrer Struktur alle relativ ähnlich sind [34]), von Nutzen, Zugang zu mehreren Datenbasenanbietern zu haben. Dies gilt um so mehr, weil wichtige Datenbasen exklusiv nur von einem Anbieter vertrieben werden, z. B. der *Science Citation Index* von DIALOG (bzw. DIMDI) und die DERWENT Datenbasen *World Patent Index, Chemical Reaction Documentation Service* nur von SDC ORBIT (s. unten). Für Literatur über Benutzung und Vergleich verschiedener Datenbasensysteme siehe [35–37].

Eine Recherche zum Thema „Biosynthese von Penicillinen und Cephalosporinen" zeigt die Möglichkeiten der *interaktiven* Suche. Nach einem ersten ‚Anlauf' kann man die gefundenen Ergebnisse analysieren, neue Begriffe hinzufügen bzw. alte modifizieren und das geänderte Profil wiederholen. Außer bei kurzen oder nur orientierenden Recherchen ist immer eine solche Optimierung des Profils nötig, entweder in einfachen Fällen sofort online, oder (ohne ‚Terminalstress') durch Abschalten-Analysieren des Ausdruck-Wiederbeginn. Bei einer manuellen Suche müßte man dazu wieder von vorne anfangen, was meist wegen des Zeitaufwandes unmöglich ist. *Beispiel (4)* wurde im Datenbasensystem SDC ORBIT IV gesucht; eine ausführliche Einführung für Recherchen in den CA Files von SDC ORBIT und einen Vergleich mit der gedruckten CA Version gibt REHM et al.

Profil 1			Profil 2		
SS 1 : ALL BIOSYNTHE:	(1082)		SS 1 : ALL BIOSYNTHE:	(1082)	
SS 2 : ALL PENICILL:	(595)		SS 2 : ALL PENICILLIN:	(329)	
SS 3 : ALL CEPHALOSPOR:	(297)		SS 3 : ALL CEPHALOSPOR:	(297)	
SS 4 : 1 AND (2 OR 3)	(33)		SS 4 : 1 AND (2 OR 3)	(16)	
			SS 5 : 1 (L) (2 OR 3)	(13)	

Das erste Suchprofil gab für das Jahr 1982 33 Zitate (File CAS82). Ein Probeausdruck der Titel der ersten fünf Zitate zeigte, daß sich vier davon nicht mit dem gesuchten Thema, sondern z. B. mit der Biosynthese von Ergot-Alkaloiden in *Penicillium gorlenkoanum* befaßten. In der zweiten Fassung des Suchprofils wurde daher die Länge des Wortstammes erhöht (PENICILLIN: statt PENICILL:; „:" = beliebige Zahl von Zeichen). Die zwei Konzepte Biosynthese/(Penicillin oder Cephalosporin) wurden statt mit dem logischen Operator ‚AND', der nur verlangt, daß beide Konzepte irgendwo in der gleichen Dokumentationseinheit (Zitat) vorkommen, durch den Kontext-Operator (L) verknüpft, der bedingt, daß beide Konzepte in der gleichen Phrase und damit auch im inhaltlichen Zusammenhang erscheinen. So reduzierte sich die Zahl der mit Profil 2 gefundenen Zitate auf 13; nur eine Arbeit mit dem Titel „Effect of penicillin and its decomposition products on L-lysine biosynthesis by *Brevibacterium flavum CB*" war nicht relevant. Derartige im Sinne der Fragestellung falsche Begriffsassoziationen sind nicht selten. Faßt man die Frage enger, um das zu vermeiden, dann läuft man Gefahr, auch relevante Zitate zu verlieren oder sogar nichts zu finden (vgl. unten).

In diesem Beispiel interessierte nicht nur die allerneueste Literatur, sondern auch 1980 und 1981 erschienene Publikationen. Dazu wurde das zweite Suchprofil mit dem Befehl ‚SAVE GRAF' (Name des Suchprofils vom Benutzer gewählt) gespeichert, um ein zeitraubendes Wiedereintippen zu vermeiden, und im File CAS77 mit dem Befehl ‚RECALL GRAF' automatisch wieder ausgeführt. Da File CAS77 die Literatur von 1977–81 umfaßt (= 10. Sammelregister von CA), wurden die insgesamt mit S(earch)S(tatement) 5 gefundenen 57 Publikationen mit dem Befehl ‚5 AND 80–81' auf den gewünschten Zeitraum beschränkt: 18 Arbeiten, davon 15 relevant. Alle Zitate wurden offline ausgedruckt. Außer der hier gezeigten Einschränkung auf bestimmte Publikationsjahre sind noch andere formale Einschränkungen des Rechercheergebnisses möglich, z. B. nach Dokumentart (Patente können entweder speziell gesucht bzw. ausgeschlossen werden, oder der Ausdruck wird auf Reviews beschränkt), Zeitschrift (via Titel oder CODEN bzw. ISSN), Sprache der Primärpublikation. Die Möglichkeit, Suchprofile zu speichern (für einen Tag gratis, für unbeschränkte Zeit gegen eine geringe Gebühr) und sie dann beliebig oft in beliebigen Datenbasen wieder aufzurufen, zu modifizieren oder für SDI (Beispiel 3) zu verwenden, ist ein wesentlicher Vorteil von Online-Systemen.

Die schon in den bisherigen Beispielen gezeigte Möglichkeit, Begriffe durch Operatoren ‚logisch' oder im Textzusammenhang zu kombinieren, erlaubt die Suche nach komplexen Sachverhalten. Die Frage „Welche Veröffentlichungen gibt es zur Enantiomerentrennung durch Kapillarsäulen-Gaschromatographie" *(Beispiel (5))* läßt sich in folgende Konzepte zerlegen: gas chromatography (A), resolution of enantiometers (B), chiral phases (C), capillary columns (D). Als Quelle für die zur Erstellung des Suchprofils benötigten Suchbegriffe dienen außer der Sachkenntnis des Fragestellers meist noch die CA Registerführer oder speziell für Online-Recherchen von CAS entwickelte Suchhilfen [31]. In diesem Beispiel wurde ein ‚online-spezifischer' Weg eingeschlagen, um die von CA verwendete Terminologie ausfindig zu machen. Drei bekannte, relevante Publikationen wurden über die Autoren online ‚gesucht' und im vollen Format mit allen Registereintragungen ausgedruckt. Analyse der Indexierung führte dann zum verwendeten Suchprofil (Abb. 2.6): ‚Truncation' erfaßte z. B. die von CA verwendeten Synonyme resolution/resoln, separation/ sepn in verschiedenen Schreibweisen: ‚GAS (L) CHROMATOG:' stand für die gefundenen Index-Phrasen ‚chromatography, gas', ‚gas chromatog', ‚gasliquid chromatog' usw. Der (W)-Operator in OPTICALLY(W)ACTIVE verlangte, daß beide Begriffe in der angegebenen Reihenfolge und nur durch ‚Wortteiler' (Leerstelle, Klammer, Bindestrich) getrennt vorkommen; auf diese Weise kann ein nur Zeichenketten vergleichendes System ‚Worte' unterscheiden. Die Konzepte ‚phases' bzw. ‚columns' verwendete man nicht, da der Sachverhalt durch die anderen Begriffe und den Zusammenhang hinreichend beschrieben war; die Einbeziehung dieser breiten Begriffe mit sehr vielen zugehörigen Zitaten hätte die Recherche nur unnötig kompliziert und verlängert. Die Konzepte

```
YOU ARE NOW CONNECTED TO THE CAS77 PROXIMITY DATABASE.
ACS COPYRIGHT
COVERS 1977 THROUGH 1981.
SEE ALSO CA82, CA72, AND CA67.  LEFT-HAND TRUNCATION AVAILABLE.


SS 1:  GAS (L) ALL CHROMATOG:  (15721)
SS 2:  ALL RESOLUTION# OR RESOLN OR ALL SEPARATION# OR SEPN  (32709)
SS 3:  ALL ENANTIOMER: OR ALL RACEM:  (2227)
SS 4:  2 (L) 3  (459)
SS 5:  4 OR CHIRAL OR OPTICALLY (W) ACTIVE  (3780)
SS 6:  1 (L) 5  (103)
SS 7:  6 AND CAPILLARY  (10)


-1-
AN  - CA95-181786(21)
TI  - Determination of enantiomeric N-trifluoroacetyl-L-prolyl chloride
      amphetamine derivatives by capillary gas chromatography/mass
      spectrometry with chiral and achiral stationary phases
SO  - Anal. Chem. (ANCHAM), V 53 (14), p. 2180-4, 1981, ISSN 00032700

-2-
AN  - CA94-152821(19)
TI  - Separation of neutral and amino sugars by capillary gas
      chromatography
SO  - J. Chromatogr. (JOCRAM), V 207 (2), p. 268-72, 1981, ISSN
      00219673

-3-
AN  - CA94-135208(17)
TI  - A convenient, rapid method for the resolution of enantiomeric
      amino acids using chiral phases on stainless-steel capillary gas
      chromatographic columns
SO  - Anal. Biochem. (ANBCA2), V 109 (2), p. 414-20, 1980, ISSN
      00032697

-4-
AN  - CA94-72016(10)
TI  - Resolution of amino acid enantiomers by glass capillary gas
      chromatography on easily prepared optically active stationary
      phases
SO  - J. Chromatogr. (JOCRAM), V 200, p. 195-9, 1980, ISSN 00219673
```

Abb. 2.6. Online-Ausdruck für *Beispiel (5)* in CA SEARCH im System SDC ORBIT (Suchprofil und Ergebnisse, verkleinert) © American Chemical Society

wurden dann nach dem Schema (A (L) (B OR C)) AND D miteinander verknüpft (Abb. 2.6). Durch diese Kombination reduzierte sich die große Zahl von Zitaten zu den einzelnen Begriffen (z. B. 15721 für Gas-Chromatographie) schließlich auf 10 relevante Arbeiten. In den gedruckten CA Registern wäre solch eine mehrdimensionale Suche praktisch undurchführbar (vgl. auch Beispiel 2 in [26]).

Bemerkenswerterweise hatte keines der drei Ausgangszitate den Begriff ‚capillary‘ oder entsprechende Synonyme enthalten, obwohl diese Publikationen über Kapillar-GC berichten! Ein erstes Profil *ohne* ‚CAPILLARY‘ gab jedoch für 1977–81 103 Zitate, darunter viele irrelevante, so daß dennoch diese Einschränkung benutzt wurde, obwohl man damit sicher einige relevante Publikationen verlor. Dies illustriert nicht untypisch die Abhängigkeit des ‚Retrieval‘ von der Indexierung und damit die Abhängigkeit des Benutzers von CA (vgl. z. B. [38]). An der Tatsache ‚quod non est in actis, non est in mundo‘ kann auch ‚online‘ nichts ändern.

Die Bedeutung eines guten Suchprofils für die Qualität der Recherche illustriert *Beispiel (6):* Literatur über „Nuclear Overhauser Effect Difference Spectroscopy" wurde im System DIALOG auf zwei Arten gesucht (1967–81; 15.1.82): ‚OVERHAUSER(S)EFFECT(S)DIFFEREN?‘ (Profil *A*), bzw. ‚OVERHAUSER(S)DIFFEREN? OR NOE(S)DIFFEREN?‘ (Profil *B;* der (S)-Operator bei DIALOG verlangt, daß beide verknüpften Begriffe in der gleichen Phrase oder im Titel vorkommen). Alle mit Profil *A* gefundenen sechs Zitate waren relevant; mit *B* wurden aber doppelt so viele relevante Zitate gefunden, so daß man auch zwei irrelevante Zitate in Kauf nimmt. Eine Analyse der nur von Profil *B,* nicht aber von *A* gefundenen relevanten Zitate zeigte, daß in einem Fall lediglich die Abkürzung ‚NOE‘ im Titel vorkam, in den anderen fünf Zitaten das Schlagwort ‚effect‘ fehlte.

Ein Sachverhalt kann in CA auf zwei Arten beschrieben und suchbar sein: durch vom Autor oder CAS beliebig gewählte Begriffe (Identifier: Worte aus dem Originaltitel, Schlagworte im CA Heftregister) oder durch ein von CA für den betreffenden Sachverhalt genau definiertes Schlagwort bzw. eine Schlagwortphrase (Deskriptoren: alphabetisierte Begriffe im CA Sachregister). Diese Deskriptoren sind sehr präzise, aber nicht hinreichend für das Erfassen der gesamten relevanten Literatur, wie *Beispiel (7)* zeigt. (Hinzu kommt, daß sich die CA Terminologie nicht zu selten ändert und natürlich auch hinter der neuesten Literatur ‚nachhinkt‘.) Für „Differential-Thermoanalyse" fand man im CA Registerführer 1977–81 den Deskriptor „thermal analysis, differential". Die Online-Recherche mit diesem exakten Deskriptor im DIALOG File 310 (CA SEARCH 1980–81) lieferte 229 Zitate. Eine alternative Frageformulierung mit ‚DIFFERENTIAL(S)THERMAL(S)ANALYSIS‘ (mit (S) verknüpfte Begriffe können innerhalb der Phrase in *beliebiger Reihenfolge* vorkommen) ergab zusätzlich 119 (insgesamt also 348) Zitate, davon gemäß Stichproben viele relevante; eine Arbeit mit dem Titel „Differential thermal analysis of dipalmitoylphosphatidylcholine-fatty acid mixtures" war z. B. *nicht* mit dem Deskriptor indexiert! Weitere 267 Zitate (insgesamt 528) fand man mit dem Akronym ‚DTA‘, darunter z. B. einen Übersichtsartikel über thermische Analysenmethoden inkl. DTA. Ein anderes Beispiel ist die Verbindungsklasse „Olefine": ‚OLEFIN?‘

(Identifier) = 12 619 Zitate von 1972–76; ‚ALKENES' (CA Deskriptor) = 7079; ‚OLEFIN? OR ALKENES' = 15 468. Umfassende Recherchen können also nur mit Deskriptoren *und* Identifiern [38, 39], d. h. praktisch nur online durchgeführt werden, da in den gedruckten CA Band- oder Sammel-Sachregistern eben lediglich Deskriptoren direkt suchbar sind. Ein ‚Ballastanteil' irrelevanter Zitate muß dabei jedoch oft in Kauf genommen werden.

In den existierenden Indexierungs- und Retrievalsystemen ist es offensichtlich unmöglich [40], alle relevanten Dokumente (‚Recall' groß) zu finden, ohne nicht gleichzeitig auch eine zunehmende Zahl irrelevanter Zitate zu erhalten (‚Precision' klein; vgl. Beispiel 5). Bei einer manuellen Recherche wird ja schon während der Suche eine intellektuelle Auswahl getroffen, die am Ende nur relevante Dokumente übrigläßt. Bei einer Online-Recherche findet diese Selektion oft erst am Schluß aufgrund des Ausdrucks statt; d. h. man bezahlt z. T. Gebühren für Zitate, die man nicht braucht. Jedes Suchprofil ist ein Kompromiß zwischen ‚Recall' und ‚Precision', oder bei dem meist gewünschten hohen ‚Recall' ein Kompromiß zwischen dem u. a. ökonomisch begrenzten Aufwand zur Profiloptimierung und dem Aufwand, eine große Zahl von Zitaten auszudrucken und durchzuschauen. Im Einzelfall muß jeweils abgewogen werden, ob man möglichst alle relevanten oder möglichst wenig irrelevante Zitate wünscht. Dies hängt vor allem auch vom Typ der Recherche – erschöpfend oder nur orientierend – ab.

Die bisher gezeigten Beispiele könnten den Eindruck entstehen lassen, daß Online-Recherchen in CA etwas Komplexes seien. Die beobachteten Probleme sind aber nicht ‚online-spezifisch', d. h. z. B. durch die ‚Retrievalsprache' des Systems bedingt, sondern grundsätzlicher Natur und treten ebenso bei manuellen Recherchen in Erscheinung. Nach der Formulierung eines chemischen Informationsproblems liegt der Schlüssel zu seiner Lösung in der Suchstrategie, d. h. der Wahl der Informationsquelle und eines Suchprofils, durch das das Problem in eine ‚Sprache' übersetzt wird, die der Darstellung und Speicherung (Indexierung) des gewählten Informationsspeichers (gleich ob gedruckt oder online) möglichst weitgehend entspricht (Abb. 2.7). Man muß also etwas definieren, was man im Grunde noch gar nicht kennt, oder konkreter gesagt, einen zumindest teilweise unbekannten Sachverhalt so beschreiben, wie in Autor (im Titel) bzw. Dokumentationsspezialist (durch Indexierung) beschrieben haben könnten. Bei der Suche nach Verbindungen ist diese Frageformulierung relativ einfach, wenn man Strukturen benutzen kann (vgl. 2.2.3!); die Suche nach Sachverhalten ist da wesentlich schwieriger. Zur Erstellung des Suchprofils sind Datenbasen-spezifische Erfahrungen wie Kenntnis der Indexierungspolitik und Terminologie von CA entscheidend; demgegenüber treten Kenntnisse des Systems und der ‚Retrievalsprache' in den Hintergrund. Sechs Jahre Erfahrung an der Abteilung für Chemie der ETH Zürich zeigen, daß jemand, der sich in der gedruckten Version von CA einigermaßen zurechtfindet, mit einem kleinen zusätzlichen Aufwand für das Erlernen der ‚Retrievalsprache' CA auch online erfolgreich suchen kann. Suchhilfen [31], vor allem die CA Registerführer und die Analyse des Ausdrucks sowie ‚Tricks' (‚Truncation', Berücksichtigung von Synonymen, verschiedenen Schreibweisen, Abkürzungen, Akronymen usw.) wurden bereits erwähnt. Die Entwicklung ‚automatischer' Profilhilfen steckt noch ziemlich in den Anfängen [41]. Immer zu beachten ist, daß der Computer nur Zeichen vergleicht, und daß für ihn daher z. B. ‚crystallization' und ‚crystallisation' grundverschieden sind. Weitere Aspekte der Online-Suchstrategie sind in der Literatur ausführlich diskutiert [42].

CA SEARCH, die maschinenlesbare Version von *Chemical Abstracts*, ist sicher mit Abstand die wichtigste Datenbasis für den Chemiker. An der Abt. für Chemie der ETH betrug z. B. 1981 der Anteil von CA SEARCH 73% der Gesamt-Anschlußzeit. Es gibt jedoch viele Fragestellungen, die sich in CA *allein* nur ungenügend beantworten lassen. Ein solcher Fall ist *Beispiel (8),* wo Literaturbeispiele zu den ‚Baldwin-Regeln' über Zyklisierungen gesucht waren. Eine Recherche in CA SEARCH (DIALOG) mit ‚TRIG OR EXO(W)TRIGONAL OR ENDO(W)TRIGONAL' lieferte für den Zeitraum 1976–82 (7. 6. 82) sieben Publikationen, darunter lediglich zwei der fünf ersten Publikationen von J. E. BALDWIN selbst [43].

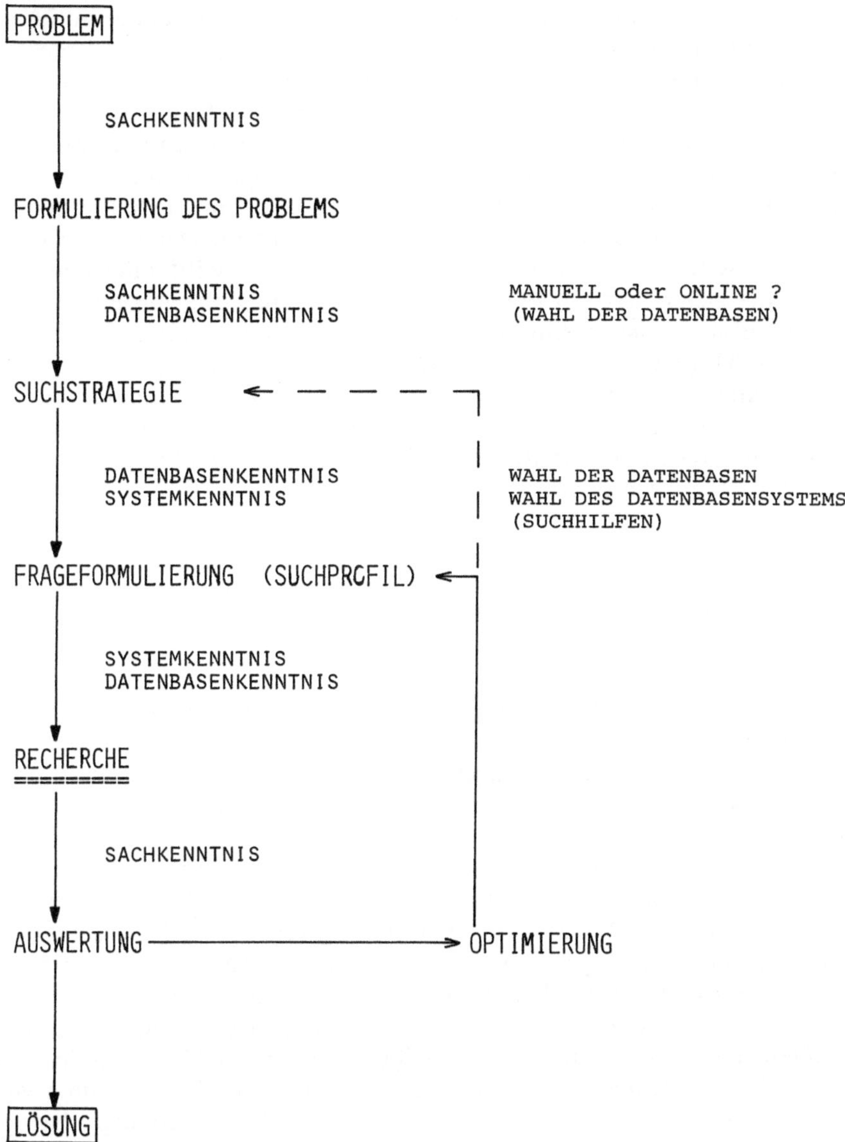

Abb. 2.7. Formaler Ablauf einer Recherche

Die Suche in SCISEARCH (Online-Version des *Science Citation Index* (SCI) [28]) ergab schon nur für den Zeitraum 1981–82 (DIALOG File 34) 93 eine oder mehrere der fünf Baldwin-Publikationen [43] *zitierende* Veröffentlichungen! Um die Menge einzuschränken und die Relevanz noch zu erhöhen, wurde dann eine Kozitations-Strategie [28 a, c] angewendet. Gesucht waren alle Veröffentlichungen, die die ersten zwei Arbeiten von BALDWIN [43a] *zusammen* zitieren: 54 Publikationen für die Zeit von 1976–82 (Files 34, 94, 186), davon über 80% relevant (Gesamtkosten ca. DM 65,—). Zwei der in CA gefundenen Publikationen wurden übrigens mit dieser Strategie im SCI nicht erfaßt.

Ein weiteres, ebenfalls die Möglichkeiten einer Recherche in SCISEARCH sehr augenfällig demonstrierendes Beispiel findet sich in [26]. Der Vorteil der *Zitat*-Recherche ist, daß Probleme der Terminologie und Indexierung nicht auftreten. Dafür ist man aber von der (bekannterweise nicht immer zuverlässigen) Zitierungspolitik der Autoren abhängig und braucht außerdem als Einstieg schon eine oder mehrere relevante Arbeiten zum Thema. Der andere Vorzug des SCI, seine interdisziplinäre Ausrichtung, wird allerdings zum Teil durch die gegenüber CA doch deutlich geringere Zahl von erfaßten Chemie-Zeitschriften egalisiert. Eine wichtige europäische interdisziplinäre Datenbasis ist PASCAL (bei ESA/IRS bzw. *Télésystèmes Questel* [44]).

Vor allem auch bei über den engeren Bereich der Chemie hinausgehenden Fragen müssen neben CA noch andere Datenbasen eingesetzt werden. Eine Literaturrecherche über die Rolle von HCN in der präbiotischen Chemie wurde in fünf Datenbasen durchgeführt (DIALOG, *Beispiel (9)*):

$$\left.\begin{array}{l} \text{HCN OR} \\ \text{HYDROGEN(W)CYANIDE OR} \\ \text{HYDROCYANIC OR} \\ \text{RN} = 74\text{-}90\text{-}8 \end{array}\right\} \text{ AND } \left\{\begin{array}{l} \text{EVOL? OR} \\ \text{PREBIO? OR} \\ \text{CC} = 01500 \end{array}\right.$$

Zum Suchprofil ist folgendes zu bemerken: CAS hat seit 1965 die in der Literatur beschriebenen chemischen Verbindungen maschinell registriert und jeder eine *CAS Registry-Nummer* zugeteilt. Diese ‚laufende' Nummer ist eine ‚Speicheradresse' und kein Strukturcode (Einzelheiten s. [45]). Durch diese Nummer und die bei CAS gespeicherte zugehörige vollständige Struktur- und Nomenklaturinformation sind z.Z. über 6 Millionen Verbindungen definiert, registriert und suchbar. Während man Literatur zu Verbindungen in den gedruckten CA über den CA Namen im Verbindungsregister sucht, geschieht dies online mit der CAS Registry-Nummer (Datenfeld RN) als eindeutige einfache Beschreibung. Aus Gründen, die unten noch näher erläutert werden, und weil die anderen benutzten Datenbasen die CAS Registry-Nummer nicht enthalten, mußten auch noch Namen als Suchbegriffe für HCN verwendet werden. – BIOSIS (= *Biological Abstracts* online [46]) setzt zur Beschreibung von Sachverhalten und biologischen Spezies auch noch Codes (‚concept' bzw. ‚biosystematic codes') als Deskriptoren ein, hier z.B. CC = 01500 für ‚evolution'. Für eine vollständige Recherche ist die Verwendung dieser Codes im Suchprofil sehr wichtig [47a]. Näheres dazu findet man im „BIOSIS Search Guide", einem essentiellen Hilfsmittel für Recherchen in BIOSIS.

Wegen der unterschiedlichen Quellenauswahl und Indexierung wurden 71 relevante Veröffentlichungen exklusiv in jeweils einer Datenbasis gefunden, während 41 Zitate in zwei oder mehr Datenbasen auftraten. Die einzelnen Resultate in Tabelle 2.2 bedürfen wohl keines weiteren Kommentars, um die Notwendigkeit einer Suche in mehreren Datenbasen zu begründen. Auch an anderer Stelle sind Praxis und Probleme solcher Mehrfach-Recherchen untersucht worden [35, 47]. (Für ein instruktives Beispiel einer analogen manuellen Re-

Tabelle 2.2

	gefundene Zitate		
	total	relevant	exklusiv
CA SEARCH (1967–)	99[a]	91	47
BIOSIS (1969–)	56	49	15
SCISEARCH (1974–)	19	11	1
IRL Life Sciences Collection (1978–) [46]	12	8	2
GEOREF (1961–) [48]	9	9	6[b]

[a] Die in CA ursprünglich insgesamt gefundenen 152 Zitate wurden auf die organischen und biochemischen Sektionen beschränkt, um so viele nicht relevante Arbeiten über HCN-Entwicklung (= evolution) bei der Thermolyse von Polymeren auszuschließen. Dabei gingen allerdings auch 8 relevante Arbeiten ‚verloren'. Die Beschränkung auf CA Sektionen muß also mit Vorsicht eingesetzt werden und verlangt eine genaue Kenntnis der entsprechenden CA Indexierungsregeln, die sich von 1967–82 mehrmals geändert haben. („Subject Coverage and Arrangement of Abstracts by Sections in Chemical Abstracts", CAS, Columbus OH, 1975 bzw. 1982).

[b] vorwiegend Konferenzberichte

cherche s. 1.c. [1b], S. 131–150.) Die großen Datenbasensysteme verfügen über Index-Files (DIALOG *Dialindex,* SDC *Database Index,* BRS/DATASTAR *Cros*), mit deren Hilfe man schnell und einfach feststellen kann, wie häufig Suchbegriffe in verschiedenen Datenbasen vorkommen, um dann aufgrund dieser Information eine Auswahl der abzusuchenden Files zu treffen [47b, 49]. Ein wichtiges ungelöstes Problem sind Duplikate, d. h. in verschiedenen Datenbasen gefundene gleiche Zitate (54 in Beispiel 9). Im System BRS bzw. DATASTAR kann man zwar mit ‚MERGE' den (sortierten) Ausdruck mehrerer Datenbasen vereinigen, so daß (dann beieinander stehende) Duplikate wenigstens leichter erkennbar sind; eine maschinelle Eliminierung der Duplikate steht aber noch aus [50].

Außer den zahlenmäßig und ihrer Bedeutung nach dominierenden Zeitschriftenartikeln werden von CA z. B. Patente [55], Dissertationen und Reports abstrahiert und indexiert. Wenn ein besonderes Interesse an einem dieser Dokumenttypen besteht, sind auch hier zusätzlich Spezial-Datenbasen zu konsultieren. Die Bedeutung der Patent-Literatur [51], in der Industrie ein sehr wichtiges Informationsmittel, wird leider im Hochschulbereich noch immer stark unterschätzt, obwohl Untersuchungen gezeigt haben, daß wesentliche Ergebnisse entweder zuerst (d. h. lange vor Veröffentlichung in Zeitschriften), oder überhaupt nur in Patenten veröffentlicht werden [51a, 52]. Da *Chemical Abstracts* Chemie-Patente nicht vollständig erfaßt bzw. nicht alle Verbindungen aus den erfaßten Patenten auch indexiert [53], müssen Patent-Recherchen noch in anderen Datenbasen durchgeführt werden. Für vergleichende Diskussionen verschiedener Patent-Datenbasen, darunter neben den sehr wichtigen Diensten von DERWENT [54] auch z. B. CLAIMS [56] und INPADOC [57], wird auf die Literatur verwiesen [58]. Auch für Dissertationen [59, 60], Reports [61] und Konferenzberichte [62, 63] gibt es spezielle Files.

Über das Gesamtangebot an Datenbasen und -banken – z. Z. sind mehr als 2 000 öffentlich online verfügbar! – informieren die im Literaturverzeichnis erwähnten Listen (kleine Auswahl z. B. in [64]).

Die *Suche nach chemischen Reaktionen* ist ein häufiges, aber relativ schwierig zu lösendes Informationsproblem des Chemikers, da die z. Z. zur Verfügung stehenden Quellen nicht voll befriedigen [65]. Bei *Chemical Abstracts* [66] liegt das Problem in der ungenügenden Indexierung (Reaktionsbedingungen z. B. sind praktisch überhaupt nicht, Reagenzien oder Lösungsmittel sowie Zwischenstufen nur sehr eingeschränkt indexiert und suchbar), bei CRDS (= *Chemical Reaction Documentation Service*), der Online-Version des *Theilheimer* bzw. des *J. Synth. Meth.* von DERWENT [67], in der ungenügenden Abdeckung der chemischen Literatur (nur ca. 150 Zeitschriften sowie chemische Patente werden erfaßt). Das GREMAS-System ist leider nicht öffentlich online zugänglich [68]; andere, neue Datenbasen über chemische Reaktionen sind aber in Entwicklung.

In *Beispiel (10)* war Literatur über die Homologisierung von Benzylalkohol mit CO gefragt. Eine Recherche in CA SEARCH (DIALOG) mit dem Frageprofil ‚RN = 100-51-6(L)CARBON(W)MONOXIDE OR BENZYL(S)ALCOHOL?(L)RN = 360-08-0' lieferte im Zeitraum 1967–82 ein relevantes und sieben nichtrelevante Zitate. Typisch für eine solche Frageformulierung ist die Kombination von CAS Registry-Nummer des Edukts/Name des Reaktionspartners oder Produkts (und umgekehrt) mittels (L)-Operator (= Suchbegriffe in der gleichen Registereintragung). Meist, aber nicht immer, werden von CAS Reaktionen des Typs A + B oder A→B sowohl mit der Registry-Nummer von A (+ unsystematischer Name von B im Text), als auch mit der Registry-Nummer von B (+ Name von A im Text) indexiert. Das aus der Indexierung des einzigen relevanten Zitats folgende ergänzende Suchprofil ‚HOMOLOGATION(S)BENZYL(S)ALC? OR HOMOLOGATION(S)RN = 100-51-6' lieferte außer der schon gefundenen Arbeit eine weitere relevante Publikation (*keine* irrelevanten Zitate). Dies ist ein weiteres Beispiel für interaktive Recherchen mit Profiloptimierung.

Die Reaktionsdatenbasis CRDS von DERWENT [67] ist exklusiv über SDC ORBIT verfügbar. Die Recherche kann auf zwei Arten erfolgen: mit Deskriptoren für Edukt, Produkt, Reagenz, Reaktionsbedingungen usw. gemäß einer von DERWENT aufgestellten Liste, oder durch Verschlüsselung von Struktur- und Reaktionsmerkmalen (gelöste/geknüpfte Bindungen, Reaktionsbedingungen) mittels eines dreistelligen Codes, der ursprünglich vom *Pharma-Dokumentationsring* entwickelt wurde [69] und ebenfalls den von DERWENT gelieferten Unterlagen entnommen werden kann. Die erste Methode ist z. Z. erst ab 1967, die zweite von Beginn an (seit 1946) verfügbar. Der Code verlangt gewisse Kenntnisse und Erfahrung im Verschlüsseln, gibt aber dann meist zufriedenstellende Ergebnisse, da er präziser ist als die (einfacher zu findenden) Schlagworte. Bei *Beispiel (10)* wurde nach beiden Verfahren gesucht. Mit Deskriptoren fand man ein bedingt relevantes Patent über die Homologisierung von *Methanol* mit $CO/H_2/Re/Co_2(CO)_8$ (Abb. 2.8). Bei der Recherche mit Code wurden Strukturelemente des Edukts Benzylalkohol (isolierter Benzolring *032, 03&;* Ring-CH_2X *125,* —CH_2— *115,* —OH *180*), des Produkts Phenyläthanol,

```
YOU ARE NOW CONNECTED TO THE CRDS DATABASE.
BIBLIO/KEYWORD DATA AVAILABLE FOR X76251 THRU X77250 (8209);
MP FROM 01001I THRU X76750 (8207).

SS 1:   ALCOHOL/SM AND ALCOHOL/PR  (204)
SS 2:   SYNTH-1C/RT AND CARBON-MONOXIDE)/RT  (23)
SS 3:   1 AND 2  (1)


-1-
AN   - 76167U RQ
KW   - /ALCOHOL/ GIVES *ALCOHOL* *SIMPLE-REACTION* SYNTH-1C SOLV=10
       TEMP=6 PRESSURE=5 (CARBON-MONOXIDE) RE (RHENIUM) CARBONYLATION
       HYDROGENATION,CAT CO COMPLEX,CARBONYL (COBALT-CARBONYL)
TI   - /HOMOLOGIZATION OF ALCOHOLS/ CC-A-OC / /
CI   - US-4111837 25730B-E.


*****************************************************************

SS 4:   032/MP AND 034/MP AND 125/MP AND 115/MP AND 180/MP  (555)
SS 5:   599/MP AND 594/MP AND 593/MP AND 302/MP AND 304/MP AND 38-/MP AND
   386/MP AND 394/MP AND 450/MP  (4)
SS 6:   644/MP AND 710/MP  (1093)
SS 7:   4 AND 5 AND 6  (1)


-1-
AN   - 097501 D
KW   - /WILL FOLLOW SOON/
TI   - /WILL FOLLOW SOON/ -- / /
CI   - WILL FOLLOW SOON.
```

Abb. 2.8. Online-Ausdruck für *Beispiel (10)* in DERWENT CRDS im System SDC ORBIT (verkleinerter Ausschnitt) © Derwent Publications Ltd.

sowie Information über Reagenz (C-haltig *710*) und Reaktionsart (katalytisch *644*) verschlüsselt (Abb. 2.8). Man erhielt genau ein relevantes *Theilheimer-Zitat* (Bd. 9, Nr. 750) über die gesuchte Homologisierung. Die Gesamtkosten für die CRDS-Recherche betrugen DM 22,—. Bemerkenswerterweise waren die in CA und CRDS gefundenen Zitate nicht identisch.

Der Unterschied zwischen CA SEARCH und CRDS tritt im *Beispiel (11)* noch deutlicher zutage. Mit ‚ALL OXIME: (L)ALL AZIRIDINE:' fand man in CA (SDC ORBIT, 1967–81) 33 Veröffentlichungen, wovon 26 relevant waren. CRDS (SDC ORBIT, 1946–81) lieferte mit ‚OXIME/SM AND AZIRINE/PR' sieben Zitate; die vier irrelevanten Zitate behandelten z. B. Diazirine oder Azirine, die mit dem gleichen Deskriptor beschrieben werden. Eine ergänzende Recherche mit Codes gab drei bereits gefundene Zitate (zwei relevant). Von den relevanten Arbeiten wurde nur eine einzige sowohl von CA als auch von CRDS erfaßt! Diese große Diskrepanz liegt hier nicht in der unterschiedlichen erfaßten Zeitspanne beider Datenbasen, sondern offensichtlich in der Indexierungspolitik bzw. Quellenauswahl. Eine Aufschlüsselung des Suchergebnisses nach Methoden ist recht interessant: Oxim + Grignard-Reagenz → Aziridin (CRDS: 2/CA: 11), Oxim + LiAlH$_4$ (0/15!), Oxim + Diazoverbindung (1/0!). Die Konsequenz daraus kann nur lauten, daß bei der Suche nach Reaktionen wenn immer möglich beide Datenbasen benutzt werden sollen. Es muß hier betont werden, daß solche Unterschiede natürlich nicht eine Folge der On-line-Recherche sind; sie liegen im Inhalt der Datenbasen begründet und treten daher bei entsprechenden manuellen Recherchen in den gedruckten Äquivalenten meist noch stärker in Erscheinung, da hier die Zugriffsmöglichkeiten gegenüber Online-Recherchen beschränkter sind.

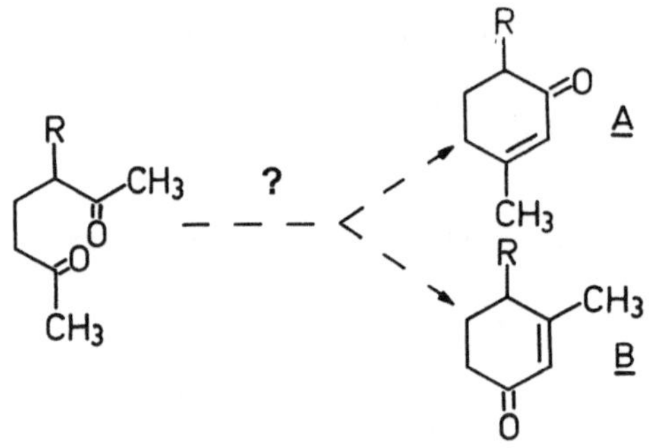

Abb. 2.9

Manche Reaktionen (Abb. 2.9) lassen sich nur mit Codes adäquat beschreiben; eine Suche in CA z. B. ist bei *Beispiel (12)* praktisch unmöglich. Mit den entsprechenden Codes für die bei der Reaktion formal gelösten und neugeknüpften Bindungen ($C \neq O$, CO—C$\neq$H bzw. C=C, Ringschluß) sowie Strukturelementen aus Edukt ($2\,C{=}O$, CH_2CH_2-Kette) und Produkt (Ring-C=O, Ring-CH_3, isol. Cyclohexen-Ring) wurden drei *Theilheimer*-Zitate gefunden, die alle relevant waren: zwei Synthesen von Produkt A, eine für B.

Wie bereits oben erwähnt, werden *chemische Verbindungen* online über ihre *CAS Registry-Nummer* gesucht. Die Nummern können z. B. in gedruckten Quellen wie CA Registerführer, CA Verbindungsregister, *Merck Index, Heilbron* (Dictionary of Organic Compounds), z. T. sogar in Katalogen *(Fluka, Aldrich)* ausfindig gemacht werden. Bequemer, aber wesentlich teurer ist die Online-Recherche (ca. \$ 130/h). Die meisten Datenbasenanbieter offerieren nämlich außer den bisher benutzten, bibliographische und CA Registerinformation enthaltenden sog. ,bibliographic files' noch ,dictionary files', die CAS Registry-Nummern, Namen (CA Namen + Trivial- und Handelsnamen), Summenformeln und Ringdeskriptoren aller in den ,bibliographic files' vorkommenden Verbindungen enthalten [11 a, d, 70]. Diese Information stammt aus dem *CAS Registry System* (vgl. Abb. 2.19). Als ,Bindeglied' zwischen ,dictionary' und ,bibliographic file' dient dabei die beiden gemeinsame Registry-Nummer.

Um bei Recherchen mit Registry-Nummern optimale Ergebnisse zu erzielen, muß berücksichtigt werden, daß diese sehr spezifisch sind: für 2-Buten z. B. werden drei verschiedene Nummern benötigt, eine für das cis-, eine für das trans-Isomer, und eine für 2-Buten mit nicht spezifizierter Konfiguration. Nicht nur Stereoisomere, sondern ebenso isotopenmarkierte Derivate (vgl. *Beispiel 14*), Salze (z. B. Hydrochloride von Aminen), Komplexverbindungen, Polymere [71], Gemische, Ionen und Radikale (soweit diese von CA registriert werden) haben jeweils eigene Registry-Nummern. Diese Nummern sind nicht unverständlich, sondern können, z. B. bei Bekanntwerden oder Korrektur von Konstitution oder Konfiguration von Verbindungen, neu zugeteilt werden. Oft ist es sinnvoll, außer Registry-Nummer(n) noch Namen (Trivial- oder generische Namen ohne Lokanden, da vollständige systematische Namen in CA SEARCH normalerweise ja nicht vorkommen) zur Suche zu verwenden. Für den Naturstoff Pederin z. B. sind neben einer neuen noch drei alte CAS Registry-Nummern bekannt. Eine Recherche *(Beispiel 13)* in CA SEARCH lieferte für die vier Registry-Nummern 39 Literaturzitate, für den Namen 37 Zitate, davon wurden acht mit der Registry-Nummer nicht gefunden. Darunter waren wichtige Veröffentlichungen, z. B. zwei Publikationen über Zwischenstufen auf

```
File31:CHEMNAME(tm) 1967-Dec81 1,229,885 subs
(Copr. DIALOG Inf.Ser.Inc.1982)
        Set Items Description
        --- ----- -----------
? s hp=pentanoic and sb=5-amino-4-oxo-
              2076 HP=PENTANOIC
                 7 SB=5-AMINO-4-OXO-
         1       6 HP=PENTANOIC AND SB=5-AMINO-4-OXO-
? s amino/ff and levulinic
             95561 AMINO/FF
                89 LEVULINIC
         2      13 AMINO/FF AND LEVULINIC
? s 13c or 14c
               493 13C
               714 14C
         3    1206 13C OR 14C
? c (1 or 2) and 3
         4       4 (1 OR 2) AND 3
? end/savetemp
Serial#T4UB
           18mar82 3:26:23 User6880
    $5.07  0.039 Hrs File31 6 Descriptors


? t4/6/1-4
4/6/1
    13855-42-0      C5H9NO3
    Levulinic-1-14C acid (8CI),5-amino-

4/6/2
    16387-80-7      C5H9NO3.C1H
    Levulinic-4-14C acid (8CI),5-amino-,hydrochloride

4/6/3
    7729-71-7       C5H9NO3
    Levulinic-4-14C acid (8CI),5-amino-

4/6/4
    5976-91-0       C5H9NO3
    Pentanoic-5-14C acid (9CI),5-amino-4-oxo-

? .maprn temp 4/'p'/1-4
01 select statement(s)
Serial#T4UC
? b131
            18mar82 3:27:38 User6880
    $2.86  0.022 Hrs File31
    $0.32  4 Types
    $3.18  Estimated Total Cost
```

Abb. 2.10. Online-Ausdruck für *Beispiel (14)* in DIALOG CHEMNAME („dictionary file'; verkleinert, Benutzereingabe unterstrichen) © American Chemical Society/DIALOG Inf. Serv.

dem Weg zu einer Pederin-Synthese, sowie eine Arbeit zur Röntgenstrukturanalyse eines Pederin-Derivats.

Außer zur Ermittlung der CAS Registry-Nummer einer bestimmten Verbindung, die aus Kostengründen übrigens in einfacheren Fällen in den oben erwähnten gedruckten Quellen durchgeführt werden sollte, eignen sich die ‚dictionary files‘ auch noch für Substruktursuchen mittels Nomenklatur [72]. Relativ zu anderen Methoden (s. 2.3) sind aber die Möglichkeiten dieses Verfahrens
durch die in der Nomenklatur [27] inhärenten Beschränkungen, möglicherweise auch noch durch die Nomenklaturkenntnisse des Suchenden begrenzt.

Die Beantwortung der Frage „Welche C-markierten δ-Aminolävulinsäuren
sind bekannt, und wie können sie hergestellt werden?“ (*Beispiel 14; 18.3.82*)
erfolgte in zwei Schritten. Zuerst suchte man mittels signifikanter Namensfrag-
mente die markierten Lävulinsäuren in den DIALOG ‚dictionary files‘: CA-
Name *vor* 1972 5-amino-levulinic acid, *nach* 1972 5-amino-4-oxo-pentanoic
acid (Abb. 2.10; spezifizierte Datenfelder HP = ‚heading parent‘, SB = ‚substituent‘ [27]). Da auch die Verbindungsdatenbank in mehrere Files aufgeteilt ist,
wurde das Suchprofil mit dem Befehl ‚END/SAVETEMP‘ gespeichert, um es
dann einfach im nächsten File mit der zugeteilten Nummer wieder aufzurufen.
Zuvor hatte man mit ‚.MAPRNTEMP…‘ (Abb. 2.10) die Registry-Nummern
der gefundenen Verbindungen gespeichert. Diese Nummern dienen ja anschließend zur Literatursuche, und ein Wiedereintippen in den ‚bibliographic
files‘ wäre mühsam und fehleranfällig. Da nicht die gesamte Literatur über die
gefundenen Verbindungen, sondern nur deren Herstellung gefragt war, wurde
mit dem Speicherbefehl gleichzeitig ein ‚P‘ (= preparation) an die Registry-
Nummer angehängt. Die Suche in allen fünf DIALOG ‚dictionary files‘ gab
insgesamt sechs markierte δ-Aminolävulinsäuren.

Für den zweiten Teil der Suche wurden die gespeicherten Nummern (+ P)
einfach nacheinander in den fünf verschiedenen ‚bibliographic files‘ aufgerufen. Abb. 2.11 zeigt einen Ausschnitt aus File 308. Insgesamt wurden 10 relevante Publikationen gefunden. Die Gesamtkosten für diese Recherche betrugen ca. DM 100,— (davon entfallen 2/3 auf die Struktursuche), die reine Suchzeit knapp 20 Min. (Anmerkung: dieses Problem könnte jetzt in CAS ONLINE
einfacher und vermutlich billiger gelöst werden.)

In einem anderen, ähnlichen Fall war kürzlich Literatur über die Reduktion
von Octaäthyl-porphyrin-Übergangsmetallkomplexen $C_{36}H_{44}N_4M(X)$ gesucht
worden *(Beispiel 15)*. Das (Sub)struktursuchprofil, diesmal in den entsprechenden Files des Systems SDC ORBIT, lautete folgendermaßen:

	Summe der gefundenen Verbindungen (Files CHEMDEX, CHEMDEX2, CHEMDEX3)
SS 1 : C36/MFF	21802
SS 2 : H44/MFF	18385
SS 3 : ALL TRANS-I:/CC	179141
SS 4 : OCTAETHYL/SF	1291
SS 5 : 1 AND 2 AND 3 AND 4	38

```
File308:CA Search - 1967-1971 (See 309,310,320,311)
(Copr. Am. Chem. Soc.)
        Set Items Description
        --- ------ -----------
? .exs t4vq
              2 RN=13855-42-0P
              1 RN=16387-80-7P
              3 RN=7729-71-7P
              0 RN=5976-91-0P
        1     5  RN=13855-42-0P + RN=16387-80-7P + RN=7729-71-7P + RN=5976
        2     0  RN=52065-79-9P
        3     0  RN=79503-87-0P
        4     5  1-3/OR
? t4/3/1-5
4/3/1
68095278    CA: 68(21)95278n    JOURNAL
   Synthesis  of  .delta.-aminolevulinic   acid.    Application   to   the
introduction of carbon-14 and of tritium
   AUTHOR: Loheac, Joel
   LOCATION: C. E. N., Saclay, Fr.
JOURNAL: Commis. Energ. At. (Fr.), Rapp.    DATE: 1967    VOLUME: No. CEA-R
3063,    PAGES: 84 pp.    CODEN: CMEAAQ    LANGUAGE: French


4/3/2
68094983    CA: 68(21)94983b    JOURNAL
   Preparation   of   carbon-14-labeled   molecules.   VII.   Synthesis  of
.delta.-aminolevulinic acid labeled with carbon-14 and tritium
   AUTHOR: Herbert, Michel; Pichat, Louis
JOURNAL: Bull. Inf. Sci. Tech., Commis. Energ. At. (Fr.)    DATE: 1967
VOLUME: No. 118,    PAGES: 42-4    CODEN: BUIAAN    LANGUAGE: French


4/3/3
67043377    CA: 67(9)43377d    JOURNAL
   Improvement   in  the  method  of  synthesis  of  .delta.-amino-levulinic
acid-4-14C hydrochloride
   AUTHOR: Mitta, Aldo E. A.; Ferramola, A. M.; Sancovich, H. A.; Grinstein,
Moises
   LOCATION: Com. Nacl. Energia At., Buenos Aires, Argent.
JOURNAL: J.  Labelled Compd.    DATE: 1967   VOLUME:   3    NUMBER:    1
PAGES: 20-3    CODEN: JLCAAI    LANGUAGE: English


4/3/4
66065013    CA: 66(15)65013p    JOURNAL
   New     methods    of    synthesis    of    14C    and   tritium   labeled
.delta.-aminolevulinic acid.  II.   .delta.-Aminolevulinic -1-14C or -2-14C
acid  from  sodium  acetate-2-14C  or  -1-14C  and  ethyl  phthalimidoacetyl
acetate
   AUTHOR: Pichat, Louis; Loheac, Joel; Herbert, Michel; Chatelain, G.
   LOCATION: Serv. Mol. Marquees, C.E.N., Saclay, Fr.
JOURNAL: Bull. Soc. Chim. Fr.    DATE: 1966    NUMBER: 10    PAGES: 3271-3
   CODEN: BSCFAS    LANGUAGE: French
```

Abb. 2.11. Online-Ausdruck für *Beispiel (14)* in DIALOG CA SEARCH (‚bibliographic file‘;
verkleinert, Benutzereingabe unterstrichen) © American Chemical Society

Hinter dem Schrägstrich sind die für diese Recherche benötigten Datenfelder
angegeben; z. B. ‚C36/MFF‘ findet alle Verbindungen, die C_{36} als ‚molecular
formula fragment‘ enthalten, ‚OCTAETHYL/SF‘ alle Verbindungen, die im
Namen octaethyl als ‚substituent fragment‘ enthalten, ‚ALL TRANS-I/CC‘ codiert alle Übergangsmetalle der 4.–6. Periode. Der Ablauf der Recherche mit
den erforderlichen Schritten zum Speichern und Wiederaufrufen des Suchprofils in den einzelnen Files war analog wie im vorigen Beispiel. Nach beendeter
(Sub)struktursuche wurden alle gespeicherten CAS Registry-Nummern der gefundenen Komplexe in den ‚bibliographic files‘ aufgerufen und über den (L)-

Operator mit ‚ALL REDUCTION: OR REDN' verknüpft: von 1967–82 insgesamt 11 Veröffentlichungen, davon 10 relevant; die einzige irrelevante Arbeit behandelte das Thema „Übergangsmetall-Porphyrinkomplexe als Katalysatoren bei der Reduktion von Sauerstoff". (Kosten: Substruktursuche ca. DM 45,—, Literatursuche ca. DM 50,—.)

2.2.2 Datenrecherchen. Die bisher diskutierten Beispiele wurden in Daten*basen* gesucht, die nur den bibliographischen Hinweis auf die Primärinformation, nicht aber die Information selbst geben. Die Zahl der Primärinformation enthaltenden Daten*banken* [73] nimmt stark zu; bei EURONET/DIANE beträgt das Verhältnis Datenbasen/Datenbanken schon etwa 55:45. Ein zentrales Problem bei allen Datenbanken ist die Qualitätskontrolle und der vergleichsweise hohe Aufwand zur Erstellung und Kontrolle [74, 75]. Datenbanken sind ja kein ‚Abfallprodukt' bei der maschinellen Produktion der Sekundärliteratur, sondern sie müssen speziell zusammengestellt werden (vgl. Kap. 4). Fehler in Daten*basen* – und fast immer dann auch in der gedruckten Fassung – sind nicht selten [76], wirken sich aber wegen der Redundanz der Information (z. B. Titel, Schlagworte, Synonyme) und der Möglichkeiten zur Fehler-Erkennung meist nicht so negativ aus. Fehler in Daten*banken* sind dagegen nicht leicht zu erkennen und auszumerzen und deshalb schwerwiegender; falsche Daten sind manchmal schlechter als gar keine.

Da die chemischen Datenbanken verglichen mit der Gesamtmenge von Verbindungen und Daten noch relativ wenig Information enthalten, sind sie z. Z. eher für spezielle Anwendungen (Analytik, Umweltschutz, Toxikologie, Röntgenstrukturanalyse) von Interesse und werden hier nur kurz diskutiert. Das wichtigste, speziell auf die Bedürfnisse des Chemikers zugeschnittene Datenbankensystem ist das *NIH/EPA Chemical Information System* (CIS). Sein Kernstück ist das Struktur- und Substruktursuchsystem SANSS [77]. Dieses File wird zur Suche einzelner Verbindungen oder Gruppen von Verbindungen, die bestimmte Substrukturen enthalten, benutzt (vgl. 2.2.3). Neben Strukturformel und Namen wird dabei im Ausdruck auch die Art der gespeicherten spektroskopischen und toxikologischen Daten angegeben. Daraufhin kann dann die entsprechende Datenbank (z. B. MSSS für Massenspektren) gewählt werden, um die Daten selbst abzurufen. Bei Massenspektren ist sowohl eine numerische als auch eine graphische Ausgabe (mit entsprechendem Terminal) der Daten möglich. Als ‚Verbindungsadresse' und ‚Bindeglied' zwischen den einzelnen Datenbanken dient einmal mehr die CAS Registry-Nummer. Außer zur Datenausgabe für bekannte Verbindungen kann das CIS-System auch umgekehrt eingesetzt werden: Nach Eingabe von MS- oder ^{13}C-NMR-Daten einer unbekannten Verbindung kann man sich von einem Programm alle Verbindungen suchen lassen, deren Spektren mit denen der unbekannten Substanz eine definierte Ähnlichkeit aufweisen. Da in der Literatur eine Reihe von Suchbeispielen in CIS beschrieben und kommentiert sind [77, 78], wird hier auf eine eingehende Diskussion verzichtet. Infolge der Subvention durch die amerikanische Regierung ist das CIS-System vergleichsweise billig (\$ 55–85/h); Hochschulen erhalten dazu noch Rabatt. Außer den spektroskopischen Datenbanken mit MS- (ca. 39 000), ^{13}C-NMR (ca. 6500) und IR-Spektren (im Aufbau) enthält CIS z. B. noch toxikologische Datenbanken wie CTCP *(Clinical Toxicology of Commercial Products)*, RTECS *(Registry of Toxic Effects of Commercial Substances)* oder OHMTADS *(Oil and Hazardous Materials Technical Assistance Data System)*. Eine Diskussion dieser und anderer Quellen für toxikologische und Umweltschutz-Informationen findet sich in [79]. Wichtige Bestandteile des CIS sind auch die Strukturdatenbanken CRYST mit fast 25000 Röntgenstrukturanalysen des *Cambridge Crystallographic Data Centre* [80] und XTAL *(National Bureau of Standards,* ca. 50000 Strukturen).

An spektroskopischen Datenbanken außerhalb des CIS-Systems seien noch die von der BASF entwickelte [81], über INKA online zugängliche C13-NMR Datenbank mit über 50000 Spektren, und DARC-SPECTRA [82] (MS; via *Télésystèmes Questel)* erwähnt. Thermodynamische und andere physikalisch-chemische Daten bietet die Datenbank DETHERM der DECHEMA [83]. Über das weitere Datenbankangebot, vor allem in Europa, orientieren die Anbieter, EURONET/DIANE (Adressen im Anhang) sowie die entsprechenden Verzeichnisse (s. Literatur).

2.2.3 Substrukturrecherchen. Die weitaus überwiegende Zahl der chemischen Informationsprobleme läßt sich auf Fragen nach Verbindungen, deren Herstellung, Verhalten und Eigenschaften reduzieren. Die hier gewählte, an den Online-Systemen und den Strategien zur Problemlösung orientierte formale Klassifizierung der Informationsprobleme widerspricht dem nur scheinbar; bei genauerem Hinsehen beschäftigen sich 10 der 15 bisher vorgestellten Beispiele unmittelbar mit Verbindungen oder Verbindungsklassen. Die Suche nach einzelnen, vollständig definierten Verbindungen (Struktursuche) oder nach Gruppen von (a priori unvollständig definierten) Verbindungen, die bestimmte gemeinsame Strukturelemente haben (Substruktursuche) kann daher als das zentrale Problem der chemischen Information bezeichnet werden. Fragestellungen des letzten Typs dominieren vor allem in der organischen Chemie und verwandten Disziplinen. Das Problem des Speicherns und Wiederauffindens von chemischen Verbindungen liegt nicht wie bei Sachverhalten in der Mannigfaltigkeit der möglichen Beschreibungen begründet, sondern in der Schwierigkeit, eine zwei- bzw. dreidimensionale Struktur eineindeutig in eine lineare, klassifikationsfähige, computer- und registergerechte Form zu transformieren [8 c, 84–86, 87 b]. Mit *Nomenklatur* ist die geforderte eineindeutige Darstellung von Strukturen praktisch nicht möglich. Schon der Versuch, sie annähernd zu erreichen, wird mit einer nicht akzeptablen Komplexität bezahlt. Da in der systematischen Nomenklatur die Beschreibung von Strukturfragmenten von anderen Teilen der Struktur abhängig ist (z. B. Hierarchie der funktionellen Gruppen, Auswahl des Stammsystems), sind Substruktursuchen nach beliebigen einzelnen Fragmenten nur beschränkt möglich. Im Unterschied zu *Fragmentcodes,* die nur einzelne, isolierte Strukturelemente einer Verbindung verschlüsseln, geben *Linearnotationen* durch einen Code eine vollständige Beschreibung aller charakteristischen Gruppen und ihrer Verknüpfung. Maschinelle Speicherung und Substruktursuchen sind für beide Codearten gut möglich (vgl. Beispiele 10–12 und [88]). Die detaillierteste, flexibelste Beschreibung einer Struktur ist die *topologische Darstellung* durch eine Liste (Matrix) aller Atome und der von ihnen ausgehenden Bindungen („Verknüpfungstabelle') [86]. Diese computergerechte Methode hat, vor allem wegen ihrer Anwendung im *CAS Registry System* [45], heute die größte Bedeutung für die maschinelle Speicherung und Suche von Verbindungen.

In gedruckten CA Registern war bisher lediglich die *Struktur*suche über den (die) Namen bzw. die Summenformel möglich, die selbst im letzteren Fall (der für vollständige Recherchen nicht ausreicht) mehr oder weniger beträchtliche Kenntnisse der Nomenklatur(en) erfordert. Verbindungs*klassen* sind teilweise in den CA Sachregistern suchbar. „Substruktursuchen' in anderen gedruckten Quellen wie z.B. dem *Beilstein* (mit Hilfe des strukturorientierten *Beilstein*-Systems) oder im *Chemical Substructure Index* (CSI) des *Institute for Scientific Information* [87] (mittels permutierter *Wiswesser Line Notation* (WLN) [89]) konnten von Leistung und Aufwand her die Bedürfnisse der meisten Chemiker nicht befriedigen.

Erst nach der Einführung maschineller Methoden zur Speicherung chemischer Verbindung in größerem Umfang (*CAS Registry System* [45]) waren entscheidende Fortschritte möglich. Die erste öffentlich online zugängliche *Substruktur*-Suchmöglichkeit waren die bereits oben vorgestellten ‚dictionary files', in denen man Strukturen und Substrukturen mittels *Nomenklatur* [72, 90], d.h. über Namen, Summenformel, Ringdeskriptoren und deren vom Suchsystem erzeugte Fragmente suchen kann (vgl. Abb. 2.10). Diese Systeme waren zwar wesentlich besser als alles andere vorher Verfügbare, ließen aber noch viele Wünsche offen (vgl. oben). Eine Lösung dieser Probleme kam mit den inzwischen entwickelten *topologischen* Suchsystemen. Die hierzu verwendeten Verknüpfungstabellen können nicht nur maschinell verarbeitet und gespeichert werden, sondern sind auch mit Hilfe geeigneter Algorithmen maschinell aus Strukturformeln (= Graphen) generierbar und in diese zurückverwandelbar. Diese Systeme verstehen und ‚sprechen' also die Sprache des Chemikers, die Strukturformel! Die zwei wichtigsten topologischen Substruktursuchsysteme sind CAS ONLINE (seit Nov. 1980) vom *Chemical Abstracts Service* [91, 92] und DARC (seit Dez. 1979) [92, 93], das eine französische Arbeitsgruppe unter der Leitung von J.-E. Dubois entwickelte [94] und von *Télésystèmes Questel* angeboten wird. Beide verwenden die im *CAS Registry System* [45] gespeicherte Strukturinformation (vgl. Abb. 2.19). Auf die zahlreichen nicht öffentlich oder nicht online zugänglichen Substruktursuchsysteme wie GREMAS, ICRS, CROSSBOW, MACCS u.a., die verschiedene der erwähnten Strukturverschlüsselungen benutzen, kann hier leider nicht eingegangen werden, obwohl das ein faszi-

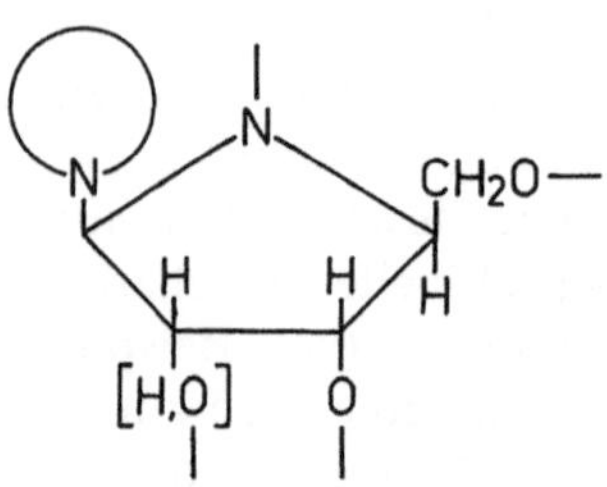

Abb. 2.12

nierendes Kapitel der chemischen Dokumentation ist (vgl. z. B. [23, 24, 87, 95, 96]).

Beispiel (16) gibt einen Beweis der enormen Leistungsfähigkeit dieser Suchmethode. Die in Abb. 2.12 gezeigte Struktur läßt sich wegen der Vielfalt der zugelassenen Möglichkeiten (Nukleosid/Nukleotid/Oligonukleotid, beliebige

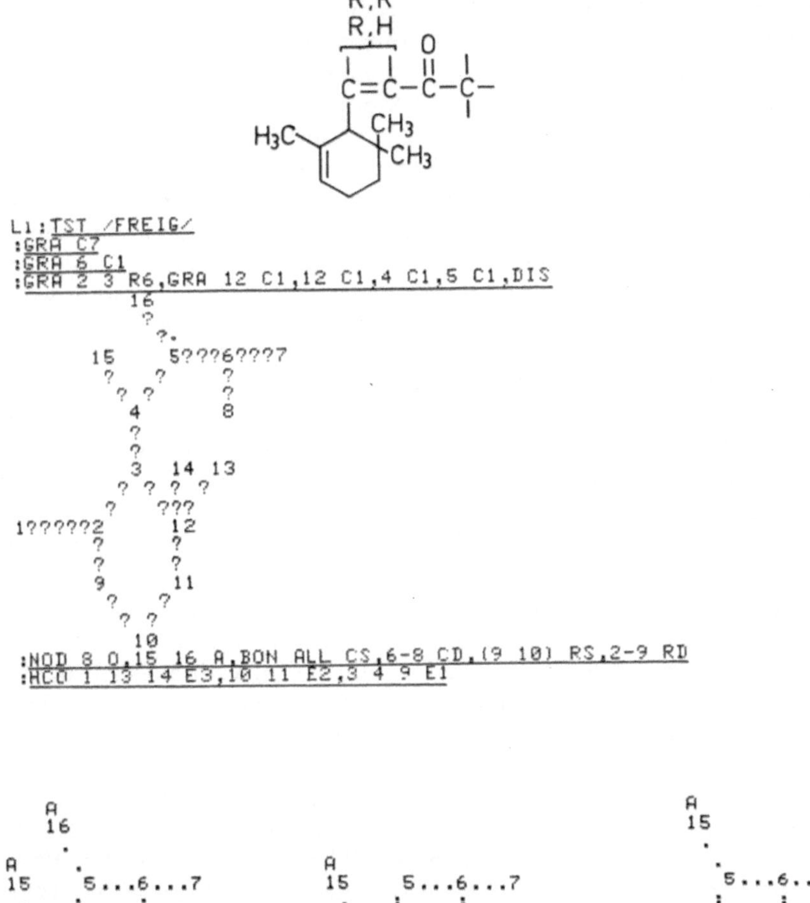

Abb. 2.13. Struktureingabe für *Beispiel (15)* in CAS ONLINE (verkleinerter Ausschnitt, Benutzereingabe unterstrichen) © American Chemical Society

zyklische N-Base, beliebige Pentose (2-oxy/desoxy), geschützte/ungeschützte OH- bzw. NH-Gruppen, usw.) durch Nomenklatur praktisch nicht erschöpfend beschreiben und damit auch nicht suchen. Eingabe der Struktur in CAS ONLINE lieferte genau vier Adenosin-Derivate, je zwei mit 4-Acetamido-4-desoxy-ribose bzw. 4-Acetamido-4-desoxy-xylose. Die reine Suchzeit in über fünf Millionen Verbindungen betrug knapp fünf Minuten (Gesamtzeit für die Suche ca. 10 Min., Kosten ca. DM 200,—).

Im folgenden *Beispiel (17)* einer Recherche nach Jonon-Derivaten (Abb. 2.13) wird das Vorgehen in CAS ONLINE näher erläutert. Die z. Z. wichtigste Methode der Struktureingabe ist der sogenannte ‚Text Structure Input (TSI)‘. Dabei zeichnet das Programm im TSI-Modus (Befehl ‚TextSTructure + Name der zu zeichnenden Struktur, Abb. 2.13) aufgrund entsprechender Befehle die gewünschte Struktur: GRAph C7 = Kette mit sieben Atomen; GRAph 2 3 R6 = Sechsring durch die Atome 2 und 3; GRAph 12 C1 = Kette aus einem Atom (Substituent) an Atom 12. Die Struktur kann jederzeit mit DISplay angeschaut werden (Numerierung der Atome!). Da alle Atome a priori (‚default‘) C-Atome und alle Bindungen ‚beliebig‘ (‚?‘) sind, wurden sie anschließend mit NODe (Atome) bzw. BONd (Bindungen, z. B. CS = chain single, RD = ring double bond) definiert. Zum Schluß mußte noch unerwünschte Substitution im Ring durch ‚Belegen‘ der freien Positionen mit H ausgeschlossen werden (HCO = hydrogen count). Da sich die zugelassenen (Ketten-)Substitutionsmuster hier nicht in einer Struktur beschreiben lassen, wurde die Fragestellung in drei Teilstrukturen ‚FREIG‘, ‚FREIG1‘, ‚FREIG2‘ zerlegt (Abb. 2.13; A = beliebiges Atom außer H).

Nach Verknüpfung der Teilstrukturen mit logischem Operator ‚OR‘ zum Suchprofil (QUEry) ‚FREIA‘ erfolgte durch den SEArch-Befehl zuerst eine Proberecherche im ‚sample file‘ mit ca. 5% des ‚full file‘ von z. Z. über 6 Mill. Verbindungen (Abb. 2.14). Dies dient zum Testen des Profils, bevor man die Gebühr von $ 90 für eine Substruktursuche im ‚full file‘ investiert. Nach dem ‚Probelauf‘ wurde aufgrund der gefundenen relevanten Verbindung und der ‚Hochrechnung‘ von 12–26 Verbindungen im ‚full file‘ (Abb. 2.14) sofort die eigentliche Suche in allen seit 1965 registrierten Verbindungen gestartet. (Bei einem unbefriedigenden Ergebnis hätte man das Suchprofil noch modifizieren können.) Während der etwa fünf Minuten dauernden Suche sind bereits gefundene Verbindungen ebenso wie die ‚Suchstatistik‘ (Zahl der geprüften Verbindungen, Zahl der gefundenen und noch erwarteten Treffer; vgl. Abb. 2.14) laufend ausdruckbar. Das Ergebnis der Recherche waren sechs Jonon-Derivate. Außer der in Abb. 2.14 gezeigten unmittelbaren Online-Ausgabe der Resultate mit oder ohne zugehörige Literaturzitate (für die Ausgabe von Strukturformeln ist ein Graphik-Terminal empfehlenswert) ist auch ein Offline-Ausdruck der Ergebnisse in hervorragender Qualität bei CAS in Columbus möglich (Abb. 2.15). Neben der schon erwähnten Suchgebühr von $ 90 pro Recherche im ‚full file‘ sind noch zeitabhängige Kosten ($ 48/h; Telefongebühren) und Gebühren für den Ausdruck zu zahlen; als Richtwert pro Substruktursuche können einschließlich Literaturausdruck ca. DM 240–280,— angenommen werden.

Selbstverständlich sind azyklische Substrukturen ebenso suchbar. Abb. 2.16 zeigt Fragestellung (R≠H), Suchprofil und eine von 36 gefundenen Verbin-

```
L5:QUE /FREIA/ FREIG OR FREIG1 OR FREIG2

L6:SEA FREIA /AF3/
ANSWER FILE AF3 IS IN USE
CLEAR ANSWER FILE? (Y)/N:.
SEARCH INITIATED ( 7:45:20)
07:45:36 COPY AND CLEAR PAGE, PLEASE
```

```
10 JUN 82 07:45:58            *** CAS ONLINE ***              P0017
REG 17522-31-5                                               ANS 1
IND 3-Buten-2-one, 4-hydroxy-4-(2,6,6-trimethyl-2-cyclohexen-1-yl)- (9CI)
FOR C13 H20 O2
```

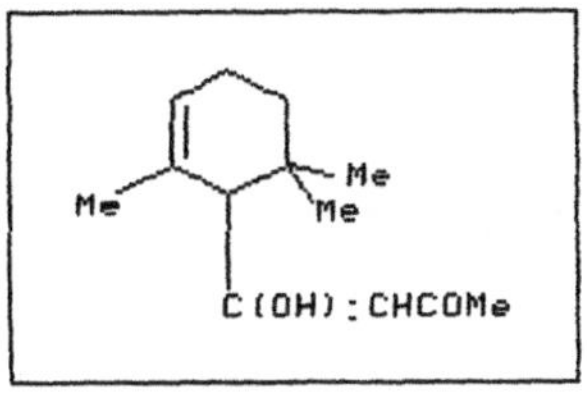

(Strukturformel: Cyclohexen-Ring mit Me, Me, Me-Substituenten und C(OH):CHCOMe)

```
SAMPLE SEARCH COMPLETE -    1 ANSWERS

SAMPLE SEARCH COMPLETE
    SEARCHED   SEARCH TIME    ANSWERS      PROJECTED ANSWERS
      5.054%     00.00.22        1          12 TO       26

:STAT

SAMPLE SEARCH COMPLETE
   SCREENED    PASSED   ITERATED    MATCHED   INCOMPLETE   ANSWERS
    294385        61        61          1          0          1
     5.054%    0.020%  100.000%     1.639%     0.000%

   SEARCH TIME   DISPLAYED   PROJECTED ITERATIONS     PROJECTED ANSWERS
     00.00.22        1         743 TO    1669           12 TO     26
07:46:14 COPY AND CLEAR PAGE, PLEASE
```

```
10 JUN 82 07:47:11           *** CAS ONLINE ***              P0018

:END

*** FINAL SEARCH STATISTICS FOR QUERY FREIA        ON CASF    ***
SAMPLE SEARCH COMPLETE
    SEARCHED   SEARCH TIME    ANSWERS      PROJECTED ANSWERS
      5.054%     00.00.22        1          12 TO       26

FULL FILE PROJECTION: COMPLETE

ANSWER FILE AF3 ASSIGNED

L6:SEA FREIA FULL /AF3/
ANSWER FILE AF3 IS IN USE
CLEAR ANSWER FILE? (Y)/N:.
SEARCH INITIATED ( 7:49:03)
07:49:16 COPY AND CLEAR PAGE, PLEASE
```

Abb. 2.14. Recherche für *Beispiel (15)* in CAS ONLINE („sample file'; verkleinerter Ausschnitt, Benutzereingabe unterstrichen) © American Chemical Society

dungen für die Recherche „Oligopeptide mit C-terminaler Nitrilgruppe" (*Beispiel 18;* Zeitaufwand ca. 15 Min., Gesamtkosten ca. DM 240,—).

Eine Substrukturrecherche in CAS ONLINE geht auf folgende (vereinfachte) Weise vor sich: Zuerst wird die eingegebene (Sub)-struktur vom System in definierte Fragmente („screens' = Fragmentcodes [85 a, 87 b]), d. h. Strukturmerkmale wie Umgebungen von Atomen, Sequenzen von Atomen bzw. Bindungen, Zahl, Größe und Substitutionsmuster von Ringen usw., zerlegt (vgl. [8 c, 24, 90 b]). Durch insgesamt ca. 2100 ‚screens' sind in CAS ONLINE etwa 5400 Strukturmerkmale codiert. Da für alle bei CAS registrierten Verbindun-

CAS ONLINE™

SEARCH RESULTS - P161007C   10 JUN 82 20:44:08   PAGE   8

REGISTRY NUMBER = 37501-16-9   ANSWER NUMBER = 5
INDEX NAME = 1,4,6-Heptatrien-3-one, 7-(dimethylamino)-2-methyl-1-(2,6,6-trimethyl-2-cyclohexen-1-yl)-
                (9CI)
MOLECULAR FORMULA = $C_{19}H_{29}NO$

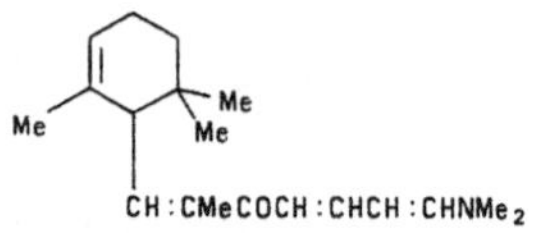

REFERENCE   1
AN   CA77(7):47941n
TI   Enamine ketones
AU   Reif, Werner; Mueller, Ernst; Hoffmann, Werner
CS   Badische Anilin- und Soda-Fabrik A.-G.
PA   Ger. Offen. DE 2,053,737, 10 May 1972, 17
DT   P
PY   1972
LA   Ger
****
REGISTRY NUMBER = 72117-72-7   ANSWER NUMBER = 6
INDEX NAME = 1-Penten-3-one, 2-methyl-1-(2,6,6-trimethyl-2-cyclohexen-1-yl)- (9CI)
SYNONYM = Dimethylionone
MOLECULAR FORMULA = $C_{15}H_{24}O$

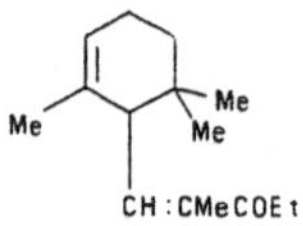

REFERENCE   1
AN   CA92(4):28369a
TI   Monographs on fragrance raw materials.   Dimethylionone
AU   Opdyke, D. L. J.
SO   Food Cosmet. Toxicol., 16(Suppl. 1), 717
DT   J
PY   1978
LA   Eng
****

Abb. 2.15. Offline-Ausdruck (verkleinert) für *Beispiel (15)* in CAS ONLINE © American
Chemical Society

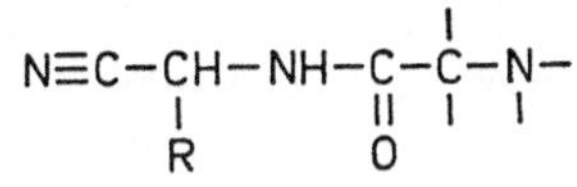

```
                              QUERY
                              EZNIPEP
                              LOGIC: NIPEP1
                              THE COMPONENT DEFINITIONS:
                              SCREEN COMPONENTS
                              NONE
                              STRUCTURE COMPONENTS
                              NIPEP1        :
          |                   N             N             N
  N≡C—CH—NH—C—C—N—            1###2---3---4...5---6---7
     |       ||  |  |                     -           :
     R       O                            -           O
                                          9           8

                              NODE ATTRIBUTES:
                              HCOUNT  IS  E1              AT    3
                              HCOUNT  IS  E1              AT    4

                              GRAPH ATTRIBUTES:
                              RING(S)              IS ISOLATED OR EMBEDDED
                              NO. OF NODES         IS 9
                              MAX. CONNECTIVITY IS 3
```

```
REGISTRY  NUMBER  =      3198-48-9
INDEX  NAME = L-Leucinamide,
N-[(1,1-dimethylethoxy)carbonyl]-L-alanyl-L-phenylalanyl-L-isoleucylglycyl-N-[1-cyano-3-(methylthio)propyl]-,
(S)- (9CI)
SYNONYM = Methioninenitrile, N-carboxy-L-alanyl-L-phenylalanyl-L-isoleucylglycyl-L-leucyl-, tert-butyl
ester, L-
MOLECULAR  FORMULA  = C36H57N7O7S
DESCRIPTOR  = *
```

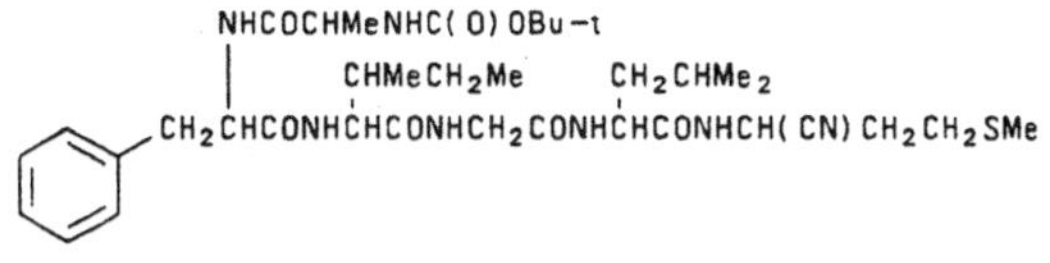

$$\text{NHCOCHMeNHC(O)OBu-t}$$
$$\text{CH}_2\text{CHCONHCHCONHCH}_2\text{CONHCHCONHCH(CN)CH}_2\text{CH}_2\text{SMe}$$

Abb. 2.16. Suchprofil und Offline-Resultatausdruck für *Beispiel (18)* in CAS ONLINE (verkleinerter Ausschnitt) © American Chemical Society

gen das Vorhandensein/Nicht-vorhandensein dieser Merkmale durch je ca. 2100 bits pro Verbindung gespeichert ist, kann durch Vergleich mit den ‚screens' der Substruktur sehr schnell eine Vorauswahl aus den ca. 6 Mill. Verbindungen getroffen werden (vgl. ‚Statistik' in Abb. 2.14: SCREENED/PASSED). Die Verschlüsselung der Struktur mit ‚screens' kann auch vom Benützer manuell mit Hilfe eines gedruckten ‚screen dictionary' durchgeführt werden; statt der Struktur gibt man dann logisch verknüpfte ‚screen'-Nummern ein [91a]. Bis zur Einführung der direkten Struktureingabe ab Nov. 1981 war dies übrigens die einzige Suchmöglichkeit in CAS ONLINE. Heute werden ‚screens' fast nur noch als Ergänzung von Substrukturen, z. B. zur Festlegung einer Maximalzahl von zusätzlichen Heteroatomen, oder zum Ausschluß von Polymeren verwendet.

Da durch die ‚screens‘ zwar die wichtigsten *einzelnen* Strukturmerkmale, nicht aber deren genaue Verknüpfung und relative Position in der Gesamtstruktur festgelegt sind, enthält eine solche Vorauswahl meist noch irrelevante Strukturen. In einem zweiten Schritt erfolgt daher ein Vergleich der vollständigen Strukturinformation „Atom-für-Atom, Bindung-für-Bindung" zwischen der eingegebenen Substruktur, deren dafür benötigte Verknüpfungstabelle vom Programm generiert wurde, und allen ‚Kandidaten‘, deren Verknüpfungstabellen ja im *CAS Registry System* gespeichert sind. Dieser iterative Prozeß ist so aufwendig, daß er im gesamten ‚full file‘, d.h. ohne vorheriges ‚screening‘, praktisch unmöglich wäre.

Außer Substrukturrecherchen sind in CAS ONLINE (und in DARC) auch Suchen nach exakten Strukturen, d.h. einzelnen Verbindungen möglich. Die Suchgebühr dafür beträgt $ 15 (+ Zeitgebühren und Ausdruck, vgl. oben). Abb. 2.17 zeigt das gesuchte Norbornan-Derivat und die Struktureingabe. Hier

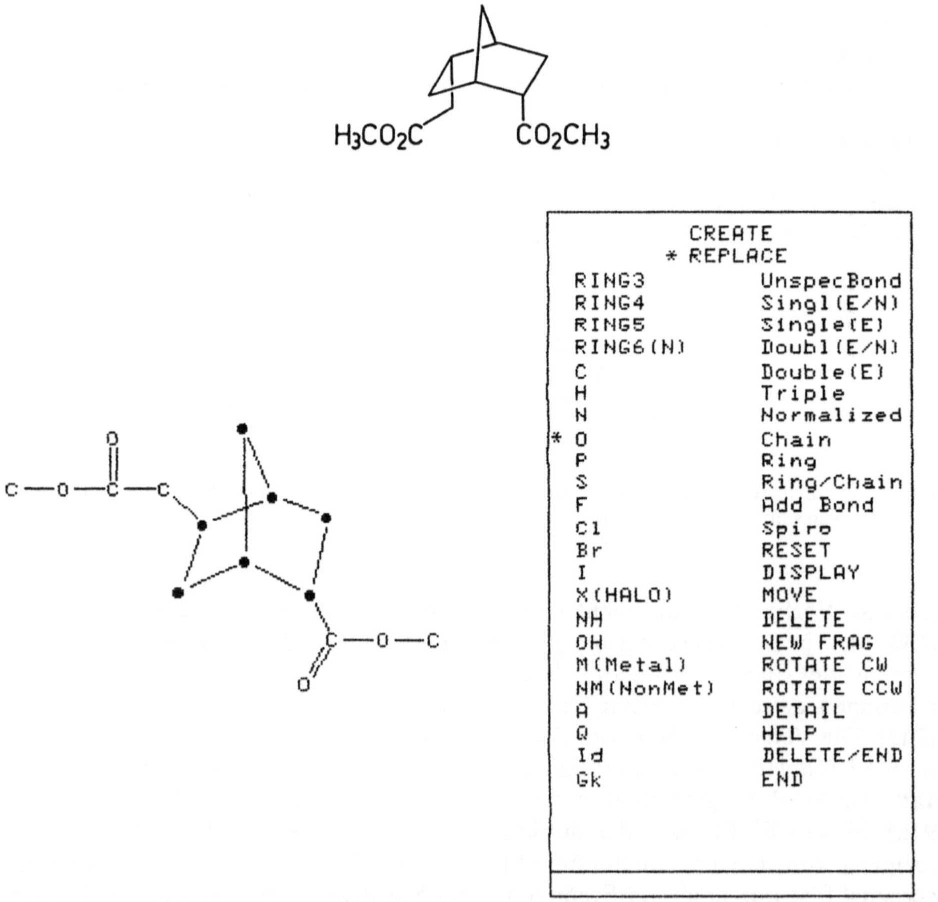

H3CO2C   CO2CH3

CREATE
* REPLACE
RING3   UnspecBond
RING4   Singl(E/N)
RING5   Single(E)
RING6(N)   Doubl(E/N)
C   Double(E)
H   Triple
N   Normalized
* O   Chain
P   Ring
S   Ring/Chain
F   Add Bond
Cl   Spiro
Br   RESET
I   DISPLAY
X(HALO)   MOVE
NH   DELETE
OH   NEW FRAG
M(Metal)   ROTATE CW
NM(NonMet)   ROTATE CCW
A   DETAIL
Q   HELP
Id   DELETE/END
Gk   END

Abb. 2.17. GSI-Struktureingabe für *Beispiel (19)* in CAS ONLINE (verkleinert) © American Chemical Society

wurde wegen der in TSI nicht gut darstellbaren überbrückten Struktur der ‚Graphic Structure Input (GSI)' gewählt [91c]. Während TSI auf verschiedenen alphanumerischen oder graphischen Terminals möglich ist, benötigt man für GSI ein HP2647-Terminal mit einem HP9111A ‚graphic tablet'. Mit dessen ‚Griffel' werden Strukturen „von Hand" gezeichnet, oder aus einem ‚Menu' (Abb. 2.17) Strukturteile gewählt und wie in einem Baukasten zusammengesetzt. Außerdem kann man noch aus einem File vollständige Skelette wie Norbornan oder z. B. Porphyrin mit einem Befehl aufrufen. Die in der Eingabe gezeigte (falsche!) Stereochemie ist ‚graphisch' und nicht real. Sowohl CAS ONLINE als auch DARC suchen über die Verknüpfungstabelle nur zweidimensionale Strukturinformation, und man erhält jeweils sämtliche für eine Struktur bekannten Stereoisomere (die Stereochemie ist im *CAS Registry System* durch Text-Deskriptoren beschrieben [45c]). Auch H-Atome werden nicht gezeigt (Abb. 2.17), da sie normalerweise in der Verknüpfungstabelle ebenfalls nicht angegeben sind, sondern vom Programm jeweils aufgrund der Valenzen berechnet werden. Bei dieser Recherche wurde keine Verbindung mit der gewünschten Struktur gefunden, d. h. seit 1965 ist eine solche in der Literatur nicht beschrieben. Strukturrecherchen in CAS ONLINE kosten insgesamt ca. DM 70,— und sind damit meist billiger und einfacher (keine Nomenklatur!) als eine entsprechende Suche in den CA ‚dictionary files' (vgl. *Beispiel 14*).

Zum Abschluß sei noch ein Beispiel einer Substrukturrecherche in DARC vorgestellt, das einen besonderen Vorzug dieses Systems illustriert. Für eine eingehendere Beschreibung des DARC-Systems, dessen Suchprozedur von der oben für CAS ONLINE skizzierten deutlich verschieden ist, wird auf die Literatur [94] verwiesen. Gesucht waren Veröffentlichungen über die Biosynthese aller Naturstoffe mit einer Epidithia-diketopiperazin-Substruktur. Abb. 2.18 zeigt die sehr einfache, sich wohl selbst erklärende Struktureingabe (außer dieser Text-Eingabe ist bei DARC auch eine graphische Eingabe möglich) und einer der gefundenen 107 Verbindungen. In CAS ONLINE hätte man (damals, vgl. S. 73) nun alle diese Verbindungen (nicht nur Naturstoffe!) mit Literatur ausdrucken müssen, um dann manuell die Artikel über Biosynthese auszuwählen. Bei DARC kann man hingegen die gefundenen CAS Registry-Nummern (125 für 107 Verbindungen) durch einen Befehl in die bibliographischen Datenbasen EUCAS (= CA SEARCH in *Télésystèmes Questel*) transferieren, mit ‚BIOSYNTH... OR BIOGENE...' kombinieren – ‚Naturstoff' ist dann impliziert – und die von 1972–82 gefundenen relevanten 15 Zitate ausdrucken (Literatur für alle 107 Verbindungen: 169 Zitate).

Auf einen detaillierten Vergleich der laufend verbesserten, etwa gleich teuren Systeme DARC und CAS ONLINE kann hier nicht eingegangen werden. Für Institutionen, die häufiger Substrukturrecherchen durchführen wollen, lohnt sich jedenfalls die Benutzung *beider* Systeme, da sie sich in ihren Möglichkeiten ergänzen. Das dritte öffentlich online zugängliche Substruktursuchsystem SANSS wurde bereits in Zusammenhang mit dem NIH/EPA Datenbanksystem CIS erwähnt, in dem es die zentrale Rolle spielt [77]. Struktur- und Substruktursuchen sind möglich. Neben der (Text)struktureingabe kann noch mit Fragmentcodes für bestimmte Strukturmerkmale, sowie, analog zu den CA ‚dictionary files', mit Summenformel, Molekulargewicht und Namen(fragmen-

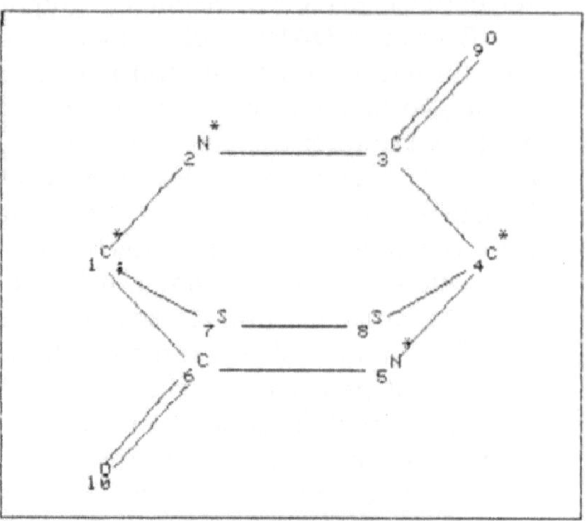

```
-QU-(RN,RQ,AN,GR,LI,AT,SL,CH,VE)     ? GR
ENTREE GRAPHIQUE (O/N)      ? N
*GRAPHE
?1-2-3-4-5-6-1,1-7-8-4,3-9,6-10
?FI
-QU-(RN,RG,AN,GR,LI,AT,SL,CH,VE)     ? AT
*ATOMES
?C
?N 2,5
?O 9,10
?S 7,8
?FI
-QU-(RN,RG,AN,GR,LI,AT,SL,CH,VE)     ? LI
*LIAISONS
?SI
?DO 3-9,6-10
?FI
-QU-(RN,RQ,AN,GR,LI,AT,SL,CH,VE)     ? SL
*SITES LIBRES
?1 1,2,4,5
?FI
-QU-(RN,RQ,AN,GR,LI,AT,SL,CH,VE)     ? VE
```

```
C.N.I.C.------SYSTEME DARC------C.N.I.C.        EURECAS
    REPONSE :        1 COMPOSE NUMERO : 4917879   RN :   67-99-2
    1  FRAGMENT         21  ATOMES
```

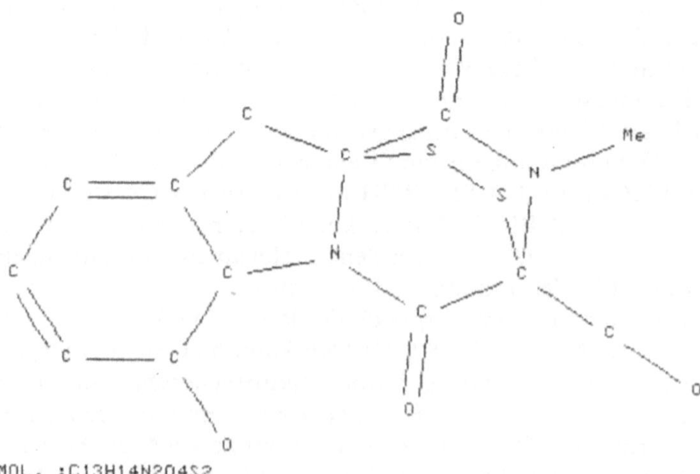

Abb. 2.18. Struktureingabe, Suchstruktur und Online-Resultatausdruck für *Beispiel (20)* im System DARC (verkleinert, Benutzereingabe unterstrichen; Sternchen markieren freie Valenzen („sites libres")) © American Chemical Society

ten) gesucht werden. (Eine entsprechende Erweiterung der Suchmöglichkeiten auch für CAS ONLINE ist übrigens in Vorbereitung [32].) Durch Wahl eines entsprechenden ‚Subfiles‘ von SANSS kann die Substruktursuche auch von vornherein nur auf Verbindungen beschränkt werden, von denen bestimmte spektroskopische oder toxikologische Daten im CIS gespeichert sind. Wegen der geringen Zahl der gespeicherten Verbindungen (ca. 230 000) kommt SANSS aber als allgemeines Substruktursuchsystem trotz seines niedrigeren Preises nicht in Betracht.

Alle drei Substruktursuchsystems sind wegen ihrer benutzerfreundlichen ‚Retrievalsprachen‘ leicht zu erlernen und zu bedienen. Sie stellen den wohl wesentlichsten Fortschritt in der Chemieinformation der siebziger Jahre dar und erfüllen einen lange gehegten Wunsch des Chemikers.

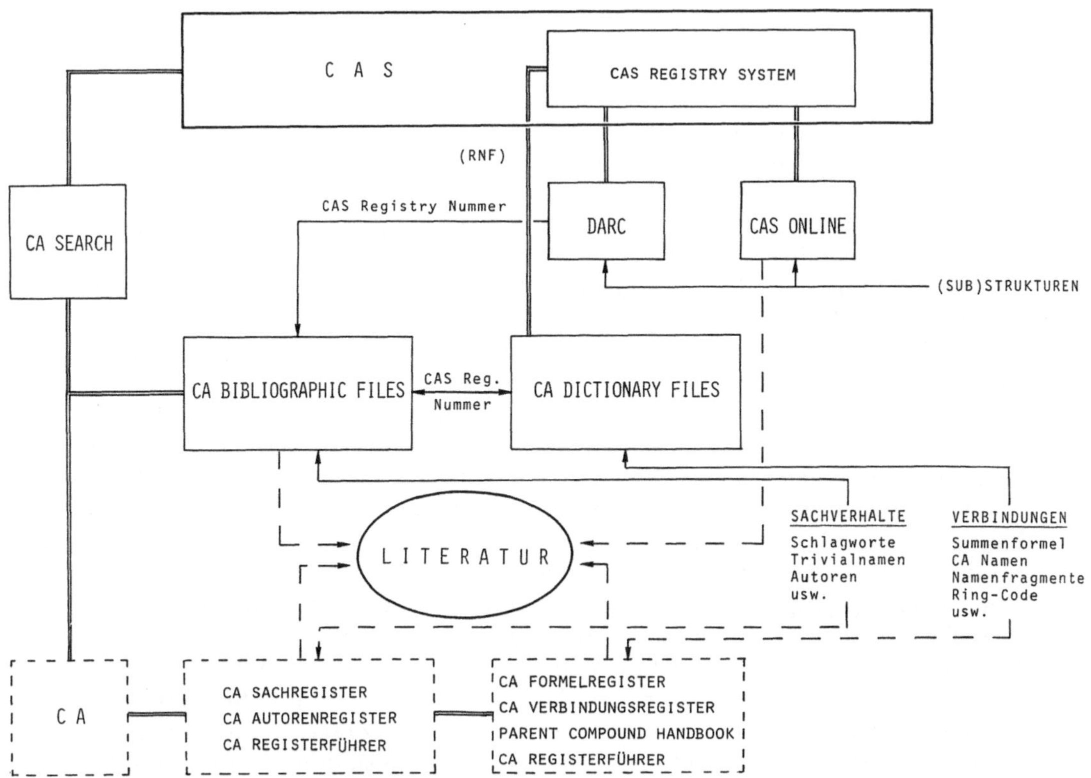

Abb. 2.19. Chemieinformation und *Chemical Abstracts Service* (RNF = CAS Registry Nomenclature File; – – – – – – manuell, ———— online)

2.3 Online-Recherchen: Möglichkeiten und Grenzen

Die gezeigten Beispiele sollten Vor- und Nachteile von Online-Recherchen illustrieren, die hier noch einmal stichwortartig zusammengefaßt und gegenübergestellt werden (vgl. [17 a, 40, 97, 102]):

+   maßgeschneiderte Information nach Bedarf
—   ‚unintelligentes' System: nur exakte Antwort auf exakte Frage (‚garbage in
    – garbage out'); nur gefunden was gesucht
+   aktueller, flexibler (interaktiv), schneller und meist weniger mühsam als
    gedruckte Quellen
—   schnelle Ergebnisse verleiten zu unsorgfältiger Arbeit (‚quick-and-dirty');
    ‚Überflutung' mit Literatur möglich
+   mehrdimensionale Suchmöglichkeiten (Operatoren)
—   wenig ältere Literatur (vor ca. 1965) verfügbar
+   mehr Zugriffsmöglichkeiten
—   nicht jederzeit verfügbar, nur ein Benutzer gleichzeitig
+   automatische Literaturüberwachung möglich
—   Terminalstreß und Abhängigkeit, zusätzliche Ausbildung nötig
+   meist mehr Datenbanken als in gedruckter Form verfügbar
—   Fehlen von guten Datenbanken(basen) auf einigen Gebieten
+   Ergebnisse gedruckt und sortiert
—   Duplikate bei Benutzung mehrerer Datenbasen
+   Kosten praktisch nur bei Benutzung
—   Kosten (und Fehler) einer Recherche werden offenbar

Unvorbereitete Recherchen sind fast immer hinausgeworfenes Geld [97 b].
Die Frage, wer online recherchieren soll – der Fragesteller (‚end user' [98]) oder
ein Informationsspezialist (‚intermediary' [99]) – und welche Ausbildung [100],
Qualifikationen und Eigenschaften erforderlich sind [101], ist Gegenstand vieler Diskussionen. Das Problem läßt sich auf zwei wesentliche Faktoren reduzieren: Der Recherchierende muß möglichst viel von der gesuchten Thematik
verstehen, um sie in ein effizientes Suchprofil umzusetzen und die Relevanz
der (Zwischen)ergebnisse beurteilen zu können, um gegebenenfalls das Profil
zu optimieren (vgl. Abb. 2.7). Andererseits soll er eine gewisse Minimalzahl
von Recherchen pro Zeit durchführen, um ständig mit den Systemen und ihren
häufigen Änderungen vertraut zu bleiben. Ein ‚Gespann' Chemiker/Informa-
tionsspezialist ist keine sehr ökonomische Lösung; ein Chemiker in der jeweiligen Forschungsgruppe, der die notwendige Sachkenntnis hat und sich relativ
intensiv (im Schnitt mindestens einmal pro Woche) mit online beschäftigt,
kommt nach unserer Erfahrung dem Optimum schon ziemlich nahe. Eine weitere Alternative, die Delegation der Recherche an ein Informationszentrum,
kommt aufgrund des oben Gesagten meist nur dann in Frage, wenn der geringe
Anfall an Fragen die Einrichtung einer eigenen Datenstation nicht lohnt, oder
wenn in selten gebrauchten oder dem Benutzer nicht verfügbaren Datenba-
sen(banken) gesucht werden muß.

Die Kosten für Online-Recherchen sind z. T. bei den Beispielen angegeben.
Sie werden von den laufenden, zeitabhängigen Gebühren für Computerbenützung (‚connect time') und Telefonverbindung sowie für den Ausdruck (z. B. Li-
zenzgebühren für CAS) dominiert, da bei häufigen Recherchen die festen Kosten für Terminal und Telefonanschluß (Grundgebühr, Modemmiete der Post)
wenig ins Gewicht fallen. Die fallweise sehr unterschiedlichen Personal-,
Raum- und Ausbildungskosten sind hier nicht einbezogen, vgl. [25, 103]. Divi-

dierte man die *gesamten* laufenden Kosten inkl. Telefongebühren durch die Anschlußzeit, dann erhielten wir folgende Durchschnittswerte für laufende Online-Kosten an der Abt. für Chemie der ETH Zürich: 3,25 SFr./Min. (1979), 4,12 (1980), 5,12 (1982); vgl. dazu auch die Werte in REHM et al., S. 138–141. Kosten und Nutzen von Online-Recherchen gegenüber manuellen Recherchen werden in der Literatur lebhaft diskutiert [25, 102]. Unter Berücksichtigung der Problematik solcher Vergleiche zeigte sich dabei, daß die maschinelle Literatursuche in den meisten Fällen nicht nur leistungsfähiger und schneller, sondern auch deutlich kostengünstiger ist.

Online-Recherchen ersetzen aber keinesfalls vollständig die manuelle Suche in der Sekundärliteratur, und schon gar nicht das Durchsehen (‚browsing‘) der Primärpublikationen auf dem eigenen Fachgebiet (vgl. [25, 97, 104]). Einfache Fragen, z. B. nach Autoren (→ Zeitschriftenregister, CA-Autorenregister), oder das andere Extrem, sehr breite Fragestellungen wie z. B. „Evolution", „Nutzung der Sonnenenergie" (→ Schlagwortkatalog der Bibliothek) lassen sich oft auf andere Art einfacher, besser oder ökonomischer beantworten. Gedruckte Quellen wie CA, *Beilstein* usw. sind auch für die Literatur vor etwa 1965 unentbehrlich, da ältere Literatur kaum online verfügbar ist. Nur Kenntnis und von Fall zu Fall ausgewogener Einsatz vieler Mittel und Quellen können chemische Informationsprobleme lösen.

Online-Recherchen ersetzen auch nicht die persönliche, nach eigenen Bedürfnissen zusammengestellte und inhaltlich erschlossene Literaturkartei. Man kann sich aber fragen, ob bei größeren Karteien nicht eine ‚Mechanisierung‘ mit Hilfe z. B. eines Mikrocomputers [105] und eines der zahlreichen für solche Zwecke schon entwickelten Datenbasen-Programme [106] sinnvoll wäre.

Online-Recherchen ohne eine funktionierende Versorgung mit Primärliteratur sind wie ein „Koloß auf tönernen Füßen". Es ist frustrierend, nach einer Recherche feststellen zu müssen, daß ein großer Teil der als wichtig erkannten gefundenen Literatur z. B. nicht in nützlicher Frist oder ohne großen Aufwand zugänglich ist. Die Erfüllung der aus Online-Recherchen resultierenden zusätzlichen Literaturanforderungen [107] durch die Bibliotheken und den interbibliothekarischen Leihverkehr ist vor allem in einer Zeit der Budget- und damit Sortimentskürzungen problematisch. Die hier in die Bresche springende Methode des ‚document delivery‘, d. h. unmittelbarer Online-Literaturbestellung via Datenbasenanbieter oder -produzenten wie z. B. CAS, ist z. Z. zwar aus Kostengründen noch keine echte Alternative [108], hat aber wahrscheinlich eine große Zukunft.

2.4 Ausblick

Prognosen über die Entwicklung scheinen fast unmöglich, da sich dieser Bereich offensichtlich in einem rasanten Fortschritt befindet.

Bei Online-Recherchen [10] scheint ein Nachlassen des Wachstums an neuen Datenbasen(banken) und Systemen noch nicht absehbar (vgl. [19]). In Europa besteht gegenüber den USA noch ein beträchtlicher Nachholbedarf bei Nachfrage und z. T. auch beim Angebot [109].

Der vermehrte Einsatz programmierbarer Terminals mit elektronischen Speichern oder Mikrocomputern [105] für Recherchen dürfte die ‚Online-Szene' wesentlich beeinflussen. Diese Terminals können den Ablauf der Recherche vereinfachen und verbilligen [110]. Wenn man aber zuviel Suchprofil vorprogrammiert, dann geht ein großer Vorteil der Online-Recherche verloren. Auf der Output-Seite kann man statt des maschinell nicht mehr manipulierbaren Papierausdrucks die Zitate elektronisch speichern und dann beliebig sortieren und bearbeiten (z. B. Eliminieren von Duplikaten [50 a]). Von da ist der Weg zur hauseigenen Datenbasis nicht mehr weit [111], da es ja schon zahlreiche Programme dafür auch auf Kleincomputern gibt [106]. Das ist technologisch alles lösbar oder schon gelöst, wirft aber Probleme des Urheberrechts und des Informationsmarkts auf [112].

Die Produzenten von Sekundärliteratur in gedruckter und maschinenlesbarer Form sehen den Absatz ihrer gedruckten Produkte z. T. gefährdet [7 a, 113, 114 a]. Durch eine Preispolitik, die entweder einen größeren Anteil der Produktionskosten auf die Online-Dienste überwälzt (CA [115]), die Datenbasis für Abonnenten der gedruckten Version billiger macht (SCI: $ 65/h, Nicht-Abonnenten: $ 165/h; vgl. [113 b]), oder die Online-Version an den Bezug der gedruckten Fassung bindet (DERWENT CRDS), versuchen sie hier gegenzusteuern. Paradoxerweise könnte die neue Suchtechnologie zu einer Verschlechterung der Informationsversorgung führen, wenn nämlich die Abbestellung gedruckter Dienste schneller geht als die allgemeine Verbreitung und Zugänglichkeit von Datenstationen für Online-Recherchen, oder wenn Datenbasen infolge Einstellung der gedruckten Version die gesamten Produktionskosten zu tragen hätten und dann um ein Mehrfaches teurer würden.

Ob uns die neuen Technologien tatsächlich eine ‚papierlose Gesellschaft' [10, 114] bescheren werden, ist wohl noch nicht sicher. Durch Bildplatten [116] z. B. ist die elektronische Speicherung und Verbreitung auch der Primärliteratur in den Bereich des technisch und ökonomisch Möglichen gerückt. Das Patent-Volltext System VIDEO PATSEARCH von *Pergamon Info Line* benützt bereits diese Technologie, und auch mit der Online-Ausgabe des auf Magnetplatten gespeicherten Volltextes von Zeitschriften wurde schon experimentiert [117]. Eine Online-Suche in maschinell gespeicherter Primärliteratur scheint jedoch wenig sinnvoll, solange nicht das Problem des Zugriffs (Indexierung!) wesentlich besser als bisher gelöst ist (vgl. z. B. [40, 118]).

Die Technologie bringt uns neue Möglichkeiten zur Weiterentwicklung wissenschaftlicher Informations- und Kommunikationssysteme, aber auch Probleme [119, 120]. Wesentlich für eine bessere Ausnutzung der vorhandenen Möglichkeiten wäre auch eine Verbesserung der Informationsausbildung und des Informationsbewußtseins der Chemiker schon an der Hochschule [122].

2.5 Anhang: Adressen

Telekommunikation

BRD: Referat Kundenberatung für Datel-
dienste
Fernmeldetechnisches Zentralamt
Am Kavalleriesand 3
D-6100 Darmstadt

A: Radio Austria
Renngasse 14
A-1010 Wien

CH: Generaldirektion PTT
Fernmeldedienste/Teleinfor-
matik ET31
Viktoriastrasse 21
CH-3030 Bern

Anbieter von Datenbasen und -banken

DIALOG Information Services, Inc.
Marketing Department
3460 Hillview Ave.
Palo Alto, CA 94304
USA

SDC Search Service
System Development Corp.
2500 Colorado Ave.
Santa Monica, CA 90406
USA

DATA-STAR
Willoughby Road
Bracknell RG12 4DW
Berkshire, U. K.

DIMDI
Weißhausstraße 27
Postfach 42 05 80
D-5000 Köln 41

INKA Online Services
c/o FIZ Energie, Physik, Mathematik
D-7514 Eggenstein-Leopoldshafen 2

Pergamon InfoLine Ltd.
12, Vandy Street
London EC2A 2DE

Euronet DIANE
177, Route d'Esch
L-1471 Luxembourg

DIALOG Information Services, Inc.
P.O. Box 8
Abingdon
Oxford OX13 6EG
England

SDC-Information Services
Bakers Court
Bakers Road
Uxbridge, Middlesex UB8 1 RG
U. K.

BRD: W. Ruth
Bertelsmann Datenbankdienste
Dingolfinger Str. 6
8000 München 80

CH: D. Scherf
Radio Suisse/DATA-STAR
Schwarztorstr. 61
CH-3000 Bern 1

ESA-IRS
Via Galileo Galilei
I-00044 Frascati

Télésystèmes-DARC
Tour Gamma B-193 Rue de Bercy
F-75582 Paris

(vermittelt Adressen europäischer
Datenbasen/banken-Anbieter)

(Weitere Adressen finden sich z. B. in den im Literaturverzeichnis aufgeführten Datenbasen-
Verzeichnissen)

Auskunft über Einrichtung und Betrieb von Datenendeinrichtungen für Online-Recherchen erteilen u. a.

BRD: Gesellschaft für Information und Dokumentation (GID)
      Herriotstr. 5, Postfach 71 03 70
      D-6000 Frankfurt/Main 71

A: Vereinigung österreichischer Bibliothekare bzw.
      Österreichische Gesellschaft für Dokumentation und Information
      c/o UB Wien
      Dr.-Karl-Lueger-Ring 1
      A-1010 Wien

      sowie die Informationsvermittlungsstellen an allen Universitätsbibliotheken

Wichtige Datenbasenproduzenten:

Chemical Abstracts Service
2540 Olentangy River Rd.
P.O. Box 3012
Columbus, OH 43210
USA

Institute for Scientific Information
3501 Market Street
Philadelphia, PA 19104
USA

Derwent Publications Ltd.
128 Theobalds Road
Rochdale House
London WC1X 8RP
U. K.

BioSciences Information Service
2100 Arch Street
Philadelphia, PA 19103
USA

2.6 Literatur

Monographien:

Rehm, D., Montforts, F.-P., Ockenfeld, M., Wess, G.: Online-Recherchen in Datenbanken des Chemical Abstracts Service, Verlag Chemie, Weinheim 1982 (zit. als REHM et al.)
Meadow, C. T., Cochrane, P.: Basics of Online Searching, Wiley, New York 1981
Fenichel, C. H., Hogan, T. H.: Online Searching: A Primer, Learned Information Ltd., Oxford 1981
Henry, W. M., Leigh, J. A., Tedd, L. A., Williams, P. W.: Online Searching (An Introduction), Butterworths, London 1980
Hoover, R. E. (ed.): The Library and Information Manager's Guide to Online Services, Knowledge Industry Publ., White Plains NY 1980
Lancaster, F. W.: Information Retrieval Systems: Characteristics, Testing and Evaluation (2nd ed.), Wiley-Interscience, New York 1979
Ash, J. E., Hyde, E. (ed.): Chemical Information Systems, Ellis Horwood Ltd., Chichester 1974
Lancaster, F. W., Fayen, E. G.: Information Retrieval On-Line, Wiley/Melville, Los Angeles 1973

Zeitschriften:

Online Review (Oxford, seit 1977)
Online (Weston CT, seit 1977)
Database (Weston CT, seit 1978)
Online Information (Proc. Int. Online Inf. Meet., London, seit 1977)
Information Intelligence Online Newsletter (Phoenix AZ, seit 1980)

Journal of Chemical Information and Computer Science (Washington DC, seit 1961; bis 1974: J. Chem. Doc.)
Nachrichten für Dokumentation (Frankfurt/M., seit 1950)
Online Info (Online-Benutzergruppe in der DGD, seit 1978)
Fakten, Daten, Zitate (Wien, seit 1981)
Online Mitteilungen (in: Mitt. der Vereinig. österr. Bibliothekare, Wien, seit 1979)
‚Newsletter' der Datenbasen-Anbieter und -Produzenten

Datenbasenverzeichnisse (meist lfd. erneuert):

Hall, J. L., Brown, M. J.: Online Bibliographic Databases. An International Directory, AS-LIB, London 1981 (2nd ed.)
Databases online. Online Rev. *6*, 353 (1982); *8*, 385 (1984)
Tomberg, A. (Hrsg.): EUSIDIC Database Guide 1980, Learned Information Ltd., Oxford 1979
Directory of Online Databases, Vol. *5*, Cuadra Assoc., Santa Monica CA 1984ff. (vierteljährl.)
Williams, M. E. (ed.): Computer-Readable Databases, 1982: A Directory & Data Sourcebook, Knowledge Industry Publ., White Plains NY 1982
Directory of Online Information Resources, CSG Press, Kensington MD (halbjährl.)
1983 European Data Base Guide, Infotecture, Paris 1983

Für eine umfassende, jährlich ergänzte Bibliographie der Literatur über Online-Recherchen siehe:

Hawkins, D. T.: Online Information Retrieval Bibliography 1965–1976. Online Rev. *1* (Supplement), 1 (1977); *2*, 63 (1978); *3*, 37 (1979); *4*, 61 (1980); *5*, 139 (1981); *6*, 147 (1982); *7*, 127 (1983); *8,* 247, 325 (1984).

1. a) de Solla Price, D. J.: Little Science, Big Science (1963), dt. Ausgabe Suhrkamp Verlag (Tb. Wissenschaft 48), Frankfurt 1974, S. 13ff.;
   b) Umstätter, W., Rehm, M.: Einführung in die Literaturdokumentation und Informationsvermittlung, K. G. Saur Verlag, München 1981, Kap. 1;
   c) Garfield, E., Revesz, G. S., Batzig, J. H.: The Synthetic Chemical Literature from 1960 to 1969, Nature *242*, 307 (1973); Kresze, G.: Kommunikation in der Chemie heute – Probleme und Möglichkeiten, Angew. Chem. *82*, 563 (1970)
2. Quellen: u. a. CAS Report, CAS Online News
3. Wratschko, W.: INPADOC und seine Dienste, Verwendung und Entwicklung im Jahre 1982, Fakten, Daten, Zitate *1982* (3), 14
4. CAS Report 12 (June 1982)
5. ‚Bluesheet' CA SEARCH (7/82), DIALOG Inf. Serv.; CAS Today, Chemical Abstracts Service, Columbus OH 1980
6. Feasibility Study on Registration of Chemical Substances from Pre-1965 Indexes of Chemical Abstracts (1980), Report PB81-197055 (NTIS); CAS ONLINE News *4* (2), 4 (1984)
7. a) Cooper, M.: Secondary Information Services in Science and Technology: A Wide-Angle View. J. Am. Soc. Inf. Sci. *33*, 152 (1982);
   b) Skolnik, H.: Historical Development of Abstracting. J. Chem. Inf. Comput. Sci. *19*, 215 (1979)
8. Für Einführungen in den Einsatz von Computern zur Speicherung und Wiedergewinnung (chemischer) Informationen vgl. z. B.
   a) Rusch, P. F.: Introduction to Chemical Information Storage and Retrieval, J. Chem. Educ. *58*, 337 (1981);
   b) Dessy, R. E., Starling, M. K.: Information Retrieval and Laboratory Data Management, Anal. Chem. *51*, 924A (1979);
   c) Veal, D. C.: Computer Techniques for Retrieval of Information from the Chemical Literature, Topics Curr. Chem. *39*, 65 (1973);
   d) van Rijsbergen, C. J.: Progress in Documentation: File Organization in Library Automation and Information Retrieval, J. Doc. *32*, 294 (1976)

9. a) Williams, M. E.: Networks for On-Line Data Base Access. J. Am. Soc. Inf. Sci. *28*, 247 (1977);
   b) Hawkins, D. T., Brown, C. P.: What Is An Online Search? Online *4* (1), 12 (1980)
10. Lancaster, F. W., Smith, L. C.: On-line Systems in the Communication Process: Projections, J. Am. Soc. Inf. Sci. *31*, 193 (1980)
11. a) Callahan, M. V., Rusch, P. F.: Online implementation of the CA SEARCH file and the CAS Registry Nomenclature File, Online Rev. *5*, 377 (1981);
   b) Levine, G. R.: Developing databases for online information retrieval, Online Rev. *5*, 109 (1981);
   c) Schultheisz, R. J.: TOXLINE: Evolution of an Online Interactive Bibliographic Database, J. Am. Soc. Inf. Sci. *32*, 421 (1981);
   d) Schultheisz, R. J., Walker, D. F., Kannan, K. L.: Design and Implementation of an On-Line Chemical Dictionary (CHEMLINE), J. Am. Soc. Inf. Sci. *29*, 173 (1978)
12. Kwanten, F. J. G.: The Impact of Data Transmission Speed on Time Structure and Cost in Online Searching, Online Inf. *2*, 271 (1978)
13. Thoma, G. R.: Transmission of Information, J. Am. Soc. Inf. Sci. *32*, 131 (1981); Kraus, G.: Einführung in die Datenübertragung, R. Oldenbourg Verlag, München 1978; Hofer, H.: Datenfernverarbeitung, Springer-Verlag, Berlin Heidelberg New York Tokyo 1984 (Heidelberger Tb. 120)
14. 1982–83 ONLINE Terminal/Microcomputer Guide & Directory, Online Inc., Weston CT 1982
15. Steere, W. C.: Biological Abstracts/BIOSIS, Plenum Press, New York 1976, ch. 7 & 8; Batten, W. E.: Progress in Documentation, J. Doc. *32*, 207 (1976); Tate, F. A.: Chem. Eng. News *1967* (Jan. 23), 78; ibid. *1975* (June 16), 30; O'Dette, R. E.: J. Chem. Inf. Comput. Sci. *15*, 165 (1975)
16. Garfield, E.: Chem.-Ztg. *96*, 334 (1972); Garfield, E., Koenig, M., di Renzo, T.: IEEE Trans. Prof. Commun. *20*, 95 (1977)
17. a) Gardner, J. J., Wax, D. M.: Online Bibliographic Services. Libr. J. *101*, 1827 (1976);
   b) Christian, R. W.: The Electronic Library: Bibliographic Databases 1978–79, Knowledge Industry Publ., White Plains NY 1978;
   c) Bourne, C. P.: J. Am. Soc. Inf. Sci. *31*, 155 (1980);
   d) Doskocs, T. E., Rapp, B. A., Schoolman, H. M.: Science *208*, 25 (1980)
18. Krietsch, W.: Erfahrungen mit Online- und Batch-Recherchen in Magnetbanddiensten von Chemical Abstracts Service, in: 1. Dtsch. Online-Informationstreffen (Köln 1980), Learned Information Ltd., Oxford 1981, S. 79
19. Summit, R. K.: Behind the Scenes at DIALOG, CHRONOLOG (DIALOG Inf. Serv.) *10*, 233 (1982)
20. a) Clinton, M.: Online *2* (3), 51 (1979);
   b) Boell, H.-P.: Online-ADL-Nachr. *10*, 1019 (1980); Tietz, W., Runkel, D.: Fernmelde-Ing. *36* (6), 1 (1982);
   c) Schaeren, M.: PTT Tech. Mitt. *60*, 15 (1982)
21. Huber, W., Mahon, B.: Nachr. Dok. *30*, 153 (1979); Mahon, B.: Program *14*, 69 (1980); Kelly, P. T. F.: Int. Forum Inf. Doc. *7*, 22 (1982)
22. Nora, S., Minc, A.: L'informatisation de la société, La Documentation Française, Paris 1978. Die Informatisierung der Gesellschaft (dt. Übers., hrsg. von U. Kalbhen), Campus-Verlag, Frankfurt 1979
23. Rössler, S., Kolb, A.: J. Chem. Doc. *10*, 128 (1970); Lobeck, M. A.: Angew. Chem. *82*, 598 (1970); Grünewald, H.: Pure Appl. Chem. *49*, 1855 (1977)
24. Schenk, H. R., Wegmüller, F.: J. Chem. Inf. Comput. Sci. *16*, 153 (1976); Graf, W., Kaindl, H. K., Kniess, H., Schmidt, B., Warszawski, R.: ibid. *19*, 51 (1979); Graf, W., Kaindl, H. K., Kniess, H., Warszawski, R.: ibid. *22*, 177 (1982)
25. Mayer, G., Baerns, M.: Nachr. Dok. *33*, 219 (1982)
26. Zass, E.: Naturwissenschaften *69*, 276 (1982)
27. Für die Benutzung von CA (manuell oder online) wesentliche Erklärungen über die CA-Register und die Indexierungspolitik findet man u. a. im: Chemical Abstracts Index Guide 1984 (und frühere Ausgaben), Appendix II, III bzw. IV (CA Nomenklatur!)
28. a) Garfield, E.: Citation Indexing – Its Theory and Application in Science, Technology, and Humanities, Wiley-Interscience, New York 1979;

b) Savage, G. S., Pemberton, J.: Database *1* (1), 50 (1978);
c) Chapman, J., Subramanyam, K.: Cocitation Search Strategy, in: Williams, M. E., Hogan, T. H. (ed.): Proc. Natl. Online Meet. New York 1981, Learned Information Inc., Medford NJ 1981, p. 97;
d) Sweet, R.: User's Guide to Online Searching of SCISEARCH and SOCIAL SCISEARCH, ISI, Philadelphia

29. Blake, J. E., Brown, S. M., Ebe, T., Goodson, A. L., Skevington, J. H., Watson, C. E.: J. Chem. Inf. Comput. Sci. *20,* 162 (1980)
30. Blake, J. E., Mathias, V. J., Patton, J.: J. Chem. Inf. Comput. Sci. *18,* 187 (1978)
31. Chem. Abstr. Serv. Katalog 1983 (Verlag Chemie, Weinheim), bzw. CAS Search Aids Catalog 1983 (CAS, Columbus OH); gratis erhältlich
32. Chem. Eng. News *1982* (Dec. 6), 38; CAS ONLINE News *3* (2), 1 (1983)
33. Huleatt, R. S.: Database *2* (4), 11 (1979)
34. Jackson, W. J.: Online *6* (3), 27 (1982)
35. Pugh, W. J., John, S. C.: Online *6* (5), 41 (1982)
36. Zass, E.: Nachr. Dok. *33,* 129 (1982)
37. Burroughs, B., Skaff, J.: Online *2* (2), 55 (1978); Harper, L. G.: Ref. Serv. Rev. *9,* 39 (1981); Weiss, S.: Spec. Libr. *72,* 379 (1981)
38. Charton, B.: J. Chem. Inf. Comput. Sci. *17,* 45 (1977)
39. Raitt, D. I.: IATUL Proc. *12,* 3 (1980); Calkins, M. L.: Database *3* (2), 53 (1980); Williams, M. E.: J. Chem. Inf. Comput. Sci. *17,* 16 (1977); Dayton, D. L., Fletcher, M. J., Moulton, C. W., Pollock, J. J., Zamora, A.: J. Chem. Inf. Comput. Sci. *17,* 20 (1977)
40. Cleverdon, C. W.: Optimierung von Online-Informationsdienstleistungen in Wissenschaft und Technik, in: 1. Dtsch. Online-Informationstreffen (Köln 1980), Learned Information Ltd., Oxford 1981, S. 1
41. z. B. Meadow, C. T., Hewett, T. T., Aversa, E. S.: J. Am. Soc. Inf. Sci. *33,* 325 (1982); Pollitt, A. S.: Online Inf. *5,* 25 (1981); Barker, F. H., Veal, D. C., Wyatt, B. K.: J. Doc. *28,* 44 (1972)
42. Sommerville, A. N.: Database *5* (1), 32 (1982); Dolan, D.: Database *2* (4), 86 (1979); Morrow, D. I.: J. Am. Soc. Inf. Sci. *27,* 57 (1976); Hawkins, D. T., Wagers, R.: Online *6* (3), 12 (1982); Marshall, D. B.: Online *4* (3), 32 (1980); Buntrock, R. E.: Online *3* (4), 10 (1979); Adams, A. L.: Online Rev. *3,* 373 (1979); Oldroyd, B. K., Citroen, C. L.: Online Rev. *1,* 295 (1977)
43. a) Baldwin, J. E.: Rules for Ring Closure. JCS Chem. Commun. *1976,* 734; Baldwin, J. E., Cutting, J., Dupont, W., Kruse, L., Silberman, L., Thomas, R. C.: 5-Endo-Trigonal Reactions: a Disfavoured Ring Closure. ibid. *1976,* 736;
b) Baldwin, J. E., Reiss, J. A.: Preference for 6-Exo-Trigonal Closures of ω-Hydroxy-α,β-unsaturated Esters. JCS Chem. Commun. *1977,* 77; Baldwin, J. E., Kruse, L. I.: Rules for Ring Closure. Stereoelectronic Control in the Endocyclic Alkylation of Ketone Enolates. ibid. *1977,* 233; Baldwin, J. E., Thomas, R. C., Kruse, L. I., Silberman, L.: Rules for Ring Closure: Ring Formation by Conjugate Addition of Oxygen Nucleophiles. J. Org. Chem. *42,* 3846 (1977)
44. Pelissier, D.: Online Rev. *4,* 13 (1980); ibid. *5,* 241 (1981)
45. a) Tate, F. A.: Chemistry *41* (7), 18 (1968);
b) Dittmar, P. G., Stobaugh, R. E., Watson, C. E.: J. Chem. Inf. Comput. Sci. *16,* 111 (1976); Freeland, R. G., Funk, S. A., O'Korn, L. J., Wilson, G. A.: ibid. *19,* 94 (1979);
c) Blackwood, J. E., Elliott, P. M., Stobaugh, R. E., Watson, C. E.: J. Chem. Inf. Comput. Sci. *17,* 3 (1977);
d) vander Stouw, G. G., Gustafson, C., Rule, J. D., Watson, C. E.: J. Chem. Inf. Comput. Sci. *16,* 213 (1976); Zamora, A., Dayton, D. L.: ibid. *16,* 219 (1976); Stobaugh, R. E.: ibid. *20,* 76 (1980); Mockus, J., Stobaugh, R. E.: ibid. *20,* 18 (1980); Moosemiller, J. P., Ryan, A. W., Stobaugh, R. E.: ibid. *20,* 83 (1980); Ryan, A. W., Stobaugh, R. E.: ibid. *22,* 22 (1982)
46. Watkins, S. G.: Database *4* (3), 39 (1981)
47. a) Johnson, B. K.: Online Rev. *5,* 469 (1981);
b) Blair, J.: Online *5* (2), 46 (1981);

c) Walton, K. R.: Online Retrieval of the Scientific and Technical Literature of Polynuclear Aromatic Hydrocarbons, in: Williams, M. E., Hogan, T. H. (ed.), Proc. Natl. Online Meet. New York 1981, Learned Information Inc., Medford NJ 1981, p. 469; Hawkins, D. T.: Online *2* (2), 9 (1978); Bechtel, H.: Nachr. Dok. *32*, 78 (1981); Evans, J. E.: Online *4* (2), 35 (1980); de Jong-Hofman, M. W.: Online Rev. *5*, 25 (1981); Online Rev. *2*, 122 (1978); Wanger, J.: Online *1* (4), 35 (1977)

48. Oppenheim, C., Perryman, S.: Database *3* (4), 41 (1980)

49. Anthony, A.: Database *2* (4), 28 (1979); Dolan, D. R.: ibid. *3* (4), 50 (1980)

50. a) Riley, C., Bell, M., Finucane, T.: Online *5* (4), 36 (1981);
    b) Onorato, E. S., Bianchi, G.: Online Rev. *5*, 445 (1981)

51. a) Wittmann, A., Schiffels, R.: Grundlagen der Patentdokumentation, R. Oldenbourg Verlag, München 1976;
    b) Grubb, P. W.: Patents for Chemists, Clarendon Press, Oxford 1982; Bank, H., Fenat-Haessig, M., Roland, M. (Hrsg.): Patentinformation und Patentdokumentation in Westeuropa, K. G. Saur Verlag, München 1980; Maynard, J. T.: IEEE Trans. Prof. Commun. *22*, 146 (1979); Joenk, R. J.: IEEE Trans. Prof. Commun. *22*, 46 (1979)

52. Liebesny, F., Hewitt, J. W., Hunter, P. S., Hannah, M.: Inf. Sci. (London) *8*, 165 (1974); Terapane, J. F.: CHEMTECH *8*, 272 (1978)

53. Oppenheim, C.: Inf. Sci. (London) *9*, 107 (1975); Freeman, J. E., Oppenheim, C.: ibid. *12*, 83 (1978)

54. Kaback, S. M.: J. Chem. Inf. Comput. Sci. *17*, 143 (1977); Oppenheim, C.: Sci. Tech. Libr. *2* (2), 23 (1981); Dixon, M. D., Oppenheim, C.: World Pat. Inf. *4*, 60 (1982); Hyams, M.: Abstracting, Indexing and Retrieval of the Information Content in Patent Documents, in: The Role of Patent Information in Research and Development, WIPO Publication 637, Genf 1975, p. 275

55. Pollick, P. J.: Sci. Tech. Libr. *2* (2), 3 (1981); Pollick, P. J.: World Pat. Inf. *3*, 128 (1981)

56. Smith, R. G., Anderson, L. P., Jackson, S. K.: J. Chem. Inf. Comput. Sci. *17*, 148 (1977); Almond, J. R., Nelson, C. H.: ibid. *19*, 222 (1979)

57. Pilch, W., Wratschko, W.: J. Chem. Inf. Comput. Sci. *18*, 69 (1978)

58. Kaback, S. M.: Sci. Tech. Libr. *2* (2), 33 (1981); Herz, M.: World Pat. Inf. *2*, 119 (1980); Kaback, S. M.: Online *7* (4), 22 (1983)

59. Snelson, P.: Database *5* (2), 22 (1982)

60. Ockenfeld, M.: Dissertationen als Informationsquellen, Arbeitsgr. Informationswiss. Chemie, Frankfurt/M. 1981

61. Auger, C. P. (Hrsg.): Use of Reports Literature, Butterworths, London 1975; Heidtmann, F., Roth, A., Skalski, D.: Wie finde ich Normen, Patente, Reports?, Berlin-Verlag, Berlin 1978

62. Kohl, E., Ockenfeld, M.: Konferenzinformation, Arbeitsgr. Informationswiss. Chemie, Frankfurt/M. 1981

63. Unruh, B.: Online *2* (3), 54 (1978)

64. Regazzi, J. J., Bennion, B., Roberts, S.: J. Am. Soc. Inf. Sci. *31*, 161 (1980)

65. Bawden, D., Jackson, F. T., Wood, S. I.: Online Inf. *3*, 225 (1980); Valls, J.: Reaction Documentation, in: Wipke, W. T., Heller, S. R., Feldman, R. J., Hyde, E. (ed.), Computer Representation and Manipulation of Chemical Information, Wiley, New York 1974, p. 83

66. Beach, A. J., Dabek, H. F. jr., Hosansky, N. L.: J. Chem. Inf. Comput. Sci. *19*, 149 (1979)

67. Mlodzik, H.: Erfahrungen mit der Datenbank Chemical Reaction Documentation Service (CRDS), in 1. Dtsch. Online-Informationstreffen (Köln 1980), Learned Information Ltd., Oxford 1981, S. 85

68. Fugmann, R., Bitterlich, W.: Chem.-Ztg. *96*, 323 (1972); Fugmann, R., Kusemann, G., Winter, J. H.: Inf. Proc. Manage. *15*, 303 (1979)

69. Hoover, R. E.: Online Rev. *5*, 453 (1981); Bork, K.-H.: Chem.-Ztg. *96*, 330 (1972); Schier, O., Nübling, W., Steidle, W., Valls, J.: Angew. Chem. *82*, 622 (1970)

70. Kasperko, J.: Database *2* (3), 24 (1979)

71. Pichler, H.: Nachr. Dok. *31*, 85 (1980); vgl. Langstaff, E. M., Ostrum, G. K.: J. Chem. Inf. Comput. Sci. *19*, 60 (1979)

72. Fisanick, W., Mitchell, L. D., Scott, J. A., vander Stouw, G. G.: J. Chem. Inf. Comput. Sci. *15*, 73 (1975)
73. Wanger, J., Landau, R. N.: J. Am. Soc. Inf. Sci. *31*, 171 (1980)
74. Springe, W., Krüger, H.: Chem.-Ing.-Tech. *54*, 363 (1982); Lide, D. R. jr.: Science *212*, 1343 (1981)
75. Heller, S. R.: The Economics of On-Line Data Dissemination, in: Glaeser, P. S. (ed.), Data for Science and Technology (Proc. 7th Int. CODATA Conf.), Pergamon Press, Oxford 1981, p. 578
76. Bourne, C. P.: Inf. Proc. Manage. *13*, 1 (1977); Norton, N. P.: Online *5* (1), 40 (1981); vgl. Online *5* (3), 4 (1981)
77. Milne, G. W. A., Heller, S. R., Fein, A. E., Frees, E. F., Marquart, R. G., McGill, J. A., Miller, J. A., Spiers, D. S.: J. Chem. Inf. Comput. Sci. *18*, 181 (1978); Feldmann, R. J.: Interactive Graphic Chemical Structure Searching, in: Wipke, W. T., Heller, S. R., Feldmann, R. J., Hyde, E. (ed.), Computer Representation and Manipulation of Chemical Information, Wiley, New York 1974, p. 55
78. Milne, G. W. A.: J. Assoc. Off. Anal. Chem. *65*, 1249 (1982); Milne, G. W. A., Fisk, C. L., Heller, S. R., Potenzone, R. jr.: Science *215*, 371 (1982); Milne, G. W. A., Heller, S. R.: J. Chem. Inf. Comput. Sci. *20*, 204 (1980); Heller, S. R., Milne, G. W. A.: Online *4* (4), 45 (1980); Heller, S. R., Milne, G. W. A.: Anal. Chim. Acta *122*, 117 (1980)
79. Egger, A. J.: Database *5* (2), 55 (1982); Bridges, K.: Online *5* (1), 27 (1981); Bawden, D., Brock, A. M.: Online Inf. *5*, 129 (1981); Moody, R. L., Zahm, B. C.: J. Chem. Inf. Comput. Sci. *20*, 12 (1980); Bawden, D.: Database *2* (2), 11 (1979)
80. Kennard, O., Watson, D., Allen, F., Motherwell, W., Town, W., Rodgers, J.: Chem. Br. *11*, 213 (1975); Allen, F. H. et al.: Acta Crystallogr. Sec. *B 35*, 2331 (1979); Wilson, S. R., Huffman, J. C.: J. Org. Chem. *45*, 560 (1980); Allen, F. H., Kennard, O., Watson, D. G., Crennell, K. M.: J. Chem. Inf. Comput. Sci. *22*, 129 (1982)
81. Bremser, W., Wagner, H., Franke, B.: Org. Magn. Reson. *15*, 178 (1981); Bremser, W.: Nachr. Chem. Tech. Lab. *31*, 456 (1983)
82. vgl. dazu: Dubois, J. E., Bonnet, J. C., Lemagney, A., Lacroix, O.: Online Inf. *1*, 169 (1977)
83. Eckermann, R.: Dechema-Informationssysteme für die chemische Technik, ACHEMA-Jahrb. 80/82, Bd. 1, DECHEMA, Frankfurt/M. 1981, S. 36; Eckermann, R.: Chem.-Ing.-Tech. *53*, 31 (1981)
84. Rush, J. E.: Annu. Rev. Inf. Sci. Technol. *13*, 209 (1978); Tate, F. A.: ibid. *2*, 285 (1967)
85. a) Huber, M. L.: J. Chem. Doc. *5*, 4 (1965); Ash, J., Hyde, E.: Pure Appl. Chem. *49*, 1845 (1977); Oppenheim, C.: Online Rev. *3*, 381 (1979);
    b) Silk, J. A.: J. Chem. Inf. Comput. Sci. *19*, 195 (1979)
86. Gluck, D. J.: J. Chem. Doc. *5*, 43 (1965); Morgan, H. L.: J. Chem. Doc. *5*, 107 (1965); Meyer, E.: Angew. Chem. *82*, 605 (1970)
87. a) Garfield, E., Sim, M.: Pure Appl. Chem. *49*, 1803 (1977);
    b) Granito, C. E., Garfield, E.: Naturwissenschaften *60*, 189 (1973);
    c) Granito, C. E., Rosenberg, M. D.: J. Chem. Doc. *11*, 251 (1971); Garfield, E., Revesz, G. S., Granito, C. E., Dorr, H. A., Calderon, M. M., Warner, A.: J. Chem. Doc. *10*, 54 (1970)
88. Warr, W. A.: J. Chem. Inf. Comput. Sci. *22*, 98 (1982); Eakin, D. R.: J. Chem. Inf. Comput. Sci. *22*, 101 (1982)
89. Call, L.: Pharm. unserer Zeit *9*, 161 (1980)
90. a) Dunn, R. G., Fisanick, W., Zamora, A.: J. Chem. Inf. Comput. Sci. *17*, 212 (1977);
    b) Rowland, J. F. B., Veal, M. A.: J. Chem. Inf. Comput. Sci. *17*, 81 (1977)
91. a) Farmer, N. A., O'Hara, M. P.: Database *2* (4), 10 (1980);
    b) Giles, P. M.: Drug Cosmetic Ind. *130* (4), 50 (1982);
    c) Mulhausen, H. A., Walker, T. J., Yoder, D. K.: Online Inf. *5*, 139 (1981)
92. Jordis, U., Oberhauser, O.: Österr. Chem. Z. *83*, 311 (1982); vgl. Ref. 123
93. Basset, F.: Inf. Chim. *1981* (220), I; Bauer, G.: Online Inf. *5*, 377 (1981); Hassanaly, P., Dou, H., Bonnet, J.-C., Attias, R., Lemagny, A.: Online Inf. *4*, 307 (1980); Berte, M., de Laet, F.: Bull. Soc. Chim. Belg. *88*, 175 (1979); vgl. Ref. 123

94. Dubois, J. E., Bonnet, J. C., Goldwaser, D., Attias, R.: The DARC System: A Chemical Information System Based on the Topological Encoding of Chemical Compounds, in: Batten, W. E. (ed.), EURIM II (Eur. Conf. Applic. Res. Inf. Services & Libr. 1976), ASLIB, London 1977, p. 135; Dubois, J.-E.: DARC System in Chemistry, in: Wipke, W. T., Heller, S. R., Feldman, R. J., Hyde, E. (ed.), Computer Representation and Manipulation of Chemical Information, Wiley, New York 1974, p. 239; Dubois, J. E.: J. Chem. Doc. *13*, 8 (1973) und frühere Publikationen von Dubois et al. in Bull. Soc. Chim. Fr. bzw. Compt. rend.

95. Eakin, D. R., Hyde, E.: Evaluation of On-Line Techniques in a Sub-Structure Search System, in: Wipke, W. T., Heller, S. R., Feldman, R. J., Hyde, E. (ed.), Computer Representation and Manipulation of Chemical Information, Wiley, New York 1974, p. 1; Polton, D. J.: Online Rev. *6*, 235 (1982); Howe, W. J., Hagadone, T. R.: J. Chem. Inf. Comput. Sci. *22*, 8 (1982)

96. Heller, S. R.: Online Inf. *5*, 369 (1981)

97. a) Langhein, J.: Nachr. Dok. *33*, 71 (1982);
    b) Collier, H. R.: Online Inf. *1*, 33 (1977)

98. Meadow, C. T.: Online *3* (1), 49 (1979); Faibisoff, S. G., Hurych, J.: Spec. Libr. *72*, 347 (1981); Richardson, R. J.: Online *5* (4), 44 (1981); Fugmann, R., Ploss, G.: Angew. Chem. *85*, 978 (1973)

99. Girard, A., Moureau, M.: Online Rev. *5*, 217 (1981); Ockenfeld, M.: Online Inf. *5*, 307 (1981); Williams, P. W.: Online Inf. *1*, 53 (1977); Dillon, M.: Spec. Libr. *72*, 215 (1981)

100. Tenopir, C.: Online *6* (2), 20 (1982); Lowry, G. R.: Sci. Tech. Libr. *1* (3), 27 (1981)

101. van Camp, A.: Online *3* (2), 18 (1979)

102. East, H.: J. Inf. Sci. *2*, 101 (1980); Markee, K. M.: Online Rev. *5*, 439 (1981); Lancaster, F. W.: Aslib Proc. *33*, 10 (1981); Flynn, T., Holohan, P. A., Magson, M. S., Munro, J. D.: J. Inf. Sci. *1*, 77 (1979), vgl. auch S. 235, 236, 297; Elchesen, D. R.: J. Am. Soc. Inf. Sci. *29*, 56 (1978); Johnston, S. M.: Aslib Proc. *30*, 383 (1978)

103. Penke, K.: Modellbetrieb einer Informationsvermittlungsstelle Technik für Industrie und Hochschule in Berlin, in: 1. Dtsch. Online-Informationstreffen (Köln 1980), Learned Information Ltd., Oxford 1980, S. 133

104. Blick, A. R., Gaworska, S. J., Magrill, D. S.: J. Inf. Sci. *4*, 79 (1982)

105. Blair, J. C. jr.: Online *6* (1), 14 (1982)

106. z. B. Smith, S. F., Jorgensen, W. L., Fuchs, P. L.: J. Chem. Inf. Comput. Sci. *21*, 209 (1981); Bivins, K. T., Palmer, R. C.: Online Rev. *4*, 357 (1980); Schrode, A.: Nachr. Dok. *31*, 210 (1980); Schreyer, M., Seelbach, H. E.: Nachr. Dok. *30*, 227 (1979); van Ree, T.: J. Chem. Inf. Comput. Sci. *16*, 152 (1976)

107. Bahe, H., Kühnen, F. J.: Nachr. Dok. *31*, 232 (1980)

108. Tannehill, R. S. jr.: Sci. Tech. Libr. *2* (4), 3 (1982); Tucci, V. K.: Sci. Tech. Libr. *2* (4), 27 (1982); Roth, G. I.: Online Rev. *6*, 243 (1982); Gergely, S.: Fakten, Daten, Zitate *1981* (4), 4; White, B.: Online Inf. *5*, 337 (1981)

109. EURONET/DIANE News Nr. 29, 3 (1982)

110. Williams, P. W.: A New Device to Simplify Online Searching and Reduce Costs, in: Williams, M. E., Hogan, T. H. (ed.): Proc. Natl. Online Meet. New York 1981, Learned Information Inc., Medford NJ 1981, p. 503; Williams, P. W.: Online Rev. *4*, 393 (1980); Williams, P. W., Goldsmith, G.: Annu. Rev. Inf. Sci. Technol. *16*, 85 (1981); Steffenson, M. B., King, K. L.: Online *5* (1), 47 (1981); Oberhauser, O. C., Stebegg, K.: Online *6* (3), 50 (1982)

111. Koch, W.: Fakten, Daten, Zitate *1982* (1), 12

112. BIOSIS Information Transfer Service (BITS) Experiment., Inf. Intell. Online Newslett. *3* (5), 2 (1982); Brooks, K. M.: Database *5* (1), 18 (1982); Hawkins, D. T.: J. Am. Soc. Inf. Sci. *31*, 253 (1981)

113. a) Lancaster, F. W., Goldhor, H.: Online Rev. *5*, 301 (1981), *5*, 496 (1981);
     b) Pfaffenberger, A., Echt, S.: Database *3* (1), 63 (1980);
     c) Trubkin, L.: Online Rev. *4*, 5 (1980)

114. a) Lancaster, F. W., Neway, J. M.: J. Am. Soc. Inf. Sci. *33*, 183 (1982);
     b) Lancaster, F. W.: Toward Paperless Information Systems, Academic Press, New York 1978;

c) Turoff, M., Hiltz, S. R.: J. Am. Soc. Inf. Sci. *33*, 195 (1982); Shackel, B.: Comp. J. *25*, 161 (1982)
115. Chem. Eng. News *1981* (Feb. 9), 50; *1981* (June 1), 2
116. Marsh, F. E. jr.: J. Am. Soc. Inf. Sci. *33*, 237 (1982)
117. Cohen, S. M., Schermer, C. A., Garson, L. R.: J. Chem. Inf. Comput. Sci. *20*, 247 (1980)
118. Fugmann, R.: Angew. Chem. *94*, 581 (1982)
119. Wersig, G.: Fakten, Daten, Zitate *1981* (4), 12
120. Hunter, J. A.: Nachr. Dok. *30*, 179 (1979)
121. Park, M. K.: Pure Appl. Chem. *49*, 1833 (1977)
122. Kunz, W., Rittel, H.: Chem.-Ztg. *96*, 348 (1972); Skolnik, H.: J. Chem. Inf. Comput. Sci. *20* (2), 2 A (1980)
123. a) Dittmar, P. G., Farmer, N. A., Fisanick, W., Haines, R. C., Mockus, J.: J. Chem. Inf. Comput. Sci. *23*, 93 (1983); Attias, R.: J. Chem. Inf. Comput. Sci. *23*, 102 (1983);
b) Zass, E.: Nachr. Chem. Tech. Lab. *32*, 502 (1984)
124. CAS Report 15 (Jan. 1984)

Ergänzungen zur 2. Auflage. Seit Fertigstellung des Manuskripts der 1. Auflage ist das Online-Informationsangebot in der Chemie noch erweitert und verbessert worden. Wichtige Ergänzungen betreffen vor allem die Systeme CAS ONLINE und DARC [123]. CAS ONLINE bietet nun mit dem ‚*CA File*‘ die gesamte Literatur ab 1967 als integralen Bestandteil des Systems, so daß (Sub)struktur- und Literatur-Recherchen sowohl einzeln als auch in Kombination miteinander möglich sind, wie dies vorher nur bei DARC möglich war. Exklusiv in CAS ONLINE ist für alle Referate ab 1975 auch der Text des Abstract ausdruckbar [32], und sonst nicht online verfügbare CA-Zitate vor 1967 kann man im File CAOLD suchen. Zur Zeit ist bei CAS die Registrierung von Verbindungen und Literatur *vor 1965* (geplant bis zurück ins Jahr 1920) im Gange [6]. Unabhängig davon hat das BEILSTEIN-Institut Ende 1983 ein Projekt begonnen mit dem Ziel, nicht nur die neueste Literatur, sondern auch die gesamten im BEILSTEIN-Hauptwerk bis 4. Ergänzungswerk ausgewerteten Fakten und Daten in Form von „BEILSTEIN ONLINE" verfügbar zu machen. Damit wird in Zukunft Chemie-Information bis zurück zu den Anfängen online abfragbar sein. Das von CAS und dem FIZ Energie/Physik/Mathematik in Karlsruhe gegründete Netzwerk *STN International* macht gleichzeitig CAS ONLINE einfacher und billiger zugänglich [124]; statt Columbus in den USA muß jetzt nur noch Karlsruhe angewählt werden. Hochschulen können CAS ONLINE außerdem im ‚academic program‘ zu einem stark reduzierten Preis benützen [123 b] [124]. Auch das System DARC hat wesentliche Verbesserungen eingeführt. Neben den Verbindungen des *CAS Registry Systems* (ab 1965!) steht nun auch der *Index Chemicus* [87 a, b] von ISI mit den gleichen (Sub)struktur-Suchmöglichkeiten zur Verfügung. Letztere wurden durch die Einführung von ‚GENERIC DARC‘, einer Software-Erweiterung, die erstmals auch Online-Recherchen nach *Markush*-Formeln erlaubt, signifikant erweitert. *Télésystèmes-DARC* plant eine Anwendung dieses Suchverfahrens auf Patentinformation; in diesem Zusammenhang wird der *World Patent Index* von DERWENT (bisher exklusiv bei SDC ORBIT) auch bei DARC aufgelegt, das zudem seine bisher vergleichsweise weniger leistungsfähige Text-Recherche-Software durch die Einführung von *Questel plus* verbessert.

Kapitel 3. Computer-Anwendungen in der Instrumentellen Analytik

E. Ziegler

Max-Planck-Institut für Kohlenforschung, D-4330 Mülheim/Ruhr

Seit den siebziger Jahren sind Computer aus den Laboratorien der instrumentellen Analytik nicht mehr wegzudenken. Voll in die Meßinstrumente integrierte Mikroprozessoren haben die Gerätetechnik revolutioniert. Der Einsatz von Computern erlaubt darüber hinaus verbesserte und neuartige Möglichkeiten der Datenauswertung und Dateninterpretation. Durch diese Entwicklung haben sich insbesondere bei den strukturanalytischen Verfahren deutliche Verschiebungen ergeben. Die Massenspektrometrie und noch mehr die Röntgenstrukturanalyse sowie die Kernresonanzspektroskopie haben gegenüber anderen konventionellen Verfahren, wie z. B. der Schwingungs- und UV-Spektroskopie, an Bedeutung gewonnen.

Die durch den Computereinsatz in der Analytik erzielten Fortschritte sollte man nach H. MALISSA unterteilen in die Unterstützung und Verbesserung der herkömmlichen analytischen Verfahren („computer-aided analytical chemistry") und in neuartige Meßtechniken und Methoden, die durch den Computer überhaupt erst möglich wurden („computer-based analytical chemistry", COBAC). Einige dieser Methoden werden in gesonderten Kapiteln dieses Buches näher beschrieben: so das Arbeiten mit Spektrenbibliotheken in Kap. 5, „pattern recognition" in Kap. 6 und die Röntgenstrukturanalyse in Kap. 8, während Aspekte der Laborautomatisierung mit Mikroprozessoren Gegenstand von Kap. 4 sind.

3.1 Historische Entwicklung

Die Computerisierung der instrumentellen Analytik begann vor mehr als 20 Jahren. Zunächst wurden Digitalrechner für allgemeine Rechenaufgaben eingesetzt. So wurden Kraftkonstantenberechnungen in der Schwingungsspektroskopie durchgeführt, und die Simulation von NMR- und ESR-Signalen half bei der Deutung von gemessenen Spektren. Da für diese Art von Rechenaufgaben keine hardwaremäßige Ankopplung von Meßinstrumenten an den Computer erforderlich ist, spricht man hier gelegentlich auch von „off-line"-Anwendungen.

Als Vorläufer der Minicomputer wurden dann, vor allem im Bereich der NMR-Spektroskopie, Kernspeichergeräte in Form von Vielkanalanalysatoren und sog. „CAT"-Geräten eingesetzt (CAT = „Computer Averaged Transients"). Damit konnten Meßkurven in digitaler Form aufgezeichnet werden. Ein in beispielsweise 1024 Meßpunkte digitalisiertes Spektrum wurde in ebensovielen Kernspeicherzellen abgelegt. Hauptaufgabe dieser nicht programmierbaren Geräte war die Verbesserung des Signal/Rausch-Verhältnisses von Meßsignalen durch mehrfaches Registrieren und Aufaddieren.

In der zweiten Hälfte der sechziger Jahre wurden die ersten „on-line" Rechner (d. h. Rechner mit direkt angekoppelten Meßinstrumenten) in der Analytik bekannt. Diese waren zunächst so aufwendig, daß ihr Einsatz, z. B. für die chromatographische Produktionsüberwachung, nur in Sonderfällen wirtschaftlich war.

Erst mit den preiswerteren Kleinrechnern (die bekanntesten: PDP8, NOVA, PDP11) begann die eigentliche Computerisierung der analytischen Laboratorien: Die traditionellen Meßgeräte und Spektrometer wurden über *„Interfaces"* mit Computern verbunden, die das Meßsignal registrierten und auswerteten, und in zunehmendem Maße auch den Meßablauf steuerten. Die Chromatographie, die Massenspektrometrie und die Röntgenstrukturanalyse waren die ersten analytischen Methoden, die von dieser Entwicklung profitierten. Letztere wurde durch den Einsatz rechnergesteuerter Einkristalldiffraktometer und durch die Auswertung der Meßdaten mit Computerprogrammen überhaupt erst als analytische Methode auf breiterer Ebene entwickelt.

In zunehmendem Maße reiften Meßtechniken heran, die auf der Verwendung von Computern basierten, wie die Fourier-IR- oder die Fourier-NMR-Techniken. So wurde mit der ^{13}C-NMR-Spektroskopie, die in konventioneller cw-Meßtechnik praktisch bedeutungslos war, eine neue, aussagekräftige Methode geboren, die heute ein unverzichtbares Werkzeug der Strukturaufklärung darstellt.

Die rapiden Fortschritte in der Halbleitertechnik, von diskreten Bauelementen zu „Very Large Scale Integration" (VLSI)-Chips, führten zu immer preiswerteren und leistungsfähigeren Computern. Diese Entwicklung schlug sich in neuen analytischen Geräten nieder, in denen aufwendige Analogelektronik und Servotechnik durch Digitalelemente und Schrittmotoren ersetzt sind. Schließlich übernahmen Mikroprozessoren die Steuerung der einzelnen Geräteparameter und des gesamten Meßablaufs. In modernen Geräten sind Mikroprozessoren, unterstützt durch Datenspeicher und Graphikbildschirm feste Bestandteile. Das Meßsignal wird in vielen Fällen nicht nur registriert, sondern auch weiterverarbeitet, z. B. geglättet, abgeleitet, integriert, etc., und im Programm-Dialog mit dem Analytiker ausgewertet.

3.2 Verbesserung der traditionellen analytischen Methoden

Computer helfen dem Analytiker in den verschiedenen Phasen seiner Arbeit, beim Messen, Auswerten, Interpretieren, Dokumentieren und Archivieren analytischer Daten. Die wesentlichen Verbesserungen werden im folgenden kurz beschrieben.

Steigerung der Meßgenauigkeit und der Zuverlässigkeit: Das Meßsignal kann mit hoher Auflösung direkt vom Computer registriert werden. Ungenaue Aufzeichnungsgeräte wie Schreiber werden dabei umgangen; herkömmliche unpräzise Auswerteverfahren werden durch Computerprogramme ersetzt. Auf diese Weise ist es möglich, die Analysengenauigkeit bis an diejenige Grenze heranzuführen, die durch die konstruktiven Eigenschaften eines Meßgeräts oder durch die Natur der zu messenden physikalischen Größe gesetzt ist.

Numerische Verfahren der Kurvenglättung oder spezielle Aufnahmetechniken führen zu einer Verbesserung des Signal/Rausch-Verhältnisses des Meßsignals.

Einen korrekten mathematischen Algorithmus vorausgesetzt, wertet der Computer eine Messung immer richtig und immer auf genau gleiche Art und Weise aus; die bei menschlicher Auswertung praktisch unvermeidbaren zufälligen Fehler entfallen.

Erhöhung des Analysendurchsatzes: In der konventionellen Betriebsweise sind oft Wiederholungsmessungen notwendig, beispielsweise, weil der Verstärkungsbereich des Ausgangssignals nicht richtig eingestellt war. Ein Computersystem mit hinreichend großem dynamischen Bereich der Digitalisierung macht derartige Wiederholungen überflüssig. Gleiches bewirkt ein „Closed-Loop"-System, das die instrumentellen Parameter (z. B. Konstanz oder Homogenität eines NMR-Magnetfelds) kontrolliert. Soll ein Meßsignal in zwei verschiedenen Darstellungsformen registriert werden (z. B. Ableitung und Integral), so sind oft neben Wiederholungsmessungen zeitraubende Neueinstellungen des Meßgeräts notwendig. Ein Computersystem ermöglicht in vielen Fällen die mathematische Umformung der digitalisierten Meßpunkte ohne eine neuerliche Messung.

Die verbesserte Nutzung der zur Verfügung stehenden Meßzeit eines Geräts trägt ebenso wie die beschleunigte Auswertung zur Verkürzung der „turnaround"-Zeit (Zeitspanne zwischen Abgabe einer zu messenden Probe bis zum fertigen Analysenreport) bei.

Neuartige Gerätekonstruktion: Der Ersatz oftmals recht aufwendiger elektronischer Regelkreise durch einfachere und trotzdem exaktere Digitalelemente und die Einbeziehung des Computers (etwa in der Form von Mikroprozessoren) als integralem Bestandteil des Meßgeräts führt zu neuartigen Gerätekonstruktionen, die teils leistungsfähiger, teils billiger und in der Regel auch bedienungsfreundlicher sind als konventionelle Geräte.

Erhöhung der Aussagekraft analytischer Methoden: Nicht nur durch die Verbesserung der Messung kann mehr aus einer analytischen Methode herausgeholt werden: Die Nachbearbeitung per Computer erlaubt die Anwendung komplizierterer Auswertungsalgorithmen (z. B. für Peaktrennungen, Untergrundskorrektur, etc.) und damit eine bessere Auswertung der Messung. Für die Interpretation, die in der Vergangenheit ausschließlich auf der Erfahrung des Analytikers und des Chemikers beruhte, können neuartige Verfahren angewandt werden, wie z. B. chemometrische Verfahren oder Bibliotheksvergleiche.

Dokumentation analytischer Verfahren: Ein Computersystem erlaubt es, ein analytisches Meßsignal oder die daraus extrahierte Information einfach und in nahezu beliebiger Weise graphisch oder tabellarisch darzustellen. Analysenreports können für den Auftraggeber oder für das Archiv in einer Vielfalt von Aufbereitungsformen produziert werden.

Personaleinsparung und Labororganisation: Erhöhter Analysendurchsatz und der Ersatz manueller Auswertearbeiten führen in analytischen Routine-Labors mit hohem Probenanfall zu einer spürbaren Personaleinsparung. Wie bei Automationsprozessen allgemein üblich, werden in erster Linie Arbeiten einfacher Art durch den Rechner übernommen. Andererseits zusätzliche, hochwertigere Arbeitskräfte für den Betrieb der Computersysteme notwendig, so daß in vielen Laboratorien keine echte Personaleinsparung realisiert werden kann. Der durch den Rechnereinsatz tatsächlich erreichbare Gewinn besteht in der Regel eher in erhöhter Analysenqualität.

Der Einsatz von Computermethoden kann andererseits zu einer totalen Änderung des Arbeitsstils und einer Neudefinition der individuellen Aufgabenbereiche innerhalb eines analytischen Labors führen.

3.3 Messen mit Computerunterstützung

Hauptaufgabe des mit einem Meßinstrument verknüpften Computers ist die Unterstützung des Meßvorgangs, insbesondere die Aufzeichnung des Meßsignals.

Ein analytisches Meßgerät liefert gewöhnlich ein Meßsignal in Form einer elektrischen Spannung, also eine kontinuierlich veränderliche Größe, ein sog. Analogsignal. Für die Bearbeitung mit Digitalrechnern ist die Umsetzung dieses Analogsignals in einen Zahlenwert, also eine Digitalisierung notwendig. (Vergleiche: Uhren mit Analog- bzw. Digitalanzeige.) Ein kontinuierlich sich änderndes Meßsignal muß in eine Folge diskreter Zahlenwerte umgesetzt werden (s. Abb. 3.1). Die Umsetzung eines Analogsignals in einen digitalen Zahlenwert erfolgt über einen sog. *Analog/Digital-Umsetzer* („ADU“, „ADC“).

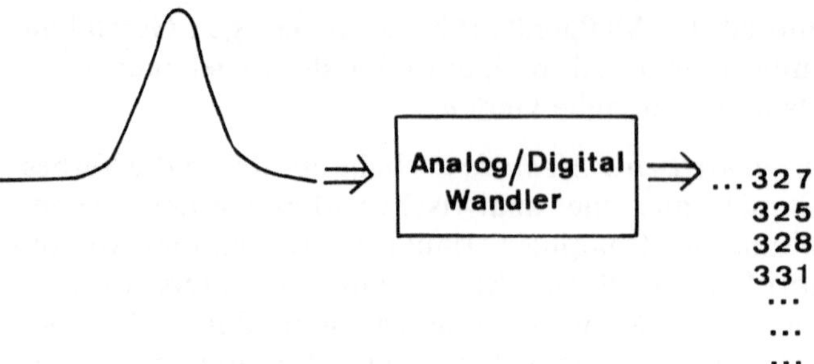

Abb. 3.1. Funktion eines A/D-Wandlers: Ein kontinuierliches analoges Meßsignal wird in eine Folge diskreter Zahlenwerte umgesetzt

Analog/Digital-Wandlung: Es werden zwei Kategorien von A/D-Umsetzern unterschieden: nicht-integrierende und integrierende Wandler. Die erste Kategorie sei am Sägezahnumsetzer erläutert (Abb. 3.2). Die zu messende Spannung U_m wird mit einer linear ansteigenden Sägezahnspannung U_s verglichen. Während der Zeitspanne t_m vom Nulldurchgang des Sägezahns bis zum Spannungsabgleich inkrementiert ein Impulsgenerator mit konstanter Impulsfolgefrequenz f_p einen Zähler, der dann nach dem Spannungsabgleich den der Meßspannung U_m proportionalen Digitalwert N enthält:

$$N = t_m \cdot f_p = \frac{f_p}{k} \cdot U_m$$

(wobei k eine von der Anstiegsgeschwindigkeit des Sägezahns abhängige Konstante ist). Wichtig ist, daß bei diesem Verfahren der Digitalwert die Augenblicksamplitude zum Zeitpunkt t_a des Spannungsabgleichs darstellt. Die zweite Kategorie von A/D-Wandlern sei am Beispiel eines Spannungs-Frequenz-

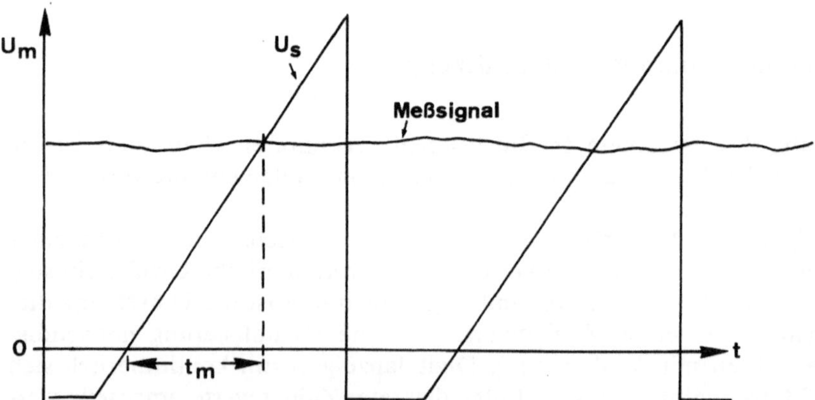

Abb. 3.2. Prinzip des Sägezahnumsetzers: Während der Zeit t_m werden die Impulse eines mit konstanter Frequenz arbeitenden Impulsgenerators gezählt

Wandlers beschrieben: Die Meßspannung wird zunächst in eine ihr proportionale Frequenz eines Oszillators umgesetzt. Inkrementiert der Oszillator während einer vorgegebenen konstanten Umwandlungszeit Δt im Takte der jeweiligen Frequenz einen Zähler, so stellt am Ende der Umwandlungszeit der Zählerstand n ein Maß für das bestimmte Integral über die Spannungskurve während der Zeit Δt dar:

$$n \sim \int_{\Delta t} U \cdot dt \, .$$

Diese integrierende Umwandlungsmethode hat im Gegensatz zur nicht-integrierenden des Sägezahnumsetzers den Effekt einer Mittelung über die Zeit Δt (und damit auch einer Unterdrückung störender höherer Rauschfrequenzen).

Bei der Digitalisierung eines Meßwerts wird letztlich gefragt, wie oft eine bestimmte Grundeinheit q (Quantgröße; ein „count") in der Amplitude des Meßwerts enthalten ist. Die Quantgröße q bestimmt die erreichbare *Auflösung* einer Analog-Digital-Umsetzung. Der maximal erreichbare *dynamische Bereich* der Datenerfassung ergibt sich dann als das Verhältnis der größten vom A/D-Wandlungssystem umsetzbaren und im Rechner darstellbaren Meßspannung zur Quantgröße. Dieser dynamische Bereich der Datenerfassung sollte mindestens so groß sein wie das maximal erzielbare Signal/Rausch-Verhältnis des Meßgeräts. Ist dies nicht der Fall, so wird durch die Digitalisierung der dynamische Bereich des Meßgeräts künstlich beschnitten, also die Qualität der Messung verschlechtert. Manche analytischen Meßgeräte (z. B. Gaschromatographen, GC/MS-Kopplung) liefern Meßsignale in einem dynamischen Bereich von 10^6 bis 10^7, z. B. Meßspannungen zwischen 10 µVolt und 10 Volt.

Es bedarf aufwendiger Digitalisierungshardware und (zumindest bei Verwendung von Kleinrechnern mit 16-Bit-Worten) spezieller Softwarevorkehrungen, z. B. Doppelwortdarstellung, um Meßwerte, die einen derart weiten Bereich überspannen, zu bearbeiten. Aus diesem Grunde stellt der erzielbare dynamische Bereich für viele kommerziell erhältliche Datensysteme eine sehr kritische Größe dar.

Der Verlauf eines Analogsignals wird um so genauer durch die Folge diskreter Zahlenwerte beschrieben, je höher deren Anzahl, ausgedrückt als *Datenrate* (Digitalisierungen pro Sekunde oder pro Wellenzahl, etc.), ist. Die jeweils erforderliche Datenrate ist abhängig von der Struktur des zu registrierenden Meßsignals, z. B. von dessen spektraler Auflösung. (Als Faustregel gelten 5 bis 8 Digitalisierungen pro Halbwertsbreite eines Peaks mit Gaußprofil.)

3.4 Numerische Bearbeitung digitalisierter Meßkurven

Es ist sehr vorteilhaft, alle gemessenen Daten, die sog. Rohdaten, möglichst unbearbeitet, d. h. ohne Informationsverlust, auf einen Externspeicher abzulegen:

1. Die Auswertung kann nach Ende der Messung geschehen und braucht nicht unter Zeitdruck zu erfolgen,

2. *alle* Daten der Messung können in der Auswertung berücksichtigt werden,
3. die Datenauswerte-Software kann von der Datenerfassung vollständig getrennt werden (freie Wahl von Programmiersprachen, leichte Modifizierbarkeit);
4. die Rohdaten können mit unterschiedlichen Auswerteparametern oder auch mit verschiedenen Programmen beliebig oft ausgewertet werden.

Während die Vorteile 1 bis 3 den Einsatz leistungsfähiger Auswerteprogramme ermöglichen, werden durch 4 zeitraubende Wiederholungsmessungen erübrigt.

Die Rohdaten werden meist vor oder während ihrer weiteren Auswertung „nachgebessert". Die häufigsten numerischen Verfahren zur Bearbeitung digitaler Meßkurven sind Methoden zur Verbesserung des Signal/Rausch-Verhältnisses:

Die Empfindlichkeit eines Meßinstruments ist um so größer, je größer bei der Messung einer definierten physikalischen Größe das Verhältnis von Meßsignalamplitude zur mittleren Amplitude des statistischen Rauschens ist. Deshalb gelten dem Verringern des Rauschens, also dem Vergrößern des Signal/Rausch-Verhältnisses besondere Anstrengungen.

Diejenigen im Rauschen enthaltenen Signalfrequenzen, die höher als die im eigentlichen Meßsignal sind, können in der Regel von den letzteren abgetrennt und weitgehend unterdrückt werden. Dies kann zum Teil schon durch Verwendung von entsprechenden RC-Gliedern im Analogteil einer Meßapparatur geschehen. Bessere Möglichkeiten bieten numerische Verfahren, mit denen die digital vorliegenden Meßpunkte von einem Computerprogramm bearbeitet werden können.

Das einfachste Verfahren ist die *gleitende Mittelwertsbildung*. Hierbei wird von n aufeinanderfolgenden äquidistanten Ordinatenwerten der Mittelwert gebildet und dem mittleren Abszissenwert der Punktegruppe zugeordnet. Weiterschreitend wird der Meßpunkt an einem Ende der Punktegruppe weggelassen und der nächstfolgende Punkt am anderen Ende hinzugenommen (Abb. 3.3). Diese Methode ist sehr einfach und oft auch ausreichend, hat aber doch einen manchmal schwerwiegenden Nachteil: Da jede Glättung nicht nur die Rauschkomponente, sondern auch das Meßsignal selbst beeinflußt, werden scharfe Peaks verzerrt und abgeplattet. Die Auflösung überlappter Signale wird deutlich verschlechtert. Dieser Nachteil kann bei Anwendung einer gewichteten Mittelwertsbildung gemildert werden, wenn die Ordinatenwerte der mittleren Meßpunkte des gleitenden „Fensters" stärker berücksichtigt werden als die Randpunkte. Je nach Wahl der Gewichtskoeffizienten können dabei unterschiedliche Effekte erzielt werden. Beispielsweise kann durch eine sog. Polynomglättung die lokale Umgebung eines Punktes (x_i, y_i) dem Verlauf eines Polynoms k-ten Grades angepaßt werden. Bei der Anwendung von Glättungsverfahren ist zu beachten, daß jedes Verfahren das ursprüngliche Meßsignal verändert.

Eine andere Möglichkeit, die Rauschfrequenzen aus dem Meßsignal zu entfernen, besteht in einer *Fourier-Analyse* des Meßsignals und in einer anschließenden Rücktransformation. Das Resultat dieses aufwendigen Verfahrens

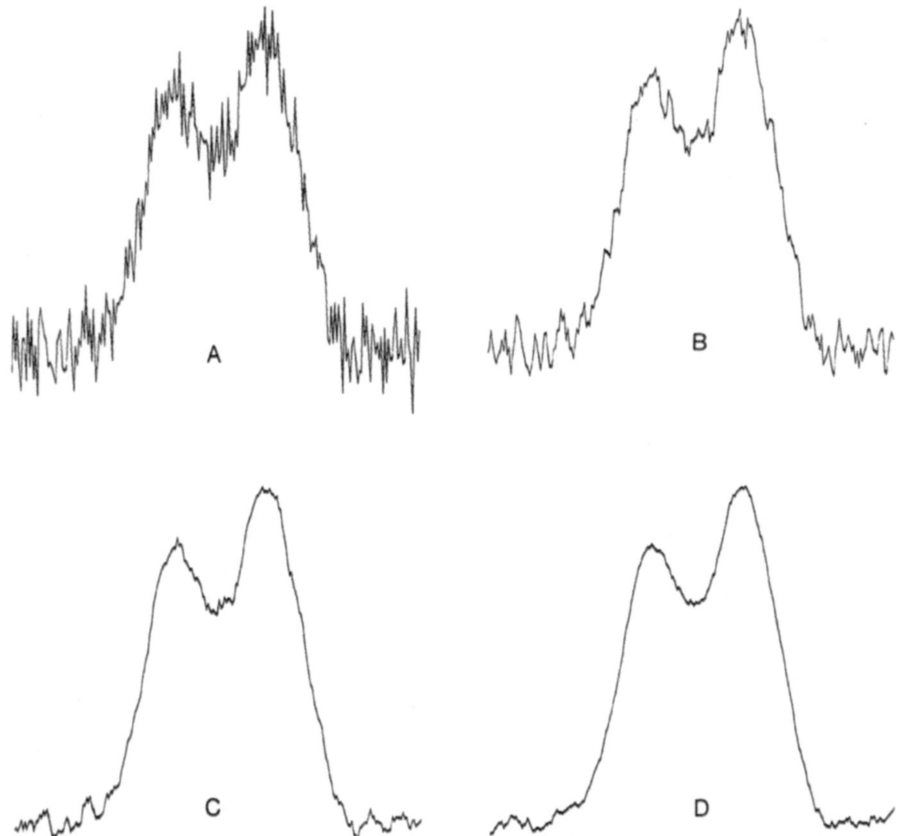

Abb. 3.3. Wirkung einer gleitenden Mittelwertsbildung auf ein verrauschtes Meßsignal in Abhängigkeit von der Anzahl n von einbezogenen Meßpunkten. A Originalkurve, B $n=3$, C $n=7$, D $n=13$

hängt jedoch stark vom gewählten Trennungsschnitt zwischen Meßsignalfrequenzen und Rauschfrequenzen ab.

Eine experimentelle Methode zur Verbesserung des Signal/Rausch-Verhältnisses bietet das sog. Time-Averaging-Verfahren, das als spezielle Meßtechnik weiter unten beschrieben wird.

Das Integral sowie erste, zweite und beliebige höhere Ableitungen eines Meßsignals können ebenfalls nachträglich mit Computerhilfe erzeugt werden (Abb. 3.4). In den Ableitungen sind Peaküberlappungen, z. B. Schultern, besser zu erkennen. Auf dieser Tatsache basiert die sog. *Derivativspektroskopie* (Abb. 3.5). Weil andernfalls die Rauschkomponente durch das Bilden der Ableitung zu sehr verstärkt wird, ist sie allerdings nur auf sehr glatte, unverrauschte Kurven anwendbar, deren Auflösung andererseits durch Änderung experimenteller Parameter, wie z. B. einer Spektrometerspaltbreite, nicht weiter verbessert werden kann. Diese Voraussetzungen sind z. B. bei UV-Spektren von Lösungen üblicherweise erfüllt. Durch geeignete numerische Verfahren kann

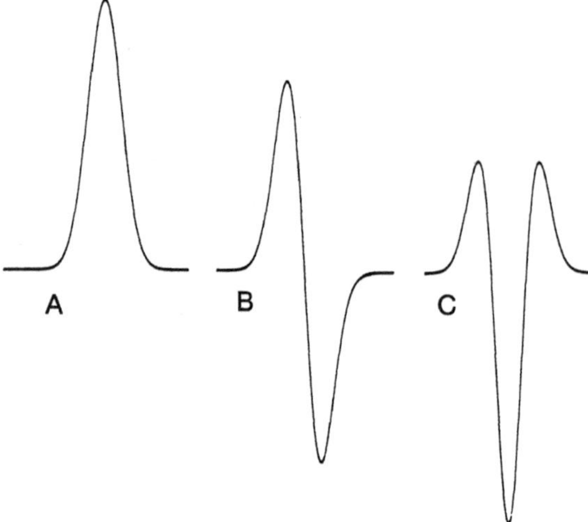

Abb. 3.4. 1. und 2. Ableitung eines Peaks mit Gauß-Profil. A Ursprüngliches Profil, B 1. Ableitung, C 2. Ableitung

nachträglich auch eine *Auflösungsverbesserung* gegenüber der Originalkurve erreicht werden. Dies geschieht relativ einfach durch gewichtetes Aufaddieren von geradzahligen höheren Ableitungen oder durch Faltung der fourier-transformierten Kurve mit einem theoretischen Linienprofil und anschließender Rücktransformation. Doch auch hier gilt, daß durch die Einbeziehung höherer Ableitungen der Anteil des Rauschens erhöht wird. Überdies werden Intensitätsverhältnisse in der Regel verfälscht.

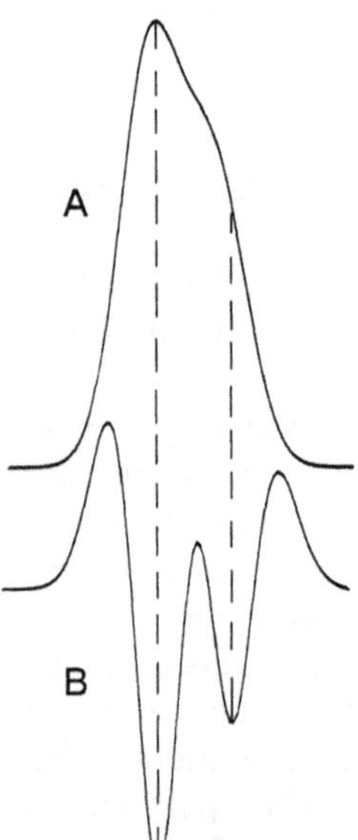

Abb. 3.5. Derivativ-Spektroskopie: In der 2. Ableitung ist die in der Originalkurve schlecht erkennbare Peaküberlappung gut aufgelöst

3.5 Entwicklung neuer Meßtechniken

Durch die Anwendung von Computermethoden haben neue Meßtechniken und Methoden Eingang in das analytische Laboratorium gefunden. Auf einige sehr charakteristische und häufig angewandte Techniken wird im folgenden kurz eingegangen: das Time-averaging Verfahren, die Spektrenserientechnik und die Fourier-Spektroskopie. Darüber hinaus sind durch die Einbeziehung des Computers in den Meßablauf viele neue Spezialtechniken möglich, auf die jedoch an dieser Stelle nicht weiter eingegangen werden kann.

Das Time-averaging Verfahren. Dieses Verfahren zur Verbesserung des Signal/Rausch-Verhältnisses wurde schon frühzeitig mit dem Erscheinen der ersten Vielkanalanalysatoren und Kleinrechner geboren. Die ersten Anwendungen wurden aus dem Bereich der Medizin berichtet, doch der Einsatz der neuen Methode auch in der Kernresonanz und schließlich auch für andere analytische Methoden war naheliegend und ließ nicht lange auf sich warten.

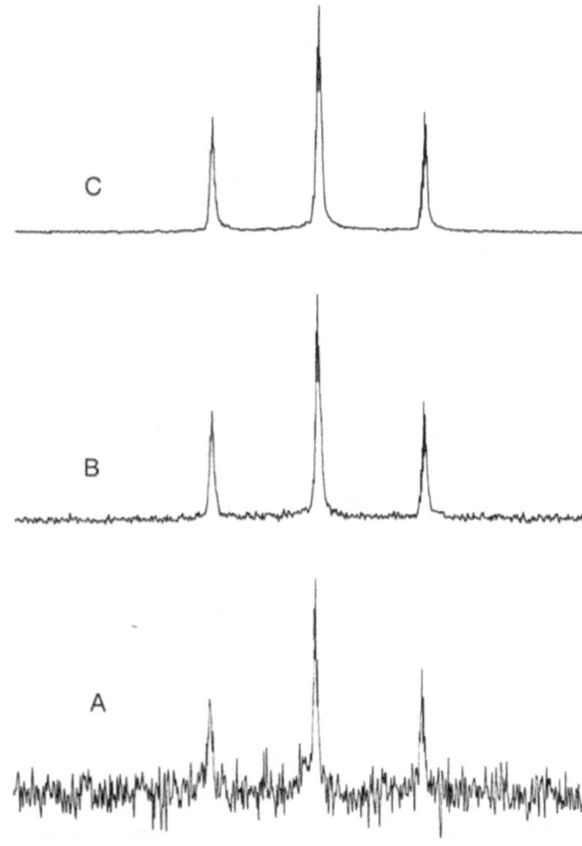

Abb. 3.6. Verbesserung des Signal/Rausch-Verhältnisses durch Time-averaging: A Einzelscan über ein NMR-Signal, B Ergebnis nach Summierung von 100 Einzelscans, C Ergebnis nach Summierung von 1600 Einzelscans

Das Verfahren besteht darin, daß Spektren unter exakt gleichen Bedingungen wiederholt digital registriert werden, und die einzelnen Aufnahmen Meßpunkt für Meßpunkt aufaddiert werden. Bei n Wiederholungen addieren sich die kohärenten Signalamplituden innerhalb einer Meßkurve auf das n-fache einer Einzelmessung. Die mittlere Amplitude des inkohärenten Rauschens dagegen erhöht sich dabei wegen seines statistischen Charakters nur um den Faktor $\sqrt{n}$. Daraus resultiert eine Verbesserung des Signal/Rausch-Verhältnisses von $\sqrt{n}$ (Abb. 3.6).

Mit diesem Verfahren sind insbesondere in der NMR-Spektroskopie durch seine Kombination mit der Fourier-Technik erhebliche Empfindlichkeitssteigerungen erzielt worden.

Die Fourier-Spektroskopie. Grundlage der Fourierspektroskopie ist die Fouriertransformation. Obwohl ihre Anwendbarkeit in der Spektroskopie seit langem bekannt war, ermöglichten erst die Digitalrechner ihre praktische Anwendung; sie ist bei den zwangsläufig hohen Datenzahlen in keinem Fall „per Hand" ausführbar.

Als neue Meßtechnik setzte sich die Fourierspektroskopie vor allem in der NMR- und IR-Spektroskopie durch, wo zum Teil bis dahin nur sehr schlecht zugängliche Anwendungsbereiche erschlossen wurden, wie z. B. die ^{13}C-Spektroskopie.

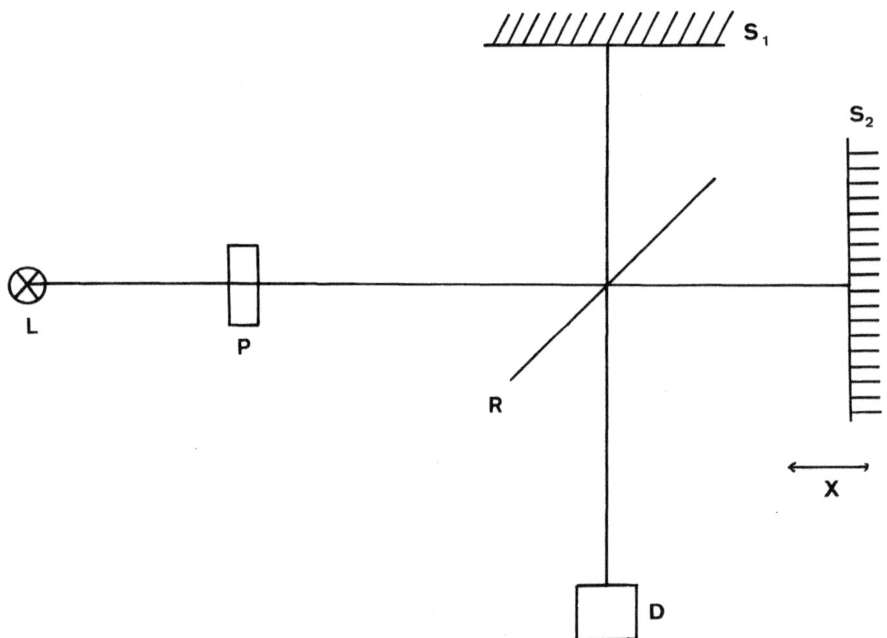

Abb. 3.7. Schematische Darstellung eines Interferometers: Der halbdurchlässige Spiegel R zerlegt das von der Lichtquelle L durch die Probe gestrahlte kontinuierliche Licht. Das durch Reflexion am feststehenden (S_1) bzw. beweglichen Spiegel (S_2) entstehende Interferogramm wird vom Detektor D registriert

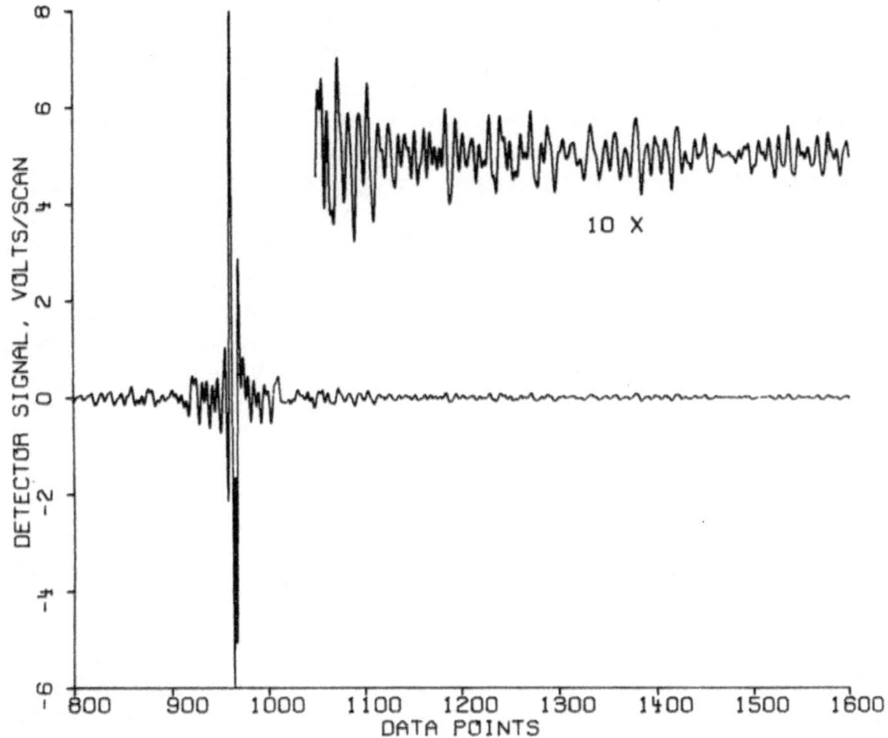

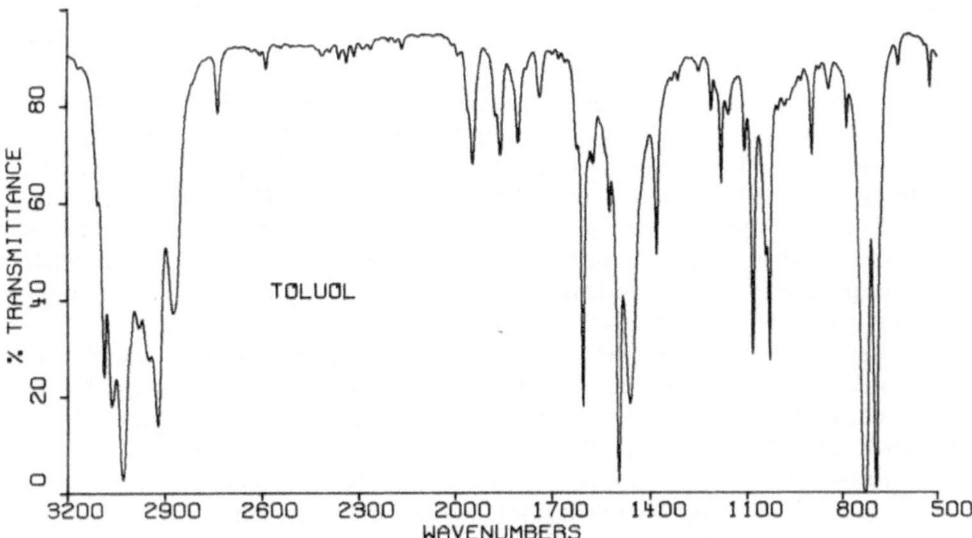

Abb. 3.8. Interferogramm und daraus durch Fourier-Transformation erzeugtes IR-Spektrum von Toluol in konventioneller Darstellung

Das Prinzip der Methode sei am Beispiel der IR-Spektroskopie erläutert: Konventionelle IR-Spektrometer registrieren mit Hilfe von Monochromatoren (Gitter und Prismen) das IR-Spektrum als Funktion der Wellenzahl v [cm^{-1}]. Die gleiche Information, nämlich die Lichtintensität für alle Wellenzahlen, ist aber auch in einem Interferogramm enthalten, das von einem Interferometer (Abb. 3.7) durch Veränderung der optischen Wegdifferenz als Folge der Bewegung eines Spiegels erzeugt wird. Hier werden also unter Weglassung eines Monochromators alle Frequenzen gleichzeitig eingestrahlt, das Interferogramm wird als Funktion des Spiegelweges x [cm] registriert.

x und v sind zueinander reziproke Variable (cm und cm^{-1}), so daß aus dem als Funktion von x registrierten Interferogramm $f(x)$ durch Fouriertransformation das konventionelle IR-Spektrum als Funktion der Wellenzahl v, $g(v)$, erhalten werden kann (Abb. 3.8):

$$g(v) = \int\limits_{-\infty}^{+\infty} f(x) \cdot e^{-2\pi i x v} \cdot dx$$

Für die Fouriertransformation sind numerische Verfahren entwickelt worden, die sich mit Digitalrechnern sehr schnell durchführen lassen, die sog. FFT-(Fast Fourier Transform)-Algorithmen.

Ebenso wie in der Fourier-IR-Spektroskopie werden auch bei der Fourier-NMR-Spektroskopie alle interessierenden Frequenzen gleichzeitig auf die zu messende Probe gestrahlt. Das dadurch induzierte Abklingsignal wird als Funktion der Zeit t aufgezeichnet und kann dann in das konventionelle NMR-Spektrum als Funktion der Frequenz f (t und f sind die hier zueinander reziproken Variablen) fouriertransformiert werden (Abb. 3.9).

Wichtig ist, daß die erzielbare Auflösung in der Fourier-IR-Spektroskopie umgekehrt proportional zum Gesamtspiegelweg x, im Falle NMR umgekehrt proportional zur Zeitdauer t ist, über die das jeweilige Spektrum registriert wird.

Die Auflösung ist also über das gesamte Spektrum hinweg konstant. Die FIR-Spektroskopie ermöglicht einfachere Gerätekonstruktionen (keine dispergierenden Elemente!), höhere Lichtintensitäten (Felgett-Prinzip), also höheres Signal/Rausch-Verhältnis und dadurch deutlich kürzere Registrierzeiten, was für GC/IR-Kombinationstechniken interessant ist. Durch genaue Kontrolle der Spiegelbewegungen (z. B. mit einem Laser) werden Wellenzahlen erheblich genauer gemessen. Im fernen Infrarot-Bereich schließlich sind bereits Aufnahmen bis zu ca. 10 cm^{-1} möglich geworden.

In der NMR-Spektroskopie werden ebenfalls erhebliche Intensitätsgewinne erreicht: Da wegen der sehr kurzzeitigen Anregung keine Sättigungseffekte mehr auftreten, kann mit höherer Strahlungsintensität eingestrahlt werden. Durch Kombination mit dem Time-averaging Verfahren (wiederholte Aufnahmen werden aufaddiert und dann erst wird fouriertransformiert) wird eine zusätzliche Steigerung des Signal/Rausch-Verhältnisses erreicht.

Durch diese Vorzüge der Fourierspektroskopie wurden auch Kerne für die NMR-Spektroskopie zugänglich, die früher nur mit hohem Aufwand, evtl. durch Isotopenanreicherung, oder gar nicht meßbar waren. Insbesondere ist es

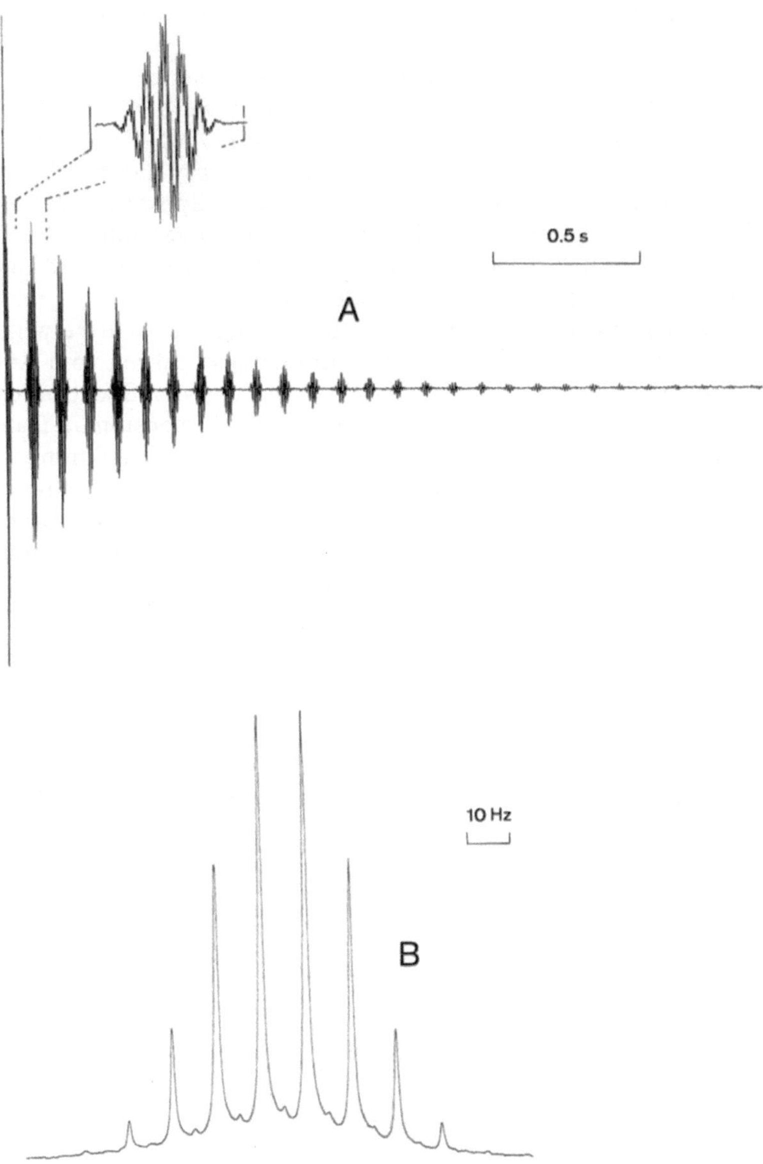

Abb. 3.9. NMR-Fourier-Spektroskopie: A) ^{31}P-Aufnahme von P(OCH$_3$)$_3$ als Funktion der Zeit (Meßzeit 2,6 s) und B) deren vom Rechner Fourier-transformiertes Spektrum

möglich geworden, ^{13}C-Resonanzen bei natürlichem Isotopenanteil und in verdünnten Proben zu messen. Die ^{13}C-Spektroskopie ist hierdurch zu einer Routinemethode geworden, die an Bedeutung durchaus mit der Protonenresonanz vergleichbar ist.

Spektrenserientechnik in der Massenspektroskopie. Insbesondere für die GC/ MS-Kopplung, aber auch für die fraktionierende Probenverdampfung im Direkteinlaß hat sich die Meßtechnik der Spektrenserien durchgesetzt: über den gesamten Verlauf eines Experimentes hinweg werden in konstanten Zeitabständen („Zykluszeit") von meist 1 bis 4 sec. (GC/MS-Kopplung), bzw. 3 bis 10 sec. (Direktverdampfung) kontinuierlich Massenspektren aufgenommen und weggespeichert, also auch viele „überflüssige" Spektren. Der erhöhte Overhead auf der Rechnerseite wird mehr als aufgewogen durch die Tatsache, daß alle wichtigen Spektren mit Sicherheit registriert worden sind und durch fehlende Informationen bedingte Wiederholungsmessungen vermieden werden. Die wenigen für die anschließende Auswertung der Analyse wirklich relevanten Spektren werden dann entweder im Dialogverfahren vom Analytiker oder von einem geeigneten Programm selbsttätig aus der Spektrenserie extrahiert und korrigiert. Die Spektrenserien stellen zwei-dimensionale Datenfelder dar: Intensitäten in Abhängigkeit von m/e-Werten (Einzelspektren) und als Funktion der Zeit (Massenfragmentogramme). Mit Hilfe der Massenfragmentogramme, die also den Intensitätsverlauf für einzelne Massenbruchstücke über das gesamte Experiment hinweg wiedergeben (Abb. 3.10), können Überlagerungen entdeckt und korrigiert werden.

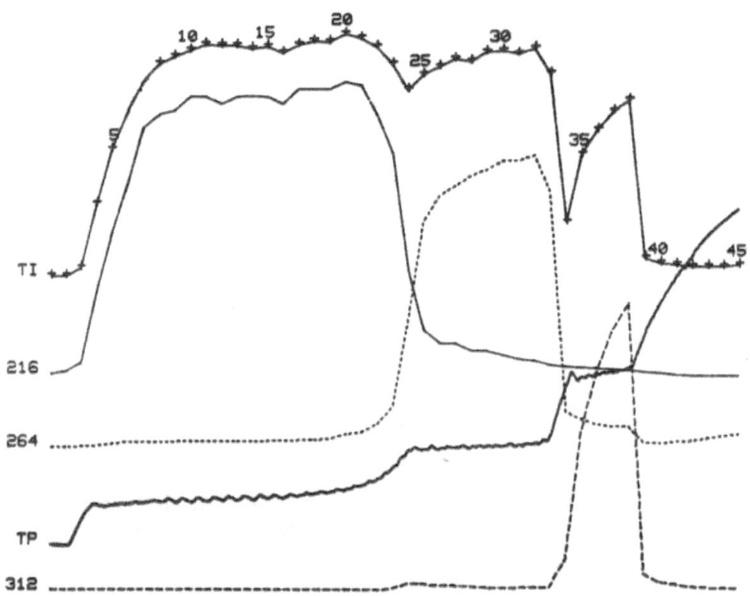

Abb. 3.10. Temperatur-kontrollierte Direktverdampfung einer Feststoffmischung im Massenspektrometer. Per Programm werden Massenfragmentogramme für *m/e* = 216, 264 und 312 aus einer Serie von 45 Spektren extrahiert. Da sie ihr Maximum in unterschiedlichen Spektren bei unterschiedlichen Temperaturen haben, müssen mindestens 3 Komponenten vorliegen (TP = Temperaturverlauf, TI = aus den Einzelspektren ermittelte Totalionisation)

3.6 Computersysteme für die Analytik

In neueren Meßgeräten übernimmt der Computer nicht nur das Registrieren des Meßsignals; er steuert darüber hinaus auch den Ablauf der Messung, indem er verschiedene Geräteparameter, z. B. Temperaturen, Magnetfelder, Frequenzen, etc., variiert. Für diesen Zweck wird entsprechende Hardware benötigt, wie z. B. Digitalausgänge zum Schalten von Relais oder Digital/Analog-Wandler, die vom Rechner angelieferte Zahlenwerte in elektrische Spannungen umsetzen. Die Steuerung des Meßablaufs erfolgt hierbei oftmals in Abhängigkeit der gerade gemessenen Signale (sog. *closed-loop*-Steuerung) und kann sehr zeitkritisch sein.

Die enge Verflechtung des Rechners mit dem Meßablauf erfordert vom Computersystem Eigenschaften und Betriebsweisen eines Prozeßrechners, die sich wesentlich von den Gegebenheiten an herkömmlichen Rechenzentren unterscheiden. Der wesentliche Unterschied liegt in den sog. *Echtzeit*-Anforderungen, die ein Prozeßrechner erfüllen muß. Bei der Bearbeitung einer reinen Rechenaufgabe in einem Rechenzentrum ist der zeitliche Ablauf für das Resultat ohne Bedeutung: die Programmausführung kann beliebig unterbrochen werden (was im Multi-programming-Betrieb eines modernen Rechenzentrums auch tatsächlich fortwährend geschieht) und auch die Rechengeschwindigkeit spielt keine Rolle. Eingabedaten (z. B. von einem Magnetband) werden ausschließlich programmgesteuert, eingelesen, d. h., dann, wenn das Programm die Daten braucht.

Bearbeitet ein Rechner dagegen eine Echtzeitaufgabe, z. B. die Aufnahme eines Chromatogramms, so müssen die Daten in Synchronisation mit dem externen physikalischen Vorgang eingelesen werden. Ein Anhalten des Datenerfassungsprogramms würde in diesem Fall zum Verlust von Daten und damit zu falschen Ergebnissen führen. Bei Echtzeit-(oder auch „Realzeit")-Aufgabenstellungen ist also der zeitliche Ablauf an den Ablauf externer Ereignisse gekoppelt.

Da es sehr schwierig ist, die Echtzeitanforderungen analytischer Instrumente in einem normalen Rechenzentrumsbetrieb zu erfüllen, wurden schon frühzeitig spezielle Computersysteme entwickelt, die diesen Anforderungen genügen. Hierbei ist zu beachten, daß es mit der Steuerung des Meßablaufs und der Registrierung des Meßsignals alleine in der Regel nicht getan ist: ein derartiges Computersystem muß auch in der Lage sein, komplexere Auswerteverfahren auf die Meßdaten anzuwenden, z. B. auch Bibliotheksvergleichsverfahren. Es sollte auch die Nachbearbeitung von früher aufgenommenen, archivierten Messungen ermöglichen und dies möglichst unabhängig vom laufenden Meßbetrieb, also auch parallel zur Durchführung einer Messung.

Ein solches Computersystem für die Analytik, gelegentlich auch Datensystem genannt, ist also mehr als ein Meßgerät mit integrierter Digitallogik und mit Mikroprozessoren zur Steuerung der Gerätefunktionen. Es muß vor allen Dingen ein geeignetes Betriebssystem anbieten, das die Durchführung von Echtzeitaufgaben gleichzeitig mit der Dialogbearbeitung von Auswerteaufgaben ermöglicht. Auch die Hardwareausstattung muß hinsichtlich Hauptspeicher- und Plattenspeicherkapazität, aber auch in bezug auf die verfügbare Rechenleistung diesen Erfordernissen angepaßt sein.

Die Vielfalt der im Laufe der Zeit entwickelten Computersysteme kann in die folgenden Kategorien unterteilt werden:

1. Einzelmethodensysteme („dedizierte Systeme"), die entweder ein einzelnes analytisches Gerät, oder aber eine Anzahl gleichartiger Geräte (z. B. mehrere Chromatographen) bedienen;
2. Zentralrechnersysteme, an die viele Instrumente unterschiedlichster Art direkt angeschlossen sind;
3. hierarchische Systeme, die einen größeren Zentralrechner enthalten, an den mehrere Kleinrechner und Mikrocomputer angeschlossen sind, die ihrerseits die Echtzeitaufgaben für einzelne Geräte übernehmen.

Die Gerätehersteller haben im Grunde keine andere Wahl als dem Kunden Einzelmethodensysteme anzubieten, in die die von ihnen vertriebenen Geräte eingebettet sind. Für größere Laboratorien ist jedoch eine Ansammlung vieler Einzelmethodensysteme weder die wirtschaftlichste noch die leistungsfähigste Lösung. An einzelnen Stellen wurden früher stattdessen Zentralrechnersysteme der Kategorie 2 aufgebaut. Durch die ständige Verbilligung von Computerhardware sind diese Zentralrechnersysteme inzwischen weitgehend von den aufwendigeren hierarchischen Systemen abgelöst worden, die als lokale Computernetzwerke, beispielsweise mit Ethernet-Koaxialkabelkopplungen (s. Kap. 1), angelegt werden können. Die mit eigenen Mikroprozessoren ausgestatteten Meßgeräte können direkt an ein solches Rechnernetz angeschlossen werden.

In einem solchen hierarchischen System können die dedizierten („Satelliten")-Rechner optimal den Bedürfnissen der einzelnen Geräte angepaßt oder voll in sie integriert („Instrumentenrechner") sein, während der Zentralrechner die anspruchsvolleren Auswertearbeiten und die Verwaltung der Datenbanken und der archivierten Meßdaten übernimmt. Auch die kostspieligeren Peripheriegeräte zur Ergebnisausgabe, z. B. schnelle Drucker und Plotter, können zentral für alle Benutzer eines solchen Rechnersystems bereitgestellt werden.

Für den Aufbau eines hierarchischen Computersystems für die Analytik ist allerdings einiger Aufwand an Eigenentwicklung zu erbringen, weil weder Geräte- noch Computerhersteller maßgeschneiderte Systeme dieser Art anbieten können.

3.7 Hilfsmittel zur Interpretation analytischer Daten

Die Interpretation analytischer Daten beginnt normalerweise, wenn die Messung beendet ist, also wenn fertige Spektren, z. B. Massenspektren mit zugeordneten Massenzahlen, vorliegen. Es gibt vereinzelt Computersysteme, die eine (Echtzeit)-Interpretation schon während der Messung vornehmen, z. B. eine Bibliothekssuche mit Substanzidentifizierung für die Massenspektren aus einer GC/MS-Kopplung. Ein derartiges Vorgehen ist jedoch in der Regel nicht empfehlenswert: einmal, weil dann die Interpretationsverfahren den zeitlichen Beschränkungen der Echtzeitbedingung unterworfen werden müssen: zum andern liegt dann ja erst ein Teil der Meßdaten vor, d.h. es kann nur der bereits abgelaufene Teil einer Messung für die Interpretation ausgewertet werden.

Die Einsatzmöglichkeiten von Rechnern zur Unterstützung der Interpretation analytischer Daten lassen sich in folgende Kategorien unterteilen:

1. Modellrechnungen zur Bestätigung oder Verwerfung der Ausdeutung, die der Analytiker dem experimentellen Befund gegeben hat;
2. Interpretation durch den Rechner selbst (computergestützte Strukturaufklärung und „artificial intelligence"-Verfahren);
3. Bibliotheksvergleichsverfahren;
4. Mathematische Klassifikationsmethoden („Chemometrische Verfahren").

Die Methoden 2, 3 und 4 werden in anderen Kapiteln ausführlich behandelt. Deshalb wird an dieser Stelle nur kurz eingegangen auf die

Modellrechnungen: Bei der Deutung eines Spektrums werden vom Analytiker aus den gemessenen Größen (Wellenzahlen, NMR-Signallage, Abstände, usw.) die für die Interpretation signifikanten Parameter (chemische Verschiebungen, Kopplungskonstanten usw.) näherungsweise abgeleitet. In Zweifelsfällen ist es zweckmäßig, aus diesen Größen das Spektrum wieder zu rekonstruieren, also z.B. mit einem Computerprogramm ein theoretisches Spektrum zu berechnen („simulieren"). War die Deutung richtig, so muß das berechnete Spektrum mit dem gemessenen übereinstimmen. (Der Umkehrschluß ist normalerweise nicht gestattet!). Bei Nichtübereinstimmung kann versucht werden, durch schrittweise Veränderung der Eingangsparameter das simulierte Spektrum dem gemessenen mit einem Iterationsverfahren anzunähern.

Spektrensimulation, auch in Verbindung mit Iterationsverfahren, sind im Bereich der Magnetischen Kernresonanz (z.B. die Programme LAOCOON, LAME) und für die ESR-Hyperfeinstruktur freier Radikale seit langem gebräuchlich. Auch Kraftkonstantenberechnungen in der Schwingungsspektroskopie wurden schon sehr frühzeitig durchgeführt. In der Massenspektroskopie wird die per Computer aus der Bruttoformel eines vorgegebenen Fragments errechnete Isotopenverteilung mit der gemessenen verglichen.

3.8 Auswirkungen auf die Tätigkeit des Analytikers

Die fortschreitende Computerisierung sowohl der Meßgeräte als auch der Auswerteverfahren veränderte im Laufe der Zeit das Aufgabenfeld und den Arbeitsstil des Analytikers.

Dies zeigt sich schon an der Bedienung der Meßinstrumente: In Instrumenten konventioneller Bauart sind für die manuelle Einstellung diverse Drehknöpfe und Schalter vorgesehen. In neueren Geräten übernimmt gewöhnlich der Computer die entsprechenden Justierungen. Es gibt Instrumente, die, vom Netzspannungsschalter abgesehen, über keinerlei Schalter oder Anzeigeeinrichtungen verfügen; alle Meßparameter werden an der Terminaltastatur eingetastet; ebenso werden auf entsprechende Anforderung hin alle Anzeigen auf dem Bildschirm des Terminals dargestellt.

Auf diese Art und Weise stehen sämtliche Meßparameter unter Softwarekontrolle, was bezüglich der Überwachung des Meßablaufs und der direkten Einbeziehung der Meßparameter in die Datenauswertung zweifellos von Vorteil ist. Andererseits wird der Benutzer, ein Techniker, zum Bediener einer Schreibmaschinentastatur und verliert den direkten Kontakt zum physikalischen Meßvorgang. Die Erfahrung zeigt jedoch, daß viele Menschen lieber einen schnellen Blick auf ein analoges Anzeigegerät werfen oder an einem Potentiometer drehen, als die Terminaltastatur bedienen.

Das analytische Meßgerät wird in zunehmendem Maße zur „black box"; Eingriffsmöglichkeiten, z. B. im Falle einer Reparatur beschränken sich meist auf den Austausch kompletter Untereinheiten. (Als Nebeneffekt dieses Trends werden kaum noch Physiklaboranten oder -ingenieure im analytischen Labor beschäftigt.)

In Laboratorien, wo eine bestimmte Analyse ständig wiederholt wird (z. B. für die Produktkontrolle), gelingt es, den Meßablauf einschließlich der Datenauswertung vollständig zu automatisieren. Sich ständig ändernde Problemstellungen dagegen erfordern flexible, modifizierbare Auswerteprozeduren. In komplizierteren Fällen besteht die Auswertung in einem schrittweisen Vorgehen, wobei extensiv von den interaktiven Möglichkeiten des Computersystems Gebrauch gemacht wird – mit der Gefahr, daß die Betätigung am Terminal zur Hauptbeschäftigung des Analytikers wird. Erst die Entwicklung von „intelligenteren" Auswerteprogrammen, die in der Lage sind, einen größeren Teil der Gesamtaufgabe ohne interaktive Steuerung selbsttätig zu übernehmen, befreit den Analytiker wieder von diesem Arbeitsstil.

In welchem Maße unterschiedliche Stadien der Computerisierung den Arbeitsstil beeinflussen, kann am Beispiel der Bearbeitung von GC/MS-Analysen im massenspektometrischen Labor des MPI für Kohlenforschung beleuchtet werden:

In der ersten Stufe der Computerisierung befreite die Spektrenserientechnik des Datensystems den Messenden von der genauen Beobachtung des Meßablaufs, da es nicht mehr nötig war, beim Eluieren eines GC-Peaks im richtigen Zeitpunkt manuell einen Spektrenscan auszulösen. Außerdem übernahm der Rechner die Festlegung der Massenskala, so daß das „Auszählen" der Spektren entfiel. Allerdings verbrachte jetzt der Analytiker seine Zeit weitgehend für das Aufspüren der für die Analyse relevanten Spektren aus einer Serie und auf deren Korrigieren (Untergrund, Überlappung).

In der nächsten Stufe der Softwareentwicklung entstanden dann Programme, die relevante Spektren automatisch, also ohne interaktive Einflußnahme durch den Analytiker, aus der Spektrenserie extrahieren und korrigieren.

Schließlich wurde ein leistungsfähiges Spektrenvergleichsverfahren entwickelt, das mit der automatischen Spektrenextraktion verknüpft wurde. Damit wird für jedes relevante Spektrum eine „Hitliste von in der Spektrenbibliothek gefundenen ähnlichen Spektren erzeugt. Erst nach Ablauf dieser automatisierten Auswertephase wird der auswertende Analytiker tätig. Er benutzt das Terminal nur noch für eventuell verbleibende fragliche Fälle, die er dann gezielt interaktiv untersuchen kann.

Dieses Prinzip, Auswertung und Interpretation so weit wie möglich zu automatisieren, dabei jedoch die Möglichkeit offen zu lassen, im Zweifelsfall alle

Auswertestufen nachträglich auch interaktiv durchzuspielen, hat sich sehr gut bewährt.

Es gibt jedoch auch Fälle, wo die Automatisierung einer Teilaufgabe sich als *nicht empfehlenswert* herausgestellt hat:

Im Mülheimer MS-Labor war die Eichung der Massenskala ursprünglich so weit automatisiert worden, daß die Bedienperson nur noch die Eichsubstanz vorbereitete und dann das Eichprogramm startete. Dieses Programm ermittelte völlig selbsttätig die Massenskala-Zeit-Zuordnung. Die nicht einbezogene Bedienperson wußte nicht, wie das Programm arbeitete, hatte keine geeignete Möglichkeit, die Qualität der Geräteeinstellungen zu beurteilen, und fand ihre Arbeit zusehends unbefriedigender; andererseits konnte nicht vollends auf sie verzichtet werden. Diese Situation verbesserte sich erst, als eine interaktive Version des Eichprogramms sie wieder stärker einbezog: sie muß nun für die Schlüsselpeaks die Massenzahlen zuordnen, wobei ihr das gemessene Eichspektrum auf dem Bildschirm gezeigt wird. Außerdem kann sie an Hand zusätzlicher graphischer Darstellungen den Zustand des Spektrometers (Auflösung, Scansteilheit, etc.) beurteilen und übernimmt somit mehr Verantwortung.

Wie in anderen Fällen von Automatisierung zeigt sich auch in der Instrumentellen Analytik, daß die einfacheren Aufgaben entweder vollständig vom Computer übernommen werden, oder aber so weit vereinfacht werden, daß es schwierig wird, jemanden zu finden, der diese Tätigkeiten noch ausführen will. Jedoch nur in seltenen Fällen werden durch die Computerisierung Arbeitsplätze im analytischen Labor „wegrationalisiert": anstelle einer Kostenersparnis beobachtet man in der Regel eine deutliche qualitative Verbesserung der analytischen Aussage. Der anspruchsvollere Teil der analytischen Arbeit, die Ergebnisinterpretation, wird mit dem Computer als „intelligentem Werkzeug" aussagekräftiger und damit auch befriedigender. Dies gilt in der Regel allerdings nur, wenn die Computerwerkzeuge leicht anzuwenden und im Sinne eines guten „human interface" dem menschlichen Arbeitsstil angepaßt sind.

3.9 Bilanz: Computerbedingte Fortschritte

In den folgenden Absätzen werden die in den letzten 15 Jahren durch die Computerisierung auf dem Gebiet der instrumentellen Analytik erzielten Fortschritte kurz zusammengefaßt. Es läßt sich zwar jetzt, im Nachhinein, feststellen, daß viele schon früh absehbare Entwicklungen länger, als ursprünglich angenommen, brauchten, um in den Laboralltag einzuziehen; mittlerweile jedoch sind die computer-bedingten Fortschritte und ihre Auswirkungen auf die analytische Arbeit unübersehbar.

Fortschritte in Instrumentierung und Meßtechnik. Die lange vorausgesagte Entwicklung in der Gerätetechnik scheint inzwischen vollzogen: neue Meßgeräte enthalten als „Instrumentenrechner" Mikroprozessoren und Digitalelektronik anstelle aufwendiger Analogschaltungen und der Servomechanik alter Geräte; digitale Registrierung des Meßsignals ersetzt die ungenauere und oft unzuverlässig funktionierende Analogaufzeichnung. Die Messung wird damit präziser, reproduzierbarer und schneller durchführbar. Wiederholungsmessungen (z.B. wegen falsch eingestellter Schreiberempfindlichkeit!) werden weitgehend vermieden. Hierdurch, aber auch durch den Einsatz computergesteuerter Analysenautomaten, wird der erzielbare Analysendurchsatz erhöht.

Mit neuartigen Meßgeräten verbindet sich vielfach die Anwendung neuer Meßverfahren und neuer Meßtechniken, die ohne Computereinsatz nicht durchführbar sind. Beispiele hierfür sind die Aufzeichnung in Time-Averaging-Meßtechnik von Interferogrammen in der Infrarotspektroskopie und von gepulsten NMR-Signalen, jeweils mit anschließender Fourier-Transformation. Auch die in der Massenspektrometrie üblich gewordene Spektrenserientechnik ist ohne Computerunterstützung nicht denkbar: Für jede Analyse, für eine GC/MS-Kopplungsanalyse ebenso wie für eine Feststoffverdampfung, werden oftmals mehrere hundert Spektren registriert. Das Computerprogramm übernimmt dann nicht nur das früher sehr mühsame „Auszählen" der Massen für jedes einzelne Spektrum, sondern auch die Extraktion der wenigen, für die Analyse bedeutsamen Spektren. Um zu vermeiden, daß möglicherweise das wichtigste Spektrum fehlt, wird hier die Aufzeichnung vieler überflüssiger Spektren in Kauf genommen: der Computer kann die mit dieser Meßtechnik verbundenen großen Datenmengen verarbeiten.

Auch die Derivativspektroskopie kann als neue, computer-gestützte Meßtechnik gelten. Sie kann zwar auch in Analogtechnik realisiert werden, ist jedoch bei Verwendung geeigneter Computermittel leistungsfähiger.

Neue analytische Methoden. Einige analytische Methoden, wie z.B. die Röntgenstrukturanalyse oder die ^{13}C-NMR-Spektroskopie waren seit langem bekannt, konnten aber wegen zu hohem Meßaufwand, beschränkten Auswertemöglichkeiten, bzw. wegen ihrer geringen Meßempfindlichkeit nur sehr sporadisch und unter stark einschränkenden Voraussetzungen angewandt werden.

Erst die rechnergesteuerte Vermessung der Einkristall-Beugungsreflexe und deren anschließende Auswertung mit CPU-intensiven Rechenprogrammen machte die Röntgenstrukturanalyse zu einer routinemäßig einsetzbaren analytischen Methode (s. Kap. 8). Die damit eng verbundene Elektronendichtebestimmung aus Beugungsaufnahmen ist auf dem besten Wege, gleichfalls eine Routinemethode zu werden.

^{13}C-NMR-Spektren konnten in konventioneller Technik (als sog. cw-Spektren) nur unter großem Aufwand oder nach Isotopenanreicherung gemessen werden. Durch die Kombination von Time-Averaging-Meßtechnik und Fourier-Verfahren wurde die ^{13}C-Spektroskopie zu einem höchst aussagekräftigen und routinemäßig anwendbaren Werkzeug der Strukturaufklärung entwickelt.

Neue Auswerte- und Interpretationsverfahren. Über die allgemeine Verbesserung der unmittelbaren Meßdatenauswertung, z.B. bei der Bestimmung von Signallagen oder Peakflächen, bei Überlappungskorrekturen, etc. hinausgehend, sind der Analytik neue, auf Computerverwendung basierende Verfahren zur Interpretation analytischer Daten erschlossen worden.

Mit Verfahren der „künstlichen Intelligenz" („artificial intelligence") ist versucht worden, Computerprogramme zu entwickeln, die die Interpretation von Spektren auf die gleiche Art und Weise vornehmen, wie sie normalerweise von erfahrenen Analytikern unternommen wird. Das Problem hierbei ist die Extraktion der Heuristik, die in ein Programm umgesetzt werden muß. (Gelingt dies, so ist der Computer auf Grund seines schnellen Zugriffs auf umfangreiches Vergleichsmaterial dem Menschen überlegen.) Dies wurde mit einigem

Erfolg für die Interpretation von Massenspektren relativ einfacher Verbindungsklassen versucht.

Bibliotheksverfahren (s. Kap. 5) vergleichen gemessene Spektren mit den Referenzspektren von Spektrensammlungen. Die Vergleichsverfahren können auf Ähnlichkeit, z. B. für die Strukturaufklärung unbekannter Substanzen, oder auf Identität optimiert werden, z. B. für den Nachweis von Substanzen eines bestimmten „Katalogs" (Dopingmittel, Giftstoffe, etc.).

Von verschiedenen Arbeitsgruppen wurden Programme zur computer-unterstützten, mehr oder weniger automatisierten Strukturaufklärung entwickelt, wobei der Analytiker in Form von interaktiven Eingaben Randbedingungen (Bruttoformel, Teilstrukturen, spektrale Merkmale etc.) setzt.

Unübersichtlich große Datenmengen können oft nicht mehr analytisch interpretiert werden. Hier helfen *„pattern-recognition"-Verfahren* weiter, die auf jegliche analytische Interpretation einzelner Meßdaten verzichten. Mit einem „Trainingssatz" von Objekten mit bekannten Eigenschaften wird ein Verfahren trainiert, um es dann auf unbekannte Objekte anzuwenden. (Typische Beispiele sind die Klassifikation von Whiskysorten auf Grund ihrer sehr komplexen, im einzelnen nicht interpretierbaren Chromatogramme, oder die Herkunftsbestimmung von Olivenölen, und dergl. mehr.) Die „Chemometrie" (s. Kap. 6), als neues Fachgebiet, nimmt sich dieser Aufgabenstellungen an.

Meinen Kollegen Dr. D. Henneberg, Dr. R. Mynott und Dr. K. Seevogel danke ich für die Überlassung der Abbildungen 6, 8, 9 und 10.

3.10 Weiterführende Literatur

Viele der angesprochenen Computeranwendungen werden in anderen Kapiteln dieses Buches näher angeführt. Weitere Übersichtsartikel und Monographien:

Ziegler, E.: Computer in der Analytik, Ullmanns Enzyklopaedie d. techn. Chem., 4. Aufl., Bd. 5, S. 51, Verlag Chemie, Weinheim 1980
Ziegler, E.: Computer in der instrumentellen Analytik, Akadem. Verlagsges. Frankfurt/M. 1973
Bourne, J. R.: Laboratory Minicomputing, Academic Press, New York 1981
Ziessow, D.: On-line Rechner in der Chemie: Grundlagen und Anwendung in der Fourierspektroskopie, De Gruyter, Berlin 1973
Chapman, J. R.: Computers im Mass Spectrometry, Academic Press, London 1978
Dessy, R. E.: Local Area Networks: Part I, Analyt. Chem. *54* (1982) 1167A

Kapitel 4. Rationalisierung im Labor mit Mikroprozessor und Mikrocomputer

R. W. Arndt
Mettler Instrumente AG, CH-8606 Greifensee

4.1 Einleitung

Mit der Verfügbarkeit von stets preiswerteren Rechnern hat deren Anwendungsspektrum eine neue Dimension erhalten. Mancher fragt sich deshalb, wie er sich die Dienste dieser Maschinen im Labor nutzbar machen kann. Es lohnt sich auch hier, zuerst zu denken und eine Analyse zu machen und dann zu kaufen. In der Labordatenverarbeitung und der Laborautomation sind die Grundsätze die gleichen geblieben, nur die Mittel sind andere geworden, und es gilt damit da und dort auf andere Punkte zu achten. Es ist Aufgabe dieses Kapitels, diese Grundsätze wieder in Erinnerung zu rufen, auf einige Tatsachen und Zusammenhänge hinzuweisen sowie die Eigenheiten des Mikrocomputer-Einsatzes herauszuschälen. Für viele Probleme im chemisch-analytischen Labor ist der Rechnereinsatz denn auch nicht die Lösung. Es lohnt sich also, über das Problem nachzudenken und es genau zu beschreiben. Für die Problemanalyse gibt es viele Methoden, die in der Literatur beschrieben sind, oder die man sich in Ausbildungslehrgängen aneignen kann. Wir wollen hier annehmen, daß das Problem erkannt ist, und zum ersten Schritt übergehen.

4.2 Zielsetzungen der Automation im Labor

Die Zielsetzungen der Automation im Labor leiten sich aus dem Problem oder der Situationsanalyse her. Obwohl man im Zusammenhang mit Rechnern und Automation sofort an Geschwindigkeit, Wegfall von Routinearbeit und Ko-

Tabelle 4.1. Zielsetzungen der Automation

Zielsetzung	Wichtige Parameter
Kostenreduktion und Produktivitätserhöhung	Personalreduktion Materialersparnis Zuverlässigkeit Einfache Bedienbarkeit
Genauigkeit und erhöhte Qualität der Messung	präzise Meßparametersteuerung bewährte Methode Zuverlässigkeit höhere Geschwindigkeit ermöglicht Mehrfachmessungen
Zuverlässigkeit	solide Konstruktion hohe MTBF, tiefe MTTR bewährte Methode
Sicherheit	präzise Kontrolle des Meßprozesses Ausfallsicherheit

stensenkung denkt, sind die Zielsetzungen nicht nur in dieser Richtung zu suchen. Tabelle 4.1 zeigt die häufigsten Zielsetzungen der Automation im Labor. Sie können recht verschieden sein. Entsprechend gewinnen Gesichtspunkte Bedeutung, die bei der Realisierung zu berücksichtigen sind. Diese Parameter sind denn auch in Tabelle 4.1 mitaufgeführt.

Man darf ruhig sagen, daß die Entwicklung in der Instrumentalanalytik in den letzten Jahren zu einem guten Teil auf Rationalisierung und Automatisierung ausgerichtet war. Historisch gesehen waren aber die Beweggründe, weshalb diese Instrumente auch gekauft wurden, einem Wandel unterworfen. In Tabelle 4.2 ist versucht das darzustellen. Die instrumentellen Lösungen reflektieren natürlich diesen Sachverhalt. So sind große, zentrale Analysenautomaten kleineren, leistungsfähigen Analysengeräten gewichen, die auch dezentral eingesetzt werden können. Dazu kommt eine Miniaturisierung, die sich erst in Ansätzen abzeichnet.

Tabelle 4.2. Beweggründe in der Instrumentalanalytik der letzten Jahre

Jahr	Wirtschaft	Instrumentalanalytik
1970	– Wachstum – Mangel an qualifiziertem Personal – zentrale Labors	– Automation ohne Kostenrücksicht
1976	– Überkapazitäten – Umweltprobleme – Dezentralisation	– Explosion des Bedarfs an analytische Daten
1982	– Nullwachstum – Arbeitslosigkeit – Kostendruck – Umweltbewußtsein	– bessere analytische Daten – tiefere Detektionsgrenzen

4.3 Mikroprozessoren und Mikrocomputer

In Kapitel 1 wird der Leser in die Computertechnik eingeführt. Die Personal-Computer, die wir hier Mikrocomputer nennen wollen, sind dort im Abschnitt über die Trends in der Computerbenützung erwähnt.

Ursprünglich wurden die Zentraleinheiten mit Radioröhren, dann mit Transistoren, und schließlich mit integrierten Schaltungen aufgebaut. Der massive Preiszerfall aber setzte ein mit der Zentraleinheit auf dem Chip, eben dem Mikroprozessor. Die Entwicklung begann mit 4-Bit Prozessoren, die auch heute noch mit Abstand in den größten Stückzahlen hergestellt und abgesetzt werden. Es folgten die 8- und 16-Bit Prozessoren, die in der Großzahl der heute erhältlichen Mikrocomputern eingesetzt werden. Tabelle 4.3 führt die wichtigsten dieser Mikroprozessoren oder Mikroprozessor-Familien auf. Ihre Zahl ist sehr beschränkt, was überraschen mag. Der Grund dafür ist darin zu suchen, daß kommerziell gesehen nur diejenigen Prozessoren überleben, die in den höchsten Stückzahlen gefertigt werden können. Die Fertigungszahlen ihrerseits hängen davon ab, in wievielen Mikrocomputersystemen sie eingesetzt werden. Damit kommen wir zu einem entscheidenden Punkt bei den Mikroprozessoren und den Mikrocomputern: der *Software*. Denn die verschiedenen Mikroprozessor-Familien verlangen auf der Maschinensprache-Ebene verschiedene Programmierung.

Die Einsatzmöglichkeiten eines Mikrocomputers hängen entscheidend von der verfügbaren Software ab. Da Software heute noch nicht genügend portabel (d.h. von Rechner zu Rechner übertragbar) ist, entscheidet sich das kommerzielle Schicksal der Mikrocomputer, und damit der Mikroprozessoren, mit der für diese Familie vorhandenen Software.

Während die 4-Bit Mikroprozessoren nur in einfacheren Steuerungen (Spiele, Taschenrechner etc.) eingesetzt werden können, sind die 8-Bit Prozessoren bereits für einfachere Einplatzsysteme (= 1 Benützer, dem eine universelle Mikrocomputer-Anlage vollständig zur Verfügung steht) verwendbar. Da mit 8 Bit-Prozessoren nur 64 kByte direkt adressiert werden können und Speicherchips einem raschen Preisverfall unterworfen sind, stellen die 8-Bit Mikroprozessoren nur eine Zwischenstation in der Entwicklung dar. Heute sind in Mengen auch 16-Bit Mikroprozessoren auf dem Markt erhältlich, und die 32-Bit Rechner stehen am Horizont.

Tabelle 4.3. Wichtige Mikroprozessor-Familien

Hersteller	8-Bit	16-Bit
Intel	8048, 8080A/85AH, 8051	8086/88, 8096, 80186, 80286
Zilog	Z8/80/800	Z8000
Motorola	6800	68000 (Register 32 Bit)
Commodore	650X	65000
National	8073, NSC800	NS16000 (intern 32-Bit Architektur)

Natürlich stellt der Übergang von 8-Bit auf 16-Bit nicht nur eine lineare Erweiterung dar, sondern läuft parallel zu einer generellen Erhöhung der Leistungsfähigkeit der Mikroprozessor-Chips. Das geht aus Abb. 4.1 hervor, die den Unterschied zwischen den Motorola 6800 8-Bit Mikroprozessoren und den 68 000 16-Bit Mikroprozessoren darzustellen versucht. Die 8-Bit Prozessoren weisen noch eine einfache Struktur auf, wie aus der Darstellung der Architektur in Abb. 4.2 herauszulesen ist. Die 16-Bit Prozessoren sind wesentlich komplexer und eigenen sich jetzt auch für Mehrplatzsysteme (= mehrere Benützer, denen eine Mikrocomputer-Anlage mit mehreren Arbeitsplätzen zur Verfügung steht) oder wenigstens für Einplatzsysteme mit gleichzeitiger Verarbeitung mehrerer Programme (s. Kap. 1: Multi-programming-Betrieb).

Warum immer mehr Bits und warum immer schneller und komplexer, wo doch ein 16-Bit Mikroprozessor für einen Mikrocomputer genügt? Der Grund ist einfach: Mikrocomputer ersetzen zunehmend auch Minicomputer und sogar Großrechner, die wesentlich komplexere Aufgaben wahrnehmen und deshalb leistungsfähigerer Komponenten bedürfen. Die Entwicklung wird aber

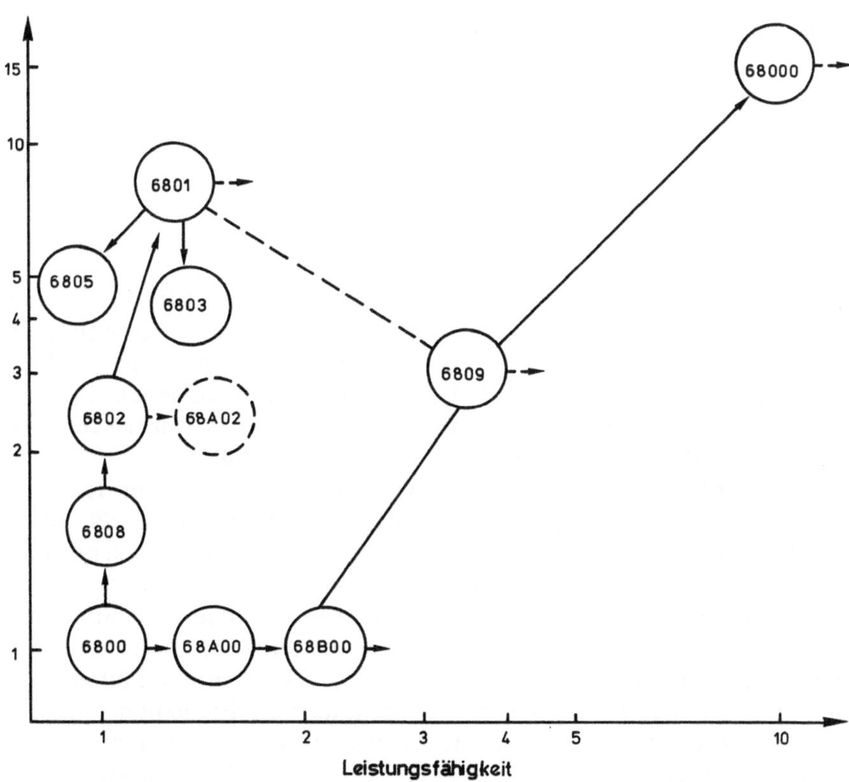

Abb. 4.1. Zunahme der Komplexität und Leistungsfähigkeit der Motorola Mikroprozessoren 6800 und 68000

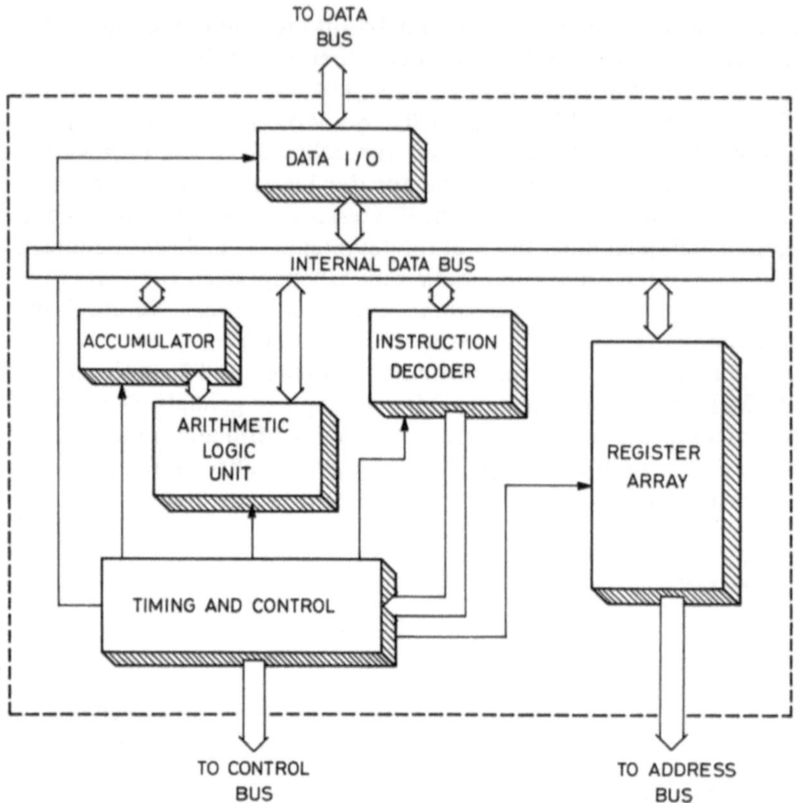

Abb. 4.2. Typische Architektur eines 8-Bit Mikroprozessors

kaum über 32 Bit hinausgehen. Nachher werden Multiprozessoren-Systeme entstehen, die stark funktional strukturiert sind. An der Erarbeitung der dafür notwendigen Software wird weltweit intensiv gearbeitet. Netzwerke, wie sie heute im Entstehen begriffen sind, sind ganz analog zu sehen. Bei ihnen sind die einzelnen Funktionen auch örtlich getrennt, und es werden für den Datenaustausch vielfältige Protokollvorschriften notwendig.

Einsatzmöglichkeiten von Mikroprozessoren zu Zwecken der chemischen Analytik entstehen natürlich nur dort, wo der Selbstbau eines Systems oder eines Teilsystems notwendig wird. Mikroprozessoren sind nicht schwer zu verstehen, und was sie zu leisten vermögen, wurde z. B. von HORLICK zusammengefaßt [1]. In der Literatur sind verschiedene Anwendungen beschrieben, wie Mikroprozessoren für den Meßprozeß einer analytischen Bestimmung Verwendung finden. Hier sei lediglich vermerkt, daß in bestimmten Fällen, z. B. bei der quantitativen spektroskopischen Bestimmung von Elementen, mit Hilfe von Dioden-Arrays ohne den Mikroprozessor nicht mehr auszukommen ist [2, 3].

Mikroprozessoren sind als der zentrale Baustein der *Mikrocomputer* anzusehen. Sie werden heute in großer Zahl und in einer großen Vielfalt von Modellen angeboten. Anfang 1983 waren weltweit mehrere hundert Modelle auf dem

Markt, und eine Übersicht in der BRD von Mitte 1982 ergab rund 200 Modelle. Diese Computersysteme sind alle sehr ähnlich aufgebaut (s. Abb. 4.3). Der eigentliche Rechner besteht aus Mikroprozessor und Speicher für 64–128 kByte (kleinere Speicher werden nur für Billigstrechner angeboten; die obere Grenze bei 16-Bit Rechnern liegt bereits bei 1 MByte), Tastatur für die Eingabe, Bildschirm (integriert oder extern) und Standard-Schnittstellen für die Peripherie. Die Peripherie besteht typischerweise aus Massenspeichern, Floppy-Disketten und Festplattenspeichern. Deren Kapazität ist im Steigen begriffen und liegt für Floppy-Disketten zur Zeit bei 1 MByte pro 5-Zoll Diskette. Der Massenspeicher ist in vielen Fällen auch fest eingebaut. Es empfiehlt sich wegen der Datensicherheit nur Doppellaufsysteme zu verwenden. Zur Pheripherie gehört auch ein Billigdrucker.

Für die bekanntesten Mikrocomputer sind auf dem Markt vielerlei Zusätze erhältlich, die den Anwendungsbereich wesentlich erweitern können. Diese stammen meist von anderen Herstellern und werden vom Rechnerhersteller im allgemeinen unterstützt. Dies gilt besonders für den IBM Personal-Computer. Beispiele sind Hochauflösungszusätze, Zusatzkarten für den Anschluß an Netzwerke, adressierbare Festspeicher zur Erweiterung des Betriebssystems, periphere Geräte für die Erfassung analoger und digitaler Daten, Bar-Code-Leser, Geräte für die Spracheingabe und Ausgabe, etc.

Während die Mikrocomputer-Hersteller beim Anschluß der klassischen Peripherie (Drucker, Tastatur, Bildschirm, Diskettensystem) sorgfältig ein rei-

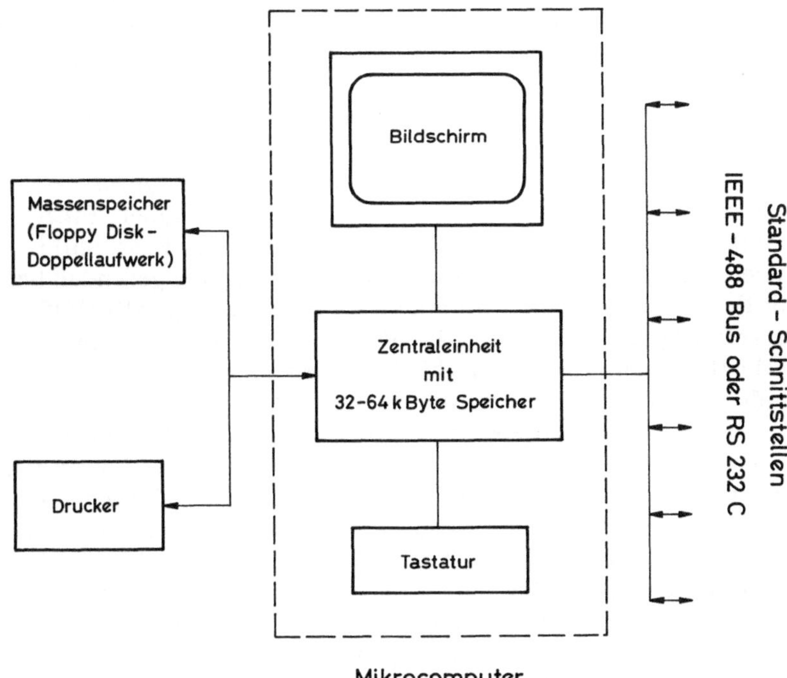

Abb. 4.3. Typische Konfiguration eines Mikrocomputersystems

bungsloses Anschließen und Funktionieren sicherstellen, kann die Verbindung zu Geräten anderer Hersteller problematischer werden. Im allgemeinen stellt der Mikrocomputer eine der Standardschnittstellen zur Verfügung. Diese sind aus den Bedürfnissen der Telekommunikation und des Elektroapparatebaus entstanden. Es gibt verschiedene Organisationen, die Normen herausgeben [4], was der Koordination nicht gerade förderlich ist. Von praktischer Bedeutung sind heute vor allem 2 Normen, die weltweit anerkannt sind, nämlich

RS232C	(EIA), bzw.
V.24/V.28	(CCITT), bzw.
DIN 66020	(DIN)

und

IEEE-488	(IEEE), bzw.
HP-IB	(Hewlett-Packard), bzw.
GPIB	(Tektronix Inc., u. a.)

Bei der RS232C handelt es sich im Prinzip um eine Zwei- bzw. Vierdrahtleitung, auf der die Information bit-weise in einer (simplex) oder beiden (halbduplex oder duplex) Richtungen gesendet wird. Pro Schnittstelle kann nur ein Gerät angeschlossen werden.

Bei der IEEE-488 Schnittstelle handelt es sich um einen Datenbus, bei dem die 8 Bits eines Byte parallel in allen Richtungen gleichzeitig gesendet werden. Es können gleichzeitig eine größere Zahl von Geräten angeschlossen werden. Jedem Gerät ist eine eindeutige Adresse zugeordnet. Mit Zusatzleitungen wird vermittelt, ob die Informationen auf dem Datenbus Adreßinformation oder echte Daten darstellen. Mit dem von der Steuerung mittels der Adresse angesprochenen Gerät findet daraufhin der Datenaustausch statt.

In der Sekundärliteratur, die in allen Mikrocomputer-Zeitschriften angepriesen wird und in den Computershops zur Schau gestellt wird, sind diese Schnittstellen eingehender behandelt.

Zu einem Mikrocomputer gehört entsprechende *Software*. Bei den Betriebssystemen ist leider noch eine zu große Vielfalt vorhanden. Einzig CP/M (Control Program for Mikroprocessors der Firma Digital Research) ist ein Betriebssystem für 8-Bit-Rechner, das eine große Verbreitung gefunden hat. Bei den 16-Bit-Rechnern findet man vor allem das PC-DOS bzw. MS-DOS der Firma Microsoft. Ebenfalls werden 16-Bit-Versionen von CP/M angeboten, und immer mehr Bedeutung finden verschiedene Weiterentwicklungen von UNIX, einem in den Bell Laboratories entwickelten Betriebssystem [5].

Die Frage des Betriebssystems ist entscheidend: Von ihr hängt die Verfügbarkeit weiterer Software ab. Das größte Angebot an Anwenderprogrammen findet man heute für PC-DOS bzw. MS-DOS, wobei auch für CP/M immer noch sehr viele Anwenderprogramme angeboten werden, während bei rechnerspezifischen Betriebssystemen natürlich nur für die bekanntesten Rechner ein genügendes Angebot besteht. Tabelle 4.4 führt eine Reihe dieser Rechner an. Es sei aber darauf hingewiesen, daß sich die Situation wegen der rasanten Entwicklung auf diesem Sektor rasch ändert.

Anwenderprogramme (sehen wir von Spielen ab) bestehen hauptsächlich für die Datenverarbeitung im Kleinbetrieb. Neben Buchhaltungs- und anderen

Tabelle 4.4. Einige wichtige Personal-Computer-Familien

Hersteller	Typenreihe
Apple	II, IIE, III, LISA, Macintosh
Commodore	2000, 3000, 4000, 8000, 64
Tandy	TRS 80 Modelle I, II, III
IBM	PC, XT, AT
Hewlett-Packard	HP-80 Serie, HP150, HP110

Programmen gibt es darunter einige, die in einem analytischen Labor außerordentlich nützlich sind. Auf zwei dieser Programme sei im Abschnitt ‚Wie lernt man Automation' näher eingegangen. Programme, die spezifisch für die Zwecke des Laboratoriums erstellt wurden, gibt es nur vereinzelt – der Markt steckt wegen der bescheidenen Absatzgröße in den Anfängen.

Mikroprozessoren sind im Prinzip in der Assemblersprache des entsprechenden Typs zu programmieren. Da dieses Vorgehen dem Instrumentenhersteller nicht mehr genügen kann, benutzt er heute für große Programmteile eine Sprache von hohem Niveau, z. B. FORTRAN, PASCAL oder neuerdings C. Die Umsetzung auf die Maschinensprache des betreffenden Typs geschieht dann mit einem Compiler oder einem Cross-Compiler, falls die Übersetzungsmaschine einen anderen Prozessor verwendet.

Mikrocomputer sind durchwegs in BASIC programmierbar. Es ist zu beachten, daß die BASIC-Programme aber nicht etwa mit einem Compiler-Programm übersetzt werden, sondern in ihrer ursprünglichen Form vom Betriebssystem abgearbeitet werden (s. Kap. 1). Der Programmteil des Betriebssystems, der dies besorgt, wird „*Interpreter*" genannt. Ein Interpreter vereinfacht die Bedienung des Mikrocomputers enorm. Er bringt aber den Nachteil der Geschwindigkeitseinbuße mit sich. Das wird sofort evident bei der Verarbeitung großer Datenmengen wie z. B. bei Sortierprozessen. Auf dem Markt sind deshalb auch BASIC-Compiler erhältlich, mit denen BASIC-Programme in die Maschinensprache übersetzt werden können und die die Geschwindigkeit bis zu einem Faktor 20 erhöhen. Daneben können alle Mikrocomputer auch in Assemblersprache programmiert werden. Es ist aber zweckmäßig, speziell ein Assemblerprogramm für den entsprechenden Typ einzukaufen, weil die vom Mikrocomputerhersteller gelieferte Software Programmierung in Assemblersprache nur in rudimentärer Form gestattet.

Grundsätzlich ist beim Mikrocomputer ohne Programmierung in Assembler- oder Maschinensprache auszukommen. Es gibt aber immer wieder Programmteile, z. B. im Umgang mit spezieller Peripherie, wie analytischen Meßgeräten, wo die Anwendung der Assemblersprache aus Geschwindigkeits- oder anderen Gründen zweckmäßiger ist. Es lohnt sich deshalb, hat man sich einmal mit dem Mikrocomputer etwas vertraut gemacht, die Assemblerprogrammierung näher anzuschauen. Die meisten, auf dem freien Markt erhältlichen Anwenderprogramme sind ganz oder teilweise in Maschinensprache verfaßt.

Tischrechner sind im Prinzip tastenprogrammierte Mikrocomputer. Statt einer Programmiersprache verwendet man also die auf Tasten zur Verfügung gestellten Funktionen. Dadurch werden sie für den Benützer konzeptionell einfacher. Sie sind allerdings dadurch weniger flexibel und oft auch langsamer als Mikrocomputer, speziell wenn Kassetten statt Disketten als Massenspeicher verwendet werden. Um diese Nachteile zu beheben sind Weiterentwicklungen entstanden, bei denen der Unterschied zwischen Mikrocomputer und Tischrechner zunehmend verwischt ist. Das ist um so mehr so, als auch beim Mikrocomputer Modelle entstehen, die teilweise tastenprogrammiert werden können oder mit einer „Maus" bedient werden können.

Etwas analoges läßt sich auch über Taschenrechner aussagen, an die man heute eine ganze klassische Peripherie anschließen kann. Sie sind dann allerdings keine ‚Taschenrechner' mehr.

4.4 Einsatzmöglichkeiten

In Tabelle 4.5 ist eine weitere, anders gestaltete Übersicht gegeben, in welchen Bereichen der chemischen Analytik Mikroprozessoren oder Mikrocomputer eingesetzt werden können (s. [6, 7]).

Bei der Programmierung, Steuerung und Überwachung von Abläufen, speziell Bewegungsabläufen ist eine wichtige Eigenschaft der Mikrocomputer zu beachten. Mikroprozessoren sind bestens dafür eingerichtet, im Interrupt-Betrieb zu arbeiten (s. Kap. 1). Diese Eigenschaft weist der Mikroprozessor im Mikrocomputer natürlich auch auf. Er wird dem Benützer des Mikrocomputers aber kaum verfügbar gemacht, weil der Gebrauch eines Mikrocomputers sonst zu einer professionellen Angelegenheit wird, die den Benützerkreis einschränken könnte. Somit sind mit dem Mikrocomputer hauptsächlich Abläufe realisierbar, die in einem normalen sequentiellen BASIC-Programm dargestellt werden können. Das ist eine Einschränkung, aus der eventuell die Abfrage-Technik (Polling Technique) weiterhelfen kann. Diese besteht darin, daß aktiv aus dem BASIC-Programm periodisch die Peripherie nach dem Status abgefragt wird. Liegt eine Status-Änderung vor, werden im Programm entsprechende Maßnahmen ergriffen. Es liegt auf der Hand, daß diese Lösung zusätzlichen Programmieraufwand mit sich bringt. Das wird dann schwer wiegen, wenn der Mikrocomputer auch noch viele weitere Aufgaben z. B. aus dem Bereich der Signalverarbeitung, wahrnehmen muß. Es ist deshalb vorzuziehen, eine *eigene Ablaufsteuerung mit Mikroprozessor* einzusetzen, die den Interrupt-Betrieb wahrnimmt. Mit dem Mikrocomputer verkehrt diese Steuerung

Tabelle 4.5. Einsatzgebiete der Mikroprozessoren in der chemischen Analytik

- Programmierung, Steuerung und Überwachung von Abläufen
- Interaktion zwischen Analysensystem, Benützer und Umgebung
- Steuerung und Überwachung von Meßparametern
- Signalerfassung und -verarbeitung
- statistische und administrative Kontrollführung
- Archivierung von Analysendaten

auf der Basis einer Befehlssprache. Solchermaßen steuert Commodore vom Mikrocomputer z.B. die Diskettenstation, und so sind auch die Plotter von Hewlett-Packard anzusteuern.

Die Interaktion zwischen Analysensystem und Benützer und Umgebung ist wohl einer der wichtigsten Aspekte in der Automatisierung der Analytik. Transparenz ist eine Hauptforderung, die gestellt werden muß und die bisher nicht genügend berücksichtigt wurde. Es geht einerseits darum, dem Benützer jederzeit über den momentanen Stand des Systems klar Auskunft zu geben und die erarbeiteten Resultate in einer leicht verständlichen, z.B. grafischen Form sichtbar zu machen. Andererseits geht es darum, daß sich das System mit Hilfe von Sensoren oder anderswie an der Umgebung orientiert. Das kann bedeuten, daß für Umgebungsparameter, z.B. die Temperatur, kompensiert wird. Oder daß die Benützerführung bei der Eingabe von Befehlen und Daten auf den Kenntnisstand des Benützers abgestimmt wird, indem Kommentare unterdrückt werden oder die entsprechende Sprache gewählt wird. Es ist sogar denkbar, daß ganze Mustererkennungsprozesse (pattern recognition; z.B. Form- oder Spracherkennung, Erkennen spezieller Situationen etc.; siehe z.B. [8]) angewendet werden, um sich auf die Umgebung oder eingegebene Befehle und Daten einzustellen.

Im Bereich der *Steuerung und Überwachung von Meßparametern* ist es das Ziel optimale Meßbedingungen zu schaffen. Hier gelangen hauptsächlich die Mikroprozessoren zum Einsatz. Die Instrumentehersteller machen denn auch von dieser Anwendung intensiven Gebrauch. Der Mikrocomputer kommt nur bei reinen Steuerfunktionen und bei nachträglichen, korrektiven Maßnahmen zum Einsatz. Bei der Steuerung etwa können beliebige lineare, nichtlineare (z.B. 1/T) und inkrementelle Parameter/Zeitfunktionen realisiert werden. Bei den korrektiven Maßnahmen geht es um Linearisierungen (z.B. Temperatursensoren) oder Berücksichtigung einer fluktuierenden Variable (z.B. Strahlungsquelle, Durchflußrate etc.).

Dem Bereich Steuerung und Überwachung der Meßparameter sind auch die Lernfunktionen und adaptives Verhalten zuzuordnen. Beim Lernverhalten werden Resultate von Experimenten benützt, um die experimentellen Bedingungen eines nächsten Versuchs optimal einzustellen (s. [9]). Beim adaptiven Verhalten beeinflussen wir laufend die Parameter eines Regelkreises, um die Versuchsbedingungen des laufenden Experiments optimal zu halten. Es ist zu erwarten, daß in der Instrumentalanalytik auf diesem Sektor entscheidende Fortschritte gemacht werden. Die Literatur zu diesem Thema ist anspruchsvoll; man findet sie in erster Linie in regeltechnischen Zeitschriften.

Die *Signalerfassung und -verarbeitung* ist ein eigentliches Tummelfeld für Mikroprozessoren und Mikrocomputer. Hier ist es das Ziel, die Resultate in eine solche Form zu bringen, daß sie auch tatsächlich die Entscheidungsbasis bilden, die von der Analytik verlangt wird. Tabelle 4.6 führt die Prozesse an, die in diese Kategorie fallen. Auch in diesem Bereich dürfte die Zukunft entscheidende Verbesserungen bringen. Man denke z.B. an die Möglichkeit, in der Spektroskopie oder der Thermoanalytik durch Rückwärtsfaltung die apparativen Verzerrungen zu kompensieren und eine Auflösungsverbesserung zu erzielen.

Tabelle 4.6. Prozesse der Signalerfassung und -verarbeitung

- Signaltransformationen
- Signalfilterung
- Kurvenvergleiche
- individuelle Verarbeitung von Daten am Bildschirm (Datenmassage)
- Ergänzung von Signalkurven mit Entscheidungsdaten

Zur *Digitalfilterung* existiert eine umfangreiche Fachliteratur, die ohne Vorkenntnisse aber nicht ohne weiteres in die Praxis umgesetzt werden kann. Zu einzelnen Anwendungsgebieten wie z. B. Regelung [10], oder bestimmten Analysentechniken findet man aber auch Publikationen in den Fachzeitschriften.

Die statistische und *administrative Kontrollführung* ist eigentlich ein Thema der Büroautomation. Es geht um Kostenverrechnungen, aber auch um die Buchführung zum Gerätepark, um Arbeitsprogramme und statistische Berichte. Hat man nicht zu spezialisierte Anforderungen, kann man vieles mit kommerziellen Programmen für Mikrocomputer realisieren – Näheres ist im Abschnitt ‚Wie lernt man Automation‘ enthalten. Auch die kurzfristige Datenspeicherung ist diesem Bereich zuzuzählen, und Mikrocomputer mit Floppydisk-Systemen sind dafür ideal geeignet. Von da aus wird auch der Anstoß zur langfristigen Datenspeicherung gegeben, die von der Büroautomation (sprich zentrale EDV) zu übernehmen ist.

Die Darstellung statistischer Daten erfolgt am besten in grafischer Form. Neue Mikrocomputer, z. B. das Apple LISA System, sind mit diesen Möglichkeiten extensiv versehen. Es gibt aber auch kommerzielle Pakete, die in den Mikrocomputer-Zeitschriften beschrieben sind. Grafik führt allerdings zu hohem Speicherbedarf und etwas teureren Präsentationsgeräten.

4.5 Lösungen und Alternativen

Nach diesem Exkurs wenden wir uns wieder der chemischen Analytik und dem Labor zu. Um deren Einsatzmöglichkeiten zu untersuchen, sehen wir uns die Vorgänge bei der chemischen Analyse näher an. Tabelle 4.7 zeigt die Teilschrit-

Tabelle 4.7. Teilschritte der chemischen Analyse

- Probenziehen
- Probentransport
- Probenvorbereitung
- Messung und Signalerfassung
- Signalverarbeitung
- Resultatdarstellung und Validierung
- Speicherung und Archivierung
- Administration
- Service, Unterhalt, Kalibrierung

te, aus denen die Analyse im allgemeinen besteht. Dabei ist im Auge zu behalten, daß die chemische Analytik in einem Unternehmen eine Dienstleistungsorganisation ist, die Entscheidungsgrundlagen zur Verfügung zu stellen hat. Diese sind also rechtzeitig und in geeigneter Form zu erarbeiten.

Mikroprozessoren und Mikrocomputer können nun bei allen Teilschritten einen Beitrag leisten, der allerdings sehr unterschiedlich ausfallen wird. In Tabelle 4.8 ist ein Versuch gemacht, diesen Beitrag festzuhalten. Es ist auch nicht zu vergessen, daß einiges von der allgemeinen Entwicklung der Instrumentalanalytik wahrgenommen wird, meistens in den Bereichen, wo die maßgeschneiderte Lösung ohnehin nicht sehr zweckmäßig ist.

Aus der Tabelle 4.8 geht auch hervor, in welchen Bereichen kommerzielle Lösungen zur Verfügung stehen. Das bringt uns auf die Frage, was besser ist, Selbstbau von Analysensystemen oder Kauf. Einzelne Teilschritte der chemischen Analyse werden immer einen stark anwenderspezifischen Aspekt aufweisen. Ein Instrumenten- oder Rechnerhersteller, oder ein Software-Lieferant wird seine Produkte immer so gestalten, daß sie einen möglichst großen Anwendungsbereich finden, denn nur dann lohnt sich ihm die Entwicklung. Genügen die Leistungen des kommerziell Verfügbaren nicht, steht man jetzt vor der Wahl, das Anforderungsprofil auf eine kommerzielle Lösung hin zu ändern, oder eine eigene Lösung zu entwickeln. In diesem Zusammenhang wird an den Rechner- oder Instrumentehersteller immer wieder die Forderung gestellt, eine bestehende kommerzielle Lösung auf einen vorliegenden Fall zu modifizieren. Kein reputierter Hersteller wird auf eine solche Forderung eingehen, es sei denn, er sei gerade in diesem Geschäft tätig. Der Kunde fährt besser so, denn Modifikationen führen in einen neuen, ungeprüften Spezifikationsbereich, technische Unterlagen sind keine vorhanden, und es ist fraglich, ob im Servicefall keine Schwierigkeiten entstehen.

Wählt man den *Eigenbau* für die Automation eines chemisch-analytischen Problems, stehen zwei Möglichkeiten offen. Die erste besteht aus dem totalen Eigenbau, die zweite aus dem Zusammenbau kommerzieller Subsysteme. Obwohl die zweite Lösung faktisch kommerzieller Art ist, ergibt sich ein wichtiger Unterschied gegenüber dem Kauf eines Gesamtsystems. Die Systemverantwortung liegt bei Eigenbau beim Kunden, und es besteht die Gefahr, daß bei Störungen die herbeigerufenen Servicetechniker die Verantwortung immer einem anderen Gerätehersteller zuschieben.

Trotzdem ist diese Lösung nicht unzweckmäßig. Selbstbau ist immer teuer in der Herstellung und teuer im Unterhalt. Es ist auch schwierig, einen ähnlichen Leistungsstand wie der eines kommerziellen Gerätes zu erreichen. Eine kommerzielle Gesamtlösung ist im allgemeinen ebenfalls teuer. Damit verbunden ist auch die Tatsache, daß das Anforderungsprofil meist nicht ganz erfüllt werden kann.

Der Nachteil der eigenen Systemverantwortung wiegt u. U. nicht sehr schwer. Wird nämlich an das Analysensystem die Forderung einer sehr hohen Verfügbarkeit gestellt, ist ein eigener Einsatz im Bereich des Unterhalts- und Reparaturdienst ohnehin unvermeidlich.

Als nächstes stellt sich die Frage nach der zu verwendenden Analysenmethode. Diese ist in erster Linie nach chemisch-analytischen Kriterien zu ent-

Tabelle 4.8. Implementation der Teilschritte der chemischen Analyse

Teilschritt	Charakterisierung	Einsatz von Mikroprozessoren	kommerzielles Angebot		Selbstbau
			Instrumente-Hersteller	Mikrocomputer-Hersteller	
Probenziehen	problemspezifisch	gering	wenige		fast zwingend
Probentransport		gering	wenige		vertretbar
Probenvorbereitung	problemspezifisch	wichtig	einzelne ausgewählte Lösungen		oft unvermeidbar
Messung	allgemein lösbar	entscheidend	viele Lösungen zu allen Themen		unzweckmäßig
Signalverarbeitung	allgemein lösbar	entscheidend	unspezifisches Angebot	unspezifisches Angebot	höchstens Software
Resultatdarstellung	anwenderspezifisch	entscheidend	unspezifisches Angebot	unspezifisches Angebot	Software zweckmäßig
Speicherung und Archivierung	anwenderspezifisch	entscheidend	nur als Bestandteil von Gesamtlösungen	großes Angebot von Datenbanksystemen	nur Software, Verbindung zu anderen Datenbanken
Administration	anwenderspezifisch	entscheidend	selten und nur als Bestandteil von Gesamtlösungen	nur Hardware, wenig Software vorhanden	Software und Netzwerkanschluß
Service/Unterhalt	allgemein lösbar	wichtig	teilweise	nur Hardware	

Tabelle 4.9. Unterschiede zwischen diskreter und kontinuierlicher Analytik

	diskret	kontinuierlich
Durchsatz	gering	hoch
Probenmenge	kann hoch sein	beschränkt, nicht immer repräsentativ
Automationsaufwand	hoch	gering
automatisierte Einzelanalyse	gut möglich	schwierig zu realisieren
erreichbare Genauigkeit	hoch	mittel

scheiden. Es sind aber einige wichtige Aspekte bei der Entwicklung von Alternativen mitzuberücksichtigen. Es ist das natürliche Bestreben jedes Analytikers sich die neuesten Erkenntnisse zunutze zu machen. Bei kommerziellen Varianten stehen diese meist noch nicht zur Verfügung. Der Grund ist in der Entwicklung und Kommerzialisierung neuer Instrumentierung zu suchen, die vom Laien unterschätzt wird. Der Hersteller wird nur Methoden benützen, die einige Gewähr für Zuverlässigkeit bieten und erprobt sind. Der Zeitbedarf wird sich deshalb ohne weiteres auf 2–3 Jahre stellen, bis das Neue auf dem Markt erhältlich wird. Der Anwender ist also auf sich selbst angewiesen, wenn er nicht zu warten vermag.

Serielle Analysen können entweder in einem diskreten oder in einem kontinuierlichen Verfahren durchgeführt werden. Wichtige Unterschiede der beiden Verfahren sind in Tabelle 4.9 festgehalten. Bei den automationsträchtigen kontinuierlichen Verfahren wickelt sich in der Literatur ein Disput zwischen den Vertretern des Autoanalyzer-Prinzips und den Vertretern der Flow Injection Analysis ab [11]. Die Methoden sind aber nicht absolut deckungsgleich, und bis zu einem gewissen Grad haben beide ihren Anwendungsbereich.

Analysenmethoden weisen einen verschiedenen Eignungsgrad für Automatisierung auf. Welches sind denn die Kriterien, an denen diese Eignung gemessen werden kann? Tabelle 4.10 führt einige Punkte an, die bei der Beurteilung für eine Automatisierung Bedeutung haben.

Wie aus der Tabelle 4.8 hervorgeht, stehen für die einzelnen Schritte der chemischen Analytik verschiedene Lösungen im Vordergrund. Bei den kommerziellen Lösungen gibt es aber viele, die mehrere Schritte umfassen. So sind z. B. der Probenvorbereitungsschritt ‚Verdünnen‘ oder der Probentransport in vielen Systemen enthalten. Oder mit der Messung wird auch die Signalverar-

Tabelle 4.10. Kriterien zur Beurteilung der Eignung für die Automation

- einfache, schnelle Meßtechnik
- keine oder sehr einfache Probenvorbereitung
- unempfindlich auf Probenverschleppung
- keine über- oder unterdimensionierten Volumina
- direkte Daten

Tabelle 4.11. Die häufigsten Probenvorbereitungsschritte der Analytik

---

verdünnen
S/L-extrahieren
L/L-extrahieren

---

beitung und Resultatdarstellung kombiniert. So kommt man um die Aufgabe herum, diese Einzelschritte zu einem Ganzen zu fügen.

Beim Probenziehen und der Probenvorbereitung liegt aber das kommerzielle Angebot im argen. Obwohl bei der Probenvorbereitung nur wenige Operationen häufig auftreten (Tabelle 4.11), ist die Vielfalt des Wie so groß, daß die Analytik heute Methoden vorzieht, die die Probenvorbereitung überflüssig machen. Es ist auch zu überlegen, ob nicht ein manueller Zwischenschritt wie die fest-flüssig Extraktion der Firma Hamilton (s. Abb. 4.4) die kostengünstigste Lösung ist.

Obwohl auf dem Markt Teillösungen bis und mit Archivierung und Administration, die ja eigentlich zur Büroautomation gehört, erhältlich sind, entsteht in der Analytik in der Regel die Schnittstelle zu diesen beiden Funktionen, weil sie ausgesprochen anwender-spezifisch sind. Für sie können Mikrocomputer-Labordatensysteme zum Einsatz kommen, die die Resultatdarstellung, kurzfristige Speicherung und die Statistik und Administration übernehmen. Kann ein analytisches Gerät Rohdaten liefern, – moderne Instrumente sind dafür ausge-

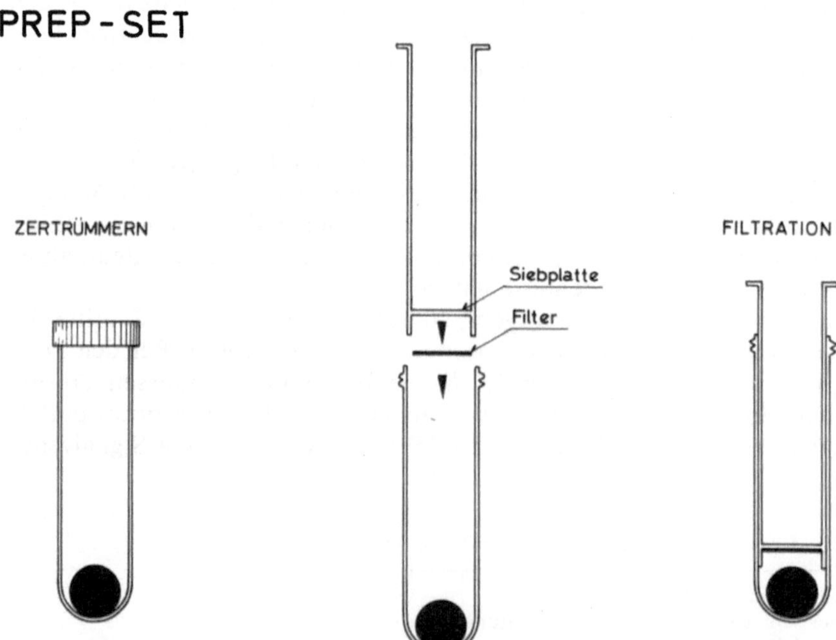

Abb. 4.4. Der Prep Set der Firma Hamilton als manueller Zwischenschritt für die fest-flüssig Extraktion

rüstet – kann auch anwenderspezifische Signalverarbeitung routinemäßig betrieben werden.

Das alles setzt natürlich voraus, daß die heutigen Geräte normierte Schnittstellen für die Steuerung und Datenausgabe aufweisen.

4.6 Evaluation und Wahl

Schon bei der Erarbeitung von möglichen Lösungen ist zu empfehlen, den Kreis der später Betroffenen miteinzubeziehen. Dieser Einbezug kann für das Gelingen eines Automationsprojekts entscheidend sein.

Die Evaluation kann in die technische, die logistische und die finanzielle Evaluation unterteilt werden. Sie besteht im wesentlichen in einem Vergleich mit dem Anforderungsprofil. Die Wunschzielsetzungen tragen natürlich ein unterschiedliches Gewicht und sind entsprechend zu bewerten. Neben einem quantitativen Vergleich verschiedener Varianten ist die intuitive Beurteilung aber nicht zu vergessen, mit der nichtquantifizierbare Aspekte ihre Berücksichtigung finden. Sie können sogar den Ausschlag geben.

Bei der logistischen Evaluation geht es darum, den Hersteller und seinen Vertreter sowie deren Marktleistung zu qualifizieren. Diesem Punkt ist bei der Beschaffung von einem Mikrocomputersystem größte Beachtung zu schenken. Zur Zeit werden dermaßen viele Modelle von Mikrocomputern angeboten, daß mit Sicherheit gesagt werden kann, daß etliche Modelle und auch Hersteller bald vom Markt verschwinden werden. Die angebotene Unterstützung – Dokumentation, Auskünfte, Software, Zusätze, Verbrauchsmaterial etc. – variiert

Tabelle 4.12. Punkte der logistischen Evaluation

Qualifikation des Herstellers:
- Kontinuität
- Ruf
- Zahl der installierten Anlagen im Land
- Beurteilung der lokalen Vertretung
- Support

Dokumentation:
- Qualität und Umfang
- Nachführung

Ausbildungs-Unterstützung:
- Schulung
- Benützer-Gruppen

Reparaturdienst:
- Organisation
- Reaktionszeit
- Ersatzteillager
- Dokumentation
- Qualifikation

sehr stark. Das gleiche gilt für den Service, Serviceunterlagen und Ersatzteile. Tabelle 4.12 faßt diese Punkte zusammen.

Die finanzielle Evaluation ist besonders angezeigt, wenn eine Automatisierung aus Rationalisierungsgründen erfolgt. Sie wird auf der Basis der Investitionsrechnung durchgeführt und kann in der einschlägigen Literatur nachgelesen werden. In den meisten Unternehmen ist es zudem möglich, vom Finanz- und Rechnungswesen die Grundlagen zu erhalten.

4.7 Implementation und Einführung

Die Art und Weise, wie ein automatisiertes System im Labor eingeführt wird, kann das Gelingen wesentlich beeinflussen. Insbesondere kann ein Projekt scheitern, wenn zu viele der folgenden Punkte mißachtet werden.

Elementare Voraussetzung ist ein engagierter Projektleiter. Ein Automationsprojekt hat interdisziplinären Charakter und bedarf der Koordination vieler Tätigkeiten, die in einem Netzplan zusammenzuhalten sind.

Zweite Voraussetzung ist eine sorgfältige Vorbereitung und nachher Ausbildung der Benützer.

Ein dritter Punkt ist nicht immer erfüllbar: schrittweise Einführung. Automationssysteme erlauben nicht immer das parallele Durchführen der alten und der neuen Lösung. In diesem Fall sind die Details des Übergangs genauestens zu planen.

Jedes System weist Störungen auf und fällt aus [12]. Es ist deshalb wichtig, darauf vorbereitet zu sein. Ein erster Schritt ist die Führung eines Logbuches, in dem sich die Benützer eintragen und eventuelle Beobachtungen von ungewöhnlichem Verhalten festhalten. In Störungsfällen bestehen grundsätzlich zwei Möglichkeiten des Vorgehens. Erstens richtet man sich ein auf ein Notprozedere, z.B. die alte Lösung, mit der man solange fahren kann, bis der Reparaturdienst die Ausfallursache beheben kann. Oder zweitens man stellt eine statistische Betrachtung (inklusive Kostenfolgen) der tolerierbaren Ausfallzeit, bzw. der Verfügbarkeit an. Die Begriffe der Verfügbarkeit, mittlere Ausfallzeit und mittlere Reparaturzeit sind in Tabelle 4.13 definiert. Tabelle 4.14 gibt Hinweise, was aus der Verfügbarkeitserfordernis herzuleiten ist.

Tabelle 4.13. Terminologie zu Störungsausfällen

MTBF mean time between failures	mittlere Zeit zwischen zwei Ausfällen
MTTR mean time to repair	mittlere Reparaturzeit
availability: $\dfrac{\text{MTBF}}{\text{MTBF} + \text{MTTR}}$	Verfügbarkeit

Tabelle 4.14. Schlußfolgerungen aus der Verfügbarkeitserfordernis

Verfügbarkeit	Investition
bis zu 85%	– 0–3% der Initialinvestition – Verbrauchsmaterial, einige Ersatzteile
85–95%	– 3–10% – Ersatzteilsortiment – spezieller Servicekontrakt oder Service-Techniker ausbilden
95–99%	– 10–25% – ausgedehntes Ersatzteilsortiment – eigener Reparaturdienst – Störungsfall-Prozedere
mehr als 99%	– 25–100% – Duplex-Installation oder Subsystem-Duplikation – qualifiziertes Personal – Störungsfall-Prozedere

Leider sind von den Herstellern wenig Angaben über die mittlere Ausfallzeit zu erhalten. Sicher ist, daß Mechanik etwa zehnmal häufiger ausfällt (bei vergleichbarer Komplexität), aber leichter zu reparieren ist, als Elektronik. Bei elektronischen Ausfällen ist heute nur noch ein Printwechsel möglich.

4.8 Wie lernt man Automation

‚Automation lernen‘, – es müßte heißen: wie sammelt man erste Erfahrungen. Den Umgang mit dem Computer erlernt man am besten in überschaubaren Einzelschritten, und dazu eignen sich Mikrocomputer ganz ausgezeichnet.

Der erste Schritt besteht nun darin, daß man sich informiert. Was den Mikrocomputer betrifft, gibt es eine große Anzahl von Zeitschriften und Büchern. Eine kleine Auswahl von Zeitschriften ist in Tabelle 4.15 angeführt. Geht es um die chemischen Aspekte, kann man aus den in Tabelle 4.16 verzeichneten Zeitschriften und Literaturstellen mehr erfahren.

Ein zweiter Schritt soll aktive Erfahrung mit dem Mikrocomputer, allenfalls auch mit einem Tischrechner, bringen. Wie oben auseinandergesetzt, gibt es für den kleinen Geschäftsbetrieb viele Programme für Mikrocomputer, von denen einige auch im Labor sehr nützlich sind. Diese sind in drei Kategorien einzuteilen: 1. Tabellenkalkulationsprogramme, 2. Datenbankprogramme, und 3. Textverarbeitungsprogramme.

Zu Übungszwecken können auch Spielprogramme von Nutzen sein – viele Zeitschriften drucken Spielprogramme, aber auch Bücher sind erhältlich [13]. Von Spielen läßt sich sehr viel Programmierung erlernen, sowohl indem man sie spielt, als auch indem man sie abtippt. Ein englischer Großchemie-Konzern war sogar dazu übergegangen, seinem mittleren Kader über die Wochenenden Mikrocomputer mit Spiel- und anderen Programmen zur Verfügung zu stellen,

Tabelle 4.15. Mikrocomputer-Zeitschriften

Byte	führende amerikanische Zeitschrift für Mikrocomputer, ca. 500 Seiten/Monat; englisch, hauptsächlich amerikanischer Markt
Personal Computer World	führende europäische Zeitschrift für Mikrocomputer, ca. 300 Seiten/Monat; englisch, englischer/europäischer Markt
Creative Computing	ca. 350 Seiten/Monat; englisch, hauptsächlich amerikanischer Markt
Compute!	ca. 200 Seiten/Monat; englisch, für Mikrocomputer mit Serie 6500 Mikroprozessoren
Practical Computing	ca. 250 Seiten/Monat; englisch, englisch/europäischer Markt
Chip	ca. 180 Seiten/Monat; deutsch, deutscher Markt
Computer Persönlich	ca. 120 Seiten/14 Tage; deutsch, deutscher Markt
MC	ca. 120 Seiten/Monat; deutsch, deutscher Markt
Mikro- & Kleincomputer	ca. 120 Seiten/Monat; deutsch, schweizerischer Markt

Tabelle 4.16. Literatur zur Automatisierung im analytischen Labor

Journal of Automatic Chemistry

Analytica Chimica Acta

Analytical Chemistry
Fundamental Reviews

Fresenius Zeitschrift für analytische Chemie

Laboratory Microcomputer

Tarlow, D.: The development of large automated instruments for the clinical chemistry laboratory (J. Phys. E: Sci. Instr., *15*, 611 (1982)).

damit dieser sich unbeobachtet mit dem neuen Mittel vertraut machen konnte.

Bevor Programme eingesetzt werden können, muß ein Rechner zur Verfügung stehen. Für erste Gehversuche kann vielleicht ein vorhandenes System benützt werden. Soll aber in einem Labor das Personal in die Mikrocomputer eingeführt werden, braucht es ein eigenes System. Dieses sollte der in Abb. 4.3 gezeigten Konfiguration entsprechen, wenn man einigermaßen vernünftig arbeiten will.

Ein Tabellenkalkulationsprogramm wie z. B. Lotus 1-2-3 (eingetragenes Markenzeichen der Firma Lotus) kann jetzt sofort eingesetzt werden für Listen und einfache Berechnungen aller Art wie Kostenberechnungen, Budgets, Durchschnittsberechnungen, Kalkulationen etc. Mit einem Datenbankprogramm läßt sich alles erfassen, was wir sonst in einer Hängemappe, Kartei oder einem Ordner ablegen, z.B. eine Literatur-, Lieferanten- oder Lagerkartei, eine Analysenvorschriftendatei, eine Terminliste etc. Es stehen jetzt für das Wiederauffinden der Informationen außerordentlich leistungsfähige Suchmechanismen zur Verfügung. Schließlich lassen sich über die Dateien auch arithmetische Operationen ausführen. In den Fachzeitschriften, die in Tabelle 4.15 aufgeführt sind, findet man regelmäßig Zusammenstellungen des kommerziellen Angebots von Programmen.

Diese zwei Programme sind durchaus imstande ein Mikrocomputersystem auszulasten und die Investition zu lohnen. Wohlverstanden, bis jetzt ohne programmieren zu müssen. Da in einem Labor immer wieder viele Berichte geschrieben werden müssen, empfiehlt sich unbedingt auch ein Textverarbeitungsprogramm.

Wenn jetzt Zeit frei ist auf dem Rechner, kann man sich mit Hilfe eines Lehrbuchs oder mit programmiertem Unterricht in die *Programmierung* einarbeiten. Als erste Programmiersprache kommt BASIC in Frage. Für die nächsten Schritte ist eine gewisse Fertigkeit im Programmieren empfehlenswert. Es soll aber nur dort programmiert werden, wo kein Programmpaket eingekauft werden kann. Beim Programmieren soll das Dokumentieren nicht vergessen werden. Hinterher ist das fast unmöglich.

Im dritten Schritt wollen wir mit dem Anschluß von spezieller Peripherie, z.B. einem Analysengerät, beginnen. Voraussetzung ist, daß Rechner und Peripheriegerät über eine gegenseitig kompatible Schnittstelle verfügen. Entweder weisen beide eine RS232C, eine IEEE-488 (identisch mit HP-IB und mit GPIB) oder eine entsprechende andere Schnittstelle auf. Ist dies nicht der Fall, wird ein Umsetzgerät (Interface-Gerät) notwendig. Im ungünstigsten Fall schalten wir jetzt Geräte von drei verschiedenen Herstellern zusammen. Es besteht die Gefahr, daß die Stecker nicht passen oder kleine Unterschiede in der Schnittstellenimplementation bestehen. Interface-Geräte weisen im allgemeinen auch Schalter auf, mit denen Parameter des Datentransfers wie Baud-Rate und Parität etc. (RS232C) oder Logik und Geräteadresse etc. (IEEE-488) einzustellen sind. Haben wir diese Tücken überwunden, ist sicherzustellen, daß das Peripheriegerät von der Software her mit den richtigen Signalen versehen wird. Diese Informationen sind der Bedienungsanleitung des Peripheriegerätes zu entnehmen.

Aus diesem Sachverhalt sind folgende Schlußfolgerungen zu ziehen: 1. Analysengeräte sollen heute eine digitale Datenschnittstelle aufweisen, 2. diese Schnittstelle soll einer der Normen entsprechen, 3. je nach Analysengerät soll über diese Datenschnittstelle auch vom Rechner her gesteuert werden können, und 4. die Schnittstelle soll hinreichend dokumentiert sein.

Zwei Beispiele seien angeführt: 1. Anschluß eines Plotters Hewlett Packard 7470A an ein Mikrocomputersystem, so daß jetzt mit Hilfe der HP-Graphics Language Daten auch grafisch dargestellt werden können, und 2. Anschluß eines Mettler FP800 Systems an einen Mikrocomputer via eine RS232C Schnittstelle, so daß sie jetzt ihre Schmelzpunkte, Tropfpunkte und ihre thermoanalytischen Meßkurven vom Computer her steuern und die Daten auf dem Rechner auswerten und abspeichern können.

Was wir im zweiten und dritten Schritt aufgebaut haben, ist eine sog. „Insellösung". Insellösung deshalb, weil wir isoliert von der weiteren Umgebung ein Rechner- und Automatisierungssystem aufgebaut haben und die weitere Interaktion in der bisherigen Art, also manuell, weitergeführt wird. Insellösungen haben nicht nur den Vorteil, daß sie mit Rechner- und Laborautomatisierungstechnologie vertraut machen, sondern es geht auch darum, die applikative Seite zu erproben und das Brauchbare vom Unbrauchbaren zu unterscheiden.

Früher oder später aber werden Insellösungen, die wir zunehmend ausbauen, aneinanderstoßen, und es entstehen jetzt drastische Schnittstellenprobleme, die oft maschinell nicht mit vernünftigen Kosten gelöst werden können. Es wird darum ein vierter Schritt notwendig.

Dieser Schritt ist ein Planungsschritt und erfordert zunächst eine Analyse der *langfristigen Anforderungen* an die Automationssysteme im Labor. Es sind hier alle Aspekte zu berücksichtigen, insbesondere der Informationsfluß von und zur Analytik. Auf der Basis dieser Analyse müssen wir jetzt ein Rahmenkonzept erstellen, das die Strukturen und Verantwortlichkeiten, die Dateien, Schnittstellen und Formate für den Informationsfluß definiert. Nach unseren Anfangsbemühungen sind denn diese Insellösungen auf ein solches Rahmenkonzept, das 3–5 Jahre gültig sein soll, abzustimmen. Dieses Vorgehen gilt übrigens nicht nur für die Rationalisierung im Labor, sondern auch für die Büroautomation. Beide sind im Grunde dem selben Konzept zu unterstellen, denn es gibt mit Sicherheit Schnittstellen zwischen dem Labor und dem Büro. So ist die langfristige Datenarchivierung eine Aufgabe des Büros und nicht des Labors.

Es ist klar, daß ein Rahmenkonzept für die Automation auch stark in die organisatorischen Abläufe eingreift. Die organisatorischen und strukturellen Änderungen müssen deshalb Bestandteile des Konzepts sein. Da damit gleichzeitig in starkem Maß die Mitarbeitersphäre betroffen wird, sind im Konzept Mittel und Wege aufzuzeigen, die die Akzeptanz durch die Mitarbeiter fördern. Informieren, Schulen und Mitentscheiden sind hier die Schlüsselworte.

Obwohl Rechner und Analysengeräte billiger werden, weisen die aus Gründen der Rationalisierung getätigten Investitionen eine steigende Tendenz auf. Ein Konzept für die Automation ohne begleitenden Investitionsplan oder gar Finanzplan bleibt unvollständig. Es ist ja schließlich das Ziel, auf dem Markt konkurrenzfähig zu bleiben, und damit erhalten Finanzierungsaspekte primäre Bedeutung.

4.9 Ausblick

Das Laboratorium wird sich beim Rechnereinsatz sicher alle künftigen technischen Entwicklungen nutzbar machen, die in der Mikrocomputer-Industrie entstehen. Dazu gehören leistungsfähige Prozessoren, kompakte und umfangreiche Massenspeicher wie Festplattenspeicher und Bildplatten, Vernetzung der Rechenanlagen über Netzwerkanschlüsse an interne und öffentlich zugängliche Netze sowie komplexe Software-Pakete. Die Mustererkennung (pattern recognition and image processing) wird im Labor einen starken Aufschwung nehmen für Bildanalysen (z. B. Thermomikroskopie), Analyse chemisch-analytischer Daten, Spracherkennung, usw. Erste Labor-Roboter werden eingesetzt für schwer automatisierbare Arbeiten. Expertensysteme werden das Wissen von Fachspezialisten verfügbar machen.

Für die Mustererkennung entstehen heute Parallelprozessorensysteme, die auch für die künstliche Intelligenz eingesetzt werden können. Auf diesem Gebiet sind längerfristig unvorhersehbare Entwicklungen zu erwarten, die daraus entstehen, daß aus der Summe der vielfach duplizierten und zusammengefügten Hard- und Software-Teile Kollektiv-Phänomene entstehen, die neue Horizonte eröffnen.

All das wird sich auf die Basis von Chemie und Labor auswirken und die Arbeit von Grund auf verändern. Das muß für alle Betroffenen Anlaß sein, sich mit Mikroprozessor und Mikrocomputer schon heute auseinanderzusetzen.

4.10 Literatur

1. Microprocessors In Analytical Chemistry, Talanta *28*, 487 ff, No. 7B July 1981
2. Blades, M. W., Horlick, G.: Photodiode Array Measurement System For Implementing Abel Inversions on Emission From An Inductively Coupled Plasma. Appl. Spectroscopy, *34*, 696, No. 6, 1980
3. Ryan, T. H.: Recent Developments in Spectroscopic Detection Systems, Int. Labmate, Vol. *7*, No. 3, June 1982
4. Normen für Schnittstellen werden von folgenden Organisationen herausgegeben:
   EIA   Electronic Industries Association
   IEEE   Institute for Electrical and Electronic Engineering
   ISO   International Organization for Standardization
   CCITT   Consultative Committee for International Telephone and Telegraph
   ANSI   American National Standards Institute
   DIN   Deutsche Industrie Norm
5. Thomas, R., Yates, J.: A User Guide To The Unix System, Osborne/McGraw-Hill, Berkeley USA, 1982
6. Betteridge, D., Goad, T. B.: The Impact Of Microprocessors On Analytical Instrumentation, The Analyst, *106*, 257, March 1981
7. Färber, G.: Mikroelektronik – Entwicklungstendenzen und Auswirkungen auf die Automatisierungstechnik, Regelungstechnische Praxis, Vol. *24*, S. 326, Okt. 1982
8. Derde, M. P., Massart, D. L.: Extraction of Information from Large Data Sets by Pattern Recognition, Fresenius Z. Anal. Chem. (1982) 313: 484–495
9. Rellstab, W.: Ein intelligentes Gerät für Routinetitrationen, GIT Fachz. Lab. *23*, 910, Oktober 1979
10. Best, R.: Einsatz eines Digitalfilters als universeller Regler, Regelungstechnik Vol. *31*, S. 11, Jan. 1983
11. Journal of Automatic Chemistry Vol. *4*, S. 111, 193 (1982)
12. Techn. Akademie Esslingen: Zuverlässigkeit, Verfügbarkeit und Sicherheit in der Elektronik, Esslingen 1978
13. Ahl, D. H.: Basic Computer Games, Ahl, D. H.: More Basic Computer Games, beide Creative Computing Press, Morristown, auch auf deutsch erhältlich

Kapitel 5. Datenbanken für die Analytik

G. Székely

Isotopen-Institut der Akademie, Postfach 77, H-1525 Budapest

J. T. Clerc

Pharmazeutisches Institut, Universität Bern, Baltzerstr. 5, CH-3012 Bern

5.1 Einführung

Für den Analytiker gibt es Datenbanken unterschiedlichster Art. Es kann sich um Datensammlungen klassischer Organisationsart handeln, in der die Daten gedruckt auf Karteikarten, auf losen Blättern, in Buchform oder als Mikroreproduktionen vorliegen. Am anderen Ende der Skala stehen Datensammlungen, deren Material in nur computer-lesbarer Form existiert. Zwischen den Extremen liegen Zwischenlösungen unterschiedlichster Art, die das Werkzeug Computer auf verschiedenste Art für Aufbau, Benutzung und Unterhalt von Datensammlungen einsetzen. So ist das Erstellen von Registern für große konventionell organisierte Datensammlungen ohne Rechnereinsatz kaum mehr wirtschaftlich. Oft kann es auch durchaus sinnvoll sein, die eigentlichen Basisdaten einer umfangreichen Sammlung konventionell zu speichern, aber die dazugehörigen Indexe maschinell zu verarbeiten. Als Beispiel seien die Chemical Abstracts-Datenbanken genannt, die als Indexdateien in der Regel lediglich den Zugang zu den in gedruckter Form vorliegenden Originalarbeiten vermitteln. Schließlich zeigt die Praxis, daß auch bei voll rechner-implementierten Dateien ein gewisses Bedürfnis nach konventionellen Indexen besteht. Bücher sind nun einmal handlicher als Computer-Terminals und für die Lösung einfacher (d.h. eindimensionaler) Suchprobleme genau so leistungsfähig. Dementsprechend gehört die überschaubare Zukunft sicher nicht ausschließlich der Computer-Datenbank. Konventionelle Dateien werden, besonders für einfachere Anwendungen, ihre Daseinsberechtigung noch lange behalten. Trotzdem befassen sich die folgenden Ausführungen ausschließlich mit Datensammlungen, die vollständig oder doch weitgehendst computerisiert sind.

5.2 Zielsetzungen

Datenbanken für die chemische Analytik lassen sich in zwei große Gruppen einteilen, je nachdem ob
Vorgänge und Methoden oder ob
Stoffe und ihre Eigenschaften im Mittelpunkt des Interesses stehen.

Eine Methoden-Datei könnte beispielsweise ein Verzeichnis von Analysenmethoden enthalten, klassiert nach den die Methode charakterisierenden Parametern, wie Art des zu bestimmenden Stoffes, Art der Probe, Probemengen- und Konzentrationsbereich, etc. Umfangreiche Computer-Datenbanken dieses Typs für den Bereich der chemischen Analytik sind bis jetzt in der Fachliteratur nicht beschrieben worden, wohl aber für den Bereich der synthetischen organischen Chemie. Hier bilden sie die Basis für eine Reihe von Programmen zur computer-unterstützten Syntheseplanung (vgl. Kap. 9).

Stoffbezogene Datensammlungen sind im Bereich der chemischen Analytik, insbesondere bei der qualitativen Analyse von überragender Bedeutung. Aufgabe der qualitativen Analytik ist es, eine Probe oder deren Komponenten durch die Messung ihrer Eigenschaften zu charakterisieren und dann zu identifizieren. Dazu werden die gemessenen Eigenschaften des unbekannten Stoffes mit den aufgrund einer postulierten Identität vorausgesagten Eigenschaften verglichen. Ist die Übereinstimmung der beiden Datensätze genügend gut, so wird vermutet, daß die aufgestellte Hypothese zutrifft.

Offensichtlich und leicht überschaubar ist dieser Vorgang insbesondere bei der Identifikation von kristallinen Feststoffen mit Hilfe von Röntgendiffraktions-Pulverdiagrammen und bei der Strukturaufklärung organischer Verbindungen mit spektroskopischen Methoden.

Im zweiten Anwendungsfall lassen sich Grundlagen, Möglichkeiten und Grenzen des Einsatzes von Datenbanken zur Lösung analytischer Probleme besonders leicht vollständig herauszuarbeiten und klar darstellen. Dementsprechend sind die folgenden Überlegungen und Beispiele ausschließlich auf dieses Anwendungsgebiet bezogen. Die Resultate und Schlußfolgerungen lassen sich jedoch *mutatis mutandis* ohne weiteres auf andere Gebiete übertragen.

Wenn die einer spektroskopischen Methode zugrunde liegende Theorie weit entwickelt ist und mit vertretbarem Aufwand Resultate ausreichender Genauigkeit liefert, ist die Voraussage der erwarteten Eigenschaften aufgrund der Theorie möglich. In allen anderen Fällen hingegen wird der Analytiker auf die an Referenzverbindungen gemessenen Daten zurückgreifen müssen. Die Referenzdaten dienen also dazu, den nicht oder nur ungenügend verstandenen Zusammenhang zwischen Eigenschaften und Struktur darzustellen und dadurch die Basis für eine mehr oder minder zuverlässige Voraussage zu liefern. Hier liegt das Haupteinsatzgebiet stoffbezogener Datenbanken im Bereich der analytischen Chemie. Zugleich zeigt sich hier die wichtigste Einsatzgrenze: Wenn erst eine ausreichend präzise und genaue theoretische Grundlage gegeben ist, und konkrete numerische Resultate mit vernünftigem Aufwand erhalten werden können, hat die Referenzdatensammlung für diesen Bereich ihre Bedeutung verloren. Diese Entwicklung sei an einem Beispiel erläutert. In den Anfangszeiten der Protonen-Resonanz-Spektroskopie waren Sammlungen von

Aufspaltungsmustern typischer Spin-Spin-Kopplungs-Systeme von einigem Nutzen und wurden vom Praktiker oft und erfolgreich konsultiert [1]. Heute sind solche Spektrensammlungen nahezu vollständig verschwunden, da die *ad hoc*-Berechnungen von Spin-Spin-Wechselwirkungen dank ausgefeilter Programme und überall zur Verfügung stehender Minirechner einfach, rasch und billig geworden ist.

Außer zur Identifizierung unbekannter Proben werden spektroskopische Datensammlungen jedoch auch für die genauere Klärung der Zusammenhänge zwischen spektralen Daten und chemischer Struktur eingesetzt. Es kann sich dabei um das Ausarbeiten oder Verfeinern eines theoretisch wohl fundierten Berechnungs-Algorithmus handeln, oder um die Entwicklung eines rein empirischen Abschätzverfahrens. In beiden Fällen muß die Datenbank die notwendigen Daten in geeigneter Form und mit vertretbarem Aufwand liefern können. Eine entsprechend organisierte Datenbank dient also hier direkt dem wissenschaftlichen Fortschritt.

Der praktische Wert einer Datenbank bemißt sich ausschließlich daran, wie weit sie sich für den Einsatz in den beiden genannten Anwendungsbereichen eignet.

Eine Datenbank muß wesentlich mehr umfassen als nur eine Sammlung von Daten. Zu einer Datenbank gehört z. B. auch die für Organisation, Zugang und Schutz des Datenbestandes notwendige *Datenverwaltung*. Die Art und Weise, wie die Programme für Betrieb und Unterhalt der Datenbank zu konzipieren sind, richtet sich nach den Merkmalen des Datenbestandes [2]. Von Bedeutung sind besonders:

> Bewegungshäufigkeit,
> Umfang des Änderungsdienstes,
> Größe des Datenbestandes,
> Wachstum des Datenbestandes.

Für eine gegebene chemische Verbindung, die in einer spektroskopischen Datenbank dokumentiert werden soll, sind substanz- und methoden-spezifische sowie spektroskopische Daten zum Zeitpunkt der Aufnahme in die Datensammlung eindeutig bestimmt. Wenn diese Daten auch noch fehlerfrei und vollständig sind, so ist die Bewegungshäufigkeit gleich null. In der Praxis ist diese Voraussetzung kaum je erfüllt. Auch in bereits jahrelang rege benutzten Datenbeständen finden sich immer wieder Fehler, und oft können anfänglich unvollständige Datensätze zu einem späteren Zeitpunkt komplettiert werden.

Der *Änderungsdienst* umfaßt das Einfügen, Ändern und Löschen sowohl von einzelnen Datenelementen wie auch von ganzen Datensätzen. Änderungen am Datenbestand einer spektroskopischen Datensammlung sind zwar relativ selten, trotzdem ist ein gut funktionierender Änderungsdienst unabdingbar.

Die *Größe des Datenbestandes* ist ein wichtiges Kriterium bei der Auswahl des Speichermediums. Obwohl heute schnelle Massenspeicher relativ billig geworden sind, und dementsprechend auch sehr umfangreiche Datensammlungen technisch machbar, soll man sich darüber im klaren sein, daß allzu große Dateibestände die Effizienz des Gesamtsystems merklich in Mitleidenschaft ziehen können. Der Aufbau einer spektroskopischen Datensammlung hat daher bewußt selektiv zu geschehen.

Unter *Wachstum einer Datensammlung* versteht man die Differenz zwischen der Anzahl neuer und der Anzahl gelöschter Datensätze pro Zeiteinheit. Bei spektroskopischen Datensammlungen ist diese Differenz üblicherweise positiv. In der Regel folgt die Größe des Datenbestandes von der Tendenz her einer logarithmischen Funktion der Zeit. Zu Beginn wird möglichst rasch ein brauchbarer Grundstock für die Sammlung gelegt, der später selektiv und kritisch erweitert wird. Die qualitativen Aspekte erlangen im Laufe der Zeit immer größere Bedeutung gegenüber den quantitativen Aspekten.

In einer spektroskopischen Datensammlung wird wesentlich mehr gelesen als geschrieben. Die Datenbank-Organisation soll dementsprechend den Schwerpunkt auf schnellen und leichten Zugriff legen. Mit Ausnahme des Hinzufügens von neuen Datensätzen sind Änderungen am Datenbestand selten. Die Möglichkeit der einfachen Modifikation ist trotzdem eine unabdingbare Voraussetzung für eine qualitativ befriedigende Datensammlung.

5.3 Der Spektren-Interpretations-Prozeß

Die heute in der chemischen Analytik verwendeten spektroskopischen Datenbanken dienen primär zur Identifizierung und Strukturaufklärung organischer Verbindungen. In zweiter Hinsicht sind sie die Basis für die Entwicklung und Überprüfung neuer Modelle zur Beschreibung des Zusammenhangs zwischen spektralen Daten und chemischer Struktur. Um das sich aus diesen beiden Einsatzgebieten ergebende Anforderungsprofil einzugrenzen, soll hier vorerst der Prozeß der Spektreninterpretation einer System-Analyse unterzogen werden [3].

Das Spektrum einer chemischen Verbindung kann als eine Funktion F ihrer Struktur betrachtet werden:

$$\text{„Spektrum"} = F(\text{„Struktur"}) \tag{1}$$

Um die Struktur einer chemischen Verbindung zu bestimmen, müssen wir also einfach ihr Spektrum (bzw. ihre Spektren) registrieren und darauf die zu F inverse Funktion F^{-1} anwenden:

$$\text{„Struktur"} = F^{-1}(\text{„Spektrum"})$$

Nun ist die Funktion F (die im mathematischen Sinne eigentlich eine Abbildung ist) in der Regel aber nicht explicit bekannt. Mit quantenchemischen Berechnungen kann die Funktion F in gewissen Grenzen angenähert werden, d. h. die spektroskopischen Eigenschaften lassen sich bei vollständig bekannter Struktur näherungsweise berechnen. Solche Berechnungen sind in der Regel sehr aufwendig, und die Richtigkeit der erhaltenen Resultate ist, von Spezialfällen abgesehen, für die Praxis völlig ungenügend.

Im weiteren ist die Funktion F in der Regel nicht invertierbar. Die einzigen für die Praxis relevanten Ausnahmen hierzu finden sich im Bereich der Röntgendiffraktion. Der Analytiker vereinfacht sich daher die Funktion F, indem er sie in einen Satz von Teilfunktionen G_i aufspaltet, die Teilstrukturen mit Teilspektren verknüpfen,

$$\text{„Teilspektrum } i\text{“} = G_i \, (\text{„Teilstruktur } i\text{“})$$

wobei die Überlagerungen der Teilspektren, bzw. der Teilstrukturen, das Gesamtspektrum, bzw. die Gesamtstruktur, ergibt. Die Teilfunktionen G_i werden dabei so gewählt, daß sie invertierbar sind. Die inversen Teilfunktionen G_i^{-1} werden nun auf die entsprechenden Teilspektren angewandt und liefern als Resultat einen Satz von Teilstrukturen. Aus der (chemisch sinnvollen) Kombination dieser Teilstrukturen sollte sich dann die gesuchte Gesamtstruktur ergeben.

Diese Darstellung des Interpretationsvorganges klingt recht mathematisch und abstrakt; sie läßt sich aber zur Verdeutlichung ohne weiteres auf das dem Analytiker wohl vertraute praktische Vorgehen abbilden. Die Funktion F wird durch das Spektrometer repräsentiert, die in Gleichung (1) dargestellte Informationsumwandlung entspricht der Registrierung des Spektrums. Die Teilfunktionen G_i und G_i^{-1} entsprechen den jedem in dieser Sparte tätigen Analytiker wohlbekannten Korrelationstabellen und Interpretationsregeln, in denen Teilstrukturen den entsprechenden spektralen Daten gegenübergestellt werden [4]. Mit ihrer Hilfe versucht der Analytiker nun, solche Teilstrukturen zu identifizieren, deren Anwesenheit in der Probe aufgrund der spektroskopischen Merkmale gesichert oder doch wahrscheinlich erscheint.

Die Aufspaltung der Gesamtfunktion F in Teilfunktionen G_i führt zum Verlust der Information über den Zusammenhang der betrachteten Strukturelemente. Dementsprechend wird in der Regel kein eindeutiges Resultat erhalten. Man erhält vielmehr Sätze von Teilstrukturen, die weder vollständig noch frei von inneren Widersprüchen sind. Im nächsten Schritt wird daher versucht, solche Teilmengen auszuwählen, die in sich konsistent sind. Sie sollen also keine Elemente mehr enthalten, die zwar ein gegebenes spektrales Merkmal erklären können, deren Abwesenheit aber durch ein anderes spektrales Merkmal bewiesen wird.

Aus den erhaltenen *Teilstrukturen* versucht der Analytiker nun, chemisch sinnvolle Strukturvorschläge aufzubauen. Dabei wird er selbstverständlich alle ihm zur Verfügung stehenden Informationen auch nicht-spektroskopischer Art verwenden. Für die erhaltenen Vorschläge werden im nächsten Schritt die spektroskopischen Eigenschaften aus der Struktur abgeleitet, unter Verwendung der nicht-invertierten Funktionen G_i. Hier geht der Weg also von der Struktur zu den spektroskopischen Merkmalen, die Information über die Art der Verknüpfung der Teilstrukturen ist vorhanden. Dementsprechend ist die Voraussage spektroskopischer Eigenschaften aus der Struktur einfacher und liefert zuverlässigere Resultate als der umgekehrte Weg. Die vorausgesagten spektralen Daten werden nun mit den registrierten Spektren verglichen. Sind sie sich ausreichend ähnlich, so ist der Strukturvorschlag eine mögliche Lösung für die Struktur der unbekannten Verbindung (Tabelle 5.1).

Aus Tabelle 5.1 ist sofort ersichtlich, wo und wie spektroskopische Datensammlungen bei der Interpretation von Spektren eingesetzt werden können.

Tabelle 5.1. Teilschritte bei der Spektreninterpretation zur Identifizierung und Strukturaufklärung organischer Verbindungen

---

1. Spektrum registrieren
2. Strukturfragmente finden
3. Widerspruchsfreie Gruppen von Strukturfragmenten finden
4. Chemisch sinnvolle Strukturvorschläge zusammenbauen
5. Erwartete Spektren für vorgeschlagene Strukturen voraussagen
6. Vorausgesagte Spektren mit gemessenem Spektrum vergleichen

---

Eine Referenzspektren-Sammlung ist nichts anderes als eine punktweise Darstellung von Teilbereichen der Funktion F bzw. F^{-1} sowie der daraus abgeleiteten Teilfunktionen G_i und G_i^{-1}. Die Sammlung dient im Schritt 2 zur Identifikation solcher Teilstrukturen, deren Anwesenheit im Molekül mit dem Auftreten eines gegebenen spektroskopischen Merkmals korreliert ist. Suchkriterium ist also hier ein spektroskopisches Merkmal, die Antwort der Sammlung besteht aus chemischen Strukturen bzw. Teilstrukturen. In Schritt 5 wird der umgekehrte Weg eingeschlagen. Hier werden zu gegebenen Strukturen oder Teilstrukturen die dazugehörigen spektralen Daten gesucht. Eine Datenbank zur Unterstützung der Spektreninterpretation muß also den Zugriff zu den gespeicherten Datensätzen sowohl über die chemische Struktur wie auch über die spektroskopischen Daten ermöglichen.

5.4 Automatisierung der Spektren-Interpretation

Das in Tabelle 5.1 zusammengefaßte Interpretationsschema liegt allen bis heute in der Fachliteratur beschriebenen computer-unterstützten Systemen zur automatischen Spektren-Interpretation zugrunde. Allerdings sind die einzelnen Schritte in der Regel sehr ungleich gewichtet. Jene Systeme, die den Hauptschwerpunkt auf die Schritte 3 (Auffinden in sich konsistenter Sätze von Teilstrukturen) und 4 (Aufbau chemisch sinnvoller Strukturvorschläge) legen, werden oft unter dem Begriff *„artificial intelligence"-Systeme* zusammengefaßt. Diese Systeme beinhalten keine Spektrendatei im eigentlichen Sinne sondern beschränken sich auf tabellarische Zusammenstellungen ausgewählter Teilstrukturen und ihnen zugeordnete Spektralbereiche. Dementsprechend sei für eine Übersicht über diese Systeme auf zusammenfassende Literatur verwiesen [5].

Systeme zur Bibliotheks-Suche *(„library search")* basieren hingegen auf umfangreichen Sammlungen von Referenzspektren. Das diesen Systemen zugrunde liegende Arbeitsprinzip ist das folgende: Schritt 1, die Registrierung des Spektrums (oder der Spektren) der Unbekannten erfolgt ganz normal. Auf Schritt 2, das Identifizieren von Strukturelementen, wird verzichtet. Damit fällt natürlich auch Schritt 3, das Zusammenfügen der gefundenen Teilstrukturen, weg. Vielmehr werden sämtliche in der Spektrenbibliothek dokumentierten Verbindungen als Kandidaten behandelt. Schritt 5, die Voraussage der Spek-

tren, wird dann trivial einfach, da ja die experimentellen Spektren in der Datei
vorhanden sind. Als einziger aufwendiger Schritt bleibt der Vergleich des Spektrums der Unbekannten mit den Referenz-Spektren mit der Bewertung ihrer
Ähnlichkeit.

In Bibliothekssuch-Systemen kommt demnach der Spektren-Bibliothek
zentrale Bedeutung zu; ihre Qualität, Größe, Zusammensetzung, Organisationsform und insbesondere die Art der rechnerinternen Darstellung bestimmen weitgehend die Qualität der erhaltenen Resultate. Im Folgenden sei dargestellt, welche Lösungen für die interne und externe Organisation von Datenbanken sich aufgrund des Anforderungsprofils anbieten [6].

5.5 Interne Organisation

Es ist in der Regel nicht Aufgabe des analytischen Chemikers, neue spektroskopische Datenbanken detailliert zu erstellen, dies ist eine Aufgabe für den
EDV-Fachmann. Wohl aber soll der Analytiker in der Lage sein, verschiedene
Möglichkeiten kritisch zu vergleichen und zu bewerten. Dazu ist eine gewisse
Einsicht in die Prinzipien der inneren Organisation von Datenbanken notwendig. Die folgenden Abschnitte versuchen, eine allgemeine Übersicht über die
wesentlichen Prinzipien aus der Sicht des Anwenders zu geben, ohne zu tief in
technische Details zu gehen.

Eine erste Frage von fundamentaler Bedeutung lautet: *Welche Daten sollen
abgespeichert werden?* In einer spektroskopischen Datenbank sind dies sicher
einmal spektroskopische Daten. Die Systemanalyse des Interpretationsprozesses zeigt, daß die chemische Struktur als Zugriffsmerkmal den spektroskopischen Daten gleichwertig ist. Dementsprechend muß für eine zeitgemäße spektroskopische Datenbank auch die Abspeicherung der Struktur (oder doch mindestens der Konstitution) der Referenzdaten gefordert werden.

Eine nächste Frage von grundsätzlicher Wichtigkeit betrifft die *Art der Abspeicherung* der strukturellen und spektroskopischen Daten. Hier sind drei einander teilweise widersprechende Vorstellungen gegeneinander abzuwägen.
Einmal möchte man eine möglichst kompakte computer-interne Darstellung
der Daten, da Speicherkosten und Verarbeitungszeit mindestens proportional
mit der Größe der Datei steigen. Auf der anderen Seite wünscht man sich eine
Codierung, die rasch und bequem verarbeitbar ist, sei es beim Vergleich von
Spektren, bei der Manipulation von chemischen Strukturen oder bei der Ausgabe von Resultaten. Schließlich darf die kompakte Codierung nicht dazu führen, daß ein wesentlicher Teil des gesamten Informationsgehaltes der Originaldaten unwiederbringlich verloren geht.

Eine Abschätzung des vollen Informationsgehaltes eines spektroskopischen
Datensatzes zeigt, daß Speicherung ohne spezielle Codierung in den meisten
praktischen Fällen unrealistisch ist [7]. Für die vollständige Speicherung der
Struktur einer chemischen Verbindung mit n Atomen sind $3n$ Parameter zur
Beschreibung der räumlichen Lage der Atome notwendig, n Parameter benötigt

die Identifizierung des Atomtyps, und etwa $2n$ Parameter sind zur Kennzeichnung der Existenz und der Art der chemischen Bindung notwendig. Die ganze Beschreibung braucht also rund $6n$ Parameter. In der Regel ist aber die volle Verbindungsstruktur nicht bekannt, so daß nur die Konstitution (Konnektivität) angegeben werden kann. Dazu sind pro Atom durchschnittlich 3 Parameter notwendig: Atomtyp, Nachbaratom, Bindungstyp. Wenn Wasserstoff-Atome berücksichtigt werden, und wenn eine Wortlänge von 16 bit pro Parameter angenommen wird, so ergibt sich ein Speicherbedarf von rund 1000 bit für die Angabe der Struktur einer durchschnittlichen chemischen Verbindung.

Der Speicherbedarf für den spektroskopischen Teil soll anhand *eines Infrarot-Spektrums* abgeschätzt werden. Wenn der Wellenzahlbereich von $4000\ \mathrm{cm}^{-1}$ bis $400\ \mathrm{cm}^{-1}$ mit einer Auflösung von rund $1\,\mathrm{cm}^{-1}$ erfaßt werden soll, sind dazu in der Größenordnung von 4000 Werte zu speichern. Eine Auflösung der Transmissions-Achse von 1 in 1000 erfordert 10 bit pro Speicherwert. Die Speicherung eines vollständigen IR-Spektrums benötigt also rund 40 000 bit. Für andere spektroskopische Methoden ergeben sich Werte ähnlicher Größe.

Für *zusätzliche Informationen* (Name der Verbindung, Aufnahmebedingungen, Herkunft der Probe, Reinheit, usw.) sind etwa 400 Zeichen nötig, entsprechend rund 3000 bit. Ein voller Datensatz für ein IR-Spektrum benötigt also rund 45 000 bit. Disketten, wie sie zu heutigen Kleinrechnern angeboten werden, haben in der Regel eine Kapazität von etwa 2 Mbit, entsprechend rund 40 bis 50 voll dokumentierten IR-Spektren. Dies ist für die Datenerfassung ausreichend, genügt aber bei weitem nicht für eine praktisch brauchbare Referenzdatensammlung. Auch in einem mit komfortabler Peripherie ausgerüsteten Großrechner sprengt der Speicherbedarf zwar nicht den Rahmen des Machbaren, wohl aber den Rahmen des wirtschaftlich Sinnvollen. Eine Datenreduktion ist also in jedem Fall unumgänglich.

Ein erstes Ziel bei der Codierung der Daten ist es, den *Platzbedarf* für die Speicherung der Referenzdatei auf ein wirtschaftlich realisierbares Niveau herunterzudrücken, indem irrelevante Daten weggelassen werden. Dabei soll aber keine potentiell relevante Information verlorengehen. Die Datenkompression soll jenen Teil der Gesamtinformation ausfiltern, von dem man weiß, daß er irrelevant ist. Der mit Sicherheit relevante Teil der Information wird fraglos immer eingespeichert. Was aber wird mit jenen spektroskopischen Daten, über deren Bedeutung man sich noch nicht im klaren ist? Beschränkt man sich auf jenen Teil der spektroskopischen Information, dessen Bedeutung heute bekannt ist und wirft alles andere über Bord, so limitiert man damit die Datensammlung auf den zum Zeitpunkt des Aufbaus erreichten Stand des Wissens. Jeder technische und wissenschaftliche Fortschritt ist damit von vornherein blockiert und die Datensammlung bereits im Zeitpunkt ihrer Fertigstellung veraltet. Dementsprechend muß die Codierung der Daten so geschehen, daß der ursprüngliche spektroskopische Kurvenzug sich auch später weitgehend rekonstruieren läßt. Wenn ein erfahrener Analytiker Original und Rekonstruktion als im wesentlichen gleichwertig beurteilt, so ist keine wesentliche Information dem Codierungsprozeß zum Opfer gefallen. (Dieser Test gibt aber keinen Hinweis darauf, wieviel irrelevante Information mitgeschleppt wird.)

Für das Erfüllen der Forderung nach einem leicht und rasch verarbeitbaren Code können keine allgemeinen Lösungswege angegeben werden. Die Lage des Optimums hängt von den gestellten Aufgaben ab. Für den Bereich der Bibliothekssuche zur automatischen Identifikation unbekannter Verbindungen durch Spektrenvergleich können aber einige grundsätzliche Überlegungen angestellt werden. In diesem Fall sind zwei Grundoperationen wesentlich: der Vergleich der Referenzspektren mit dem Spektrum der Unbekannten und die Ausgabe der besten Referenzen. Vom Programmieraufwand her gesehen ist die Resultatausgabe in der Regel der aufwendigere der beiden Prozesse. Vom Rechenaufwand her dominiert aber der Spektrenvergleich. Es ist daher sinnvoll, die Codierung kompromißlos für raschen Spektrenvergleich zu optimieren und dafür einen gewissen Mehraufwand in anderen Programmteilen in Kauf zu nehmen, wie dies im Abschnitt „Externe Organisation" begründet wird. Vergleiche in einem Rechner laufen auch in komplizierten Fällen immer auf eine Serie binärer Vergleiche heraus. Dementsprechend ist, wenn immer möglich, eine binäre Codierung anzustreben.

5.6 Suchstrategien und Ähnlichkeitsmaße

Wie im Abschnitt „Automatisierung der Spektreninterpretation" angeführt, ist der Spektrenvergleich das Herzstück jedes Bibliothekssuch-Systems. Ziel ist dabei das Auffinden jener Referenzspektren, die dem Spektrum der unbekannten Substanz am ähnlichsten sind. Auch wenn die unbekannte Substanz in der Referenzbibliothek vorhanden ist, darf nicht erwartet werden, daß das registrierte Spektrum mit dem entsprechenden Referenzspektrum identisch ist. Schon aus technischen Gründen werden sich immer gewisse Abweichungen ergeben. Der Vergleich zweier Spektren muß daher mit einer gewissen Toleranz durchgeführt werden, so daß instrumentelle und technische Artefakte nicht auf das Vergleichsresultat durchschlagen. Suchverfahren, die auf dieser Basis arbeiten, werden als „Identitätssuche" bezeichnet, da sie davon ausgehen, daß eine mit der Unbekannten identische Referenz in der Sammlung vorhanden ist. Diese Annahme ist aber nur in Sonderfällen zulässig. Wenn das System auch dann sinnvolle Resultate liefern soll, wenn die unbekannte Substanz nicht in der Bibliothek vertreten ist, so muß der Spektrenvergleich so durchgeführt werden, daß auch strukturell ähnliche Referenzen erfaßt werden. Man spricht dann von „Ähnlichkeitssuche". Kennzeichen der Identitätssuche ist, daß sie im wesentlichen eine ja/nein-Information liefert. Die Ähnlichkeitssuche hingegen muß für jedes verarbeitete Referenzspektrum ein quantitatives Ähnlichkeitsmaß liefern. Je nachdem, welche der beiden grundsätzlich verschiedenen Suchverfahren im Vordergrund stehen, kommen unterschiedliche Suchstrategien in Frage [8]. Für eine Identitätssuche ergibt sich die Möglichkeit, die (codierte) Datenbasis so zu ordnen, daß jeder denkbaren Codesequenz ein fester Platz zugeordnet werden kann. Wenn dieser Platz absolut spezifiziert wird, (z. B. durch einen sog. Hash-Code), genügt in der Regel ein einziger Zugriff auf die Datenbank, um einen gegebenen Eintrag zu finden. Ist der Platz nur relativ zu den anderen Einträgen definiert, so muß ein Suchverfahren angewendet werden. Im Optimalfall einer logarithmischen Suche ist die Anzahl Zugriffe durch den Zweierlogarithmus der Anzahl Einträge gegeben. Für eine Ähnlichkeitssuche ist in der Regel ein vollständiges sequentielles Durcharbeiten der gesamten Datensammlung unvermeidlich. Besonders unbefriedigend ist dabei, daß der Hauptteil der Rechnerarbeit verwendet wird um festzustellen, *wie unbrauchbar eine unbrauchbare Referenz ist,* eine Größe also, die überhaupt nicht interessiert. Dementsprechend sind mehrere Modifikationen der sequentiellen Suche vorgeschlagen worden, die diesen Nachteil wenigstens teilweise ausschalten. Sie basieren alle darauf, daß zuerst eine Vorsuche durchgeführt wird. Dazu werden die Referenzen aufgrund einiger weniger ausgewählter Kriterien mit der Unbekannten verglichen. Nur wenn dieser Vorvergleich ein genügend gutes Resultat bringt, wird der volle Vergleich durchgeführt. Damit lassen sich enorme Einsparungen an Rechenzeit erzielen. Die Vorsuch-Kriterien erhalten dabei aber ein unverhältnismäßig hohes Gewicht. Bei ungeeigneter Wahl dieser Kriterien kann es vorkommen, daß eine an sich brauchbare Referenz aufgrund einer kleinen Differenz in den Vorsuch-Kriterien ausgeschlossen wird, obwohl sie bei den nicht geprüften Kriterien perfekt abschneiden würde.

Ein anderes Verfahren besteht darin, daß nicht die Ähnlichkeit, sondern vielmehr *Unähnlichkeit* betrachtet wird. Sobald für die gerade bearbeitete Referenz eine Unähnlichkeit festgestellt wird, die größer ist als diejenige der gegenwärtig besten Referenz, wird der Vergleichsvorgang abgebrochen. Hier besteht keine Gefahr für den Verlust guter Referenzen, doch sind die Rechenzeit-Einsparungen in der Regel eher bescheiden.

Schließlich ist es denkbar, die gesamte Spektren-Bibliothek so in *Gruppen* aufzuteilen, daß die Mitglieder einer Gruppe alle zueinander ähnlicher sind als zu allen Mitgliedern anderer Gruppen. Dabei kann eine gegebene Referenzverbindung durchaus in mehreren Gruppen vertreten sein. Aus jeder Gruppe wird eine Prototyp-Verbindung ausgewählt. Die Prototypen werden in einer Index-Bibliothek vereinigt. Bei der Suche nach Referenzen für eine Unbekannte wird nun zuerst die Prototypen-Datei durchsucht. Die der Unbekannten ähnlichsten Prototypen bezeichnen dann die Unterbibliotheken, in denen brauchbare Referenzen mit hoher Ähnlichkeit zur Unbekannten erwartet werden dürfen. Dieses Verfahren setzt voraus, daß sich die Referenzspektren aufgrund ihrer spektroskopischen Merkmale und des gewählten Ähnlichkeitsmaßes in (chemisch und/oder spektroskopisch) sinnvolle Gruppen aufteilen lassen. Dies war bis heute nur ansatzweise realisierbar [9, 10].

Für die Ähnlichkeitssuche ist ein geeignetes, in Zahlen quantitativ faßbares Ähnlichkeitsmaß Voraussetzung. Ähnlichkeit im Zusammenhang mit dem Vergleich von Spektren bedeutet nichts anderes als Identität in einer großen Anzahl von Teilaspekten. Dementsprechend basieren die Konzepte aller bis heute für die Bibliothekssuche vorgeschlagenen Ähnlichkeitsmaße auf der Aufsummierung der (gegebenenfalls unterschiedlich gewichteten) übereinstimmenden Einzelmerkmale. Um vergleichbare Werte für unterschiedliche Unbekannte zu erhalten, wird die gefundene Ähnlichkeits-Summe in der Regel bezüglich jenem Wert normiert, der beim Vergleich der Unbekannten mit sich selbst erhalten wird.

Ähnlichkeits-Maße entsprechen demnach konzeptionell einer inversen Distanz. Das bedeutet, daß die Ähnlichkeit zwischen A und B gleich groß ist wie die Ähnlichkeit zwischen B und A. In der spektroskopischen Praxis ist dieser scheinbar triviale Zusammenhang aber nicht notwendigerweise erfüllt. Wenn es darum geht, Strukturelemente einer Unbekannten X zu identifizieren, so muß verlangt werden, daß die spektralen Merkmale von X möglichst vollständig im Spektrum der Referenz R vorhanden sind. Es gilt also die Bedingung $X \leq R$. Diese Art des Spektrenvergleichs wird „Vorwärts-Suche" genannt. Soll eine in einem Gemisch X vorhandene Komponente erkannt werden, so darf die unbekannte Substanz durchaus Merkmale aufweisen, die in R fehlen. Dagegen müssen alle Merkmale von R in X vorhanden sein. In diesem Fall, bei dem die Bedingung $X \geq R$ lautet, spricht man von „Rückwärts-Suche". Die Bedingung $X = R$ schließlich beschreibt die Identitätssuche. In praktisch realisierten Systemen wird diese Asymmetrie in der Regel durch variable Gewichtung berücksichtigt.

5.7 Externe Organisation

Das Arbeiten mit Spektrendateien, die entsprechend den genannten Prinzipien aufgebaut sind, ist in der Regel langsam und mühselig. Man zieht es daher vor, aus der Stammdatei eine vorverarbeitete Arbeitsdatei herzustellen, die bezüglich des vorgesehenen Einsatzgebietes optimiert ist [2]. Dabei ist es durchaus zulässig, nur jene Daten in die Arbeitsdatei einzubeziehen, von denen man weiß, daß sie relevant sind. Wenn neue Einsichten gewonnen werden, oder wenn sich das Einsatzgebiet ändert, wird die alte Arbeitsdatei durch eine neue ersetzt, die der veränderten Situation Rechnung trägt. Wenn die Stammdatei wirklich die gesamte spektrale Information enthält, so ist die Herstellung einer für eine neue Situation optimalen Arbeitsdatei immer möglich. Der gesamte Arbeitsablauf kann wie folgt zusammengefaßt werden:

Die *Rohdaten,* wie sie am Spektrometer anfallen, enthalten die gesamte Information, relevante, irrelevante und solche unbekannter Relevanz. Die *Stammdatei* entsteht aus den Rohdaten durch Elimination der als irrelevant erkannten Information (Null-linie, instrumentelle Artefakte, etc.). Die Stammdatei enthält also die als relevant erkannte Information sowie jene Daten, mit denen man heute noch nichts anzufangen weiß. Nach der Herstellung der Stammdatei können die Rohdaten gelöscht werden. Zur Herstellung einer *Arbeitsdatei* werden aus der Stammdatei jene Informationen herausgezogen, die für die vorgesehene Anwendung wichtig sind. Gleichzeitig können Dateiorganisation, Formate und Codierungen so umgewandelt werden, daß sich für die Weiterverarbeitung optimale Verhältnisse ergeben. Die Lebenserwartung einer solchen Arbeitsdatei ist beschränkt. Sobald sie aufgrund neuer Erkenntnisse oder neuer Arbeitsgebiete obsolet wird, wird sie durch eine der neuen Lage besser angepaßte Datei ersetzt. Im Gegensatz dazu ist die Lebenserwartung der Stammdatei im Prinzip unbegrenzt. Nur wenn eine grundsätzlich neue Instrumentierung die Messung grundsätzlich neuer Parameter ermöglicht, muß eine neue Stammdatei von Grund auf neu aufgebaut werden.

Ein Aspekt von grundsätzlicher Wichtigkeit betrifft Format und Codierung der Arbeitsdateien. Eine Arbeitsdatei wird nur einmal hergestellt, aber unzählige Male verarbeitet. Es ist daher sinnvoll, alle komplexen Operationen nur einmal, nämlich bei der Erzeugung der Arbeitsdatei durchzuführen, statt sie bei jeder Anwendung zu wiederholen. In der Regel bedeutet das, daß die aus der Stammdatei entnommenen Daten als binäre Variablen verschlüsselt werden sollen. Damit kann ein extrem hoher Grad von Abstraktion erreicht werden, die Verarbeitungsprogramme werden weitgehend unabhängig von der Art der bearbeiteten Daten und können kompromißlos auf höchste Verarbeitungsgeschwindigkeit getrimmt werden. Der dafür zu bezahlende Preis besteht in einem aufwendigen und komplexen Programm für die Erzeugung der Arbeitsdatei. Der Mehraufwand wird aber durch die einfachen und schnellen Verarbeitungsprogramme mehr als aufgewogen.

Wieviele und welche chemischen Verbindungen in einer spektroskopischen Datenbank dokumentiert sind, ist entscheidend für ihre Nützlichkeit [11]. Offensichtlich kann auch das intelligenteste System kein brauchbares Resultat liefern, wenn ihm keine geeignete Referenzverbindung zur Verfügung steht. Man könnte daher annehmen, daß die größte Spektrensammlung auch die beste sei. Für Systeme mit Identitätssuche ist dies im Prinzip richtig. In der Praxis kommt die Identitätssuche aber nur in Sonderfällen vor. In der Regel werden deshalb Systeme mit Ähnlichkeitssuche verwendet, die auch dann noch ein sinnvolles Resultat liefern, wenn die unbekannte Substanz nicht in der Bibliothek dokumentiert ist. Man erwartet dann als Antwort des Systems Referenzverbindungen, die zur gleichen Verbindungsklasse (im weitesten Sinne) gehören wie die zu ermittelnde Verbindung. Eine gegebene Verbindung kann unter sehr vielen unterschiedlichen Gesichtspunkten klassiert werden, so daß ein entsprechend breites Spektrum von Referenzen erwartet wird. Wenn nun die Sammlung zu viele einander ähnliche Referenzverbindungen enthält, so werden sie alle als Referenzen ausgewählt, wenn die Unbekannte ihnen ähnlich ist. Sie werden also in der Liste der brauchbaren Referenzen alle höheren Plätze besetzen und so andere, zu anderen Kategorien gehörende Referenzverbindungen aus der Liste verdrängen. Damit entsteht ein gravierender *Informationsverlust*. Nur die erste Zeile der Liste gibt dem Benützer eine nützliche Information. Alle weiteren, von Referenzverbindungen des gleichen Typs besetzten Zeilen wiederholen lediglich die Aussage der ersten Zeile. Dementsprechend sollten spektroskopische Datensammlungen bezüglich ihres Inhaltes *ausgewogen* und damit in ihrem Umfang *begrenzt* sein.

Im Idealfall sollte jede Verbindungsklasse durch einige sorgfältig ausgewählte Beispiele vertreten sein. Der gesamte Bereich der chemischen Strukturen sollte gleichmäßig und locker mit Musterverbindungen belegt sein, mit lokalen Häufungen im Interessengebiet des Benützers. Der allgemeine Teil einer solchen Datensammlung wird für alle Benützer ungefähr gleich aussehen. Den speziellen Teil, der im Interessenschwerpunkt des Benützers liegt, wird sich jeder Benützer selbst zusammenstellen müssen. Die Verbindungen, die er in seinem Labor untersucht, sind genau diejenigen, die in der von ihm benutzten

Sammlung überproportional vertreten sein sollten. In der Praxis besteht demnach der wohl effizienteste Weg zum Aufbau einer optimalen spektroskopischen Datenbank darin, daß eine nicht zu große, wohl ausgewogene kommerzielle Datensammlung mit eigenen Spektren angereichert wird.

Von zentraler Bedeutung ist schließlich die Zuverlässigkeit der gespeicherten Daten [12]. Der Benützer wendet sich dann an eine spektroskopische Datenbank, wenn er bezüglich der Bedeutung eines spektroskopischen Befundes im Zweifel ist. Dies ist nun aber genau die Situation, in der er nicht in der Lage ist, die Plausibilität der erhaltenen Antwort zu überprüfen. Er muß dem erhaltenen Resultat glauben, er hat keine andere Wahl. Dementsprechend ist es von allerhöchster Wichtigkeit, daß die Daten richtig eingespeichert worden sind.

5.8 Literatur

1. Wiberg, K. B., Nist, B. J.: The Interpretation of NMR Spectra, W. A. Benjamin, Inc., New York 1962
2. Könitzer, H.: Entwicklung und Aufbau einer benützerfreundlichen spektroskopischen Datenbank, Diss. ETH Zürich Nr. 6619 (1980)
3. Clerc, J. T.: Fresenius Z. analyt. Chem. *313*, 480 (1982)
4. Pretsch, E., Clerc, J. T., Seibl, J., Simon, W.: Tabellen zur Strukturaufklärung organischer Verbindungen, Springer-Verlag, Berlin, Heidelberg, New York 1976
5. Gribov, L. A., Elyashberg, M. E.: CRC Crit. Rev. Analyt. Chem. *8*, 111 (1979)
6. Clerc, J. T., Könitzer, H.: in Computational Methods in Chemistry. J. Bargon (Hrsg.). Plenum Press, New York 1980
7. Clerc, J. T., Könitzer, H.: in Data Processing in Chemistry. Z. Hippe (Hrsg.). Elsevier, Amsterdam (1981)
8. Horowitz, E., Sahni, S.: Fundamentals of Data Structures. Pitman Publishing Ltd, London 1977
9. Zupan, J.: Clustering of Large Data Sets. Research Studies Press, Chichester 1982
10. Domokos, L., Pretsch, E., Mändli, H., Könitzer, H., Clerc, J. T.: Fresenius Z. analyt. Chem. *304*, 241 (1980)
11. Clerc, J. T., Székely, G.: Trends Analyt. Chem. *2*, 50 (1983)
12. Büchi, R., Clerc, J. T., Jost, Ch., Könitzer, H., Wegmann, D.: Analyt. Chim. Acta *103*, 21 (1978)

Kapitel 6. Chemometrie

K. Varmuza

Institut für Allgemeine Chemie, Technische Universität Wien, A-1060 Wien, Lehargasse 4

6.1 Übersicht

Die Computerisierung und Automatisierung in der chemischen Meßtechnik [1] erlaubt es, rasch viele Daten von einer Probe zu ermitteln. Dadurch ist es möglich geworden, immer kompliziertere und komplexere Systeme zu untersuchen, wobei aber immer mehr Daten anfallen. Handhabung, Bewertung und Interpretation großer Datenmengen sind ohne automatische Datenverarbeitung kaum möglich. Daher wurden mathematische und statistische Methoden im letzten Jahrzehnt auch in der Chemie vermehrt angewendet. Da die Rechenkapazität heute kaum mehr ein limitierender Faktor ist, wurden zahlreiche alte numerische Methoden wieder entdeckt und auf chemische Fragestellungen angewendet, sowie neue Methoden entwickelt. Dieses Arbeitsgebiet ist derart gewachsen, daß es sinnvoll erschien, dafür einen eigenen Namen einzuführen. Im Juni 1974 wurde die „Chemometrics Society" von B. R. KOWALSKI (Seattle, USA) und S. WOLD (Umeå, Schweden) gegründet; mit dem Ziel, ein internationales Forum für einen Gedankenaustausch zu schaffen [2].

Chemometrie wurde definiert als

- eine chemische Disziplin,
- die mathematische und statistische Methoden (und Methoden der Informatik) anwendet,
- mit dem Zweck, optimale experimentelle, chemische Methoden zu entwickeln oder auszuwählen, und
- mit dem Zweck, ein Maximum an relevanter, chemischer Information aus chemischen (Meß)-Daten zu erhalten.

Diese Definition ist sehr umfassend und es bleibt jedem überlassen, die Grenze etwa zwischen einfachen rechnerischen Methoden und „chemometrischen" Methoden zu ziehen. Viele mathematische und statistische Methoden werden in der Chemie in gleicher Weise angewendet, wie in anderen naturwissenschaftlichen Bereichen; trotzdem scheint der Begriff „Chemo-Metrie" berechtigt zu sein, da meist eine spezifische Adaptierung der Methoden an chemische Probleme erforderlich ist. Chemometrie soll in einem weiteren Sinne ein Bindeglied sein zwischen experimenteller Chemie auf der einen Seite und Mathematik, Statistik, Computerwissenschaft auf der anderen Seite. Ein solches „Interface" ist sicher recht nützlich, da computergestützte Methoden in der Chemie immer mehr an Bedeutung gewinnen, und die rasante Entwicklung auf dem Computersektor für die meisten Chemiker unüberschaubar geworden ist. Computeranwendungen in der Chemie sollten in erster Linie von Chemikern (Chemometrikern) betreut werden, die das eigentliche Ziel – die Lösung chemischer Probleme – im Auge behalten können.

Es gibt derzeit kein umfassendes Lehrbuch über Chemometrie. Eine Reihe wichtiger chemometrischer Methoden werden in Büchern [3, 4] behandelt; eine Sammlung nützlicher Computerprogramme findet sich in [5]. Aktuelle Übersichten erscheinen im Zwei-Jahresabstand in der Zeitschrift „Analytical Chemistry" [6, 7].

Das derzeit wichtigste Einsatzgebiet chemometrischer Methoden ist die Behandlung multivariater, chemischer Daten („Objekte", z.B. chemische Substanzen, Proben oder Methoden, sind nicht durch jeweils nur einen einzigen Wert charakterisiert, sondern jeweils durch einen Satz von Werten). Zur Analyse solcher Daten werden Methoden der *Clusteranalyse* [4], automatischen *Mustererkennung* [8] und *Faktorenanalyse* [9] eingesetzt. Manchmal wird der Begriff Chemometrie auf diese Arbeitsrichtung eingeschränkt, was sachlich aber nicht gerechtfertigt ist. Als weitere wichtige chemometrische Methoden sind die *Optimierung* chemischer Verfahren [4] und die *Qualitätskontrolle* analytischer Methoden [3], sowie die Anwendung mathematischer Methoden für die *Probenahme* [3] und *Versuchsplanung* [10] zu erwähnen. Der automatische *Spektrenvergleich* (des Spektrums einer unbekannten Substanz mit einer Spektrenbibliothek) ist eine typisch chemometrische Methode, da unter starker Berücksichtigung chemischer Gesichtspunkte, nichttriviale Methoden der Informatik anzuwenden sind. Aber auch bei der *Meßwerterfassung* und besonders bei der *numerischen Bearbeitung der Meßwerte,* werden teilweise recht aufwendige chemometrische Methoden angewendet um etwa Probleme bei der Datentransformation, Auflösungsverbesserung, Kalibrierung und mathematischen Modellbildung chemischer Systeme lösen zu können. Die *Informationstheorie* [4, 11] ist sehr nützlich bei der Erstellung von Qualitätskriterien für analytische Methoden und bei der automatischen Spektreninterpretation. Gerade bei Arbeiten auf dem Gebiet der computerunterstützten Spektren-Interpretation wird eine Vielzahl chemometrischer Methoden eingesetzt, die von mathematisch-statistisch orientierten Verfahren (Mustererkennung, Informationstheorie) bis zur Programmierung der Arbeitsweise des Chemikers *(„artificial intelligence")* reichen.

Auch dieser Beitrag über Chemometrie umfaßt bei weitem nicht das ganze Gebiet. Es werden hier nur Methoden der Mustererkennung und der Optimierung besprochen. Das Schwergewicht liegt dabei auf Methoden, die ohne viel Mathematik plausibel gemacht werden können. Eine Reihe anderer chemometrischer Methoden – im weiteren Sinne – sind in anderen Teilen dieses Buches enthalten.

Während die Nützlichkeit von Computern zur Daten-Akquisition und Daten-Manipulation auch in der Chemie voll anerkannt ist, stehen viele Chemiker einer *Daten-Interpretation* mittels Computerhilfe noch sehr ablehnend gegenüber. Computerunterstützte Daten-Interpretation sollte in der Chemie als eine Vor-Interpretation aufgefaßt werden und der Wert solcher Methoden sollte nicht nur an der Leistungsfähigkeit spezialisierter Chemiker gemessen werden, sondern im Hinblick auf die automatisierte Lösung von Routineaufgaben. Es ist nicht einzusehen, warum Computerprogramme geschrieben werden können, die ganz passabel Schach spielen, aber keine Programme, die etwa gängige chemische Substanzen aus den Spektren identifizieren können oder Partialstrukturen erkennen.

6.2 Mustererkennung/Pattern Recognition

6.2.1 Einleitung. Der Chemiker steht oft vor der Aufgabe, von einer Probe, einer chemischen Substanz oder einem chemischen System Eigenschaften zu ermitteln, die nicht oder kaum direkt meßbar sind. Wenn mit Hilfe chemisch-physikalischer Methoden etwa die Molekülstruktur einer Substanz oder die Herkunft einer Probe bestimmt werden soll, so mißt der Chemiker beispielsweise Spektren oder ein Chromatogramm oder ermittelt die Konzentration einiger Spurenelemente; mit Hilfe der erhaltenen Meßwerte wird versucht, die „versteckte" Eigenschaft zu bestimmen.

Die Probe (allgemein: ein Objekt) wird somit durch einen Satz von Merkmalen charakterisiert, von denen man weiß – oder oft auch nur hofft – daß sie für die Bestimmung der interessierenden Eigenschaft relevant sind. *Ein Satz von Merkmalen* für ein bestimmtes Objekt wird als *Muster* (engl.: *pattern*) aufgefaßt. Bei geeigneter Wahl der Merkmale sollten Objekte mit ähnlichen (nicht direkt meßbaren) Eigenschaften auch ähnliche Merkmalsmuster haben. Mit Hilfe von Mustererkennungsmethoden (engl.: pattern recognition methods) werden Objekte auf Grund von Musterähnlichkeiten in Klassen eingeteilt [12, 13]. Die Zugehörigkeit eines Musters zu einer bestimmten Klasse entspricht einer bestimmten Eigenschaft des entsprechenden Objektes.

Es sind zwei Aufgabenstellungen zu unterscheiden:

1. Gegeben ist ein Satz mit Merkmalsmustern von Objekten, wobei für jedes Objekt die Zugehörigkeit zu einer bestimmten Klasse bekannt ist. Gesucht sind Unterscheidungsregeln, nach denen die Objekte mit Hilfe der Merkmalsmuster der richtigen Klasse zugeordnet werden können. Die Ermittlung der Unterscheidungsregeln *(Klassifikatoren)* wird oft „Training" genannt. Wün-

schenswert ist es, daß die erhaltenen Klassifikatoren auch Objekte richtig zuordnen, die nicht zum Training verwendet wurden. In Abschnitt 6.2.2 werden einige einfache Methoden besprochen, mit denen Klassifikatoren berechnet werden können, die zwischen zwei Klassen unterscheiden. In Abschnitt 6.2.4 werden Methoden zur Bewertung und Auswahl jener Merkmale besprochen, die für eine bestimmte Klassifizierung gut geeignet sind.

2. Gegeben ist ein Satz mit Merkmalsmustern von Objekten, für die es *a priori* nicht möglich ist, sie einer bestimmten Klasse zuzuordnen. Ziel einer „Clusteranalyse" (Abschnitt 6.2.5) ist es, festzustellen, welche Muster auf Grund ihrer Ähnlichkeit zu Klassen zusammengefaßt werden können. Ferner soll festgestellt werden, ob die Objekte innerhalb eines gefundenen Clusters gemeinsame Eigenschaften haben.

Ein Muster kann anschaulich als Punkt in einem Koordinatensystem (Musterraum) dargestellt werden, in dem jedem Merkmal eine Koordinatenachse entspricht. Oft spricht man auch vom *Mustervektor:* das ist ein Vektor, der vom Ursprung des Koordinatensystems ausgeht und dessen Spitze durch die Merkmalskoordinaten gegeben ist.

In Abb. 6.1 sind einige Muster eingetragen, die durch je zwei Merkmale charakterisiert sind; beispielsweise könnte es sich um sechs Whisky-Proben handeln, wobei die beiden Merkmale den Konzentrationen von zwei charakteristischen Inhaltsstoffen entsprechen [14]. Die Aufgabe wäre zunächst festzustellen, ob mit den vorhandenen Merkmalen eine Unterscheidung von Klassen (z. B. echter bzw. gefälschter Whisky) möglich ist; wenn ja, gilt es, einen Klassifikator zu ermitteln, der unbekannte Whisky-Proben der richtigen Klasse zuordnen kann. Wenn der Fall so einfach ist, wie in Abb. 6.1 dargestellt, wird man ohne besondere Mustererkennungsmethoden auskommen und z. B. unbekannte Muster auf Grund der Nähe zu bekannten Mustern klassifizieren – oder auch „nach Gefühl" eine Trennlinie zwischen den beiden Klassen ziehen.

In realen Fragestellungen sind meist wesentlich mehr als nur zwei Merkmale notwendig und daher müssen numerische Verfahren zur Klassifizierung angewendet werden. Eine Auswahl von jeweils nur zwei Merkmalen und eine Darstellung wie in Abb. 6.1 erlaubt meist nicht, die vorhandenen Klassen zu separieren. Eine etwaige „Angst" vor der Beschäftigung mit einem vieldimensionalen Raum ist allerdings unbegründet, weil viele Klassifizierungsmethoden anschaulich aus zweidimensionalen Beispielen abgeleitet werden können. Den meisten Chemikern ungewohnte Begriffe, die in der Mustererkennung vorkom-

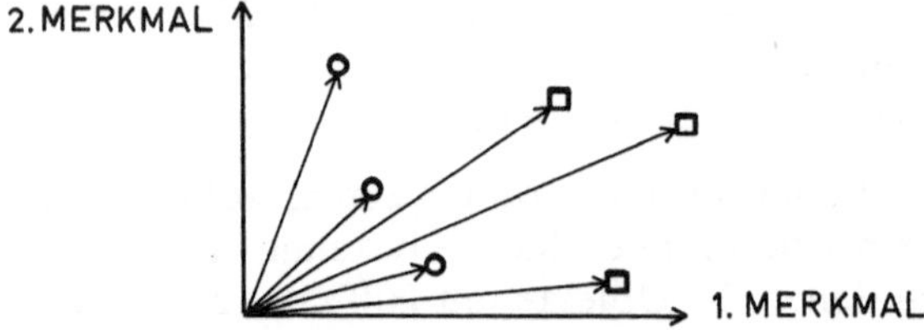

Abb. 6.1. Jedes Muster wird durch zwei Merkmale charakterisiert und ist durch einen Punkt oder Vektor im Musterraum repräsentiert

men, täuschen oft darüber hinweg, daß die Mehrzahl der in der Chemie angewendeten Mustererkennungsmethoden recht einfach sind.

Typische Klassifizierungsprobleme in der Chemie [8, 15] beschäftigen sich mit Stichproben von 20 bis 1000 Objekten und 5 bis 200 Merkmalen. Um Zufallsresultate weitgehend ausschließen zu können, sollte die Zahl der Objekte mindestens dreimal so groß sein, wie die Zahl der Merkmale; ferner sollten die zu unterscheidenden Klassen annähernd gleich häufig vorkommen (Abschnitt 6.2.4).

Chemische Substanzen z. B. werden oft durch spektrale Merkmale charakterisiert (Ziel der Klassifizierung ist meist die Zuordnung zu einer bestimmten chemischen Stoffklasse). Für Materialien werden meist die Konzentrationen einiger Komponenten als Merkmale herangezogen (die Klassifizierung soll Hinweise auf die Herkunft, die Güte, usw. einer Materialprobe liefern).

Im folgenden werden einige einfache Methoden zur Klassifizierung und Clusteranalyse besprochen und dazu typische Beispiele aus der Chemie angeführt. Mustererkennungsmethoden werden in vielen anderen Gebieten der Technik und Naturwissenschaften seit langem erfolgreich eingesetzt; man denke etwa nur an die automatische Schriftzeichenerkennung.

6.2.2 Einfache Klassifikatoren. Viele Anwendungsvorschläge von Mustererkennungsmethoden in der Chemie betreffen die Unterscheidung von zwei alternativen Zuordnungs-Klassen (z. B.: „Enthält eine Substanz die Partialstruktur X, ja oder nein?"). In Abb. 6.2a ist jedes Objekt durch ein Muster charakterisiert, das zwei Merkmale (x_1, x_2) hat. Ein einfaches Klassifizierungsverfahren besteht beispielsweise darin, daß für jede Klasse $(+/-)$ ein Prototyp bestimmt wird und ein unbekanntes Muster jener Klasse zugeordnet wird, deren Prototyp dem unbekannten Muster am nächsten liegt. Als Prototyp einer Klasse wird häufig der *Schwerpunkt* $(\oplus/\ominus)$ verwendet. Die Koordinaten eines Schwerpunktes sind auch im vieldimensionalen Fall einfach zu berechnen: Jede Koordinate x_{is} des Schwerpunktes ist das arithmetische Mittel aus den entsprechenden Koordinaten x_{ij} aller Klassenmitglieder j.

d: Anzahl der Dimensionen
n: Anzahl der Muster in einer Klasse
$x_{1s}, x_{2s}, \ldots, x_{ds}$: Koordinaten des Schwerpunktes einer Klasse
$x_{1j}, x_{2j}, \ldots, x_{dj}$: Koordinaten (Komponenten, Merkmale) eines Musters j

$$x_{is} = \frac{1}{n} \sum_{j=1}^{n} x_{ij} \quad (i = 1 \ldots d)$$

Der Schwerpunkt einer Klasse von Mustern ist das Mittel über alle Muster dieser Klasse.

Als Abstand zweier Punkte wird meist der Euklidische Abstand verwendet; die Abstandsformel für den vieldimensionalen Fall wird in einfacher Erweiterung der Formel für zwei oder drei Dimensionen erhalten: Der *Euklidische Abstand D* zwischen dem Schwerpunkt (mit den Koordinaten x_{is}, $i = 1 \ldots d$) und einem Muster j (mit den Koordinaten x_{ij}, $i = 1 \ldots d$) ist

$$D = \sqrt{(x_{1s} - x_{1j})^2 + (x_{2s} - x_{2j})^2 + \ldots + (x_{ds} - x_{dj})^2}$$

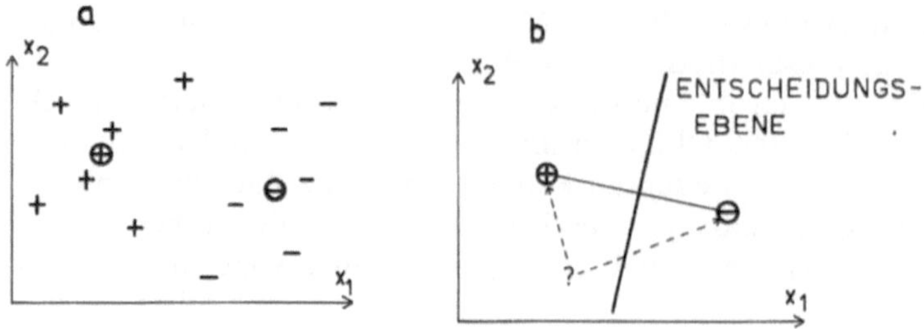

Abb. 6.2. Unterscheidung zweier Klassen (+ und −). a) Als Prototypen der Klassen werden die Schwerpunkte ($\oplus$/$\ominus$) verwendet. b) Die Entscheidungsebene ist die Symmetrieebene zwischen den Schwerpunkten

Das unbekannte Muster in Abb. 6.2 b wird auf Grund der Abstände zu den Klassenschwerpunkten der Klasse 1 zugeordnet. Die sog. *Entscheidungsebene* entspricht der Symmetrieebene zwischen den Klassenschwerpunkten. Diese einfache Klassifikationsmethode durch Abstandsmessung zu Klassenschwerpunkten erfordert wenig Aufwand und ist auch für Probleme mit mehr als zwei Klassen geeignet.

Durch einen einfachen „Trick" (Abb. 6.3) erreicht man im mehrdimensionalen Fall, daß die Entscheidungsebene durch den Ursprung geht.

Man definiert die Entscheidungsebene durch einen Vektor *(Entscheidungsvektor)*, der senkrecht auf der Ebene steht und im Ursprung beginnt. Die übliche Bezeichnung $\vec{w}$ für den Entscheidungsvektor stammt vom englischen Namen „weight vector". Die Komponenten $(w_1, w_2, \ldots, w_d)$ des Entscheidungsvektors können beispielsweise so normiert werden, daß die Vektorlänge gleich 1 ist.

Mit Hilfe des Entscheidungsvektors ist es besonders einfach festzustellen, ob ein Muster „rechts oder links" der Entscheidungsebene liegt: Das *Skalarprodukt* aus Entscheidungsvektor und Mustervektor ist positiv für Mitglieder

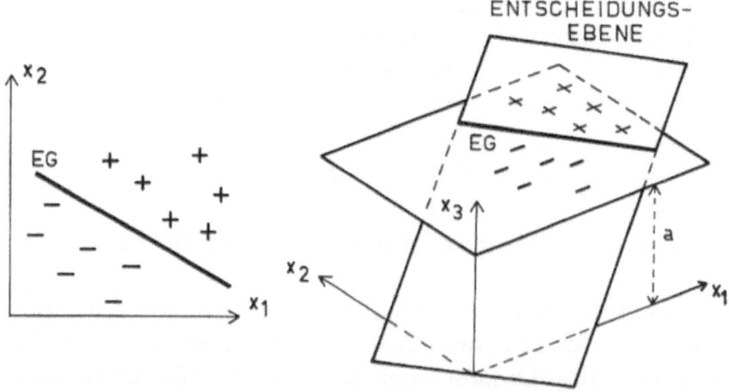

Abb. 6.3. Durch Hinzufügung einer zusätzlichen Dimension erreicht man, daß die Entscheidungsebene durch den Ursprung geht. Alle Muster erhalten ein zusätzliches Merkmal x_3 mit dem konstanten Wert a

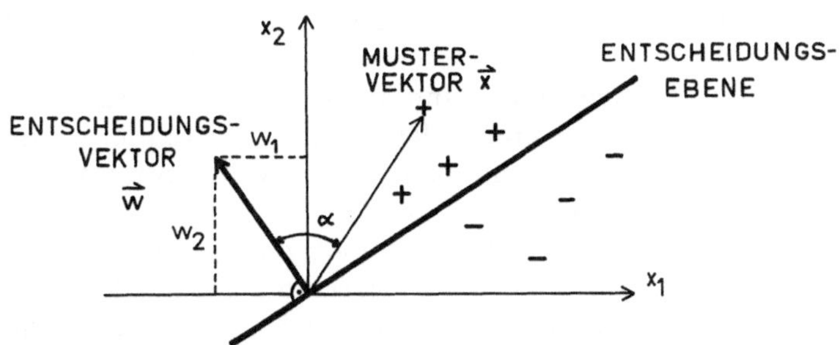

Abb. 6.4. Die Entscheidungsebene wird durch den Entscheidungsvektor definiert. Das Vorzeichen des Skalarproduktes aus Entscheidungsvektor und Mustervektor zeigt die Klassenzugehörigkeit eines Musters an

der Klasse 1 und negativ für Mitglieder der Klasse 2; es ist null für alle Punkte der Entscheidungsebene (Abb. 6.4).

Das Skalarprodukt S aus den Vektoren $\vec{w}$ $(w_1, w_2, \ldots, w_d)$ und $\vec{x}$ $(x_1, x_2, \ldots, x_d)$ erhält man mit der Formel

$$S = \vec{w} \cdot \vec{x} = w_1 x_1 + w_2 x_2 + \ldots + w_d x_d$$

Für den zweidimensionalen Fall ist auch die Schreibweise $S = |w| \cdot |x| \cos \alpha$ üblich. Der absolute Betrag des Skalarproduktes ist ein Maß für den Abstand eines Musters von der Entscheidungsebene; ein kleiner Abstand zeigt oft eine unsichere Klassifizierung an. Die Komponenten des Entscheidungsvektors sind sozusagen „Gewichte" (positive oder negative Zahlen), mit denen die Merkmale eines Musters multipliziert werden.

Ein Entscheidungsvektor und die Formel zur Skalarprodukt-Berechnung und -Auswertung bilden einen sog. *binären, linearen Klassifikator*. Die Berechnung eines Klassifikators ist mitunter recht aufwendig. Im Training werden die vielen Daten einer Stichprobe auf wenige Parameter reduziert, die für eine bestimmte Klassifikation wichtig sind. Ein vorhandener Klassifikator läßt sich allerdings sehr bequem und schnell auf neue Muster anwenden.

Eine in gewisser Weise optimale Lage der Entscheidungsebene erhält man durch Anwendung der *Regressionsrechnung*. Es werden Zielgrößen z für das Skalarprodukt S definiert; z.B. wird angestrebt, daß alle Muster der Klasse 1 den Wert $z_1 = +1$ und alle Muster der Klasse 2 den Wert $z_2 = -1$ liefern sollen. Das ist natürlich tatsächlich nicht möglich; es kann jedoch die Summe der Fehlerquadrate minimiert werden. Wenn für ein Muster $\vec{x}_j$ das Skalarprodukt S_j berechnet wird, so tritt ein Fehler e_j gegenüber der Zielgröße auf (z_1 oder z_2, je nachdem das Muster der Klasse 1 oder 2 angehört). Die Minimierung der Summe aller Fehlerquadrate (über alle Muster einer Stichprobe)

$$\sum_{j=1}^{n} (e_j)^2 \to \min$$

liefert den Entscheidungsvektor $\vec{w}$ einer Ebene, die „optimal zwischen den beiden Klassen liegt". Die Ergebnisse dieser Methode sind sehr gut (falls die Datenstruktur überhaupt die Anwendung eines linearen Klassifikators erlaubt).

Der Rechenaufwand ist jedoch groß, da ein System von d linearen Gleichungen mit d Unbekannten zu lösen ist (d ist die Anzahl der Dimensionen) [8]. Anstatt diskreter Zielgrößen kann auch eine kontinuierliche Eigenschaft der Objekte zur Berechnung eines Klassifikators verwendet werden. Ein solcher Klassifikator erlaubt eine semiquantitative Bestimmung dieser Eigenschaft bei unbekannten Mustern.

Die lange Zeit populärste Methode zur Ermittlung einer Entscheidungsebene war die sog. *Lernmaschine* (engl. learning machine). Es handelt sich dabei um ein einfaches iteratives Verfahren, das ausgehend von einer beliebigen Ebene solange Korrekturen vornimmt, bis die Ebene zwischen den beiden Klassen zu liegen kommt. Abbildung 6.5 zeigt eine einfache Version dieser Methode. Dieses Verfahren wird derzeit in der Praxis kaum angewendet, da es einige schwerwiegende Nachteile hat: 1. Das Iterationsverfahren versagt, wenn die beiden Klassen durch eine Ebene nicht vollständig trennbar sind. 2. Die endgültige Lage

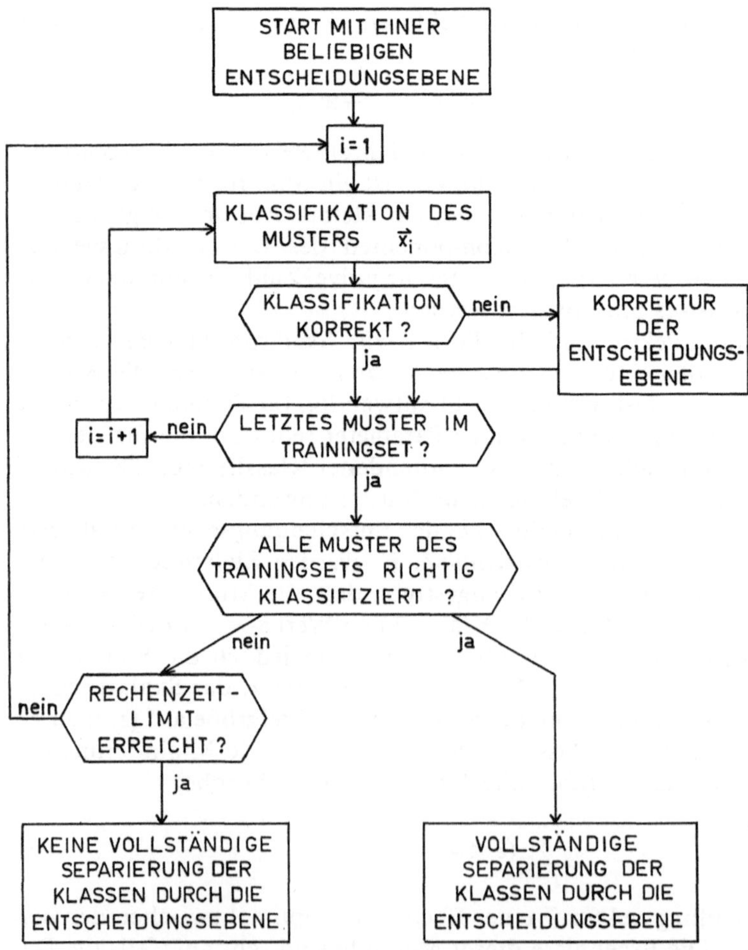

Abb. 6.5. Schema einer einfachen Lernmaschine

der Ebene befindet sich nicht optimal zwischen den beiden Klassen, sondern wird durch atypische „Außenseiter" bestimmt.

Zur Berechnung eines Klassifikators benötigt man die Muster einer genügend großen und ausgewogenen Stichprobe von Objekten mit bekannter Klassenzugehörigkeit (Abschnitt 6.2.4). Ein Teil der Stichprobe *(Trainingset)* wird zur Berechnung des Klassifikators benützt, der andere Teil *(Predictionset)* dient dazu, um die Güte des Klassifikators zu prüfen. Wenn nur wenige Daten vorhanden sind, kann auch ein anderes Verfahren für Training und Test angewendet werden: Es wird dabei nur ein einziges Muster als unbekannt angenommen und das Training erfolgt mit allen anderen Mustern. Das Verfahren wird solange wiederholt, bis alle vorhandenen Muster der Stichprobe einmal als „unbekannt" behandelt wurden (engl.: leave-one-out-method). Ein ähnliches, aber weniger aufwendiges Verfahren besteht darin, daß jeweils drei Viertel der vorhandenen Muster zum Training und das restliche Viertel zur Güteprüfung verwendet werden.

Die Güte eines binären Klassifikators wird am einfachsten durch zwei Zahlen charakterisiert, nämlich die Prozentsätze richtig klassifizierter Muster des Predictionsets – getrennt für beide Klassen. Diese Kenngrößen werden *Prognosefähigkeit* oder Klassifizierungsfähigkeit (engl.: predictive ability) genannt. Der Gesamt-Prozentsatz richtig klassifizierter Muster für das gesamte Predictionset (ohne Differenzierung der Klassen) ist dagegen meist ungeeignet, einen Klassifikator objektiv zu charakterisieren, weil die Häufigkeiten der Klassen recht unterschiedlich sein können. Als universelles Maß (in Form einer einzigen Zahl) für die Güte eines Klassifikationsverfahrens ist die in der Informationstheorie definierte „Transinformation" sehr gut geeignet [8].

Beispiel. Binäre, lineare Klassifikatoren wurden in der Vergangenheit vielfach für *Spektreninterpretationen* vorgeschlagen. Spektren sind von Natur aus Muster im engeren Sinne. Es ist jedoch notwendig, aus Spektren geeignete Merkmale zu generieren, die Merkmalsvektoren bilden und mit Klassifizierungsmethoden behandelt werden können.

Ein niedrig aufgelöstes Massenspektrum ist näherungsweise bereits ein Vektor (jede Massenzahl entspricht einem Merkmal und die Peakhöhen sind die Koordinaten eines Punktes im Merkmalsraum). Bei anderen Spektrentypen (IR, NMR) werden die intervallweise gemessenen Absorptionswerte als Merkmale verwendet. Neben solchen einfachen Merkmalen können auch komplexere Merkmale aus Spektren generiert werden – vorzugsweise nach Regeln, die auf chemischer Erfahrung basieren. Mit Sammlungen von einigen hundert bis wenigen tausend Spektren wurden Klassifikatoren „trainiert", die aus einem Spektrum erkennen sollen, ob die betreffende Substanz eine bestimmte Partialstruktur enthält. Die relativ großen Datensätze bedingen eher einfache Verfahren, als z. B. binäre Klassifikatoren.

Anfänglich optimistische Erwartungen [16] in die Leistungsfähigkeit solcher Klassifikatoren in der Spektroskopie haben sich aber nicht erfüllt. Die Datenstrukturen sind offensichtlich zu kompliziert für einfache Klassifikatoren. Bessere Ergebnisse erzielt man, wenn man sich bei der Klassifizierung auf bestimmte Substanzgruppen beschränkt. Innerhalb der Substanzgruppe der Ste-

Tabelle 6.1. Anwendung von Mustererkennungsmethoden zur Erkennung von Partialstrukturen in Steroidmolekülen [17].
Trainingset: 262 Massenspektren von verschiedenen Steroiden aus denen die 75 wichtigsten Massenzahlen mit Hilfe des Fisher-Quotienten ausgewählt wurden.
Training: Regressionsrechnung.
Predictionset: 262 Massenspektren von Steroiden, die nicht zum Training verwendet wurden.
P_1 und P_2 sind die Prognosefähigkeiten (Anteil richtig klassifizierter Spektren) in Klasse 1 (entsprechende Partialstruktur vorhanden) bzw. Klasse 2 (Partialstruktur nicht vorhanden)

Partialstruktur	P_1	P_2
Doppelbindung C=C	0,77	0,91
Doppelbindung C-4=C-5	0,73	0,85
Ketosteroid	0,88	0,78
3-Ketosteroid	0,87	0,82
20-Ketopregnan	0,95	0,87
CO in Seitenkette an C-17	0,95	0,86
Sauerstoff-Funktion an C-11	0,85	0,78
Sauerstoff-Funktion an C-17	0,85	0,85
Östran- oder Androstan-Typ	0,91	0,89

roide (Tabelle 6.1) konnten beispielsweise einige Partialstrukturen mit einer Erfolgsquote von 70 bis 95% aus Massenspektren richtig erkannt werden [17].

Praktische Anwendungen von Klassifikatoren in der Spektroskopie sind sehr spärlich. Ein möglicher zukünftiger Einsatz könnte die Vorauswahl von Spektren aus Spektrenserien sein, wie sie bei der Analyse komplizierter Gemische mit Kopplungen aus Chromatographen und Spektrometern erhalten werden.

6.2.3 Klassifizierung bei komplizierten Clusterstrukturen. Es ist erstaunlich, daß Klassifikationsmethoden, die eine Ebene als Trennfläche zwischen zwei Klassen verwenden (Abschnitt 6.2.2) für chemisch-spektroskopische Daten überhaupt brauchbare Ergebnisse liefern. Bei einer komplizierten Clusterstruktur wäre es prinzipiell auch möglich, Trennflächen höherer Ordnung zu verwenden. In der Praxis scheitert dieses Verfahren jedoch daran, daß keine geeigneten Trainingsmethoden zur Verfügung stehen; auch ist die Gefahr groß, daß durch die hohe Anzahl adjustierbarer Parameter im Klassifikator eine vielfach gekrümmte, nicht signifikante Trennfläche erhalten wird.

Recht häufig tritt eine sog. *asymmetrische Datenstruktur* auf, in der z. B. nur eine Klasse einen kompakten Cluster bildet, während die Muster der anderen Klasse über einen größeren Bereich des Merkmalsraumes verstreut sind (Abb. 6.6).

Die guten Stücke (Klasse +) einer Produktion liegen beispielsweise in einem eng begrenzten Gebiet, während fehlerhafte Stücke „Außenseiter" sind. Analoges gilt für Substanzen mit einer bestimmten biologischen Aktivität, die oft einen kompakten Cluster bilden, und nicht-aktiven Substanzen. In solchen Fällen ist es zweckmäßig, die kompakte Klasse durch ein einfaches geometrisches Modell abzugrenzen.

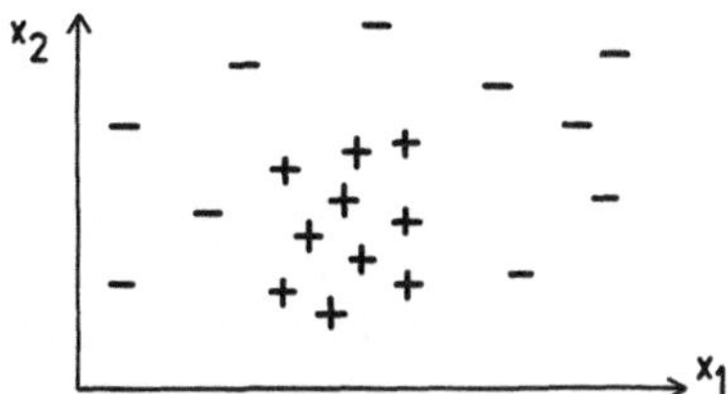

Abb. 6.6. Asymmetrische Datenstruktur

Eine bewährte Methode zur Behandlung solcher asymmetrischer Datenstrukturen ist die *SIMCA-Methode* (*s*oft *i*ndependent *m*odelling of *c*lass *a*nalogy) [18], bei der jede Klasse durch ein separates Modell approximiert wird, z. B. durch einen Zylinder oder einen Quader (Abb. 6.7). Die Achsen dieser geometrischen Körper erhält man durch eine Faktorenanalyse (principal component analysis) der Muster jeweils einer Klasse. Die Richtung der Achsen korrelieren bei vielen praktischen Beispielen mit interessierenden, aber nur schwer direkt meßbaren Eigenschaften, wie z. B. mit der Stärke einer bestimmten biologischen Aktivität oder einem Reaktionstyp. Die Oberfläche des Modells wird als statistische Vertrauensgrenze aufgefaßt: Muster, die außerhalb dieser Grenze liegen, gehören offensichtlich nicht jener Klasse von Mustern an, mit denen das Modell erstellt wurde. Die Erkennung von Außenseitern, die keiner kompakten Klasse angehören, ist in der Praxis sehr wertvoll. Die SIMCA-Methode ist auch unempfindlich gegen ein ungünstiges Verhältnis der Anzahl von Objekten zur Anzahl der Merkmale.

Beispiel. Die SIMCA-Methode wurde insbesondere für Untersuchungen von *Struktur-Aktivitäts-Beziehungen* eingesetzt. Eine chemische Substanz wird zu diesem Zweck durch einen Satz von Merkmalen charakterisiert, die aus der Molekülstruktur abgeleitet werden. Solche Merkmale sind beispielsweise: Anzahl von Atomen eines bestimmten Elementes, Anzahl von Doppelbindungen, Angaben über bestimmte Teilstrukturen und deren Umgebung im Molekül; zusätzlich werden noch chemisch-physikalische Meßgrößen in den Mustervektor einer Substanz einbezogen, wie etwa Hammett-Konstante, Verteilungskoeffizienten bezüglich Octanol und Wasser oder Spektrendaten [19].

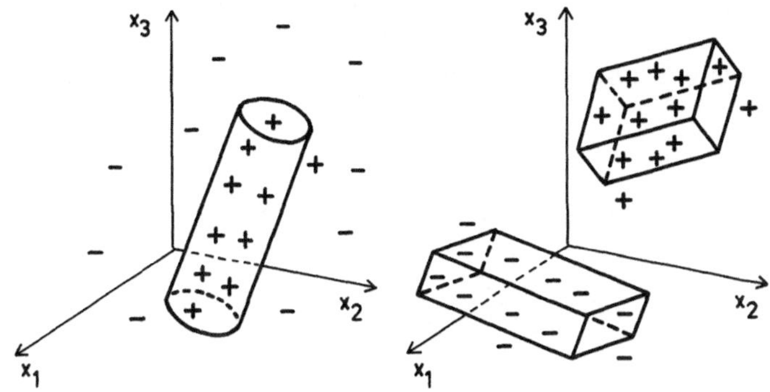

Abb. 6.7. Kompakte Klassen werden durch geometrische Modelle approximiert (SIMCA-Methode)

Basierend auf solchen Daten, wurden mit Mustererkennungsmethoden zahlreiche Struktur-Aktivitäts-Beziehungen untersucht: z. B. Unterscheidung zwischen Sedativa und Tranquilizern, Klassifizierung von Geruchsstoffen oder Kanzerogenität verschiedener Substanzklassen [20]. Der Einsatz von Mustererkennungsmethoden zur Abschätzung biologischer Wirkungen chemischer Substanzen ist allerdings ein umstrittenes Thema. Da jedoch auch andere Methoden nicht voll zufrieden stellen und biologische Tests sehr aufwendig sind, erscheint es durchaus nützlich, numerische Experimente auf diesem Gebiet durchzuführen.

Die Kompliziertheit einer vieldimensionalen Clusterstruktur kann mitunter vom Menschen beurteilt werden, wenn die Muster auf eine geeignete zweidimensionale Ebene projiziert werden. Die Position der *Projektionsebene* muß so gewählt werden, daß die wahren Abstandsverhältnisse möglichst gut wiedergegeben werden; das erzielt man durch die Bestimmung der Eigenvektoren der Datenmatrix (Karhunen-Loeve-Transformation), die die Projektionsebene aufspannen. Die neuen Koordinaten in der zweidimensionalen Darstellung sind Linearkombinationen der ursprünglichen Koordinaten. Die Richtungen der neuen Achsen (im Prinzip sind auch mehr als zwei möglich) sind aufeinander senkrecht stehende Richtungen mit der größten Varianz in den Ausgangsdaten. In einer Projektion kann die tatsächliche Clusterstruktur natürlich nur angenähert wiedergegeben werden; trotzdem lassen sich daraus oft wichtige Aussagen treffen, z. B. über die zweckmäßigerweise anzuwendenden Klassifizierungsverfahren oder über die Anzahl der Einflußgrößen (Faktoren) auf die Muster.

Beispiel. Eine Gruppe von klinisch-chemischen Testergebnissen kann als Muster aufgefaßt werden, das für den Krankheitszustand eines Patienten charakteristisch ist. Die Projektion solcher Daten (von einigen hundert Patienten) zeigt oft ein eng begrenztes Gebiet, das den Gesunden entspricht und davon ausgehend einen oder mehrere „Äste", die bestimmten Krankheiten entsprechen (Abb. 6.8). Die Gruppen der Kranken zeigen dabei meist eine größere Variabilität als die der Gesunden, und die Richtung der „Äste" entspricht oft der Schwere (oder Dauer) der Krankheit.

Bei einer wenig ausgeprägten Clusterstruktur nach Abb. 6.9 ist keines der bisher besprochenen Klassifizierungsverfahren geeignet. Bei der sog. *Potentialmethode* denkt man sich jedes Objekt mit einer elektrischen Ladung versehen; für ein Zwei-Klassen-Problem z. B. eine positive Ladung an allen Objekten der Klasse 1 und eine negative Ladung an allen Objekten der Klasse 2. Durch

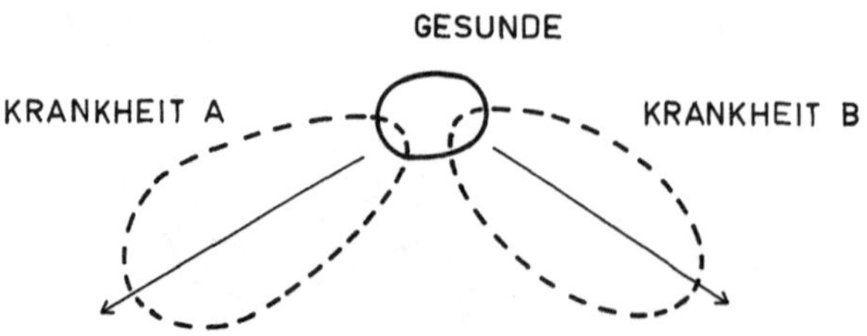

Abb. 6.8. Typische Datenstruktur klinisch-chemischer Meßergebnisse bei einer Projektion des Musterraumes auf eine geeignete Ebene

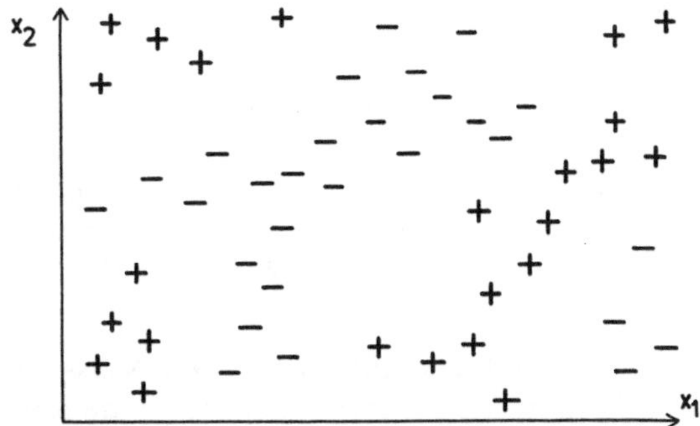

Abb. 6.9. Bei einer komplizierten Clusterstruktur sind die Potentialmethode oder die Methode der k-nächsten Nachbarn für Klassifizierungen geeignet

Überlagerung aller Potentialfelder erhält man Bereiche des Merkmalsraumes mit einem positiven und andere Bereiche mit einem negativen Gesamtpotential. Unbekannte Muster werden jener Klasse zugeordnet, deren summiertes Feld am Ort des unbekannten Musters am stärksten ist.

Rechnerisch ist es notwendig, alle Abstände D_j vom unbekannten Muster zu allen bekannten Mustern j einer bestimmten Klasse zu berechnen. Das Gesamtpotential Z einer Klasse (mit insgesamt n Mustern) am Ort des unbekannten Musters ist

$$Z = \sum_{j=1}^{n} z(D_j)$$

Die Funktion $z(D)$ gibt den Potentialverlauf für einen einzelnen Ladungspunkt in Abhängigkeit vom Abstand D an [8]. Man kann das Gesamtpotential einer Klasse auch als Maß für die klassenbedingte Wahrscheinlichkeit auffassen.

Da dieses Verfahren sehr rechenaufwendig sein kann, wird meist die folgende *einfachere Version* verwendet. Man sucht aus den bekannten Mustern der Datensammlung jene heraus, die dem unbekannten Muster am nächsten liegen. Unter diesen k Nachbarn wird nun über die Klassenzugehörigkeit des unbekannten Musters abgestimmt, wobei die Abstände der Muster unberücksichtigt bleiben. Bei dieser einfachen *KNN-Methode* (engl.: *k-n*earest-neighbour-*method*) ist ebenso wie bei der Potentialmethode keine Datenreduktion möglich; der Klassifikator beinhaltet alle Daten aller bekannten Muster. Ein Training ist allerdings auch nicht notwendig und neue, bekannte Muster können zu vorhandenen Daten jederzeit zugefügt werden. Die KNN-Methode und insbesondere die Potentialmethode sind nur für kleine Datensätze anwendbar; die Erfolgsraten dieser Methoden sind allerdings hoch.

Die letztgenannten Klassifizierungsverfahren sind ähnlich der Bibliothekssuche für Spektren, bei der für ein unbekanntes Spektrum die ähnlichsten Spektren aus einer Spektrenbibliothek gesucht werden. Der (Euklidische) Abstand zweier Spektren-Muster ist ein Maß für die Unähnlichkeit der Spektren. Die Zielsetzung der Bibliothekssuche ist jedoch meist die Identifizierung einer Substanz, während bei der KNN-Klassifikation nur die Zuordnung zu einer (Substanz)-Klasse erfolgt.

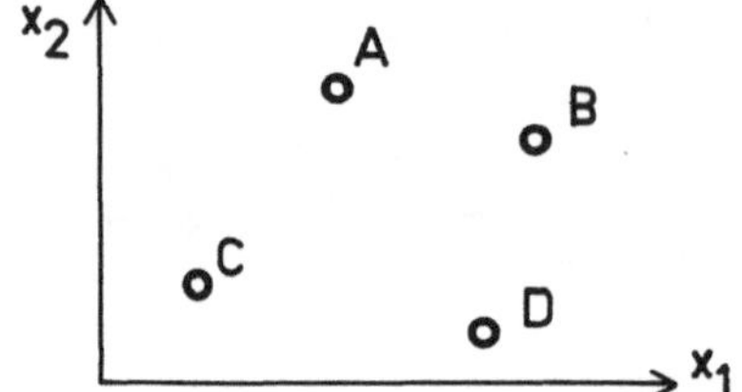

Abb. 6.10. Wenn die Anzahl der Objekte im Vergleich zur Anzahl der Dimensionen zu klein ist, dann ist die Wahrscheinlichkeit groß, daß eine zufällig getroffene Klasseneinteilung linear separierbar ist

6.2.4 Merkmalsauswahl. Bei vielen Klassifikationsaufgaben ist es anfänglich nicht klar, welche Merkmale von Bedeutung sind. Für komplexe Probleme wird man daher zunächst möglichst viele Daten erfassen und dann mit mathematischen Methoden die relevanten Merkmale auswählen. Nicht relevante Merkmale sind nicht nur unnötiger Ballast, sie können auch die Ergebnisse verfälschen.

Eine Reduktion der Merkmalsanzahl ist oft auch deswegen notwendig, weil die Anzahl n der Objekte zu klein ist im Vergleich zur Anzahl d der Merkmale (Dimensionen). Abbildung 6.10 demonstriert diesen Sachverhalt an einem Beispiel mit $n = 4$ Objekten und $d = 2$ Dimensionen. Auch bei einer willkürlichen Aufteilung der vier Objekte in zwei Klassen ist es in diesem Fall fast immer möglich, die Klassen durch eine Entscheidungsgerade zu separieren. Eine gefundene lineare Separierbarkeit ist daher kein Beweis für eine ausgeprägte Clusterstruktur bzw. dafür, daß die Merkmalsmuster für bestimmte Klassen charakteristisch sind. Die Wahrscheinlichkeit p einer zufälligen linearen Separierbarkeit ist zu groß (in diesem Fall ist $p = 0{,}88$).

Abbildung 6.11 zeigt p als Funktion von n/d für verschiedene Werte von n. Nur bei sehr kleinen Werten von p (z. B. für $n/d = 3$ und etwa $n = 100$ Objekten) ist eine gefundene lineare Separierbarkeit signifikant; allerdings ist das noch kein Beweis, daß zwischen den verwendeten Merkmalen und der Klassenaufteilung ein echter chemisch-physikalischer Zusammenhang besteht. Eine prak-

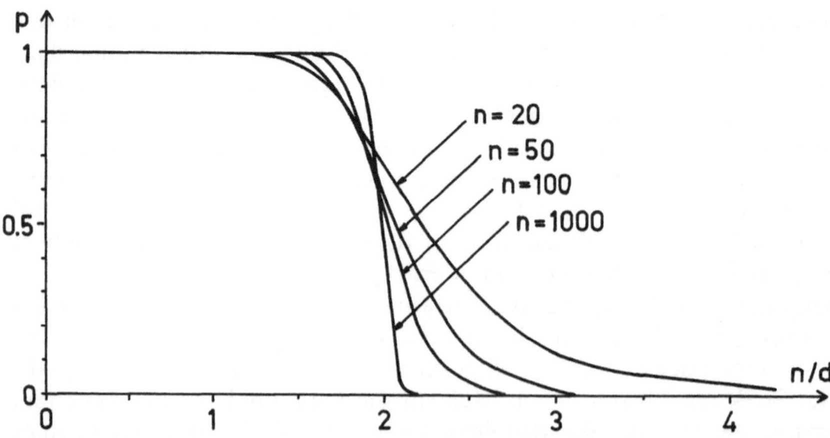

Abb. 6.11. Wahrscheinlichkeit p einer zufälligen linearen Separierbarkeit in zwei Klassen von n Mustern bei d Dimensionen

tische Schwierigkeit bei einer Anwendung der Kurven in Abb. 6.11 liegt darin, daß d die Zahl der tatsächlich relevanten Dimensionen sein muß (beispielsweise dürfen zwei Merkmale, die stark korrelieren, nur einfach gezählt werden).

Die mathematische Merkmalsauswahl sollte im Hinblick auf eine bestimmte Klassenaufteilung durchgeführt werden. Sehr gebräuchlich ist der *Fisher-Quotient F*.

$$F_i = \frac{(m_{i1} - m_{i2})^2}{v_{i1} + v_{i2}}$$

m_{i1}, m_{i2}: sind die arithmetischen Mittelwerte des Merkmals i für die Klassen 1 und 2,

v_{i1}, v_{i2}: sind die entsprechenden Varianzen

Ein hoher Fisher-Quotient F_i eines Merkmals i zeigt eine gute Diskriminierungsfähigkeit dieses Merkmals an (die Mittelwerte für beide Klassen unterscheiden sich stark und die Varianzen sind klein). Eine genauere Beurteilung der Diskriminierungsfähigkeit eines Merkmals ist mit Hilfe von Wahrscheinlichkeitsdichtekurven möglich.

Wenn der Quotient n/d genügend groß ist, kann auch ein Klassifikatortraining mit anschließender Erfolgskontrolle zur Auswahl von Merkmalen verwendet werden. Merkmale, die während des Trainings sehr selten benützt wurden oder Merkmale deren Weglassung das Ergebnis nicht wesentlich verschlechtert, können offensichtlich eliminiert werden.

Eine Merkmalsauswahl ohne vorgegebene Klassen ist problematisch; am ehesten kommt dafür eine Clusteranalyse der Merkmale in Frage (Abschnitt 6.2.5).

Alle Verfahren zur Merkmalsauswahl, die für größere Datensätze anwendbar sind, leiden unter dem Nachteil, daß die Merkmale einzeln beurteilt werden; das Ziel ist aber eine optimal zusammengestellte Gruppe von Merkmalen. Man sollte sich bei der Merkmalsauswahl keinesfalls nur auf mathematische Methoden verlassen, sondern möglichst viel chemisches Wissen über bekannte, vermutete oder ausgeschlossene Zusammenhänge zwischen Merkmalen und Klassenzugehörigkeit anwenden.

6.2.5 Clusteranalyse. Das Ziel der Clusteranalyse ist es, für einen gegebenen Datensatz von Mustervektoren festzustellen, welche Muster im Merkmalsraum natürliche Gruppen (Cluster) bilden. Eine Abgrenzung von Clustern ist erfolgreich, wenn es innerhalb der gefundenen Cluster gemeinsame, interessierende Eigenschaften der Objekte gibt.

Die Erkennung von Clustern im vieldimensionalen Merkmalsraum ist nicht einfach. Es müssen stets empirische Parameter eingesetzt werden, da man Form und Größe eines Clusters nicht allgemein gültig definieren kann; somit ist die Abgrenzung von Clustern immer etwas willkürlich. Das Ergebnis hängt insbesondere von den verwendeten Merkmalen, dem Ähnlichkeitskriterium (Abstandsmaß) und der Methode zur Erkennung von Clustern ab.

Von den zahlreichen Clustermethoden [4, 21] soll hier nur ein einfaches *hierarchisches Verfahren* beschrieben werden. Es wird dabei zunächst die Ab-

standsmatrix berechnet (d. h. die Abstände zwischen allen möglichen Paaren
von Mustern). Jene zwei Musterpunkte, die voneinander den kleinsten Abstand
haben, werden in einem neuen Punkt vereinigt, der in der Mitte zwischen den
zu vereinigenden Punkten liegt. Die ursprünglichen zwei Punkte werden entfernt (Abb. 6.12). Nach einer entsprechenden Korrektur der Abstandsmatrix
wird das Verfahren solange fortgesetzt, bis ein kritischer Abstand bei der Vereinigung zweier Punkte überschritten ist. Die Wahl dieses kritischen Abstandes
ist weitgehend willkürlich; er bestimmt die Anzahl der gefundenen Cluster.
Die Verknüpfungen der Muster können übersichtlich in einem *Dendogramm*
dargestellt werden (Abb. 6.12).

Das menschliche Gehirn erkennt sehr gut zwei- oder drei-dimensionale
Strukturen. Diese Fähigkeit kann man zur Clusteranalyse ausnützen, indem
man den vieldimensionalen Merkmalsraum auf eine geeignete zweidimensionale Ebene projiziert (wie es in Abschnitt 6.2.3 beschrieben wurde).

Es gibt auch Vorschläge, multivariate chemische Daten in Form leicht er-
faßbarer, bildlicher Darstellungen dem Menschen für eine Klassifizierung zugänglich zu machen; beispielsweise als computergezeichnete Gesichter, in denen die Gesichtszüge durch die Komponenten des Mustervektors bestimmt
werden. Weniger amüsante Graphiken werden in der Chemie z. B. in Form von
Strichspektren schon lange verwendet. Praktisch alle menschlichen Sinnesein-
drücke sind als eine Art von Mustererkennung aufzufassen, da stets eine Vielzahl von Merkmalen gleichzeitig erfaßt wird. So wurde vorgeschlagen, multivariate chemische Daten als akustische Muster zu repräsentieren, z. B. als kurze
Melodie oder als Laute einer Kunstsprache. Praktische Anwendungen dieser
Art von „Menschen-unterstützter Mustererkennung" sind in der Chemie bisher
allerdings nicht bekannt.

Beispiele. Das wohl bedeutsamste Beispiel für eine Clusteranalyse in der Chemie – ohne moderne mathematische Methoden – ist die Entdeckung des Peri-
odensystems der Elemente.

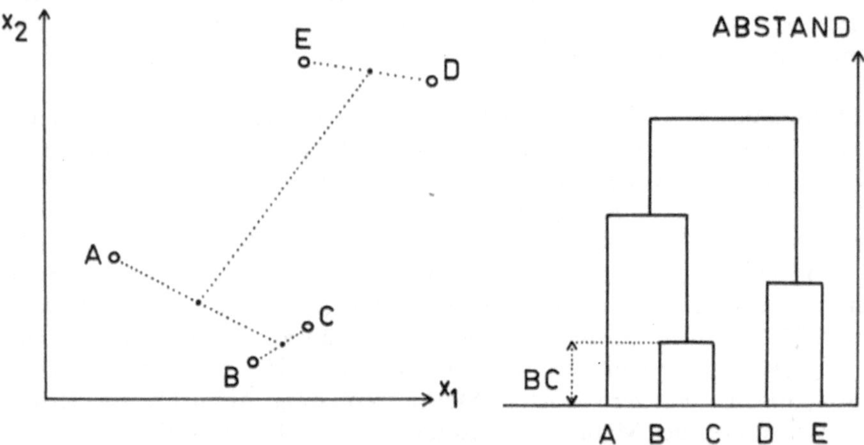

Abb. 6.12. Hierarchische Methode zur Clusteranalyse. Das Dendogramm (rechts) zeigt die
gefundene Verknüpfung der Muster

Die mathematischen Methoden der Clusteranalyse finden vielfältige Anwendungen bei der Interpretation chemischer Daten. Bei *Materialproben* (die etwa durch den Gehalt einiger Spurenelemente charakterisiert sind) kann auf die gleiche Entstehungsgeschichte geschlossen werden, wenn die Merkmalsmuster dem selben Cluster angehören. Solche chemometrische Methoden sind in der Archäologie, in der forensischen Chemie, aber auch in der Lebensmittelchemie wichtig.

Die Trenneigenschaften einer stationären Phase in der *Chromatographie* können charakterisiert werden, indem man die Retentionsindizes für einen Satz ausgewählter Substanzen angibt. Jeder Retentionsindex entspricht einem Merkmal und jede stationäre Phase einem Punkt im mehrdimensionalen Merkmalsraum. Mehrere Untersuchungen haben gezeigt, daß in dieser Darstellung Phasen mit ähnlichen Trenneigenschaften Cluster bilden [4]; es wurde daher vorgeschlagen, Mustererkennungsmethoden als Hilfe bei der Auswahl stationärer Phasen einzusetzen.

Üblicherweise betrifft die Clusteranalyse Objekte (Proben, Substanzen, Systeme), die durch Merkmale (Meßdaten) charakterisiert sind. Eine wichtige Variante ist die Umkehr dieser Methode, nämlich eine *Clusteranalyse der Merkmale*. Zur Charakterisierung eines Merkmals können beispielsweise die Korrelationskoeffizienten bezüglich aller anderen Merkmale verwendet werden. Jedem Korrelationskoeffizient entspricht dann eine Koordinatenachse und jedem Merkmal ein Punkt im vieldimensionalen Raum. Eine Clusteranalyse liefert jene Merkmale, die einen ähnlichen Satz von Korrelationskoeffizienten haben und somit meist auch einen gemeinsamen Ursprung. Mit dieser Methode können beispielsweise in Umweltproben (charakterisiert durch die Konzentrationen mehrerer Komponenten) korrelierende Schadstoffe gefunden werden. Mit einer ähnlichen Methode wurde eine Clusteranalyse von einigen Fettsäuren durchgeführt, deren Konzentrationen in mehreren Ziegenmilchproben bestimmt wurden. Die gefundenen Cluster entsprachen den unterschiedlichen biosynthetischen Wegen, auf denen diese Fettsäuren gebildet werden [22].

6.2.6 Zusammenfassung. Moderne automatisierte Analysengeräte ermöglichen in relativ einfacher Weise, eine Vielzahl von Daten über eine Probe oder ein System zu ermitteln; die Gefahr eines Zahlenfriedhofes ist daher groß. Andererseits verlangen komplexe Probleme tatsächlich, daß möglichst viele Parameter erfaßt werden. Mustererkennungsmethoden sind – neben anderen mathematischen und statistischen Verfahren – ein Hilfsmittel zur objektiven Auswertung und zum Ordnen multivariater chemischer Daten.

Der Einsatz von Mustererkennungsmethoden bietet sich dann an, wenn man es mit einer größeren Anzahl von Objekten zu tun hat und jedes Objekt durch einen Satz numerischer Merkmale charakterisiert ist. Der entscheidende Schritt liegt bei der Auswahl geeigneter Merkmale. Wenn ein bestimmtes Klassifizierungsproblem vorgegeben ist, sollte bei der Merkmalsauswahl zunächst so viel wie möglich chemisches Wissen angewendet werden und erst dann mathematische Methoden herangezogen werden. Sind die Merkmale weitgehend vorgegeben (wie z. B. in der Spektroskopie), so sollte eine Clusteranalyse zeigen, welche Fragestellungen auf Grund der gegebenen Daten überhaupt sinnvoll sind.

Für eine Anwendung einfacher Klassifizierungsmethoden genügen schon geringe Programmierkenntnisse und ein kleiner Computer. Ein leistungsfähiges Programmpaket („Arthur"), das die meisten der in der Chemie wichtigen Mustererkennungsmethoden enthält, wurde von B. R. KOWALSKI und Mitarbeitern an der University of Washington (Seattle, USA) erarbeitet [23]. Computerprogramme für Clusteranalysen und kompliziertere statistische Auswertungen stehen im allgemeinen an (universitären) Rechenzentren zur Verfügung. Ein Programmpaket für Mustererkennungsmethoden, das quasi als black-box verwendbar ist, fehlt allerdings noch.

Da die in der Chemie auftretenden Klassifizierungsprobleme oft sehr komplex sind, können Mustererkennungsmethoden nur eine Vor-Interpretation von Daten bieten. Man sollte daher immer im Auge behalten, daß die Anwendung dieser Methoden in der Chemie den Charakter von numerischen Experimenten haben, die Korrelationen aufzeigen können aber nicht Kausalitäten. Leider wurden in einigen Arbeiten auf diesem Gebiet - es sind insgesamt bisher mehr als 500 Publikationen erschienen - die Experimente weder gut geplant, noch die Ergebnisse objektiv interpretiert. Das führte dazu, daß Mustererkennungsmethoden in der Chemie einige Zeit in Verruf geraten waren. In den letzten Jahren jedoch wurde die Einstellung zu diesen Methoden realistischer und die Zahl der Anwendungen hat stark zugenommen - insbesondere zur Klassifizierung von Materialien. Mustererkennungsmethoden werden - wie andere Verfahren auch - als Werkzeug benützt um chemische Probleme besser und schneller lösen zu können. Die Vorteile von Mustererkennungsmethoden mit Hilfe des Computers liegen in der Automatisierbarkeit, Schnelligkeit und Objektivität. Die Entscheidung, ob die erhaltenen Ergebnisse einer chemischen Interpretation zugänglich und damit nützlich und anwendbar sind, muß der Chemiker für jede konkrete Situation jedoch selbst treffen.

6.3 Optimierung

6.3.1 Einleitung. Experimente werden oft zu dem Zweck durchgeführt, eine Meßmethode, ein Herstellungsverfahren oder eine Experimentalmethode zu verbessern. Das Ziel ist es, für die Einflußgrößen (Faktoren) jene Kombination von Werten zu finden, die ein optimales Resultat liefert. Dabei müssen vorgegebene Grenzwerte für die Faktoren (z. B. Temperatur, Druck, Konzentration) eingehalten werden. Mathematische Optimierungsmethoden, erlauben es, das Optimum systematisch zu ermitteln. Dazu ist es notwendig, das zu optimierende System durch ein einziges, numerisches *Optimierungskriterium* (engl.: response function) zu beschreiben; beispielsweise kann die Empfindlichkeit einer Methode oder die Ausbeute eines Produktionsverfahrens maximiert werden. Die objektive Definition eines einzigen, geeigneten Optimierungskriteriums ist in der Praxis allerdings oft nur unter vereinfachenden Annahmen möglich.

Für Experimente, die durch zwei Faktoren (z. B. Temperatur und Reaktionszeit) beeinflußt werden, kann das Optimierungskriterium (z. B. Ausbeute) graphisch durch Schichtenlinien dargestellt werden. Ist die Modellgleichung der sog. Responsefläche bekannt, so läßt sich das Optimum aus einem Satz von Experimenten durch eine Regressionsrechnung bestimmen.

Meist ist jedoch die Form der *Responsefläche* dem Experimentator nicht bekannt; sie ist gewöhnlich auch unanschaulich, weil die Anzahl der Faktoren größer als zwei ist, und schließlich können auch besondere Formen der Fläche meist nicht ausgeschlossen werden (wie z. B. Nebenmaxima, Rücken, Sättel, Plateaus und selbst Instabilitäten). Es ist daher meist zweckmäßiger, empirische Verfahren zur Optimierung zu verwenden. Dazu werden die Experimente nach einer bestimmten Strategie durchgeführt, und die Ergebnisse bestimmen, mit welchen Experimenten die Optimierung fortgesetzt wird. Das Ziel ist, mit einer möglichst kleinen Anzahl von Experimenten das Optimum mit großer Sicherheit zu finden [3, 4, 10].

6.3.2 Methoden. Man unterscheidet grundsätzlich zwei Arten von Optimierungsmethoden:

1. Bei den *streng vorgeplanten Methoden* wird über das Gebiet, innerhalb dessen die Faktoren variieren dürfen, ein Raster gelegt; jeder Rasterpunkt entspricht einem Experiment. Auf diese Weise wird die Lage des Optimums lokalisiert und dann in Fortsetzung dieses Verfahrens mit einem feineren Raster genauer bestimmt. Anstatt eines regelmäßigen Rasters können auch Punkte im Arbeitsgebiet mittels Zufallszahlen gewählt werden. Ein Nachteil dieser Methode ist die stark steigende Anzahl von notwendigen Experimenten, wenn die Zahl der Faktoren zunimmt; ein Vorteil ist, daß man eine grundsätzliche Einsicht in die Zusammenhänge zwischen den Faktoren und dem Optimierungskriterium erhält.

2. Bei den *sequentiell arbeitenden Methoden* startet man mit einigen wenigen Experimenten und versucht mit jedem weiteren Experiment möglichst effizient zum Optimum zu finden. Die Gefahr bei einem lokalen Optimum zu landen, vermindert sich, wenn zumindest zwei Optimierungen mit unterschiedlichen Ausgangswerten durchgeführt werden. Wenn die Experimente – etwa auf Grund technischer Gegebenheiten – nacheinander ausgeführt werden müssen, so ist eine sequentiell arbeitende Methode unbedingt vorzuziehen. Einige sequentielle Methoden werden im folgenden kurz behandelt.

Bei der *univariaten Methode* wird in jedem Schritt für nur einen Faktor der optimale Wert bestimmt, wobei die anderen Faktoren konstant bleiben. Die einzelnen Faktoren werden nacheinander immer wieder optimiert bis das Optimum der Responsefläche erreicht ist (Abb. 6.13). Wenn die Variablen voneinander nicht unabhängig sind, kann es passieren, daß dieses Verfahren an einem Rücken der Responsefläche hängen bleibt.

Mit der *Methode des steilsten Anstieges* (Abb. 6.14) kommt man durch Änderung aller Faktoren in jedem Schritt sehr rasch zum Optimum. Dazu wird in der Umgebung des Startpunktes A ein Raster von äquidistanten Punkten erzeugt. Aus den Ergebnissen z_1 bis z_4 der Experimente für diese Punkte kann

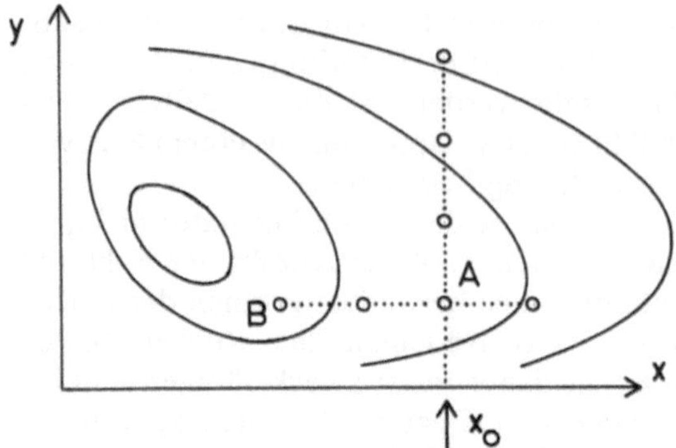

Abb. 6.13. Optimierung mit einer univariaten Methode. Es wird jeweils für eine Variable das ungefähre Optimum festgestellt, während die anderen Variablen konstant gehalten werden. Für einen Ausgangswert x_0 des Faktors x wurden vier Versuche mit verschiedenen Werten für den Faktor y durchgeführt; Versuch A lieferte das beste Ergebnis. Nun wurde y konstant gehalten und x variiert; Versuch B hatte nun das beste Ergebnis. In Fortsetzung dieses Verfahrens und bei entsprechender Verkleinerung der Schrittweise gelangt man zum Optimum

die Richtung des steilsten Anstieges im Startpunkt abgeschätzt werden. Die Anstiege in der x- bzw. y-Richtung sind proportional den Werten r_x und r_y

$$r_x = (z_3 + z_2) - (z_1 + z_4)$$
$$r_y = (z_4 + z_3) - (z_1 + z_2)$$

Punkt A wird in Richtung des steilsten Anstieges der Responsefläche um eine Strecke D nach B verschoben, indem die x- bzw. y-Koordinaten um die Beträge $(r_1/r)D$ bzw. $(r_2/r)D$ verändert werden; wobei $r^2 = r_1^2 + r_2^2$ ist (Abb. 6.14).

Ein sehr beliebtes und leistungsfähiges Optimierungsverfahren ist die *Simplex-Methode* [24]. Unter einem Simplex versteht man eine geometrische Figur mit $d+1$ Ecken, wobei d die Anzahl der Faktoren (Dimensionen) ist. Für zwei

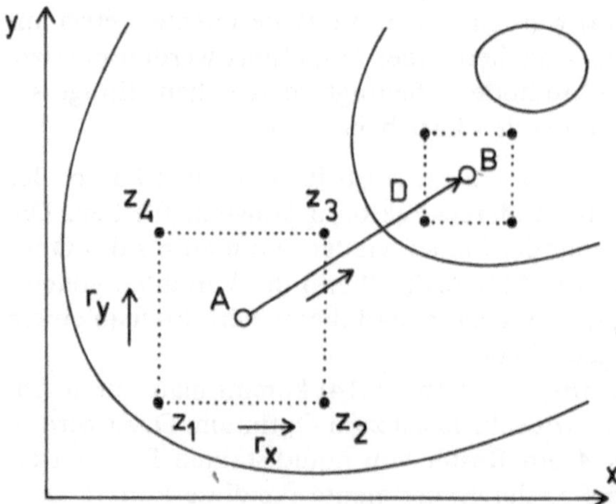

Abb. 6.14. Optimierung mit der Methode des steilsten Anstieges

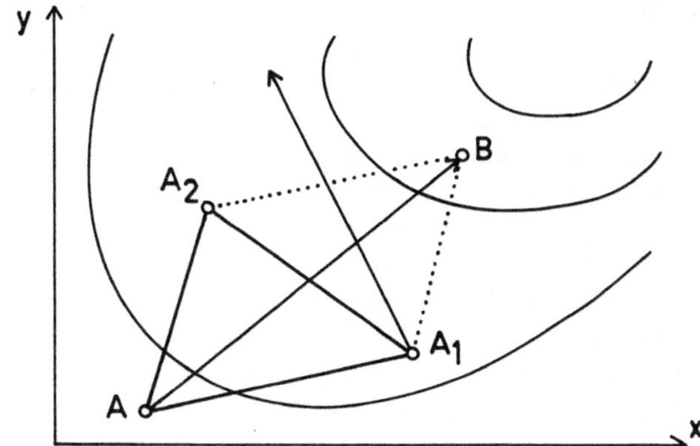

Abb. 6.15. Optimierung mit der Simplex-Methode. Startsimplex: A, A_1, A_2. Das Experiment A liefert das schlechteste Ergebnis; daher wird A nach B verschoben. Im neuen Simplex A_1, A_2, B hat A_1 das schlechteste Ergebnis und wird im nächsten Schritt verschoben

Faktoren ist das Simplex ein Dreieck, für drei Faktoren eine dreiseitige Pyramide, usw. Das Optimierungsverfahren startet mit einem weitgehend beliebigen Simplex (also mit $d+1$ Experimenten). Jener Eckpunkt des Simplex, der das schlechteste Ergebnis liefert, wird nun nach einem vorgegebenen Algorithmus auf einen besseren Platz verschoben. Es entsteht ein neues Simplex, das dem Optimum näher liegt (Abb. 6.15). Das Experiment für den neuen Punkt wird durchgeführt und das Verfahren in gleicher Weise fortgesetzt. Im Prinzip führt jedes neue Experiment näher an das Optimum heran.

Für den Algorithmus zur Verschiebung des Punktes A mit dem schlechtesten Ergebnis gibt es mehrere Möglichkeiten (Abb. 6.16). Zunächst wird stets der Schwerpunkt S der übrigen Punkte des Simplex berechnet. Zur Berechnung des Schwerpunktes im vieldimensionalen Fall siehe Abschnitt 6.2.2. Punkt A wird nun am Schwerpunkt S „gespiegelt" und im einfachsten Fall wird der dabei erhaltene Punkt B als neuer Simplexpunkt verwendet. Das Ergebnis für Punkt B kann auch dazu verwendet werden, um auf der Geraden AS einen günstigeren Punkt als B zu finden: Wenn das Ergebnis in B besser ist, als

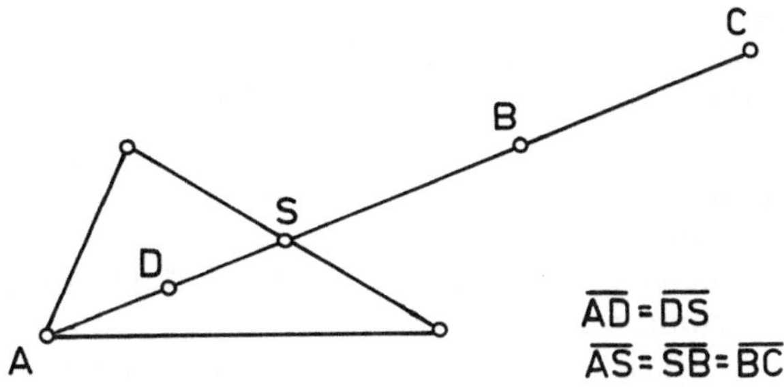

Abb. 6.16. Simplex-Methode: verschiedene Varianten zur Verschiebung des schlechtesten Punktes A zu einem verbesserten Wert (D, B, C)

das beste Ergebnis aller übrigen Punkte, dann wird Punkt C als nächster Simplexpunkt verwendet. Wenn jedoch das Ergebnis in B schlechter ist, als für den ursprünglich schlechtesten Punkt A, dann wird das Simplex verkleinert und Punkt D verwendet.

Falls man beim Verschieben des schlechtesten Punktes außerhalb des erlaubten Arbeitsgebietes kommt, dann kann für diesen Punkt ein Experiment natürlich nicht durchgeführt werden; man setzt in diesem Fall das Optimierungskriterium für den außenliegenden Punkt auf einen willkürlich gewählten, sehr schlechten Wert und setzt das Verfahren fort.

Wenn die Anzahl der Faktoren nicht zu groß ist, so ist es nach Auffinden eines Optimums zweckmäßig, in diesem Bereich alle Faktoren systematisch zu variieren und die entsprechenden Experimente auszuführen. Auf diese Weise erfährt man, welche Faktoren im Bereich des Optimums den größten Einfluß auf das Ergebnis haben; zusätzlich können Toleranzen für die einzelnen Faktoren ermittelt werden, innerhalb derer man sich sehr nahe dem Optimum befindet.

Bei der praktischen Anwendung des Simplex-Verfahrens treten mitunter einige Schwierigkeiten auf, wie z. B.:

- Wahl der richtigen Größe des Anfangssimplex,
- geeignete Anpassung der Größe des Simplex während der Optimierung,
- Vermeidung des „im Kreise Gehens" (diese Gefahr besteht, wenn ein schon einmal behandeltes Simplex neuerlich auftritt),
- Behandlung diskret abgestufter Faktoren.

6.3.3 Anwendungen. Optimierungsverfahren sind in der analytischen Chemie für vielfältige Aufgaben eingesetzt worden. Als einfaches Beispiel sei die Optimierung einer photometrischen Vanadium-Bestimmung kurz besprochen. Als Reagenz werden Wasserstoffperoxid und Schwefelsäure der auf Vanadium zu prüfenden Lösung zugesetzt und anschließend die Absorption der Lösung gemessen. Die Absorption hängt bei konstanter Vanadiumkonzentration von den Mengen beider Reagenzien ab: zu wenig Reagenz führt zu einer unvollständigen Reaktion, zuviel Reagenz erzeugt eine weniger absorbierende Spezies und verdünnt überdies die Lösung. Mit Hilfe der Simplex-Methode erreicht man in etwa zehn Schritten das Optimum [25]. Zahlreiche andere, ähnliche Analysenmethoden wurden auf diese Weise optimiert.

Das Trennvermögen chromatographischer Verfahren wurde mit Hilfe von Optimierungsmethoden verbessert; beispielsweise durch Ermittlung der optimalen Werte für Säulentemperatur und Trägergasstrom. Andere Einsätze von Optimierungsverfahren betreffen spektroskopische Methoden und Atomabsorption.

Auch die Berechnung eines Klassifikators für Mustererkennungsmethoden (Abschnitt 6.2.2) kann als Optimierungsproblem aufgefaßt werden. Das Optimierungsziel ist eine möglichst gute Separierung von vorgegebenen Klassen (von Substanzen oder Materialien); die Faktoren sind die Parameter der zu erstellenden Klassifikationsregel.

Trotz leistungsfähiger Optimierungsverfahren, die mit relativ wenigen Experimenten das Optimum finden, ist der experimentelle Aufwand meist recht groß. Besonderes Augenmerk ist auf Meßfehler zu legen. Jedes Experiment muß im allgemeinen mehrfach durchgeführt werden, da der Fehler signifikant kleiner sein muß als der kleinste relevante Unterschied im Optimierungskriterium.

6.4 Literatur

1. Ziegler, E., in: Ullmanns Encyklopädie d. techn. Chem., 4. Aufl., Bd. 5, S. 51, Verlag Chemie, Weinheim 1980
2. Kowalski, B. R.: J. Chem. Inf. Comp. Sci. *15*, 201 (1975)
3. Kateman, G., Pijpers, F. W.: Quality Control in Analytical Chemistry, Wiley, New York 1981
4. Massart, D. L., Dijkstra, A., Kaufman, L.: Evaluation and Optimization of Laboratory Methods and Analytical Procedures, Elsevier, Amsterdam 1978
5. Johnson, K. J.: Numerical Methods in Chemistry, Marcel Dekker, New York 1980
6. Kowalski, B. R., Anal. Chem., *52*, 112 R (1980)
7. Frank, I. E., Kowalski, B. R.: Anal. Chem. *54*, 232 R (1982)
8. Varmuza, K.: Pattern Recognition in Chemistry, Springer-Verlag, Berlin, Heidelberg, New York 1980
9. Malinowski, E. R., Howery, D. G.: Factor Analysis in Chemistry, Wiley, New York 1980
10. Retzlaff, G., Rust, G., Waibel, J.: Statistische Versuchsplanung, Verlag Chemie, Weinheim 1975
11. Eckschlager, K., Stepanek, V.: Information Theory as Applied to Chemical Analysis, Wiley, New York 1979
12. Niemann, H.: Methoden der Mustererkennung, Akad. Verlagsges., Frankfurt/M. 1974
13. Steinhagen, H. E., Fuchs, S.: Objekterkennung – Einführung in die mathematischen Methoden der Zeichenerkennung, VEB Verlag Technik, Berlin (DDR) 1976
14. Erickson, G. A., Gerlach, R. W., Jochum, C. J., Kowalski, B. R.: Cereal Foods World *26*, 383 (1981)
15. Varmuza, K.: Anal. chim. acta *122*, 227 (1980)
16. Jurs, P. C., Isenhour, T. L.: Chemical Applications of Pattern Recognition, Wiley, New York 1975
17. Rotter, H., Varmuza, K.: Anal. chim. acta *103*, 61 (1978)
18. Wold, S., Sjöström, M., in: Kowalski, B. R. (Hrsg.), Chemometrics, Theory and Application, S. 243, Amer. Chem. Soc., Washington D.C. 1977
19. Stuper, A. J., Brügger, W. E., Jurs, P. C.: Computer Assisted Studies of Chemical Structure and Biological Function, Wiley, New York 1979
20. Dunn, W. J., Wold, S.: Bioorg. Chem. *9*, 505 (1980)
21. Steinhausen, D., Langer, K.: Clusteranalyse, de Gruyter, Berlin 1977
22. Massart-Leen, A. M., Massart, D. L.: Biochem. J., *196*, 611 (1981)
23. Duewer, D. L., Koskinen, J. R., Kowalski, B. R.: Arthur (Pattern Recognition Program), erhältlich von Kowalski, B. R.: Lab. for Chemometrics, Dept. of Chemistry, BG-10, University of Washington, Seattle, USA 1975
24. Deming, S. N., Parker, L. R., Jr.: CRC Crit. Rev. Anal. Chem. *7*, 187 (1978)
25. Shavers, C. L., Parsons, M. L., Deming, S. N.: J. Chem. Educ. *56*, 307 (1979)

Kapitel 7. Praktische Anwendung von MO-Verfahren

P. Bischof

Institut für Organische Chemie, Universität Heidelberg, Im Neuenheimer Feld 270,
D-6900 Heidelberg

7.1 Das „MO-Spektrometer"

Die Quantenchemie befaßt sich mit dem Problem, Moleküle mathematisch mit
Wellenfunktionen zu beschreiben mit dem Ziel, physikalische Größen und chemische Eigenschaften berechnen zu können.

Durch diese Problemstellung wird das Arbeitsgebiet Quantenchemie
zwangsläufig interdisziplinär:

Der organische Chemiker bringt normalerweise nicht die mathematischen
Grundlagen mit, um die vom Theoretiker erarbeiteten Modelle zu verstehen
und letzterer verfügt meistens nicht über die praktische Erfahrung, um seine
Methoden an aktuellen Problemen der experimentellen Chemie anzuwenden.

Trotzdem haben insbesondere qualitative [1] Betrachtungen in den letzten
Jahren zunehmend an Bedeutung gewonnen und wesentlich zum Verständnis
experimenteller Tatsachen beigetragen. So haben die Woodward-Hoffmann-
Regeln [2] eindrücklich demonstriert, wie mit einfachen MO-Modellen stereochemische Konsequenzen erfolgreich vorausgesagt werden können.

Die Anwendung dieser Regeln auf komplexere Systeme (und vor allem auf
Moleküle mit Heteroatomen) setzt allerdings voraus, daß die Molekülorbitale
mit Hilfe entsprechender Methoden berechnet werden.

Dieser Beitrag soll den organischen Chemiker ermutigen, auch ohne
Kenntnisse der theoretischen Details quantenchemische Programme als eine
Art „Spektrometer" zu betrachten, das durchaus wertvolle Informationen lie-
fern kann. Bei falscher Handhabung dieser „black box", die durch mangelndes

Verständnis des „Innenlebens" dieses „Spektrometers" vorkommen kann, sind jedoch fehlerhafte Ergebnisse zu erwarten. Es ist deshalb bei Inbetriebnahme darauf zu achten, daß ein entsprechender Beratungsdienst (d.h. ein etwas besser versierter Anwender) zur Verfügung steht, um helfend einzugreifen.

Ein solches „Spektrometer" ist schematisch in Abb. 7.1 dargestellt. Es fällt dabei auf, daß im Gegensatz zu wirklichen Spektrometern viele Informationen geliefert werden, die scheinbar nichts miteinander zu tun haben.

Genau wie bei tatsächlichen Spektrometern gibt es nun verschiedene Modelle, die je nach Aufwand teurer, billiger, zuverlässiger oder anfälliger arbeiten.

Die Modelle, von denen hier gesprochen wird, sind durch Abkürzungen gekennzeichnet wie CNDO, MINDO, EHT usw., deren Bedeutungen später erklärt werden.

Der Aufbau und die physikalischen Grundlagen unserer „black box" sollen hier nur am Rande erwähnt werden, da genügend vertiefende Literatur zur Verfügung steht.

Dem Leser seien nach steigendem Schwierigkeitsgrad geordnete Bücher besonders empfohlen:

1. Murrell, J. N. und Harget, A. J.: Semi-empirical Self-consistent-field Molecular-orbital Theory of Molecules, (engl.), Wiley-Interscience, London 1972, 180 Seiten
2. Pople, J. A. und Beveridge, D. L.: Approximate Molecular Orbital Theory, (engl.), McGraw-Hill Book Company, New York 1970, 214 Seiten
3. Dewar, M. J. S.: The Molecular Orbital Theory of Organic Chemistry, (engl.), McGraw-Hill Book Company, New York 1969, 470 Seiten
4. Scholz, M. und Köhler, H.-J.: Quantenchemische Näherungsverfahren und ihre Anwendung in der organischen Chemie, Quantenchemie Band 3, (dtsch.), Dr. Alfred Hüthig Verlag, Heidelberg 1981, 557 Seiten
5. Kutzelnigg, W.: Einführung in die Theoretische Chemie, (dtsch.), Band 1 (297 Seiten) und Band 2 (594 Seiten), Verlag Chemie, Weinheim 1975

Zudem sei dem Benutzer quantenchemischer Programme dringend empfohlen, auf die Originalliteratur der jeweiligen Verfahren zurückzugreifen, wo die Vor- und Nachteile der einzelnen Modelle sowie deren Arbeitshypothesen im Detail beschrieben sind. Die meisten der erhältlichen Programme setzen nämlich voraus, daß der Benutzer mit der Methode vertraut ist und schützen ihn nicht vor Fehlmanipulationen.

Merke: Zahlen erhält man immer, *richtige* Zahlen jedoch nur dann, wenn z.B. die zur Durchführung der Rechnung benötigten Parameter auch tatsächlich definiert sind!

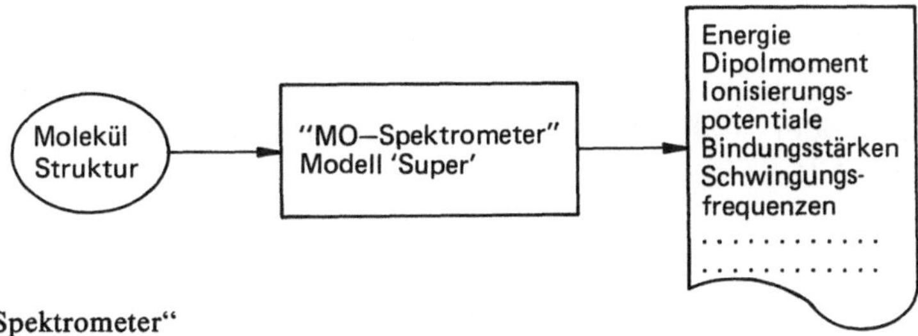

Abb. 7.1. Das „MO-Spektrometer"

Im folgenden Abschnitt soll kurz auf die wesentlichen Bestandteile der „black box" eingegangen werden. Für die Bedienungsanleitung und möglicherweise notwendige „Wartungsarbeiten" sei auf die oben angegebene Literatur verwiesen.

7.2 Das Molekül im „MO-Spektrometer"

Ein Molekül besteht aus einer Anzahl (N) positiv geladener Atomkerne, in deren elektrostatischem Feld sich die Elektronen bewegen. Weil die Bewegung der Elektronen wegen ihrer geringeren Masse sehr viel schneller ist als die der Kerne, wird in einer quantenchemischen Beschreibung eines Moleküls meistens angenommen, daß die Atomkerne ruhen und sich die Elektronen in einem stationären elektrostatischen Potentialfeld bewegen.

Diese Näherung, welche die Rechnungen wesentlich vereinfacht, wird als Born-Oppenheimer-Näherung [3] bezeichnet. Sie beinhaltet, daß die Kernbewegungen und die Elektronenbewegungen „separiert" werden können und deshalb die Gesamtwellenfunktion des Moleküls als ein Produkt zweier Funktionen beschrieben werden kann, von welchen die eine (die elektronische Wellenfunktion) die Kernkoordinaten nur noch als Parameter enthält und von den Impulsen der Atomkerne unabhängig ist.

Chemische und physikalische Eigenschaften eines Moleküls werden dann allein durch die Bahnen (und damit durch die Aufenthaltswahrscheinlichkeiten) der Elektronen bestimmt. Eine solche Elektronenbahn kann als Orbital bezeichnet werden und entsprechend nennt man sie bei einem Molekül *Molekül*orbital (MO), bei einem Atom *Atom*orbital (AO).

Dabei muß berücksichtigt werden, daß ein Elektron außer durch seine kartesischen Koordinaten x_i, y_i und z_i auch durch eine Spinkoordinate σ_i beschrieben werden muß. Ein Orbital ϕ_k ist deshalb eine Funktion dieser vier Koordinaten:

$$\phi_k = \phi_k(x_i, y_i, z_i, \sigma_i) = \phi_k(i) \tag{1}$$

wobei $\phi_k(i)$ die übliche abgekürzte Schreibweise ist. Meistens wird zudem vorausgesetzt, daß sich diese Funktion separieren läßt in eine reine Spinfunktion (ξ) und eine reine Raumfunktion ϕ_k':

$$\phi_k(i) = \xi(\sigma_i)\phi_k'(x_i, y_i, z_i) = \xi(i)\phi_k'(i) \tag{2}$$

Berücksichtigt man die Tatsache, daß der Spin σ_i nur die Werte $+\frac{1}{2}\hbar$ (α-spin) oder $-\frac{1}{2}\hbar$ (β-spin) annehmen kann, so sind die folgenden Schreibweisen sinnvoll:

a) für α-spin: $\quad \phi_k(i) = \alpha \cdot \phi_k'(i) = \phi_k(i)$ $\tag{3}$

b) für β-spin: $\quad \phi_k(i) = \beta \cdot \phi_k'(i) = \bar{\phi}_k(i)$ $\tag{4}$

Jedes Raumorbital kann gemäß dem Pauli-Prinzip [7] von zwei Elektronen besetzt werden, von denen eines α-Spin, das andere aber β-Spin aufweist.

Da die meisten interessierenden Größen spin-unabhängig sind, soll an dieser Stelle in erster Linie darauf aufmerksam gemacht werden, daß die beiden Funktionen $\phi_k(i)$ und $\bar{\phi}_k(i)$ *nur räumlich* die gleichen Funktionen sind.

Im Falle eines einzelnen Atoms ist nun das Potentialfeld, in dem sich die Elektronen bewegen, immer kugelsymmetrisch und die zu erwartenden Orbitale können bei einem einzelnen Elektron exakt, bei mehreren Elektronen in sehr guter Näherung berechnet werden.

Das komplizierte Potentialfeld eines mehratomigen Moleküls führt jedoch in eine scheinbar ausweglose Situation. Während bei linearen Molekülen Zylinderkoordinaten als problemorientiertes Koordinatensystem verwendet werden können, scheitert die Beschreibung eines nichtlinearen Moleküls schon an der Wahl eines geeigneten Koordinatensystems.

Weil die Moleküle aus Atomen aufgebaut sind, erscheint es logisch, auch die Molekülorbitale aus den Atomorbitalen der beteiligten Atome zu konstruieren. Dazu wird ein Molekülorbital ϕ_k als Linearkombination der beteiligten Atomorbitale Φ_μ beschrieben (*Linear Combination of Atomic Orbitals*, LCAO [4]):

$$\phi_k = \sum_\mu C_{k\mu}\, \Phi_\mu \tag{5}$$

Der Summationsindex μ läuft dabei über alle Atomorbitale Φ_μ, deren Gesamtheit auch als der Basissatz (oder die Basis) der Linearkombination bezeichnet wird.

Bei den gebräuchlichen semiempirischen Rechenverfahren erstreckt sich diese Basis über die Valenzorbitale der beteiligten Atome (sogenannte Valenzbasis) während die Elektronen der inneren Schalen (z. B. die 1-s-Elektronen der Kohlenstoffatome) als Bestandteil des ruhenden Kerngerüstes aufgefaßt werden. Bei *ab initio*-Rechnungen dagegen werden auch die inneren Elektronen berücksichtigt und deshalb auch die Atomorbitale der inneren Schalen in der Basis eingeschlossen.

Als Beispiel diene uns hier das Ethylen-Molekül C_2H_4: Die Valenzbasis besteht hier aus 12 Atomorbitalen, die kleinste *ab initio* Basis aus 14 Atomorbitalen.

Die multiplikativen Koeffizienten $C_{k\mu}$ in Gleichung (5) können durch eine Variationsrechnung gefunden werden. Dies ist eine der Aufgaben, die unser „MO-Spektrometer" zu lösen hat. Jedes Elektron des Moleküls besetze nun ein solches Molekülorbital. Aus diesen Funktionen der Einzelelektronen muß nun auf irgend eine Art eine Funktion zur Beschreibung der Gesamtheit der Elektronen konstruiert werden. Tut man dies durch eine Multiplikation, so erhält man als Resultat ein sog. *Hartree-Produkt* [5], in dem jedes besetzte Molekülorbital als Faktor $\phi_i(i)$ auftritt:

$$\Psi(1, 2, 3, \ldots, m) = \phi_1(1)\phi_2(2)\phi_3(3) \ldots \phi_m(m) \tag{6}$$

bei m Elektronen.

In diesem einfachsten Ansatz der elektronischen Wellenfunktion eines Moleküls ist jedoch eine entscheidende physikalische Bedingung nicht berücksichtigt, auf deren nähere Begründung hier nicht eingegangen werden kann: Bei Vertauschung zweier (der prinzipiell ununterscheidbaren) Elektronen muß nämlich die Wellenfunktion ihr Vorzeichen wechseln, d. h. sie muß gegenüber einer Permutation zweier Elektronen antisymmetrisch sein. Es kann gezeigt werden, daß dies allgemein erfüllt wird, wenn man die Wellenfunktion als Determinante schreibt, die ja bekanntlich durch Vertauschen zweier Zeilen (oder Kolonnen) ihr Vorzeichen wechselt. Diese Determinante, deren Elemente die Molekülorbitale sind, heißt *Slater-Determinante* und ist *die* Wellenfunktion, auf die sich alle gebräuchlichen MO-Verfahren beziehen [6]:

$$\Psi(1, 2, 3, \ldots, m) = \mathrm{Det}\{\phi_1(1)\,\phi_2(2)\,\phi_3(3) \ldots \phi_m(m)\} \tag{7}$$

In dieser Determinante werden zeilenweise die Elektronenkoordinaten (in Klammern), kolonnenweise die Molekülorbitale (als Indices) angeschrieben. Gleichung (7) zeigt die übliche abgekürzte Schreibweise, bei der nur die Diagonale der Determinante angegeben wird.

Die Entwicklung dieser Determinante führt zu einer Summe von $m!$ (m-Fakultät) Hartree-Produkten, deren Vorzeichen alternierend positiv und negativ sind.

Sie trägt in eleganter Weise dem *Pauli-Prinzip* [7] Rechnung: Besetzen zwei Elektronen das gleiche Molekülorbital (mit gleichem Spin, der in den Elementen der Slater-Determinante enthalten ist!), so wird – da zwei Kolonnen der Determinante identisch sind – die ganze Slater-Determinante Null: Eine Funktion, die an jeder Stelle des Raumes verschwindet, ist quantenmechanisch keine zulässige Wellenfunktion des Moleküls.

Auf eine wichtige Besonderheit dieser Art der Gesamtwellenfunktion soll besonders hingewiesen werden:

Die Slater-Determinante beschreibt das Molekül unter der Voraussetzung, daß die Molekülorbitale $\phi_k(i)$ nur von den Koordinaten des Elektrons i abhängig sind und zur Darstellung des Moleküls keine weiteren Funktionen notwendig sind, bei welchen z. B. die Koordinaten mehrerer Elektronen gekoppelt auftreten. Die Elektronen bewegen sich demnach in diesem Modell alle unabhängig voneinander: Sie korrelieren ihre Bewegungen nicht. Eine solche Funktion nennt man eine Elektronenkonfiguration des Moleküls. Die Vernachlässigung dieser Bewegungskorrelation führt zu Fehlern in der Berechnung der Elektronendichten und der Energie des Systems, die auf irgendeine Art zu korrigieren sind. Diese Korrektur erfolgt üblicherweise entweder durch Berücksichtigung mehrerer Konfigurationen zur Beschreibung des elektronischen Zustandes (sog. Konfigurationswechselwirkung oder englisch: *Configuration Interaction*, CI) oder aber durch die Wahl geeigneter Parameter anstelle der analytisch zu berechnenden Elektronen-Elektronen-Wechselwirkungsintegrale. Prinzipiell ist natürlich die erstere Möglichkeit theoretisch „sauberer". Die Schwierigkeit besteht jedoch darin, die notwendige Anzahl zu berücksichtigender Konfigurationen auf eine sinnvolle Zahl zu begrenzen. Aber selbst dann führen solche CI-Rechnungen sehr schnell ins Uferlose. Zudem wird es unmöglich gemacht, mit

Hilfe einfacher Modelle physikalische und chemische Daten zu analysieren, da die Molekülorbitale ihre ursprüngliche Bedeutung verlieren.

Die zweite angedeutete Möglichkeit zur Berücksichtigung der Korrelationseffekte (die Wahl geeigneter Parametersätze) hat sich im allgemeinen gut bewährt. Der große Nachteil dieses Ansatzes besteht jedoch darin, daß notwendigerweise die Korrelationseffekte bei ganz verschiedenen Molekülen gleich behandelt werden und dadurch Artefakte entstehen können, unter denen die Zuverlässigkeit der Methoden doch erheblich zu leiden hat.

7.3 Die „Messung" der Energie

Unter den beobachtbaren (observablen) und berechenbaren Größen eines Moleküls nimmt die Energie in der Quantenmechanik eine Sonderstellung ein. Dies liegt darin begründet, daß sich aus der Wellenfunktion, welche das Molekül am genauesten beschreibt, auch der niedrigste Wert der Energie berechnen läßt.

Die Koeffizienten $C_{k\mu}$ in den beschriebenen LCAO Molekülorbitalen ϕ_k werden deshalb durch eine Variationsrechnung so bestimmt, daß die berechnete Energie zu einem Minimum wird. Aus dieser Bedingung folgen die *Hartree-Fock-Roothaan-Gleichungen* [8], die in der üblichen Schreibweise die folgende Form annehmen:

$$\sum_{v} C_{kv}(F_{\mu v} - \varepsilon_k S_{\mu v}) = 0 \tag{8}$$

wobei die Indices μ und v die Basis durchlaufen. Dabei ist

$$F_{\mu v} = \int \Phi_\mu \hat{F} \Phi_v \, dV \tag{9}$$

durch Anwendung des hier nicht näher spezifizierten Fockoperators $\hat{F}$ zu berechnen und $S_{\mu v}$ das Überlappungsintegral

$$S_{\mu v} = \int \Phi_\mu \Phi_v \, dV \tag{10}$$

der Basisfunktionen.

Bei semiempirischen Methoden werden die Basisfunktionen meistens als orthogonal vorausgesetzt, so daß dieses Überlappungsintegral für verschiedene Basisfunktionen ($\mu \neq v$) vernachlässigt wird.

Diese Näherung bezeichnet man als ZDO Näherung (*Z*ero *D*ifferential *O*verlap) [9]:

$$S_{\mu v} = \delta_{\mu v} \begin{array}{l} = 1 \quad \text{für } \mu = v \\ = 0 \quad \text{für } \mu \neq v \end{array} \tag{11}$$

Dadurch wird die Lösung des allgemeinen Eigenwertproblems (nach Gleichung (8)) zu einer einfachen Diagonalisierung der Matrix $\{F\}$.

Die Matrixelemente $F_{\mu\nu}$ lassen sich aus den Roothaangleichungen nach [10]

$$F_{\mu\nu}^{\alpha} = H_{\mu\nu} + \sum_{\lambda}\sum_{\sigma}\{(P_{\lambda\sigma}^{\alpha} + P_{\lambda\sigma}^{\beta})(\mu\nu|\lambda\sigma) - P_{\lambda\sigma}^{\alpha}(\mu\lambda|\nu\sigma)\} \tag{12}$$

für die α-Spin-Orbitale und analog für die β-Spin-Orbitale berechnen. Der Ausgangspunkt zur Ableitung dieser Gleichung (deren Ausführung den Rahmen dieses Beitrages sprengen würde) ist die Definition der Gesamtwellenfunktion des Moleküls als Slater-Determinante.

In der Roothaan-Gleichung der Fock-Matrixelemente haben die einzelnen Größen folgende anschauliche Bedeutung: $H_{\mu\nu}$ ist die Energie eines Elektrons im Feld des Kerngerüstes, die sich aus der potentiellen Energie bezüglich der Atomkerne und der kinetischen Energie des Elektrons zusammensetzt. Werden nur die Valenzelektronen in der elektronischen Gesamtwellenfunktion berücksichtigt (wie in den üblichen semiempirischen Methoden), dann werden die Potentiale der Atomkerne um die entsprechenden Beiträge der „abschirmenden" Elektronen der inneren Schalen vermindert.

Die Summanden des zweiten Terms der Roothaan-Gleichung entsprechen Elektron-Elektron-Wechselwirkungen, die sich physikalisch als Abstoßung zweier Elektronen (1) und (2) wie folgt beschreiben lassen:

$$(\mu\nu|\lambda\sigma) = \int\int \Phi_{\mu}(1)\cdot\Phi_{\nu}(1)\,\frac{e^2}{r_{12}}\,\Phi_{\lambda}(2)\cdot\Phi_{\sigma}(2)\,dV(1)\,dV(2). \tag{13}$$

$P_{\lambda\sigma}^{\alpha}$ (bzw. $P_{\lambda\sigma}^{\beta}$) ist die Dichte von α Elektronen (β Elektronen), die sich aus den Koeffizienten der besetzten Molekülorbitale ϕ_k berechnen läßt:

$$P_{\lambda\sigma}^{\alpha} = \sum_k C_{k\lambda}\,C_{k\sigma} \tag{14}$$

Aus den Matrizen H, F, P^{α} und P^{β} läßt sich nach

$$E_{el} = \tfrac{1}{2}\sum_{\mu}\sum_{\nu}\{(H_{\mu\nu} + F_{\mu\nu}^{\alpha})\,P_{\mu\nu}^{\alpha} + (H_{\mu\nu} + F_{\mu\nu}^{\beta})\,P_{\mu\nu}^{\beta}\} \tag{15}$$

die elektronische Energie des Moleküls bestimmen. Die Gesamtenergie ergibt sich dann durch Addition der Kern-Kern-Abstoßungsenergie, die unter den gemachten Voraussetzungen für eine bestimmte Geometrie des Kerngerüstes eine von den Elektronen unabhängige Konstante ist.

Im wichtigen Fall eines *Moleküls mit abgeschlossener Valenzschale*, bei der die α-Spin- und β-Spin-Dichten gleich sind, vereinfacht sich die Gleichung (12) auf folgende Form:

$$F_{\mu\nu} = H_{\mu\nu} + \sum_{\lambda}\sum_{\sigma} P_{\lambda\sigma}\{(\mu\nu|\lambda\sigma) - \tfrac{1}{2}(\mu\lambda|\nu\sigma)\} \tag{16}$$

wobei $P_{\lambda\sigma}$ die Gesamtdichte $(=2P_{\lambda\sigma}^{\alpha}=2P_{\lambda\sigma}^{\beta})$ bedeutet. Sind die Fock-Matrixelemente $F_{\mu\nu}$ nach diesen Gleichungen berechnet, so erhält man durch Lösen der Gleichungen (8) (was einer Diagonalisierung der Matrix $\{F\}$ entspricht) die gesuchten Koeffizienten der Molekülorbitale.

Dabei fällt allerdings auf, daß zur Berechnung der Matrixelemente $F_{\mu\nu}$ die Dichten $P_{\lambda\sigma}$ und damit (nach Gleichung (14)) die Koeffizienten $C_{\kappa\mu}$ der Molekülorbitale ϕ_k benötigt werden. Eine Lösung der Gleichungen ist deshalb nur durch einen iterativen Prozeß möglich.

Ausgehend von einer (sinnvollen) Dichtematrix werden nach (12) und Lösen der Gleichungen (8) Molekülorbitale berechnet. Diese liefern nach Gleichung (14) eine neue Elektronendichtematrix wonach wiederum neue Molekülorbitale berechnet werden können. Dieser Prozeß wird solange wiederholt, bis sich die Dichtematrix $\{P_{\lambda\sigma}\}$ innerhalb gesetzter Konvergenzkriterien nicht mehr ändert. Diese Dichtematrix ist dann „selbstkonsistent" und den dazu führen-

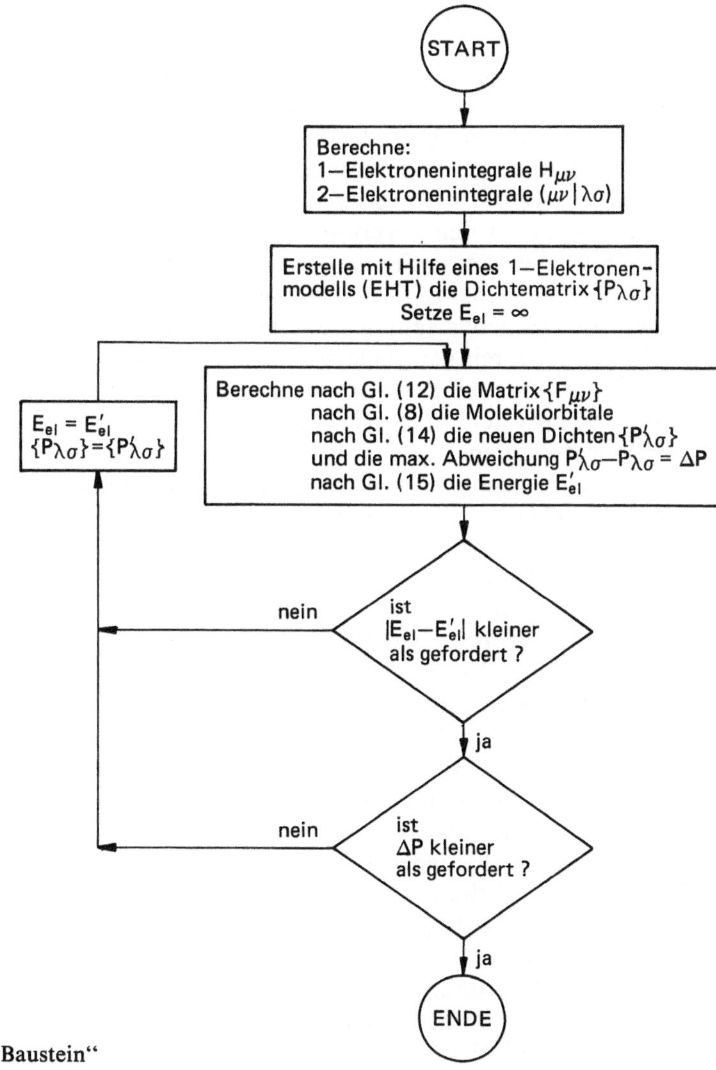

Abb. 7.2. „Der SCF-Baustein"

den Prozeß nennt man *Self-Consistent-Field*-Rechnung oder SCF-Rechnung. Das entsprechende Vorgehen ist als Blockschema in Abb. 7.2 dargestellt.

Eine solche iterative Rechnung kann offensichtlich nur dann umgangen werden, wenn auf die Zweielektronenterme der Roothaan-Gleichung verzichtet wird, d. h. wenn man ein sogenanntes Einelektronenmodell anwendet. Dies erinnert an die einfachen Hückel-Rechnungen [1], wobei die Beschränkung auf die π-Orbitale in diesem Modell fallengelassen und die gesamte Valenzschale berücksichtigt wird. Dieses Modell wurde von R. HOFFMANN entwickelt und heißt *Extended Hückel Theorie* (EHT) [11].

Obwohl durch diese krasse Vereinfachung eine zuverlässige Aussage über absolute energetische Verhältnisse unmöglich gemacht wird, hat es sich zur qualitativen Betrachtung von Bindungsverhältnissen in Molekülen sehr gut bewährt. Zudem ist dieses einfache Modell auch geeignet, eine gute Elektronendichte-Matrix zum Start einer SCF-Rechnung zu bestimmen.

Werden die Elektron-Elektron-Wechselwirkungen in Gleichung (12) (bzw. Gleichung (16)) jedoch berücksichtigt, so erkennt man, daß man schon bei relativ kleinen Molekülen zu einer großen Zahl von Summanden kommt, die berechnet werden müssen. Da jeder Summand (nach Gleichung (13)) von vier Basisfunktionen abhängt, sind demnach schon z. B. in der Valenzbasis des Ethylens (12 AO's) $12^4 = 20\,736$ (oder bei Berücksichtigung der Symmetrie dieser Gleichung $= 2592$) solcher Terme zu berechnen! Bei „ab initio"-Rechnungen (bei denen keiner dieser Terme vernachlässigt wird) wird deshalb auch der größte Teil der Rechenzeit zur Bestimmung solcher Integrale verwandt. Semiempirische Rechenverfahren andererseits zielen darauf ab, die große Zahl dieser Integrale durch geeignete Vernachlässigungen zu verringern. Sie unterscheiden sich voneinander vorwiegend darin, welche Typen davon in der Rechnung beibehalten und welche a priori als klein angenommen und deshalb vernachlässigt werden.

Zur Klassifizierung dieser Zweielektronenintegrale sei auf ihre Definition in Gleichung (13) verwiesen. Dieser Ausdruck läßt sich anschaulich so interpretieren, daß die, sich im Volumenelement $dV(1)$ befindliche differentielle Dichte $\phi_\mu(1)\phi_\nu(1)$ des Elektrons 1 die entsprechende Dichte $\phi_\lambda(2)\phi_\sigma(2)$ des 2. Elektrons abstößt. μ, ν, λ und σ durchlaufen die Basis und es wird dementsprechend solche Integrale geben, bei welchen Atomorbitale von maximal vier verschiedenen Atomen beteiligt sind. Ein solches Integral heißt deshalb Vierzentren-Integral. Analog gibt es auch Drei-, Zwei- und Einzentren-Integrale. Die differenziellen Dichten $\phi_\mu(1)\phi_\nu(1)$ können ganz entsprechend klassifiziert werden in monoatomare (bei welchen ϕ_μ und ϕ_ν Atomorbitale des gleichen Zentrums sind) und diatomare, bei welchen ϕ_μ und ϕ_ν Atomorbitale verschiedener Zentren sind. Diese Begriffe sind nötig zum Verständnis der Bezeichnungen welche für die verschiedenen Näherungsmethoden eingeführt wurden.

Der nächste Abschnitt soll einen Überblick über die gebräuchlichsten Methoden in der Reihenfolge zunehmender Vernachlässigung der Zweielektronen-Integrale geben. Es sei jedoch an dieser Stelle darauf hingewiesen, daß sich auch die Berechnungen der Einelektronen-Integrale ($H_{\mu\nu}$ in Gleichung (12) bzw. (16)) von Methode zu Methode unterscheiden. Diese Unterschiede sind dadurch begründet, daß eine möglichst gute Übereinstimmung der berechneten Daten mit den experimentell gefundenen Größen angestrebt wird. Weitere Erklärungen findet der Leser in der Originalliteratur zu den einzelnen Näherungsverfahren.

7.4 Methoden und Näherungen

7.4.1 „ab initio". Bei den Methoden dieses Typs werden alle Integrale analytisch berechnet und in den Roothaan-Gleichungen berücksichtigt. Um die Rechenzeit in erträglichem Rahmen zu halten, werden die Slater-Atomorbitale durch Sätze von Gauß-Funktionen angenähert, deren Integrale des Typs (13) wesentlich schneller berechnet werden können.

Dieser Ansatz geht auf Arbeiten von BOYS zurück [12]. Unterschiedlich aufwendige Basissätze sind optimiert und publiziert worden. Sie werden durch die Anzahl der Gauß-Funktionen gekennzeichnet, die wiederum als Linearkombinationen ein einzelnes Atomorbital beschreiben. So bedeutet zum Beispiel die Bezeichnung STO-3G (*Slater Type Orbital-3 Gauß*), daß jedes Slater-Atomorbital durch eine Summe von drei Gauß-Funktionen angenähert wird. Mit steigender Zahl der Gauß-Funktionen werden die Methoden zuverlässiger, gleichzeitig aber auch rechenintensiver.

Ihr Hauptnachteil besteht jedoch darin, daß die Berücksichtigung der Korrelation der Elektronen nur durch Konfigurationswechselwirkung oder komplizierte Mehrteilchenfunktionen erfolgen kann, was eine Berechnung größerer Moleküle viel zu aufwendig macht.

7.4.2 NDDO (*Neglect of Diatomic Differential Overlap*) [13]. Der erste Schritt der Vernachlässigung von Zweielektronenintegralen betrifft die Terme, bei welchen sich die differenzielle Ladungsdichte $\Phi_\nu(1)\,\Phi_\mu(1)$ eines Elektrons (1) auf zwei verschiedene Atome verteilt. Offensichtlich werden damit automatisch alle Drei- und Vierzentrenintegrale vernachlässigt.

Die ursprünglich von POPLE, SANTRY und SEGAL [13] vorgeschlagene Methode kam erst zu breiter Anwendung in einer modifizierten Version von DEWAR und THIEL [14], die sich MNDO (*Modified Neglect of Diatomic (Differential) Overlap*) nennt. Dabei werden die zu berechnenden Ein- bzw. Zweizentrenintegrale durch klassische Multipol/Multipol-Wechselwirkungen angenähert. Zur Definition dieser Multipole werden empirische Parameter verwendet, die bei Anwendung der Methode auf eine große Anzahl bekannter Moleküle deren Energien am besten wiedergeben. Daraus kann geschlossen werden, daß mit diesen Parametern (und den weiteren Parametern, die zur Bestimmung der Einelektronen-Integrale $H_{\mu\nu}$ benötigt werden) die Korrelationen der Elektronen semiempirisch berücksichtigt wird.

Die NDDO (bzw. MNDO)-Näherung ist die einfachste mögliche MO-Methode, bei welcher ein Elektron, das sich bei einem Zentrum A befindet, die Elektronendichten der anderen Zentren B nicht als kugelsymmetrische Ladungswolken „sieht". Daraus erklärt sich auch die Überlegenheit dieser Methoden gegenüber allen anderen vereinfachten Näherungen in der Anwendung auf Moleküle, die Heteroatome enthalten. Mit Heteroatomen verbunden sind meistens sog. einsame Elektronenpaare, deren Ladungsschwerpunkte nicht mit den Kernen der entsprechenden Atome zusammenfallen. Diesem Umstand wird nur in *diesen* Näherungen Rechnung getragen.

7.4.3 INDO (*Intermediate Neglect of Differential Overlap*). Bei dieser Näherung werden alle Einzentrenintegrale beibehalten. Von den übrigen Integralen werden alle vernachlässigt, bei welchen sich die differentielle Ladungsdichte $\Phi_\mu(1)\,\Phi_\nu(1)$ auf mehr als ein Atomorbital bezieht, bei denen also $\mu \neq \nu$ ist.

Dementsprechend werden wiederum alle Dreizentren- und Vierzentrenintegrale vernachlässigt, aber zusätzlich der größte Teil der Zweizentrenintegrale als klein vorausgesetzt und in der Rechnung nicht berücksichtigt.

Die INDO-Näherung [15] war während vieler Jahre der am häufigsten angewandte Ansatz und entsprechend wurden viele verschiedene Versionen auf diesem Niveau entwickelt. Von diesen sind vor allem die verschiedenen MINDO-Verfahren (*Modified INDO*-Verfahren) hervorzuheben, mit denen es DEWAR als erstem gelang, auf semiempirischem Niveau Allvalenzverfahren zu entwickeln, die brauchbare Energiewerte *und* Strukturen voraussagen [16].

Der Grund für die Beliebtheit der INDO-Verfahren ist die Tatsache, daß diese Näherung als einfachste mögliche SCF-Methode den Unterschied zwischen den elektrostatischen Abstoßungen zweier Elektronen mit gleichem, bzw. mit verschiedenem Spin berücksichtigt. Dies führt unter anderem dazu, daß auch Energieunterschiede zwischen Singulett- und Triplett-Konfigurationen in diesem Modell berechnet werden können, was bei jeder weiteren Vernachlässigung von Zweielektronen-Integralen unmöglich wird. Von allen INDO-Verfahren und allen MINDO-Versionen [16] ist das MINDO/3-Modell das zuverlässigste und liefert für Kohlenwasserstoffe Strukturen und Energien in hervorragender Übereinstimmung mit dem Experiment. Leider haftet ihm der Makel einer extensiven Parametrisierung an. So waren nicht nur (wie in den übrigen semiempirischen Verfahren) atomare Parameter, sondern auch diatomare Parameter notwendig, um diese guten Resultate zu erzielen. MINDO/3 eignet sich jedoch nicht zur Berechnung von Molekülen, bei welchen einsame Elektronenpaare eine entscheidende Rolle spielen. Dazu sind aus den erwähnten Gründen die NDDO-Verfahren besser geeignet.

7.4.4 CNDO (*Complete Neglect of Differential Overlap*) [13, 17]. Dies ist die einfachste Approximation der Mehrelektronenverfahren: Von den Zweielektronen-Integralen werden alle vernachlässigt, bei welchen differentielle Ladungsdichten $\Phi_\mu(1)\,\Phi_\nu(1)$ vorkommen, die sich aus zwei verschiedenen Atomorbitalen zusammensetzen, also $\mu \neq \nu$ ist.

Das Verfahren besticht durch seinen einfachen, übersichtlichen Formalismus. Auch auf dieser Stufe der Näherung wurden viele modifizierte Varianten entwickelt, von denen heute das CNDO/2 [18] und das von JAFFÉ eingeführte CNDO/S (CNDO/Spectra) [19] die gebräuchlichsten sind.

Zudem wird die CNDO-Methode häufig in Konfigurationswechselwirkungsrechnungen (CI-Rechnungen) verwendet, da die Aufstellung der entsprechenden CI-Matrix in diesem Formalismus besonders einfach wird.

Dieser kurze Überblick, bei dem bewußt auf die detaillierte Beschreibung der einzelnen Methoden verzichtet wurde, sollte dem Leser einen Hinweis auf die Vielzahl gängiger semiempirischer Hartree-Fock-Methoden vermitteln.

Mit Hilfe des „SCF-Bausteins" läßt sich offensichtlich mit den verschiedenen Methoden die Energie eines Moleküls als Funktion des stationären Potentialfeldes der Atomkerne berechnen.

Oft ist jedoch die Geometrie dieses Kerngerüstes unbekannt. Auf die Lösung des Problems unter dieser Voraussetzung soll im nächsten Abschnitt kurz eingegangen werden.

7.5 Die Struktur-Energie-Beziehung; Moleküldynamik

Unter den gemachten Voraussetzungen kann angenommen werden, daß eine bestimmte, vorgegebene Struktur des Kerngerüstes zu einer bestimmten, berechenbaren Energie führt. Wird nun die relative Lage der Atomkerne verändert, so wird sich normalerweise auch die Energie ändern. Die Energie einer bestimmten Anordnung der N Atomkerne wird dadurch zu einer zwar komplizierten, aber mathematisch erfaßbaren Funktion der 3 N Atomkernkoordinaten. Es sind nun Verfahren denkbar, die es erlauben, die innerhalb des entsprechenden MO-Verfahrens energetisch günstigste Struktur zu bestimmen. Die so gefundene Struktur entspricht dann einer vorausgesagten Gleichgewichtsgeometrie des Moleküls. Ein in dieser Beziehung erfolgversprechendes Verfahren setzt natürlich voraus, daß der dazu eingesetzte MO-Formalismus auch vernünftige Strukturen liefert.

Das Vorgehen besteht in einer Optimierung der Energie als Funktion der relativen Kernkoordinaten. Dazu stehen verschiedene mathematische Algorithmen zur Verfügung, die von den MO-Methoden völlig unabhängig sind und die in zwei Hauptgruppen eingeteilt werden können [20]:

a) Optimierungsverfahren, welche Funktionswerte und Ableitungen (Gradienten) der zu optimierenden Größe als Funktion der Variablen benutzen und

b) Optimierungsverfahren, zu deren Durchführung nur die Funktionswerte zugänglich sein müssen.

Sind die Gradienten der Energie leicht zu berechnen, so sind die ersteren Methoden weit überlegen, da wesentlich weniger Funktionswerte zu bestimmen sind. Unter diesen sog. Gradientenmethoden hat sich vor allem der Algorithmus nach FLETCHER und POWELL [21] bewährt. Diese Methode ermöglicht es, in relativ wenig Rechenschritten ein gesuchtes Minimum zu erreichen. Zur Bestimmung der Ableitungen der Energie als Funktion der Variablen können sowohl analytische Methoden wie auch die Methode der endlichen (finiten) Differenzen benutzt werden. Die Methode der finiten Differenzen ist allgemein vorzuziehen, da sie sich auf einfache Art in jedes SCF-MO-Verfahren einbauen läßt und keine spezifische Anpassung an die einzelnen Methoden erfordert.

Nun ist jedoch zu beachten, daß ein Molekül mit N Atomen im allgemeinen 3N-6 innere Freiheitsgrade, d. h. ebensoviele unabhängige, in der Optimierung veränderlichen Variablen hat. Zwar kann unter Voraussetzung einer bestimmten Symmetrie diese Anzahl durch geeignete Methoden auf die Anzahl der totalsymmetrischen Schwingungen reduziert werden. Trotzdem sind offensichtlich solche Gradientenmethoden nur dann sinnvoll, wenn die Berechnung der Ableitungen wesentlich schneller erfolgen kann als die Berechnung eines Funktionswertes.

Wie bereits erwähnt, ist dies bei den *ab initio*-Methoden nicht der Fall, da ja der Hauptteil der Rechenzeit zur Bestimmung der (geometrieabhängigen!!) Zweielektronen-Integrale verwendet wird und der eigentliche SCF-Cyclus nur einen unbedeutenden Teil der Rechenzeit ausmacht.

Bei den semiempirischen SCF-MO-Verfahren ist dies jedoch anders. Da die Energie durch die Variationsrechnung bezüglich den MO-Koeffizienten stationär ist und deshalb bei kleinen Geometrieänderungen die Bindungsordnungsmatrix konstant gehalten werden kann [22], ist eine schnelle Bestimmung der Gradienten möglich.

Dies setzt jedoch voraus, daß bei Systemen mit nicht abgeschlossener Schale die Koeffizienten für α-Spin und β-Spin Elektronen frei variiert werden, daß also der sogenannte UHF-Formalismus ((Spin-) *U*nrestricted *H*artree-*F*ock Formalismus) verwendet wird [23].

Wird das SCF-MO-Verfahren verlassen (wie z. B. bei einer CI-Rechnung), dann ist die Berechnung der Gradienten in dieser einfachen Art ebenfalls nicht mehr möglich. In all jenen Fällen, in denen die Berechnung der Ableitungen nicht auf schnelle Art möglich ist, müssen alternative Methoden der Optimierung verwendet werden.

Falls unter diesen ungünstigen Voraussetzungen eine Bestimmung der vorausgesagten Gleichgewichtsstruktur überhaupt noch sinnvoll ist, wird meistens die Simplex-Methode [24], bei *ab initio*-Verfahren die axiale Iterationstechnik [25] verwendet.

Die geschilderte Möglichkeit des Auffindens einer Gleichgewichtsstruktur kann verallgemeinert und auf andere stationäre Punkte der 3N-6 dimensionalen Potentialfläche angewandt werden.

So ist es auch möglich, mit geeigneten Methoden Sattelpunkte zu suchen und über EYRINGS *Theorie des aktivierten Komplexes* [26] Aktivierungsenergien chemischer Reaktionen zu berechnen.

Das Auffinden eines Sattelpunktes ist jedoch aus verschiedenen Gründen wesentlich aufwendiger als die Bestimmung einer Gleichgewichtsgeometrie.

In der Literatur wurden verschiedene Strategien für die Suche nach solchen Sattelpunkten vorgeschlagen [27–29], von denen die von MCIVER und KOMORNICKI eingeführte wohl die mathematisch sauberste, aber auch die zeitlich aufwendigste ist.

Aus dieser düsteren Perspektive der dynamischen Betrachtung chemischer Reaktionen muß der Einsatz der Woodward-Hoffmann-Regeln als wahrer Lichtblick erscheinen! Zwar können damit keine Aktivierungsbarrieren berechnet werden, doch ermöglichen sie in vielen Fällen allein aus den Elektronenstrukturen der Reaktanten die Voraussage des optimalen Reaktionsverlaufes und führen das dynamische Problem auf eine stationäre Anwendung der MO-Verfahren zurück (s. nächsten Abschnitt).

Als quasi-dynamische Berechnung sei abschließend noch die Möglichkeit erwähnt, Schwingungsfrequenzen eines Moleküls zu berechnen. Die Kraftkonstanten sind bekanntlich die zweiten Ableitungen der Energie. Werden diese in massengewichteten kartesischen Koordinaten bestimmt, so lassen sich daraus nach dem Verfahren von WILSON, DECIUS und CROSS [30] direkt die Normalschwingungen als Eigenvektoren und deren Schwingungsfrequenzen aus den Eigenwerten der Kraftkonstantenmatrix bestimmen.

Es läßt sich jedoch zeigen [22], daß zur Berechnung der zweiten Ableitungen die Bindungsordnungsmatrix nicht mehr konstant gehalten werden kann, so daß dazu mindestens $2 \cdot (3N-6) + 1 = 6N-11$ SCF-Rechnungen erforderlich sind.

Die Durchführung einer solchen Rechnung erlaubt es aber, die eingegebene Molekülstruktur eindeutig zu charakterisieren als Gleichgewichtsgeometrie, Sattelpunkt oder aber als nicht stationären Punkt auf der $3N-6$ dimensionalen Potentialfläche. Zusätzlich eröffnet sie die Möglichkeit, mit Hilfe der statistischen Thermodynamik [31] Entropien, freie Bildungsenthalpien und damit Gleichgewichtskonstanten zu berechnen [29]. Die Bedeutung dieser Energie-Strukturbeziehung kann nicht genug hervorgehoben werden, ergeben sich doch daraus die vielfältigsten Anwendungsmöglichkeiten semiempirischer SCF-MO Verfahren wie die Abschätzung kinetischer Daten, die Berechnung relativer Stabilitäten von Isomeren und praktisch aller thermodynamischen Größen die das chemische Verhalten der Moleküle bestimmen.

Die Erfahrung aus vielen Studien hat gezeigt, daß vor allem die MINDO/3- und die MNDO-Methode sehr gut geeignet sind auch Strukturen und Energiedaten von Molekülen zu bestimmen, die experimentell nicht erfaßt werden können. Dies gilt in besonderem Maße für instabile Species, die als Zwischenstufen chemischer Prozesse ganz entscheidend ihren Ablauf beeinflussen.

7.6 Interpretation spektroskopischer Daten

Kehren wir zurück zur statischen Betrachtung der Moleküle. In einem Spektrometer wird durch die Wechselwirkung von elektromagnetischer Strahlung mit den Molekülen eine „Response" des Systems erzeugt und registriert. Aus statistischen Gründen befindet sich dabei die überwiegende Anzahl der Moleküle in ihrer Gleichgewichtsgeometrie.

Einige Arten der Spektroskopie liefern nun Meßdaten, deren Interpretation mit Hilfe der SCF-MO-Methoden erleichtert wird. Dazu zählen die Photoelektronenspektroskopie (PE-Spektroskopie), die Elektronenspektroskopie (UV- und VIS-Spektroskopie) sowie die Elektronenspinresonanz-Spektroskopie (ESR). Alle genannten Spektroskopien liefern Informationen über die Elektronenstruktur der Moleküle. Dieser elektronische Aufbau ist aber gerade auch verantwortlich für das chemische Verhalten der Moleküle. Darum geht die erhaltene Information auch weit über die der Strukturaufklärung bzw. der Identifizierung der Substanzen hinaus, wenn vom Einsatz geeigneter SCF-MO-Verfahren Gebrauch gemacht wird. Dabei besteht die prinzipielle Schwierigkeit, daß jedes Spektrum das Resultat einer *Veränderung* der Moleküle ist und deshalb immer nur *Energieunterschiede,* nie aber der Grundzustand eines Moleküls gemessen werden kann.

So liefert z. B. das PE-Spektrum als registrierte Meßwerte die Energieunterschiede zwischen dem Grundzustand des Moleküls und den verschiedenen elektronischen Zuständen des entstehenden Radikalkations

$$M + h\nu \rightarrow M^+ + e^- \tag{17}$$

und ein Elektronenspektrum analog den Energieunterschied zwischen dem Grundzustand und den verschiedenen elektronisch angeregten Zuständen des Moleküls:

$$M + h\nu \rightarrow M^* \tag{18}$$

In der SCF-MO-Theorie gibt es aber Näherungsverfahren, die diese Schwierigkeit überwinden helfen. Dies ist im Falle der Photoelektronenspektroskopie besonders einfach, wenn die Gültigkeit des Koopmans-Theorems [32] vorausgesetzt wird. Dann läßt es sich zeigen, daß der Energieunterschied zwischen dem Grundzustand des Moleküls und den verschiedenen Zuständen des Radikal-Kations gerade den negativen Orbitalenergien ε_k entsprechen, die durch die Lösung von Gleichung (8) gefunden werden.

Wesentlich schwieriger gestaltet sich die Berechnung der angeregten Zustände eines Moleküls zur Identifizierung von UV- bzw. VIS-Spektren. Während der Grundzustand eines Moleküls mit nur einer einzigen Slater-Determinante (d. h. Elektronenkonfiguration) meistens sehr gut beschrieben wird, gilt dies für angeregte Zustände nicht. Deshalb ist für diese Aufgabe eine CI-Rechnung nötig. Ähnlich wie beim LCAO-MO-Ansatz wird der elektronische Zustand eines Moleküls als Linearkombination von verschiedenen Slater-Determinanten beschrieben, deren Koeffizienten durch eine Variationsrechnung bestimmt werden. Ausgangspunkt dazu ist jedoch wiederum eine bestimmte Geometrie des Kerngerüstes. Die sehr kurze Zeit, die zur elektronischen Anregung eines Moleküls benötigt wird (ca. 10^{-14} sec) läßt jedoch keine signifikante Veränderung dieser Geometrie zu. Deshalb kann angenommen werden, daß solche Prozesse adiabatisch verlaufen und nur (nach Gleichung (18)) die Geometrie des Moleküls in seinem Grundzustand bekannt sein muß. Diese ist entweder experimentell bekannt oder kann durch die bereits beschriebenen Methoden berechnet werden.

7.7 Die Qual der Wahl

Die wenigen diskutierten Beispiele zeigen die Breite der Möglichkeiten eines Einsatzes der MO-Methoden sowohl an starren Molekülstrukturen („spektroskopischer" Einsatz) wie auch als Hilfsmittel zur Berechnung moleküldynamischer Eigenschaften. Jede Anwendung hat Anlaß zur Entwicklung problemorientierter Methoden gegeben, welche die Unzulänglichkeiten anderer SCF-MO-Verfahren in bezug auf ganz spezifisch geforderte Daten ausschalten sollten. Die Vielzahl solcher Methoden machen es dem Benutzer schwer, das für sein Problem beste Verfahren auszuwählen. Auch eine Empfehlung kann deshalb nur subjektiv erfolgen.

Allgemein kann davon ausgegangen werden, daß die erwähnten, für einen ganz gezielten Einsatz entwickelten Parametrisierungen und Verfahren in ihrem „Spezialgebiet" die zuverlässigsten Daten liefern. Die entsprechenden Verfahren können der empfohlenen Literatur entnommen werden.

Vielfach lohnt sich auch der kombinierte Einsatz verschiedener Methoden. So kann z. B. zum Auffinden einer unbekannten Gleichgewichtsstruktur das MNDO-Verfahren verwendet werden, um anschließend die Ionisierungspotentiale mit Hilfe der SPINDO/1 [33] Methode, bzw. die Elektronenspektren mit Hilfe des CNDO/S [19] zu berechnen. Häufig findet man auch den kombinierten Einsatz von semiempirischen und *ab initio*-Methoden: Um eine (sehr aufwendige) Optimierung mit Hilfe der *ab initio*-Methode zu umgehen, wird semiempirisch ein Minimum gesucht und mit der so gefundenen Struktur eine *ab initio*-Rechnung durchgeführt.

Dem Anfänger sei abschließend eine Zusammenstellung empfohlener Methoden gegeben, die keinen Anspruch auf Vollständigkeit oder Objektivität erhebt. Je nach geforderten Daten haben sich folgende Programme in der Praxis bewährt:

Strukturen:	Kraftfeldprogramme, MINDO/3 (für Kohlenwasserstoffe), MNDO (für Moleküle mit Heteroatomen).
Ladungsdichten:	(zur Untersuchung von Struktur/Wirkungsbeziehungen) EHT (für große Moleküle), MINDO/3, MNDO
Ionisierungspotentiale:	SPINDO/1 (nur Kohlenwasserstoffe!), MINDO/3, EHT (nur relative Werte)
Elektronenspektren:	(UV/VIS): CNDO/S, PPP und andere Verfahren, die jedoch unbedingt Konfigurationswechselwirkung berücksichtigen müssen!
ESR-Spektroskopie:	(Spindichten): INDO, MINDO/3-UHF [23]
Infrarot-Spektroskopie:	Kraftfeldmethoden, MINDO/3, MNDO
Kernresonanz-Spektroskopie:	s. [34] und dort zitierte Literatur
Korrelationsdiagramme:	(Woodward-Hoffmann-Regeln etc.): EHT, Hückeltheorie [1], CNDO

Die in der Liste aufgeführten Kraftfeldmethoden sind keine MO-Methoden, sondern rein empirisch. Trotzdem gelten sie als theoretische Methoden und sind wegen ihrer identischen Handhabung in diesem Zusammenhang mitberücksichtigt. Der Einsatz der *ab initio*-Methoden ist im Prinzip für alle erwähnten Anwendungen möglich, doch steht der Rechenzeitaufwand oft in keinem Verhältnis zum gewünschten Resultat.

7.8 Aufbau einer Programmbibliothek

Aus dem bisherigen Text geht eindeutig hervor: Es gibt keine Methode, die für alle (in Abb. 7.1 angedeuteten) geforderten Daten optimal arbeitet. Es lohnt sich deshalb, eine eigene Programmbibliothek anzulegen.

Der Schlüssel zu den meisten gängigen semiempirischen Programmen ist die Adresse des *Quantum Chemistry Program Exchange* (QCPE), von dem die Programme nach Wunsch auf Magnetbändern, als gestanzte Kartendecks oder als gedruckte Listen bestellt werden können:

> Quantum Chemistry Program Exchange
> Department of Chemistry, Room 204
> Indiana University
> *Bloomington, Indiana, 47401, USA*

Die Programme werden mit der notwendigen Dokumentation und mit gerechneten Beispielen geliefert, mit denen die korrekte Installation des Programms überprüft werden kann. Der QCPE ist eine Institution, der man als Mitglied beitreten kann (zur Zeit beträgt der jährliche Mitgliederbeitrag US $ 22.—). Ein solcher Beitritt ist deshalb schon sehr empfehlenswert, weil man dadurch automatisch vierteljährliche Mitteilungshefte erhält, die über eventuelle Fehler in bereits ausgelieferten Programmen sowie über neu erhältliche Programmpakete wichtige Informationen enthalten. Es lohnt sich also, von dieser Stelle einen Katalog über die zur Zeit erhältlichen Programme zu bestellen.

Über dieses Angebot hinaus sind die meisten Autoren von Programmen auch bereit, diese anderen Benutzern zugänglich zu machen.

Es lohnt sich offensichtlich selten, die Programme selbst zu schreiben. Allerdings sei auf zwei entscheidende „Tricks" hingewiesen, die das Arbeiten ganz wesentlich erleichtern.

Jedes Programm hat seine eigene Dateneingabe, die sich im Format (und oft auch in den geforderten Parametern) von den anderen Programmen unterscheidet. So wird z. B. die (in allen Programmen erforderliche) Geometrie des Kerngerüstes in manchen Programmen als kartesische Koordinaten, in anderen Programmen als (wesentlich bequemere) interne Koordinaten mit Bindungslängen, Bindungswinkeln und Diederwinkeln eingelesen.

Um nun ein bestimmtes Molekül mit mehreren verschiedenen Methoden zu berechnen, müßte für jedes Verfahren ein anderer Input erstellt werden.

Es ist deshalb empfehlenswert, den Programmen ein „Softwareinterface", d. h. ein vorgeschaltetes Programm voranzustellen das die, vom entsprechenden Programm geforderte Dateneingabe aus *einem* gemeinsamen Input erstellt und entsprechend umformatiert. Ein solches Interface kann zusätzlich noch als Testprogramm gebraucht werden, um Fehler bei der Dateneingabe auszuschließen. So sollte der Test vor allem die Kontrolle der interatomaren Abstände beinhalten, die z. B. einen gewissen Betrag nicht unterschreiten dürfen. Außerdem kann in diesem Programm darauf geprüft werden, ob die im Molekül auftretenden Atome (und Atomkombinationen!) durch die Parameter des einzusetzenden MO-Verfahrens überhaupt erfaßt werden: Die beste Möglichkeit also, die meisten der in der Einleitung erwähnten Fehler in der Handhabung der Methoden zu eliminieren.

Der zweite „Trick" bezieht sich auf die erforderliche Rechenzeit.

Wie bereits angedeutet, wird bei den semiempirischen SCF-MO-Verfahren in der Regel 70%–95% der Rechenzeit zur Bestimmung der Koeffizienten der LCAO-Molekülorbitale verbraucht. Diese Rechenzeit steckt in allen Programmen in einer relativ kleinen Subroutine: Der Diagonalisierungsroutine.

Will man mit der Rechenzeit sparsam umgehen, so lohnt sich der Aufwand, diesen Teil der Programme genau zu untersuchen und dafür in allen SCF-MO-Programmen *die* Routine zu verwenden, die sich auf dem eigenen Rechner als die schnellste erweist. Auf diese Art gelang es uns z. B. auf einer CDC 6600 die Gesamtrechenzeit des MINDO/3-Programmes auf weniger als die Hälfte zu reduzieren!

Die genannte Diagonalisierungsroutine löst das spezielle Eigenwertproblem indem eine quadratische, symmetrische Matrix (in den SCF-MO-Programmen die Fock-Matrix $\{F_{\mu\nu}\}$) durch eine Ähnlichkeitstransformation in eine Diagonalmatrix verwandelt wird. Dieser Vorgang kann durch verschiedene Algorithmen erfolgen. Der QCPE bietet verschiedene Versionen dieser Routinen an, die am besten in einer Art „benchmark" miteinander verglichen werden, um die schnellste zu bestimmen. *Dazu braucht man weder von Quantenchemie noch von den MO-Methoden etwas zu verstehen und jeder Programmierer oder sonstige EDV-Fachmann kann Ihnen dabei behilflich sein.*

Abschließend sei noch einmal eindringlich darauf hingewiesen, daß in der Dokumentation der Programme Hinweise auf die Originalliteratur nicht fehlen dürfen.

Die Benutzung quantenchemischer Rechenprogramme ist schon oft mit dem Autofahren verglichen worden und in der Tat ergeben sich viele Parallelen: Man lernt nicht fahren wenn man anderen dabei zuschaut sondern nur, wenn man sich selbst ans Steuer setzt. Dabei ist es empfehlenswert, das ‚Gaspedal' zu Beginn etwas vorsichtig zu betätigen, um ein böses Erwachen nach einem Unfall zu vermeiden. Ebenso sollte man nicht gleich einen Formel-I-Wagen steuern (sprich: *ab initio*-Rechnungen mit CI durchführen), sondern sich mit einem Kleinwagen (z. B. EHT oder CNDO Programm) auf die Straße wagen, der doch wesentlich weniger Kosten verursacht!

7.9 Literatur

1. Der Leser sei besonders darauf hingewiesen, daß qualitative Argumente auch mit einfachsten Methoden gefunden werden können, z. B. mit der HMO (*H*ückel *M*olekül *O*rbital Methode) Methode: E. Heilbronner und H. Bock: Das HMO-Modell und seine Anwendung, Verlag Chemie, Weinheim 1968
2. Woodward, R. B., Hoffmann, R.: The Conservation of Orbital Symmetry, Verlag Chemie, Weinheim 1970
3. Born, M., Oppenheimer, J. R.: Ann. Physik *84*, 457 (1927)
4. Roothaan, C. C. J.: Rev. Mod. Phys. *23*, 69 (1951)
5. Hartree, D. R.: Proc. Cambridge Phil. Soc. *24*, 111, 426 (1928)

6. Slater, J. C.: Phys. Rev. *35*, 509 (1930); *34*, 1293 (1959)
7. Pauli, W.: Z. Physik *31*, 765 (1925)
8. Fock, V.: Z. Physik *61*, 126 (1930); Hartree, D. R.: Proc. Cambridge Phil. Soc. *24*, 89 (1928)
9. Parr, R. G.: J. Chem. Phys. *20*, 239 (1952)
10. Pople, J. A., Nesbet, R. K.: J. Chem. Phys. *22*, 571 (1954)
11. Hoffmann, R.: J. Chem. Phys. *39* 1397 (1963)
12. Boys, S. F.: Proc. Roy. Chem. Soc. (London) *A200*, 542 (1950)
13. Pople, J. A., Santry, D. P., Segal, G. A.: J. Chem. Phys., *43*, S129 (1965)
14. Dewar, M. J. S., Thiel, W.: J. Amer. Chem. Soc. *99*, 4899; 4907 (1977); Dewar, M. J. S., McKee, M. L., Rzepa, H. S.: ibid. *100*, 3607 (1978)
15. Dixon, R. N.: Mol. Phys. *12*, 83 (1967); Pople, J. A., Beveridge, D. L., Dobosh, P. A.: J. Chem. Phys. *47*, 2026 (1967)
16. Baird, N. C., Dewar, M. J. S.: J. Chem. Phys. *50*, 1262 (1969); Dewar, M. J. S., Haselbach, E.: J. Amer. Chem. Soc. *92*, 590 (1970); Bingham, R. C., Dewar, M. J. S., Lo, D. H.: ibid. *97*, 1285, 1294, 1302, 1307 (1975); Dewar, M. J. S., Lo, D. H., Ramsden, C. A.: ibid. *97*, 1311 (1975)
17. Pople, J. A., Segal, G. A.: J. Chem. Phys. *43*, S136 (1965)
18. Pople, J. A., Segal, G. A.: J. Chem. Phys. *44*, 3289 (1965)
19. Bene, J. Del, Jaffé, H. H.: J. Chem. Phys. *48*, 1807, 4050 (1968); *49*, 1221 (1968); *50*, 563, 1126 (1969)
20. Als Überblick über gängige Methoden sei empfohlen: Fletcher, R.: Optimization, Acad. Press, London 1969
21. Fletcher, R., Powell, M. J. D.: Comput. J. *6*, 163 (1963)
22. Pulay, P.: Molec. Phys. *17*, 197 (1969)
23. Bischof, P.: J. Amer. Chem. Soc. *98*, 6844 (1976)
24. Nelder, J. A., Mead, R.: Comput. J. *7*, 308 (1965)
25. Scholz, M., Köhler, H.-J.: Quantenchemische Näherungsmethoden in der Organischen Chemie, Hüthig Verlag, Heidelberg 1981
26. Eyring, H.: J. Chem. Phys. *3*, 107 (1935)
27. McIver, Jr., J. W., Komornicki, A.: J. Amer. Chem. Soc. *94*, 2625 (1972)
28. Müller, K., Brown, L. D.: Theoret. Chim. Acta *53*, 75 (1979)
29. Bischof, P.: Computational Methods in Chemistry, Ed. J. Bargon, Plenum Publishing Corporation 1980
30. Wilson, E. B., Decius, J. C., Cross, P. C.: Molecular Vibrations, McGraw-Hill, New York 1955
31. Godnew, F. N.: Berechnungen Thermodynamischer Funktionen aus Moleküldaten, Dtsch. Verlag d. Wiss., Berlin 1963
32. Koopmans, T.: Physica *1*, 104 (1934)
33. Asbrink, L., Edquist, O., Lindholm, E., Selin, L. E.: Chem. Phys. Letters *5*, 192 (1970)
34. Schulman, J. M., Ruggio, J., Venanz, T. J.: J. Amer. Chem. Soc. *99*, 2045 (1977)

Kapitel 8. Röntgenstrukturanalyse – eine computer-abhängige Methode

C. Krüger

Max-Planck-Institut für Kohlenforschung, D-4330 Mülheim/Ruhr

8.1 Einleitung

Die Molekülstrukturanalyse mit Röntgen- oder Neutronen-Beugungsmethoden hat sich im letzten Jahrzehnt zu einem allgemein anwendbaren analytischen Verfahren entwickelt. Unter der Voraussetzung, daß von einer chemischen Verbindung definierte Einkristalle gewonnen werden können, lassen sich heute mit vertretbarem Zeit- und Personalaufwand genaue Informationen über Bindungsgeometrien, Molekülkonfigurationen, intra- und intermolekulare Wechselwirkungen im Kristallgitter und schließlich auch über das thermische Schwingungsverhalten einzelner Atome oder Molekülteile erhalten. Als wesentliche Bereicherung gegenüber anderen analytischen Methoden ist hierbei der direkte Zugang zum Aufzeigen neuartiger Bindungsverhältnisse oder atomarer Wechselwirkungen im untersuchten Molekül zu betrachten. Obwohl die Grundlagen der hier zu beschreibenden Methode bereits zu Beginn unseres Jahrhunderts und in den dann folgenden Jahrzehnten erarbeitet wurden, erfolgte die Weiterentwicklung bis zur allgemeinen Verwendbarkeit erst parallel zu der Entwicklung leistungsfähiger Rechner, d.h. zum Ende der fünfziger Jahre.

Kein Teilgebiet der instrumentellen Analytik ist in seinem Inhalt so stark vom jeweiligen Stand der Entwicklung der elektronischen Datenverarbeitung abhängig wie die auf Beugungsmethoden basierende Strukturanalyse von Molekülen im festen, geordneten Zustand [1]. Die Abhängigkeit dieses analytischen Verfahrens von Rechnerhardware und -software besteht dabei in zweifacher Hinsicht. So werden zum einen, etwa seit Mitte der sechziger Jahre Computer für die Steuerung der zur Datenerfassung in Röntgenstreuexperimenten an Einkristallen benötigten automatischen Diffraktometer eingesetzt.

Zum anderen muß dann im weiteren Verlauf einer Analyse die Verarbeitung der bei diesen Messungen anfallenden Daten, die letztlich zur Struktur einer chemischen Verbindung mit ihren geometrischen Parametern führen, mit leistungsfähigen, meist größeren Computern erfolgen. Während die Überwachung und Steuerung der Datenerfassung ein geradezu klassisches Beispiel einer Prozeßsteuerung darstellt, besteht der zweite Teil des Ablaufes einer Röntgen- oder Neutronenbeugungsanalyse in der rechnerischen Auswertung der erhaltenen Meßdaten. Unter Anwendung teilweise klassischer, numerischer Rechenverfahren war dieser zweite Schritt bisher eine typische Aufgabe für einen größeren Rechner, etwa im Rechenzentrumsbetrieb. Während die Aufgaben der Diffraktometersteuerung bereits frühzeitig kleineren Rechnern übertragen werden konnten, zeichnet sich für den zweiten Teil der Aufgabenstellung erst in letzter Zeit eine Entwicklung hin zum Einsatz kleinerer Rechner ab. Hierauf wird noch zurückzukommen sein.

Bevor näher auf den Einsatz von Computern zur Erfassung und weiteren Bearbeitung von Röntgendaten eingegangen wird, müssen die physikalischen Zusammenhänge der Röntgenbeugung, die dabei auftretenden mathematischen Probleme, sowie auch die charakteristischen Arbeitsabläufe von Analysen unterschiedlicher Aufgabenstellungen beschrieben werden.

8.2 Das Prinzip der Röntgenbeugung

Sämtliche zur Aufklärung von Materiestrukturen angewendeten röntgenographischen Verfahren beruhen physikalisch auf der Wechselwirkung eines vorzugsweise monochromatischen Röntgenstrahles mit den Elektronen in Atomen, Atomverbänden und Molekülen. Jedes Atom wird bei dieser Wechselwirkung ohne Veränderung der Wellenlänge des primären Röntgenstrahles zu einer sekundären Strahlenquelle mit kugelförmiger Fortpflanzung dieser Sekundärstrahlung vom Ort der Wechselwirkung aus. Bei regelmäßiger Anordnung der Atome in Atom- oder Molekülgittern, wie dieses ideal durch Aufreihung von Molekülen in Einkristallen zu erreichen ist, gehorcht die beschriebene Wechselwirkung dem Gesetz nach BRAGG:

$$d^* = \frac{2 \sin \Theta}{n \lambda} \, .$$

(1)

Hierin wird der Zusammenhang zwischen dem Einfallswinkel des Primärstrahles (und damit auch dem Austrittswinkel des Sekundärstrahles), dem Abstand der beugenden Gitterebenen $d = 1/d^*$, ihrer Ordnung n sowie der Wellenlänge der verwendeten Strahlung hergestellt. Unterschiedliche Netzebenen von Kristallgittern führen also zu Reflexen, deren Lage (relativ zum Primärstrahl) und Intensität entweder mittels Filmverfahren (Schwärzung lichtempfindlicher Filme, eventuell unter Verstärkung des Photoeffektes durch Verwendung Röntgenlicht-empfindlicher Schichten in der verwendeten Kamera) oder

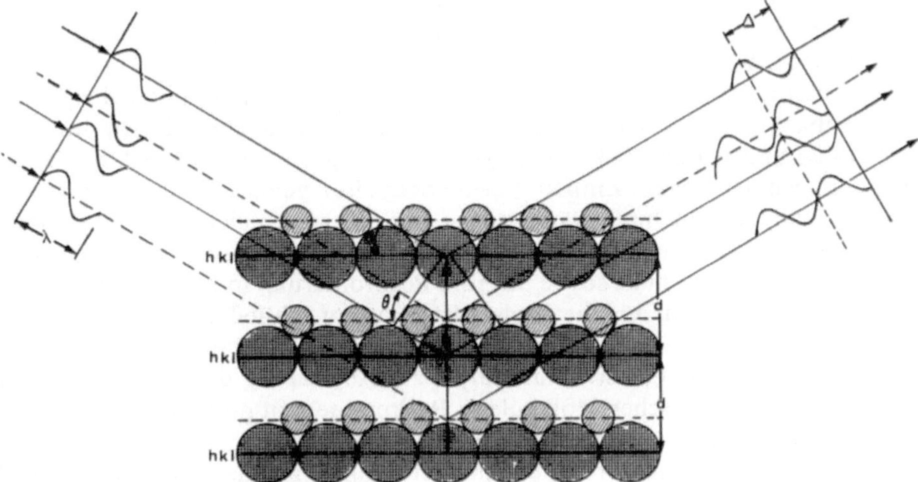

Abb. 8.1. Beugung am Kristallgitter

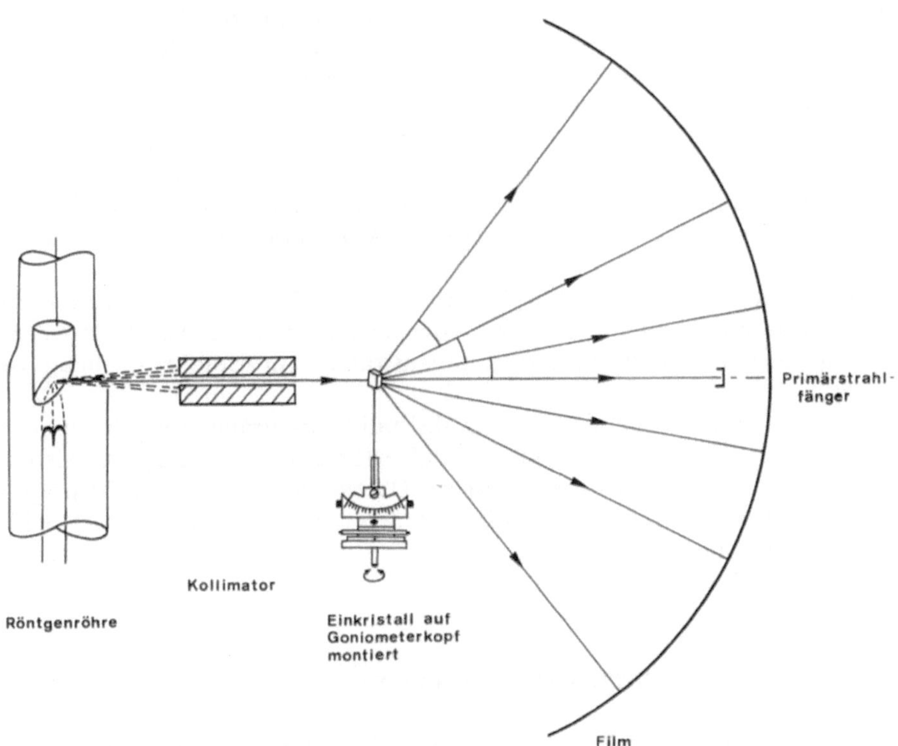

Abb. 8.2. Prinzip der Anordnung eines Röntgenbeugungs-Experiments

aber besser mittels Zählrohrtechniken unterschiedlicher Art registriert werden. Das klassische Experiment der Anordnung eines Einkristalls im Röntgenstrahl ist in Abb. 8.2 wiedergegeben (LAUE, FRIEDRICH, KNIPPING, 1912).

Allgemein läßt sich sagen, daß aus den Beugungswinkeln, unter denen Reflexe beobachtbar sind, Aussagen zum Gitter des untersuchten Kristalles, d. h. über Größe und Natur der kleinsten, sich dreidimensional im Kristall wiederholenden geometrischen Einheit (Elementarzelle) gemacht werden können. Die unterschiedlichen Intensitäten dieser Reflexe setzen sich dabei aus Informationsanteilen aller an der Beugung beteiligten Atome zusammen; sie erlauben daher, auf die Atomart sowie auf ihre Positionierung in der Elementarzelle relativ zueinander, d. h. auf die Molekülstruktur zu schließen [2].

Mit gewissen Abwandlungen von Meß- und Rechenverfahren ist, besonders in letzter Zeit, die Röntgenstrukturanalyse zur Aufklärung der Primär- bis Tertiärstruktur bio-organischer Moleküle (z. B. Proteine) mit großem Erfolg herangezogen worden. Das gewöhnlich hohe Molekulargewicht dieser Verbindungen sowei ihre Strahlenempfindlichkeit, weiterhin Kristallisationsschwierigkeiten (Lösungsmitteleinschluß), sowie Schwierigkeiten im Bereiten von Derivaten lassen den experimentellen Aufwand dieser Analysen nur bedingt dem kleinerer Moleküle vergleichbar machen [3].

Liegen von einer chemischen Verbindung anstatt gut handhabbarer Einkristalle (kleinste Dimension etwa $0{,}05 \times 0{,}05 \times 0{,}05$ mm) lediglich mikrokristalline Proben vor, so lassen sich durch Anwendung spezieller Aufnahmetechniken *Pulverdiagramme* erhalten, bei denen die Streuung des Primärstrahles an einer (ideal unendlichen) Anzahl von kleinen Kristallen der gleichen Orientierung über den Streuwinkel wiederum Rückschlüsse auf Gitterebenenabstände erlaubt. Der aus derartigen Pulveranalysen ableitbare Informationsgehalt ist jedoch vergleichsweise gering, da sich die Mikrokristalle nicht durch Justierung in eine definierte Lage zum Primär-Röntgenstrahl bringen lassen, so daß die zur Untersuchung von Einkristallen anwendbaren Methoden sich dabei nur bedingt und zudem nur auf hochsymmetrische Atomanordnungen übertragen lassen [4].

Vergleichbar jedoch sind die den Ablauf einer Neutronenbeugungs-Strukturanalyse bestimmenden Methoden. Hier muß jedoch berücksichtigt werden, daß Neutronen im Unterschied zu Röntgenstrahlen am Atomkern gebeugt werden [5].

Sowohl für die Ergebnisse der Einkristall-Strukturanalysen kleinerer wie auch größerer Moleküle, als auch für Pulverröntgenbeugungsdaten existieren *Datenbanken*. Auf die Auswertung dieser Datenbanken, die auch für präparativ arbeitende Chemiker immer größere Bedeutung erlangen, wird zum Schluß dieser Ausführungen eingegangen.

8.3 Ablauf einer Röntgenstrukturanalyse

Der Arbeitsablauf einer Röntgenstrukturanalyse, und ähnlich auch der einer Neutronenstrukturanalyse, läßt sich klar in folgende Punkte gliedern:

1. Datensammlung, Datenreduktion und Datenkorrekturen,
2. Strukturbestimmung (Auffinden eines Strukturmodelles),
3. Strukturverfeinerung (Anpassung von Strukturmodellen an Meßdaten),
4. Berechnung abgeleiteter Ergebnisse wie Bindungslängen und -winkel, Torsionswinkel etc., graphische Darstellung der Ergebnisse,
5. Dokumentation und Literaturbearbeitung.

In gleicher Weise kann die Aufgabenstellung bezüglich des Einsatzes von Computern klar getrennt werden, da die Natur der eingesetzten Programme entsprechend der gegebenen Aufteilung unterschiedlich ist. Vorab müssen jedoch einige weitere Erklärungen zum Verständnis der angewendeten Programmabläufe gegeben werden.

Während zur Lagebestimmung eines einzelnen Atoms im dreidimensionalen Raum und damit für seine relative Lage zu Nachbaratomen 3 Parameter (x, y, z; „fraktionelle" Koordinaten bezogen auf die Achsen der Elementarzelle und deren Abmessungen) ausreichen, beschreibt man das thermische Schwingungsverhalten dieses Atoms entweder mit nur einem Parameter (u = Radius der isotropen Schwingung) oder aber mit sechs Parametern (anisotrope Schwingung mit drei Achsen eines Ellipsoides; s. Abb. 8.3).

Bei den unter 3. beschriebenen Strukturverfeinerungsverfahren nach der Methode der kleinsten Fehlerquadrate (Regressionsanalyse) erhält man optimale Ergebnisse, wenn pro angepaßtem Parameter (also x, y, z und u) etwa 10 oder mehr Reflexmessungen durchgeführt worden sind. Für Moleküle durchschnittlicher Molekulargewichte (30 bis 60 Atome) sollten demnach mindestens etwa 3000 bis 6000 Meßdaten (Reflexe) zur Verfügung stehen. Gleichzeitig wird ersichtlich, daß die strukturanalytische Bearbeitung großer Moleküle (etwa ab Molekulargewicht 10000) einer anderen mathematischen Behandlung bedarf, und daß zur Sammlung der anstehenden größeren Datenmengen alternative Methoden Verwendung finden müssen.

8.3.1 Datensammlung, Datenreduktion und Datenkorrekturen. Während sich zur Datensammlung an Einkristallen kleinerer Moleküle automatische Diffrak-

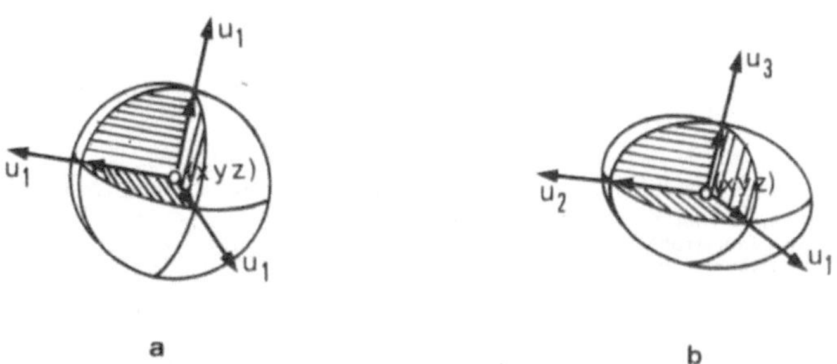

Abb. 8.3. Darstellung der thermischen Schwingungsverhalten von Atomen
a: isotrope Schwingung
b: anisotrope Schwingung

tometer allgemein durchgesetzt haben, spielen im Falle von Großmolekülstrukturen auch heute noch klassische Filmverfahren mit anschließender photometrischer Auswertung der Filme mit Hilfe von Film-Scannern eine bedeutende Rolle. Da mit einer einzigen Filmaufnahme eine Vielzahl von Reflexen sowohl hinsichtlich ihrer örtlichen Lage (Bragg-Winkel!) als auch ihrer Intensität bestimmt werden kann, läßt sich dadurch die Strahlenbelastung des oft empfindlichen Materials drastisch reduzieren. Neben anderen Vorteilen spielt auch die Zeitersparnis, die so erzielt wird, eine große Rolle.

Das automatische Einkristall-Diffraktometer. In der Konstruktion der Diffraktometer lassen sich gegenwärtig zwei Typen unterscheiden, deren Betriebsweise (und damit die Steuersoftware*) geringfügig unterschiedlich ist. Beide Gerätetypen (Abb. 8.4) zeichnen sich dadurch aus, daß ein auf einem justierbaren Träger (Goniometerkopf) montierter Einkristall der Dimension 0,1–0,5 mm im optischen Zentrum des Gerätes manuell zentriert wird und dann vom Gerät in einem möglichst homogenen und monochromatischen Röntgenstrahl in die durch das Bragg'sche Gesetz definierten reflektierenden Positionen gebracht wird. Das Gerät muß also in der Lage sein, einen Punkt (Kristall) frei in seinem

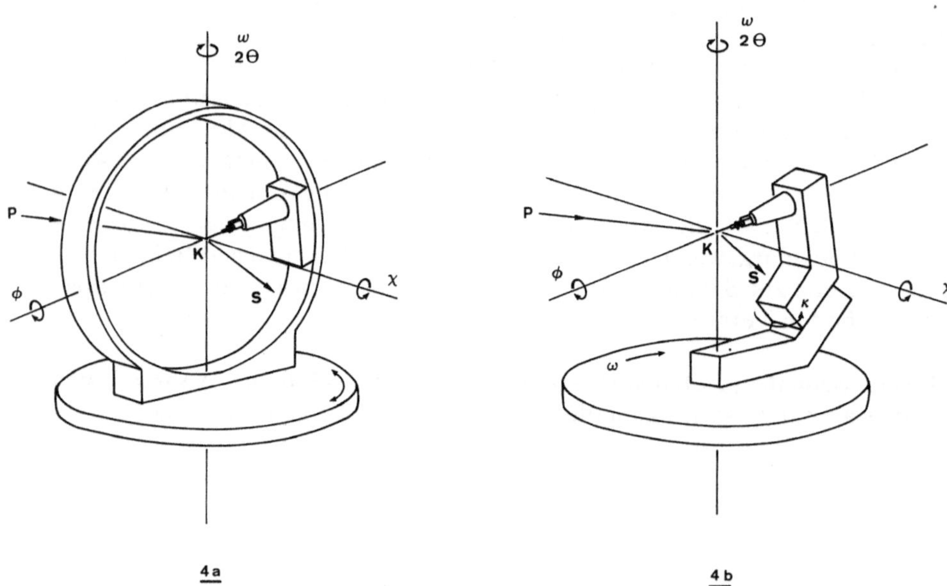

Abb. 8.4. Konstruktionsmerkmale unterschiedlicher Diffraktometerkonstruktionen

P : Primärstrahl der Röntgenröhre
S : Sekundärstrahl nach Beugung am Kristall K im optischen
     Mittelpunkt der Geräte
K : Kristall

---

* Bei modernen Geräten wird die zum Betrieb benötigte Software in FORTRAN (oder BASIC) vom Hersteller der Geräte zur Verfügung gestellt. Modifizierungen der Programme entsprechend besonderer Problemstellungen sind vom Benutzer daher leicht durchzuführen.

optischen Zentrum zu drehen. Ein Teil der gängigen Instrumente verwendet hierzu das Prinzip der *Euler*-Wiege (Abb. 8.4 a), wobei der Kristall durch Bewegung um drei oder vier Achsen in beliebige Lagen gebracht werden kann. Einem anderen Prinzip folgt die Konstruktion des sogenannten Kappa-Diffraktometers (Abb. 8.4 b). Hierbei wird eine gleichartige Bewegung des Kristalls relativ zum orthogonalen Diffraktometer-Achsensystem durch Rotation des Kristalles um einen exzentrisch in einem Winkel von 50° angebrachten Arm bewirkt.

In ihren ersten Konstruktionsausführungen erfolgte die Bewegung der Euler-Wiege manuell. Der Zeitbedarf zur Zentrierung eines Reflexes im Zähler betrug dabei mehrere Minuten, da immer nur eine Achse bewegt werden konnte. Ein bedeutender Fortschritt ergab sich dann durch Einführung Lochstreifen-gesteuerter Geräte. Auf einem separaten Rechner wurde hierbei ein Lochstreifen erzeugt, der die nötige Information sequentieller Zentrierung aufeinander folgender Reflexe enthielt. Auch die Ausgabe der Meßdaten erfolgte auf Lochstreifen (oder Lochkarten). Ab etwa 1970 übernahmen direktgekoppelte Kleinrechner die beschriebenen Aufgaben.

Automatische Diffraktometer wie auch Film-Scanner werden heute mit 12- oder 16-bit-Rechnern betrieben; Systeme mit 32-bit-Rechnern befinden sich in der Entwicklung.

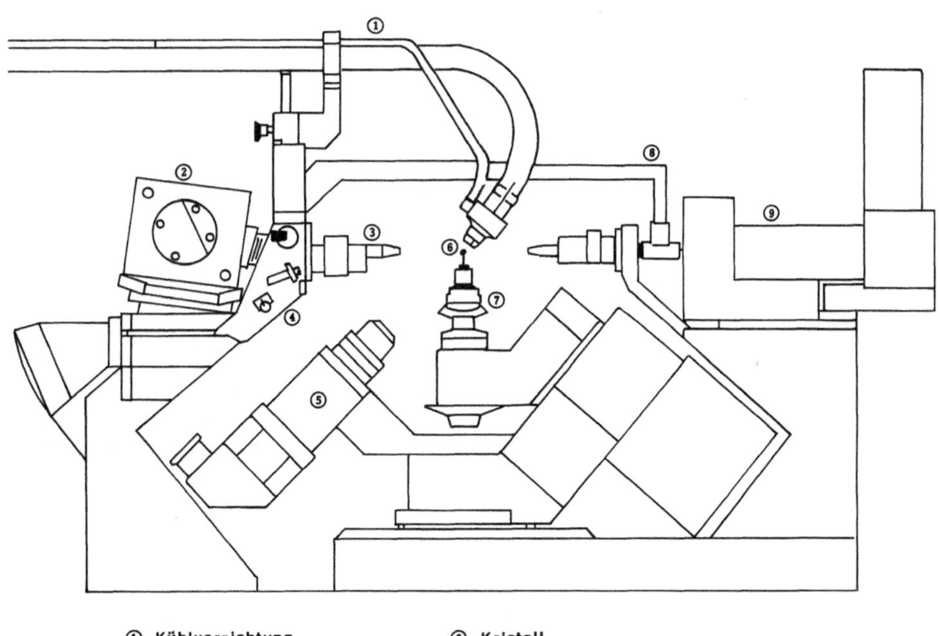

① Kühlvorrichtung	⑥ Kristall
② Röntgenstrahlquelle	⑦ Goniometer
③ Kollimator	⑧ Primärstrahlfänger
④ Monochromator	⑨ Detektor
⑤ optisches Mikroskop	

Abb. 8.5. Automatisches Röntgendiffraktometer

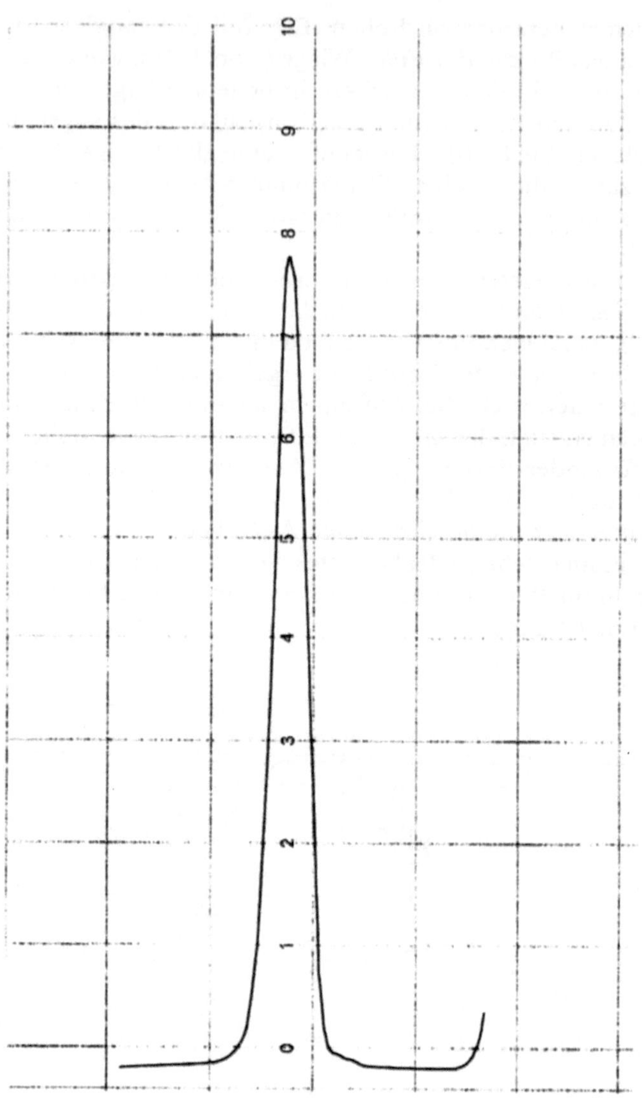

Scharfes Profil eines Reflexes niederer Ordnung

Abb. 8.6. Reflexprofile

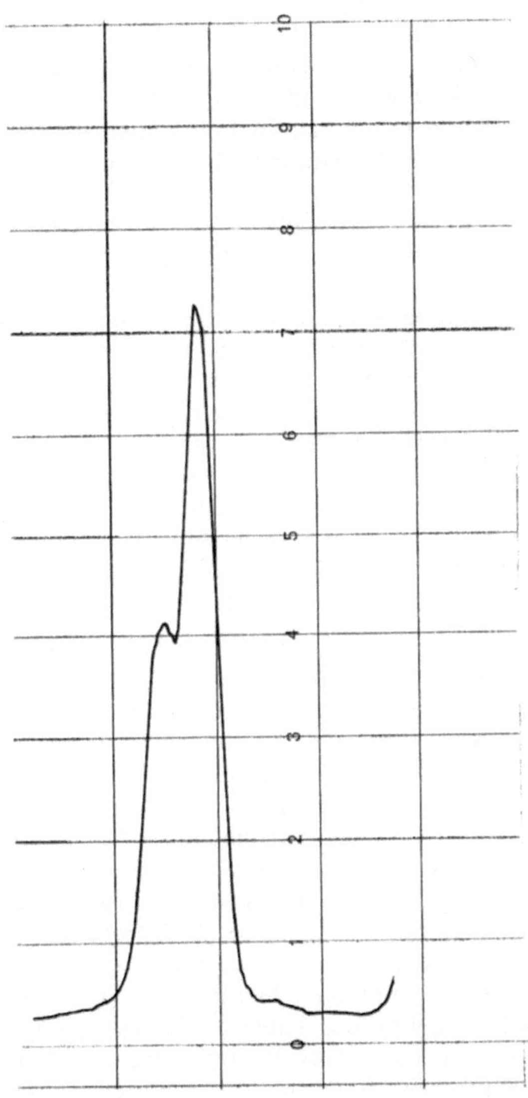

**Reflexprofil eines Reflexes hoher Ordnung
mit Aufspaltung · $K_{\alpha_1}/K_{\alpha_2}$**

Digitalisierte Ausgabe des Profiles

Abb. 8.6   (Fortsetzung)

Sämtliche vier Achsen (Θ, Φ, Ω und X, oder K) der Diffraktometer werden von Schrittmotoren angetrieben. Die Kontrolle der Positionierung erfolgt über die an den Achsenwellen angebrachten Encoder. In gleicher Weise werden auch unterschiedliche Blenden oder Filter im Primärstrahl der Diffraktometer (Abb. 8.5) oder aber vor dem Szintillationszähler gewechselt und ihre Positionierung kontrolliert. Die Berechnung reflektierender Positionen des Einkristalles erfolgt durch das Steuerprogramm des Rechners, welcher die erfolgte Positionierung quittiert. Der beschriebene Ablauf ist eine typische Prozeßsteuerung, für die eine 12-bit-Genauigkeit des Rechners vollkommen ausreichend erscheint.

Als weitere Aufgabe übernimmt der Rechner das Auslesen des Szintillationszählers (über eine Analog-Digital-Konvertierung). Durch einen oder zwei der Schrittmotoren wird dabei der Zähler bei eventuell gleichzeitiger Bewegung des Kristalles um eine Achse über ein Reflexprofil (Abb. 8.6) geführt. Neben der integrierten Intensität des Reflexes muß zusätzlich die Untergrund-Intensität auf beiden Seiten des Reflexes festgestellt werden.

Der Ablauf der experimentellen Arbeiten an einem Diffraktometer samt zugehöriger Software ist aus dem Schema Abb. 8.7 ersichtlich.

Im Folgenden sind die Anforderungen, die an ein Diffraktometer-Steuerprogramm zu stellen sind, zusammengefaßt:

1. Simultane Bewegungs- und Positionskontrolle, vorzugsweise aller Motoren gleichzeitig, unter Vermeidung von mechanischen Kollisionen. Fehler in der Positionierung müssen dabei gemeldet und korrigiert werden.

2. Sämtliche Achsen des Gerätes müssen wahlweise oder auch gekoppelt zum Abtasten (Scan) eines Reflexes herangezogen werden können. Hierbei kann es sinnvoll sein, unterschiedliche Motorgeschwindigkeiten (z. B. grobe Positionierung der Achsen mit anschließender Feineinstellung) vorzusehen.

3. Sowohl Peakhöhe mit Halbwertsbreite als auch Untergrundintensitäten eines Reflexes müssen registriert werden und auf einem Speichermedium in Form numerischer Werte, vorzugsweise als Reflexprofil, abgespeichert werden können. Hierbei muß das Programm erkennen, daß die Intensität eines Reflexes eventuell nicht im optimalen Meßbereich der verwendeten Zählereinheit liegt (z. B. durch Sättigung des Zählers oder zu geringe Intensität). In Folge muß der Rechner entweder durch Veränderung der Meßzeit (Scanzeit, Schrittbreiten- oder Schrittzeitenänderung) oder durch automatisches Vorschalten von Schwächungsfiltern reagieren.

Neben der beschriebenen, zur unmittelbaren Bedienung der Diffraktometer-Hardware benötigten Programme sollte der Prozeßrechner in der Lage sein, die zur Orientierung, Zentrierung und Bestimmung der kristallographischen Daten eines Kristalles nötigen Rechnungen durchzuführen. Hierzu gehört primär das Ermitteln der Elementarzelle einschließlich der Bestimmung ihrer Orientierung relativ zum orthogonalen Achsensystem des Diffraktometers. Bei unbekannter Geometrie der Einheitszelle kommen heute zwei Methoden hauptsächlich zur Anwendung. Zum einen werden Reflexe gesucht (Peak-Search) und aus ihren Positionen die erforderlichen Daten abgeleitet. Als zweite Methode steht bei allen Geräten die Möglichkeit zur Verfügung, die groben

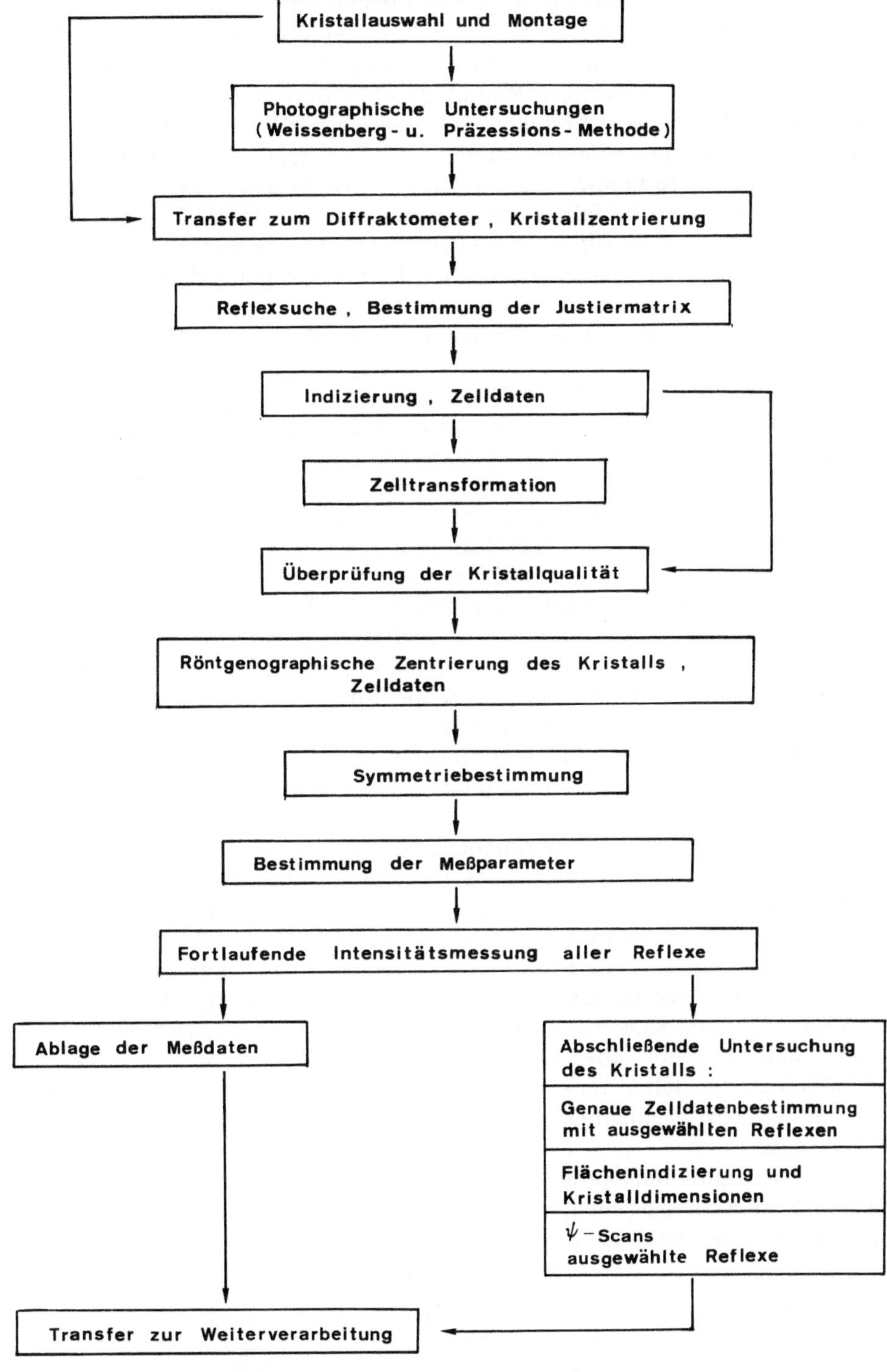

Abb. 8.7. Arbeitsablauf des experimentellen Teiles einer Röntgenstrukturanalyse

Positionen einiger Reflexe einer (Polaroid)-Rotations-Photographie zu entnehmen und somit vorgewählte Reflexe vom Rechner aufsuchen zu lassen. Naturgemäß kann die letztere Methode mit Zeitvorteilen verbunden sein, da weniger
Suchoperationen im reziproken Raum* durchgeführt werden müssen. Zusätzlich sollte die Möglichkeit bestehen, jede weitere bereits vorhandene Information über den Kristall (Elementarzelle, evtl. ihre relative Orientierung) dem
Rechner vorgeben zu können, um so den Justierungsprozeß abzukürzen.

Alle angedeuteten Verfahren liefern eine Liste von 15 bis 25 Reflexen, die
einschließlich der zugehörigen Intensitätswerte und der Winkelwerte des Diffraktometers auf einem Speichermedium (Magnetplatte) abgelegt oder auch im
Hauptspeicher des Rechners gehalten werden. Abhängig von Kristallgröße
und Kristallqualität dauert das Erstellen dieser Reflexliste 10 min bis etwa
1 Stunde.

Ein nächstes Programm weist diesen Reflexen die zugehörigen Kennzahlen
(Miller-Indices) zu und erstellt eine Orientierungsmatrix unter gleichzeitiger
Ermittlung der Elementarzelle des Kristallgitters.

Als vorteilhaft erweist sich an dieser Stelle des Arbeitsablaufes, wenn auf
dem Prozeßrechner eine „Zellreduktion" mit Auffindung der normierten „primitiven Elementarzelle" durchgeführt werden kann [6]. Dieser Vorgang ver-
läuft unter gleichzeitigem Umindizieren des bereits erstellten Reflexsatzes.
Fehlerrechnung und Anpassung der daraus abgeleiteten Zelldaten erfolgen
nach der Methode der kleinsten Fehlerquadrate (s. unten).

Als iterativer Vorgang kann sich dann ein wiederholtes, programmgesteuer-
tes Optimieren verbesserter Reflexpositionen anschließen. Unter gleichzeitiger
Abtastung der Reflexe bei positiven und negativen 2ϑ und ω-Werten (der Beu-
gungsvorgang gehorcht dem Symmetriegesetz von Friedell) ergeben sich unter
weitgehender Ausschaltung von primären Justierfehlern der Geräte sehr genaue Gitterkonstanten.

Nach Abschluß dieser experimentellen Arbeiten am Diffraktometer sind
alle Voraussetzungen zum Start eines Programmes zur sequentiellen Intensi-
tätsermittlung der zahlreichen Reflexe gegeben. Ein Hilfsprogramm zur Erstellung der zugehörigen Eingaben im Dialog unter Berücksichtigung kristallspezi-
fischer Gegebenheiten (Reflexbreiten, Intensitäts- zu Untergrundverhältnis,
Ermittlung optimaler Reflex-Abtastzeiten, Berücksichtigung von Symmetrie-
Effekten, z. B. Laue-Klasse der Kristalle oder Raumgruppe) ist an dieser Stelle
wünschenswert, gehört aber nicht zum Standard-Steuerprogramm-Paket der
Diffraktometerhersteller. Im normalen Ablauf müssen diese Eingaben noch getrennt erstellt und in einem Datensatz auf der Magnetplatte des Rechners abgelegt werden.

Das Datensammlungsprogramm sollte vorzugsweise folgende Kriterien erfüllen: Die Bewegungszeiten der Achsen des Diffraktometers beim Lauf von
einem Reflex zum nächstfolgenden müssen so kurz wie möglich gehalten sein.

---

* Der durch die Lage der Reflexe aufgespannte Raum wird als reziproker Raum bezeichnet,
  da die ihn definierenden geometrischen Größen sich zu denen des reflektierenden Kristalles (des realen Raumes) reziprok verhalten. Vergleiche die Beziehung $d^* = 1/d$, die reale
  Gitterebenenabstände d mit Abständen d^* von Reflexen vom Ursprung verknüpft.

Zur Lösung dieses Problems bieten sich verschiedene Alternativen an, die Hersteller-spezifisch angewendet werden. Nach Erreichen der optimalen Reflexposition wird meist mit vorgegebener Meßbreite vorab das Reflexprofil abgetastet und so ein Verhältnis zwischen Intensität und Meßfehler $I/\sigma(I)$ berechnet. Hieraus ergibt sich sodann die optimale Abtastgeschwindigkeit für diesen Reflex. Die nachfolgende tatsächliche Messung läßt sich gegebenenfalls beliebig oft vergleichend wiederholen, um so ein gewünschtes Intensitäts-Fehlerverhältnis zu erhalten. Die Datensammlungs-Software sollte zudem eine Rotation um den Beugungsvektor (Ψ-Scan) zulassen, so daß auch außerhalb der normalen Positionierung eines Reflexes (bisecting position) gemessen werden kann. Eine periodisch wiederkehrende Messung von einigen Standard-Reflexen („Monitor-Reflexe") erlaubt sowohl die Feststellung einer Zersetzung des Kristalles im Röntgenstrahl als auch die einer möglichen Dejustierung von Kristall oder Gerät als Folge äußerer Einflüsse. Der Rechner sollte nach Erkennen einer derartigen Situation in der Lage sein, entsprechende Reaktionen (Abbruch der Datensammlung und, oder besser, automatische Optimierung der Kristalljustierung) durchzuführen. Die periodische Messung dieser Monitorreflexe kann entweder zeitabhängig (etwa abhängig von der Bestrahlungszeit) oder aber nach einer vorgegebenen Zahl von gemessenen Reflexen erfolgen. Die als Intensitäts-Monitor gemessenen Reflexe müssen zusätzlich zu den normalen Messungen im Datensatz abgelegt werden, um später bei der Datenreduktion eine Skalierung der Meßdaten zuzulassen. Neben den bisher beschriebenen Programmen zum Betrieb eines Diffraktometers und den zugehörigen Compilern und Text-Editoren sollten folgende Hilfsprogramme auf dem Prozeßrechner des Diffraktometers unbedingt zur Verfügung stehen:

1. Datentransferprogramme von Speichermedien zu anderweitigen Speichermedien (Magnetbändern) oder auch zu angeschlossenen Rechnern eines Rechnerverbundes.

2. Hilfsprogramme zur Erleichterung der Justierung des Diffraktometers (der Röhre, des Monochromators, des Zählers) bei offenem Röntgenstrahl (Strahlenschutz!).

Wie eingangs erwähnt, sind nach bisheriger Verfahrensweise mit Erstellung eines Meßdatensatzes die Aufgabenstellungen des Prozeßrechners erfüllt. Die weitere Bearbeitung einer Röntgenstrukturanalyse erfolgt sodann auf größeren Rechnern*.

---

* Eine Abgrenzung der Rechnergröße bezüglich seiner Wortlänge wie auch der zur Verfügung stehenden Ausstattung erweist sich in zunehmendem Maße als willkürlich, da sowohl von Seiten der Prozeßrechner als auch von Seiten der reinen Datenverarbeitungsrechner eine technische Angleichung der Systeme erfolgt. Es ist wahrscheinlich, daß in naher Zukunft *ein* Rechnertyp genügender Genauigkeit (32 bit) beide Aufgaben übernimmt. Bisherige, bereits existierende und im Ansatz bewährte vergleichbare Systeme auf der Basis von 16 bit-Rechnern [7] zeigen bei gleichzeitiger Bearbeitung der unterschiedlichen Aufgabenstellungen gewisse, durch die verwendeten Betriebssysteme und das 16-bit-Wort bedingte Nachteile. Diese Nachteile erscheinen umso schwerwiegender, je mehr Benutzer (d.h. in Arbeit befindliche Strukturanalysen) das System belasten.

Gegenüber den Aufgabenstellungen der Vierkreis-Einkristalldiffraktometer ist die Rechnersteuerung von Pulverdiffraktometern vergleichsweise einfach und kann mit einfachen Rechnermitteln ausgeführt werden.

Datenbearbeitung und -korrektur. Nach abgeschlossener Datenerfassung schließt sich im Arbeitsablauf die sogenannte *Datenreduktion* an. Abb. 8.8 zeigt

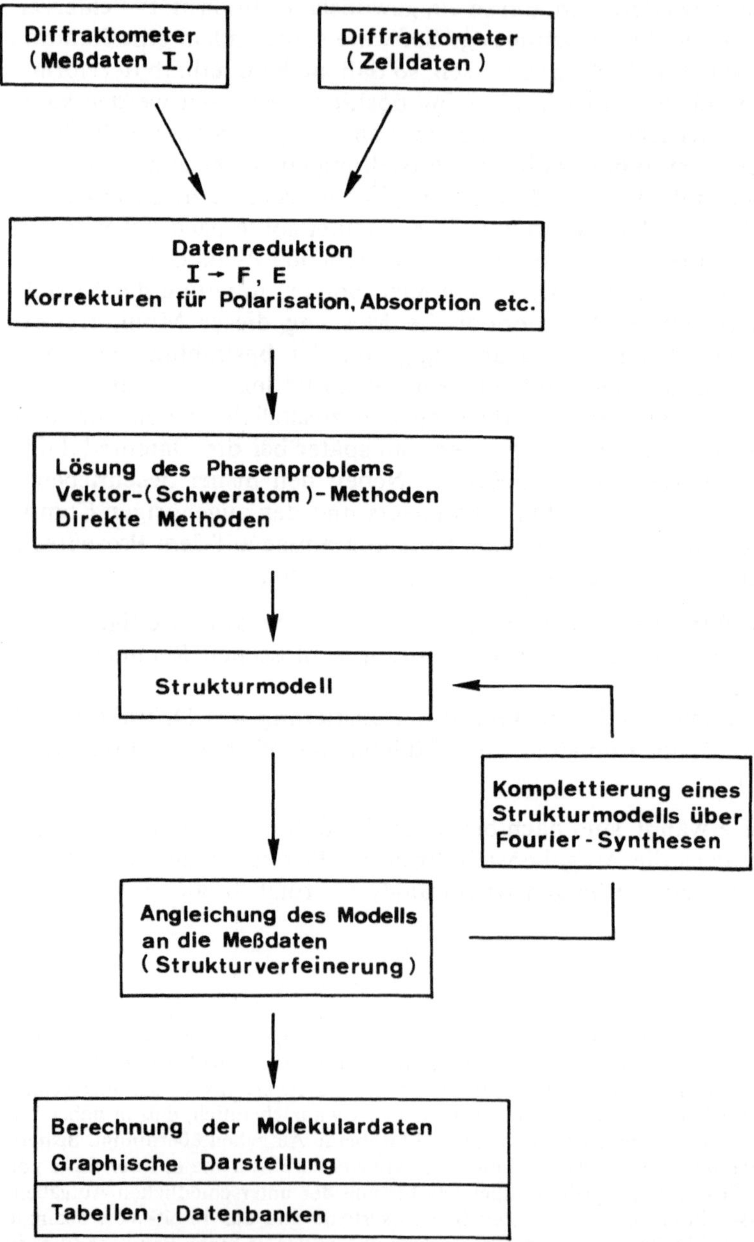

Abb. 8.8.   Arbeitsablauf der Strukturlösung

das stark vereinfachte Flußdiagramm der eigentlichen Röntgenstrukturanalyse. Neben der Umwandlung der gemessenen Intensitäten I in Strukturamplituden F_{hkl} gemäß Gl. (2), unter Berücksichtigung von Reflexmeßzeit sowie Untergrundmessungen, muß hierbei die Standardabweichung jeder Messung ermittelt werden.

$$|F_{hkl}| \propto \sqrt{I}\,. \tag{2}$$

Weiterhin sind in diesem Arbeitsgang Korrekturen für geometrische Faktoren der Meßmethode sowie für die bei der Beugung am Gitter auftretenden Polarisationseffekte anzubringen. Die sich so ergebende Strukturamplitude $|F|$ ist dann direkt proportional zu dem Streuvermögen eines Kristalls in einer Richtung senkrecht zur beugenden Ebene.

In Fällen, in denen im untersuchten Molekül schwerere Atome vorhanden sind, kann abhängig von molaren Absorptionskoeffizienten und auch der verwendeten Wellenlänge der Röntgenröhre (normalerweise werden Röhren mit Cu-Target, $Cu_{K\alpha} = 1{,}5418$ Å, oder Mo-Target, $Mo_{K\alpha} = 0{,}71069$ Å, benutzt) eine entsprechende Absorptionskorrektur der Meßdaten durchgeführt werden. Für diese Korrektur, die in ihrem Betrag zudem von Kristallgröße, Kristallform und der jeweiligen Kristallorientierung im Primärstrahl abhängt, existieren zahlreiche empirische und auch analytische Verfahren [5], die in jedem Fall komplexer Natur und zudem rechenaufwendig sind. Ähnlich den Absorptionseffekten erfolgt die Behandlung von Extinktionseffekten, die sich durch die Wechselwirkung von Primärstrahl und Sekundärstrahlen im Kristall ergeben. Bei genauen Analysen sollte auf beide Korrekturen nicht verzichtet werden.

Bei anschließender Verwendung von sogenannten Direkten Methoden zum Auffinden eines Strukturmodells (s. u.) wird üblicherweise an dieser Stelle eine Korrektur für die thermischen Bewegungen aller streuenden Atome in der Elementarzelle durchgeführt.

$$B = 8\,\pi^2\,\overline{U^2}\,. \tag{3}$$

Der statistische Vergleich der derartig reduzierten, beobachteten Daten (Intensitäten) mit den theoretischen Voraussagen für einen Kristall, der aus willkürlich angeordneten Atomen der gegebenen molekularen Zusammensetzung besteht, erlaubt den Effekt der thermischen Schwingungen aller Atome abzuschätzen und damit die gemessenen Strukturamplituden auf eine absolute Basis zu beziehen. Die Korrektur der Meßdaten unter Berücksichtigung dieser Faktoren liefert normierte Strukturamplituden E, in denen sämtliche Atome als punktförmige streuende Objekte repräsentiert werden. Datenreduktionsprogramme (s. Abb. 8.8) für diese Aufgabenstellung (Literaturnamen: „FAME", „NORMAL") sind die Voraussetzung zur Lösung einer Struktur mit Direkten Methoden.

An dieser Stelle des Ablaufes einer Strukturanalyse sollten, zusätzlich zu den beschriebenen Programmen, weitere Hilfsprogramme für die folgenden Aufgaben zur Verfügung stehen:

1. Schnelle Sort-Merge-Routinen zum Sortieren der Meßdaten nach vorgegebenen Kriterien, sowie zum Ausmitteln redundanter Messungen. (Hierbei

kann mit Vorteil auf Hilfsprogramme von Computerherstellern zurückgegriffen werden.)

2. Programme zum Umindizieren der hkl-Indices (Miller-Indices) der Meßdaten – falls sich erst zu diesem Zeitpunkt erweisen sollte, daß die Datensammlung in einer für die weitere Bearbeitung der Daten ungünstigen Aufstellung des Kristalles erfolgt sein sollte.

3. Routinen zur Entfernung Raumgruppen-verbotener und dennoch gemessener Reflexe, oder auch von Reflexen mit unbefriedigendem Signal-Rausch-Verhältnis („unbeobachtete Reflexe") zur Verringerung des Platzbedarfs auf den Langzeit-Speichern (Magnetplatte). Als „unbeobachtet" mögen hierbei Messungen gelten, die unterhalb einer vorgegebenen statistischen Signifikanz liegen.

4. Statistischer Vergleich von Mehrfach-Messungen gleicher oder auch symmetrieverwandter Reflexe zur Abschätzung der Qualität der Meßdaten (oder des Kristalles).

5. Integration von Reflexprofilen.

Nach diesen Vorarbeiten der Datenreduktion, die bis zu diesem Stand in verschiedenen Punkten noch von dem zum Betrieb des Meßgerätes eingesetzten Rechner übernommen werden können, steht ein optimal sortierter Datenfile, bestehend aus Miller-Indices, der dazugehörigen Strukturamplitude F sowie deren Standardabweichung zur weiteren Bearbeitung zur Verfügung.

8.3.2 Strukturermittlung. Zum weiteren Verständnis der Programmabläufe muß an dieser Stelle erneut auf die physikalischen Zusammenhänge zwischen Molekülstruktur und Beugungsbild eingegangen werden.

Wie bereits M. v. LAUE zeigte, steht die an einem Kristallgitter gebeugte komplexe Röntgenstrahlamplitude mit der Fourier-Transformation der Elektronenverteilung im Kristall in direktem Zusammenhang, d. h., alle beobachteten Intensitäten der Reflexe sind Ausdruck der periodischen Struktur des Kristalles.

$$P(xyz) = \frac{1}{V_c} \sum_h \sum_k \sum_l |F| \cos[2\pi(hx+ky+lz)-\alpha]. \tag{4}$$

H	K	L	F_O	$F_C(A)$	B
6	0	0	13.49	13.84	0.00
8	0	0	9.36	−9.83	0.00
9	0	0	6.02	−5.74	0.00
10	0	0	4.32	−4.26	0.00
0	1	0	83.03	−89.69	0.00
1	1	0	20.52	−20.77	0.00
−1	1	0	63.63	−65.57	0.00
2	1	0	48.26	−50.19	0.00
−2	1	0	33.24	34.76	0.00

H	K	L	F_O	σ	
6	0	0	13.35	0.25	1
7	0	0	−1.34	0.51	1
8	0	0	9.25	0.20	1
9	0	0	5.95	0.21	1
10	0	0	4.27	0.22	1
0	1	0	89.00	1.12	1
1	1	0	20.38	0.25	1
−1	1	0	64.70	1.08	1
2	1	0	48.38	0.51	1
−2	1	0	33.03	0.39	1

Abb. 8.9. Ausschnitt aus den zur Ablage in Datenbanken vorgesehenen Meßdaten

Unterschiedliche Intensitäten sind daher auch eine Folge unterschiedlicher Elektronendichteverteilung in der Elementarzelle, wie sie sich aus der Struktur der Moleküle und ihrer Lage in der Zelle ergibt. Könnte man die komplexe Amplitude der Streustrahlungen direkt messen, so müßte deren Fourier-Transformation direkt die Elektronenverteilung im Kristall, d. h. die Molekülstruktur liefern. Bisher stehen jedoch noch keine brauchbaren physikalischen Methoden zur Verfügung, die Phase der Streustrahlen direkt zu messen; die beschriebenen Intensitätsmessungen liefern lediglich die Amplitude in quadrierter Form, d. h. ohne Information über das Vorzeichen (+ oder −, d. h. 0 oder 180° im Falle zentrosymmetrischer Raumgruppen). Als weiter erschwerend können bei azentrischen Raumgruppen, in denen beispielsweise chirale Verbindungen kristallisieren, die Phasen jedes Reflexes in Abhängigkeit von den Phasen anderer Reflexe Werte zwischen 0 und 2π (360°) annehmen.

Dieses *Phasenproblem* wird aus der Formulierung für die Strukturamplitude

$$F_{hkl} = |F_{hkl}| \cos \alpha + i |F_{hkl}| \sin \alpha \tag{5}$$

oder

$$F_{hkl} = A_{hkl} + i B_{hkl} \tag{6}$$

(α: Phasenwinkel, s. o.) besonders deutlich. Es macht auch heute noch die Kunst und das Wissen eines Strukturchemikers und Kristallographen aus, dieses Problem der Phasenfindung (*das* eigentliche Problem der Röntgenstrukturanalyse) zu lösen. Hierzu steht ihm allerdings eine Fülle von Rüstzeug (d. h. Computer-Programme) zur Verfügung.

Schweratom-Methode (Patterson-Synthese). In einem heute klassischen Verfahren benutzt man ein oder mehrere Atome eines schwereren Elementes in einem Molekül, dessen Position in der Elementarzelle man in den meisten Fällen aus einer Fourier-Summation über die quadrierten Strukturamplituden, d. h. ohne Benutzung von Phaseninformation, erhalten kann (sog. Patterson-Synthese oder Vektoren-Karte), zur Phasenbestimmung *aller* Strukturfaktoren. Diese Methode beruht auf der Annahme, daß die durch die Position des schwereren Elements erhaltene Phaseninformation für jeden Reflex dessen tatsächliche Phase hinreichend genau bestimmt, ungeachtet der Tatsache, daß diese Phase auch von allen anderen, allerdings deutlich leichteren Atomen mit beeinflußt wird. Generell werden zur Erzeugung dieser Vektoren (Patterson)-Karten (F^2) die für die Erstellung von Fourier-Karten (F + Phase) der tatsächlichen Elektronenverteilung vorhandenen, identischen Programme benutzt. Übereinstimmend laufen sie in drei Stufen ab:

1. Optimales Sortieren (falls noch nicht geschehen) der reduzierten Daten nach aufsteigenden Indices h, k, l, F,
2. Berechnung und Speicherung der Amplituden A und B (s. o.),
3. Summation dieser Amplituden und Auswertung mit nachfolgender Ausgabe der Ergebnisse in zwei- oder dreidimensionaler Matrix-Form.

Die meisten Programme schließen heute ein Absuchen dieser Matrizen der Elektronendichteverteilung nach Maxima und Minima (Peak-Search) und die Ausgabe der gefundenen Peak-Koordinaten als fraktionelle Koordinaten (der Elementarzelle) ein. Genaue Peak-Positionen lassen sich dabei nur durch Interpolation erhalten. Naturgemäß ist der Rechenzeitaufwand für die Fourier-Summation von der Anzahl der einzelnen Messungen sowie vom geschickten Sortieren der Werte h, k, l abhängig. Heute allgemein verwendete Programme benutzen aus Geschwindigkeitsgründen zudem zur Auswertung der trigonometrischen Funktionen eigens bei Start des Programmes aufgestellte Funktionstabellen hinreichender Genauigkeit. In Abb. 8.10 ist ein typischer Ausdruck einer Fourier-Synthese, auf dem Atom-Positionen erkennbar sind, wiedergegeben.

Neben der aufgeführten Schweratom-Methode zur Lösung des Phasenproblems stehen heute noch weitere Verfahren zur Verfügung. Die Analyse größerer Moleküle (mit Molekulargewichten > 10 000) erfolgt nach der Methode des „isomorphen Ersatzes". Hierbei werden Streu-Anomalien unterschiedlicher schwerer Atome in zwei sonst absolut gleichartigen, und gleichartig (isomorph) kristallisierenden Derivaten zur Phasenbestimmung benutzt. Als nachteilig erweist sich hierbei, neben kristallchemischen Problemen, daß mehrere Datensätze von Derivaten eines Moleküls mit hinreichender Genauigkeit gesammelt werden müssen. Die angewandten Fourier-Summationen ähneln den bereits beschriebenen Verfahren.

„*Direkte Methoden*". Besondere Bedeutung zur Ermittlung der Phasen kommt in letzter Zeit den sogenannten „*Direkten Methoden*" zu.

Hierbei wird die benötigte Phaseninformation ohne Umweg über eine Schweratom-Position oder ein Schweratom-Derivat direkt erhalten. Diese Verfahren beruhen physikalisch auf der Annahme, daß in Realität in einer Elementarzelle niemals negative Elektronendichte vorhanden ist und daß die Elektronendichte innerhalb der Elementarzelle in Form gleich großer sphärischer Maxima an den Atompositionen verteilt ist. Auf dieser Basis lassen sich Wahrscheinlichkeits-Zusammenhänge zwischen den Phasen gewisser Reflexe ableiten, wobei die normalisierten (s. o.) Strukturfaktoren E eine große Rolle spielen. In einer zentrosymmetrischen Struktur sind z. B. die Vorzeichen (Phasen) dreier Reflexe (Tripel) $h_n k_n l_n$ im Zusammenhang zu sehen.

Aus diesen Zusammenhängen lassen sich durch Expansion vorgegebener weniger Start-Triple-Beziehungen auf einen Teil des Datensatzes mit Phasen versehene Amplitudensätze ableiten, die mit unterschiedlicher Wahrscheinlichkeit nach Fourier-Summationen korrekte Strukturvorschläge liefern. In den meisten Fällen lassen sich in diesen Vorschlägen Molekülfragmente identifizieren. Für nicht-zentrosymmetrische Kristallstrukturen kompliziert sich der Sachverhalt entsprechend. Im weiteren Verlauf wird hier die sogenannte Tangens-Formel zur Berechnung und zur weiteren iterativen Verfeinerung von Phasenwinkeln der Strukturvorschläge mit Erfolg benutzt.

Abb. 8.10. Fourier-Synthese mit Peaksuche, Interpolation und graphischer Darstellung der ▶ Ebene eines Molekülteiles

	-12	-11	-10	-9	-8	-7	-6	-5	-4	-3	-2	-1	0	1	2	3	4	5	6	7	8	9	10	11	12	13
14	-10	45	435	937	979	507	76	-13	20	2	-8	4	-1	-9	-2	-3	-6	0	0	-6	-7	-5	-6	-4	-1	-3
13	-4	6	246	591	624	299	21	-10	20	-1	-11	2	-2	-9	-1	0	-3	-1	0	-2	0	-1	-3	-1	0	-2
12	14	-20	5	103	120	27	-24	6	17	-6	-9	0	-5	-10	-4	0	-1	-2	-5	-3	1	0	0	2	0	-5
11	19	5	-33	-46	-34	-18	7	22	8	-3	4	5	-4	-7	-4	-2	3	5	0	1	4	0	0	4	0	-8
10	-7	4	5	7	18	27	23	6	-8	-1	7	-2	-8	1	4	0	2	7	5	7	11	4	0	3	0	-7
9	-23	-26	-14	3	10	3	-4	-10	-9	2	4	-11	-13	7	14	0	-4	1	0	2	10	10	2	-1	-2	-5
8	-7	-23	-27	-18	-17	-17	-6	3	9	31	52	36	9	7	9	3	14	36	30	7	3	10	5	-5	-7	-4
7	-5	-6	-6	0	1	2	10	10	18	78	145	131	56	7	0	14	67	123	110	42	0	3	4	-7	-8	-2
6	-17	-9	-6	1	3	3	4	-4	9	92	179	162	69	7	-1	23	95	172	159	68	3	0	2	-6	-7	-2
5	-1	-4	-13	-13	-10	-4	4	0	5	55	107	88	30	7	7	13	57	118	115	51	6	5	5	-3	-7	-5
4	12	5	-3	0	2	3	12	11	0	5	19	8	-3	9	14	-1	3	31	36	15	5	7	4	0	-1	-4
3	-1	-9	-2	16	13	-1	0	1	-11	-14	-2	0	0	9	9	-5	-8	0	1	-1	5	4	-5	-4	3	2
2	26	-3	-7	10	4	-6	15	36	19	2	10	15	8	2	0	-2	3	8	3	9	31	36	13	-3	1	8
1	119	50	6	3	1	25	97	141	98	29	3	4	0	-3	-3	-3	3	4	2	30	91	118	76	16	-2	7
0	164	79	15	2	6	49	146	200	139	39	-5	-5	-3	-4	-6	-7	-3	-1	-1	40	127	172	120	34	0	8
-1	102	40	1	2	4	25	92	136	95	26	3	9	5	-3	-7	-5	5	10	3	26	94	132	87	22	3	12
-2	23	1	-5	8	5	-4	15	40	28	5	8	12	3	-1	0	1	10	16	4	1	31	48	23	-1	5	12
-3	4	1	1	9	5	-7	-3	7	2	-3	1	-1	-11	0	11	2	-3	4	0	-10	-2	6	-1	-4	6	6
-4	10	9	1	-2	-4	-4	4	8	3	13	33	24	0	0	10	-1	0	26	30	7	-2	5	5	2	4	-1
-5	3	1	-3	-8	-10	-5	2	0	6	57	119	112	48	5	0	6	48	108	110	49	5	4	6	0	-3	-5
-6	-5	-5	-2	-1	-4	-2	2	-3	10	88	178	173	83	11	-4	19	89	168	162	75	8	0	1	-6	-5	-3
-7	-1	-3	-2	-1	-3	0	7	2	9	67	135	129	58	8	1	16	65	126	123	54	5	3	2	-5	-2	1
-8	2	-1	-6	-8	-9	-4	5	6	2	18	43	37	9	3	9	5	11	37	40	14	2	9	4	-5	-2	1
-9	-1	-2	-7	-7	-5	-5	0	5	1	-2	-1	-3	-5	2	10	1	-8	-2	2	2	8	12	1	-8	-5	-1
-10	-5	-4	-6	-3	0	-1	-1	5	8	5	5	7	5	2	1	0	0	3	7	10	14	11	0	-7	-3	-1
-11	-3	-3	-7	-6	-2	0	0	4	7	6	7	8	5	-1	-6	-4	1	6	8	9	9	6	0	-2	-1	-1
-12	-2	-2	-5	-7	-6	-2	0	1	0	0	-2	-4	-4	-2	-2	-4	-4	-1	1	2	1	2	1	-1	-3	-4
-13	-2	-2	-3	-4	-5	-3	0	-1	-1	1	0	-5	-6	-2	-1	-3	-5	-2	0	-1	-3	-1	0	-2	-5	-2
-14	-1	-2	-3	-2	-4	-4	-3	-4	-2	3	5	0	-6	-7	-7	-5	-3	-1	-2	-4	-6	-4	-2	-3	-3	0

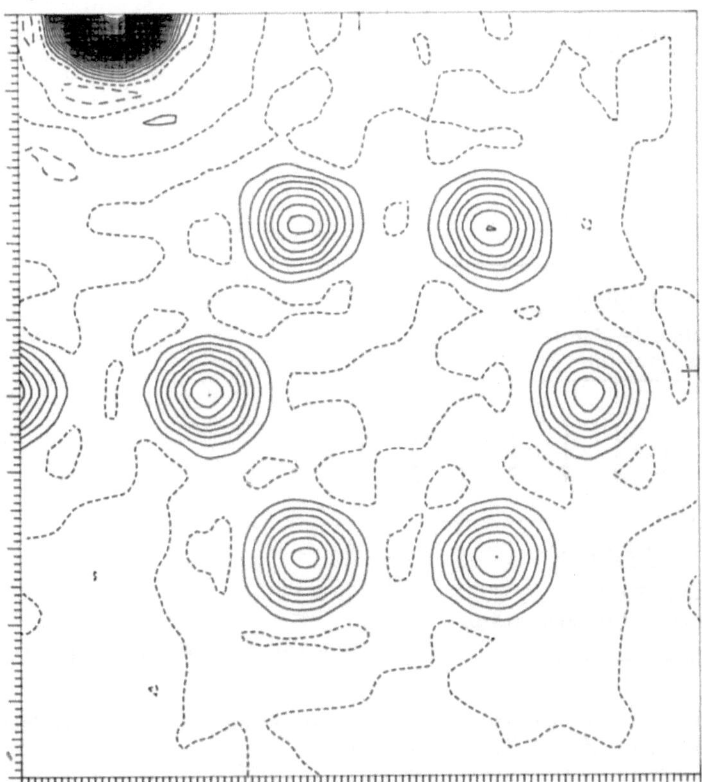

Diese nur andeutungsweise beschriebenen „Direkten Methoden" sind weitgehend über das Experimentierstadium hinaus entwickelt und stehen für alle Rechnertypen als Programmpakete dem Anwender zur Verfügung. Stellvertretend für andere sei hier der Programmablauf eines der bisher erfolgreichsten Systeme erläutert.

MULTAN (Multi Solution Tangens Refinement)*

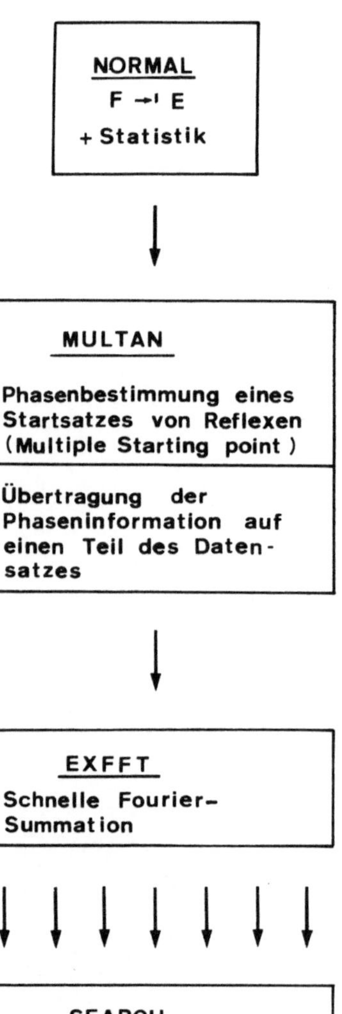

Abb. 8.11. Programmablauf „Direkte Methoden"

---

* Mehrere Versionen unterschiedlichen Entwicklungsstandes stehen hierbei zur Verfügung: Multan 78, Multan 80, Yzarc, Rantan.

Nach einer weiter oben beschriebenen Normalisierung der Daten (Programm NORMAL) erfolgt die Phasenermittlung im Teil *Multan,* dem sich im Ablauf des Programmpaketes eine schnelle Fourier-Summation und danach ein Peak-Search-Programm *(Search)* anschließt. Die abgeleiteten Strukturvorschläge sind nach gewissen Kriterien unterschiedlicher Wahrscheinlichkeit vorsortiert, zudem lassen sich die Peaklisten nach vorgegebenen Molekülfragmenten absuchen.

Mit vergleichbaren Erfolgen läßt sich das Programmpaket SHELX [9] einsetzen. Die Benutzung dieses Paketes ist hingegen nicht nur auf den Einsatz zur Strukturlösung mit Hilfe der Direkten Methoden beschränkt, sondern es erlaubt auch, neben anderen Rechnungen, die nachfolgende Verfeinerung des Strukturmodelles.

Beide Programmpakete existieren sowohl in Versionen (bei teilweise limitiertem Speicherbedarf) für den Einsatz auf 16-bit-Rechnern als auch für Großrechner. Der Rechenzeitbedarf der Verfahren wie auch ihre Erfolgsaussichten bei der Lösung von Strukturen lassen sich nur schwierig allgemein abschätzen, da beides in hohem Maße von der Komplexheit des kristallographischen Problems, der Wahl der Initialparameter und auch von der Güte der Meßdaten abhängt. So ist die Wahrscheinlichkeit eines korrekten Strukturvorschlages von zahlreichen Größen und nicht zuletzt auch von der Erfahrung der Benutzer der Programmpakete abhängig.

8.3.3 Verfeinerung eines Strukturmodells. Im Ablauf der Röntgenstrukturanalyse schließt sich dem Auffinden eines Strukturmodelles die genaue Anpassung der Atomparameter dieses Modelles an die gemessenen Strukturamplituden an. Dieser sogenannte Strukturverfeinerungsprozeß ist im allgemeinen der rechenzeitaufwendigste Schritt einer Röntgen- (oder Neutronen)-strukturanalyse. Da die Struktur eines Moleküls nur mit einer großen Anzahl von Parametern* beschrieben werden kann, ist verständlich, daß hier nahezu ausschließlich iterative Verfahren mit langsamer Annäherung an die Konvergenz als Methoden angewendet werden. Die Verarbeitung großer Moleküle wirft aufgrund der enorm großen Parameterzahl Speicher- und Konvergenzprobleme auf. Zudem können bei schlechtem Streuverhalten relativ geringe Datenmengen einer hohen Parameterzahl gegenüberstehen. Somit verbietet sich eine Anpassung nach der Methode der kleinsten Fehlerquadrate (s.u.), und es kommt meist eine Verfeinerung mit Hilfe wiederholter Fourier-Synthesen zur Anwendung. Man entnimmt dabei zyklisch immer besser phasierten Fourierkarten verfeinerte Parameter und gelangt auf diese Weise langsam zum endgültigen Strukturmodell. Dieses Verfahren wird in vergleichbarer Weise auch zur Strukturfindung und Verfeinerung von kleineren Molekülen zu einem früheren Zeitpunkt der Strukturanalyse, d.h. bei unvollständig vorliegenden Molekülinformationen, allge-

---

* Pro Atom drei Ortsparameter, d.h. Koordinaten x, y, z sowie thermische Schwingungsparameter. Letztere können entweder mit einer isotropen Schwingung (1 Parameter) oder mit sechs Parametern $U_{11}, U_{22}, U_{33}, U_{12}, U_{13}, U_{23}$ als Ellipsoide angenähert beschrieben werden.

mein verwendet. Es kann aber nur vergleichsweise ungenaue Parameter liefern, die einer weiteren Verfeinerung bedürfen.

Bei allen Verfeinerungsverfahren läßt sich der Fortschritt der Anpassung der Parameter am Absinken des sogenannten R-Wertes verfolgen.

$$R = \frac{\sum |\Delta F|}{\sum |F_o|} = \frac{\sum ||F_o| - |F_c||}{\sum |F_o|} \, . \tag{7}$$

F_c: calculated
F_o: observed

Hierbei sind mit F_c die sich aus dem Modell ergebenden, berechneten Strukturamplituden bezeichnet, während F_o die beobachteten Strukturamplituden (Messungen) darstellen. Fälschlicherweise wird allerdings oftmals ein niedriger R-Wert als allgemeines, alleiniges Qualitätsmerkmal einer Strukturbestimmung herangezogen. Jedoch auch die Anpassung eines schlechten Modelles auf fehlerhafte Messungen kann einen niedrigen R-Wert liefern. Somit ist das stetige Absinken des R-Wertes im Verlauf einer Verfeinerung lediglich als Anzeichen der verbesserten Anpassung des Modelles an die Meßdaten zu werten. Hinreichend genaue Anpassung nach heutigem Standard der Meßgenauigkeit der Diffraktometer liefert R-Werte zwischen 0,03 und 0,08 (3–8%). Höhere R-Werte zeigen kristallographische Probleme oder auch fehlerhafte Strukturmodelle an. Methodisch bedingte, unvermeidbare Ungenauigkeiten der Datensammlung lassen sich in diesem R-Wert in Form einer Gewichtung einzelner Reflexe berücksichtigen. Die gegebene Formulierung ändert sich dann zu

$$R_w = \frac{\sum [w\,||F_o| - |F_c||]^2}{\sum [w\,|F_o|]^2} \, . \tag{8}$$

Es ist dieser gewichtete R-Wert, der in der heute allgemein angewendeten Methode der Strukturverfeinerung nach der *Methode der kleinsten Fehlerquadrate** auf ein Minimum gebracht wird.

Das Prinzip dieser Methode wurde von GAUSS und LAGRANGE (1800) entwickelt und besagt, daß ein Satz von theoretischen Parametern (hier das Strukturmodell) F_c ($j = 1, \ldots, n$) die beste Annäherung an einen Satz von Meßwerten F_o ($k = 1, \ldots, n$) ist, wenn die Summe Q der Fehlerquadrate ein Minimum darstellt.

$$Q = \sum_{j=1}^{n} (F_{c_K} - F_{o_K})^2 \, . \tag{9}$$

Es läßt sich so ein Satz linearer Gleichungen entsprechend der Anzahl verfeinerter Parameter aufstellen, die unter Berücksichtigung von Verbesserungen (Shifts) mit Bezug auf die Messungen (F_o) zu lösen sind. Die Verbesserungen

---

* Literatur zur Methode der kleinsten Quadrate: Ausführliche und genaue Beschreibungen der hier nur kurz angedeuteten Verfahren finden sich unter [10].

der Startparameter erhält man durch eine Expansion der F_c-Werte in eine Taylor-Reihe, in der lediglich erste Ableitungen der linearen Terme berücksichtigt werden.

$$\Delta |F_c| = \frac{\partial |F_c|}{\partial x_1}\, \Delta x_1 + \frac{\partial |F_c|}{\partial y_1}\, \Delta y_1 \dots . \tag{10}$$

$x, y \dots$ Atomparameter

Das Minimum dieser der Parameteranzahl n entsprechenden n Normalgleichungen ist erreicht, wenn die erste Ableitung bezüglich jeden Parameters gegen Null geht. Es ist üblich, die Koeffizienten der Normalgleichungen in symmetrischer, quadratischer Matrix-Form abzuspeichern und zur Lösung der Gleichungssysteme diese Matrix zu invertieren. Diese Methode der Strukturverfeinerung wird allgemein als Full-Matrix-Least-Squares-Verfahren (FM-LS) bezeichnet. Alternativ zum Abspeichern aller Derivate in nur einer Matrix (Full matrix, „FM") (Abb. 8.12 a) hat sich auch eine Verfahrensweise bewährt, bei der man die zu verfeinernden Parameter wahlweise in Blöcke unterschiedlicher Größe (Abb. 8.12 b) oder in kleine Blöcke mit festgelegter Blockgröße aufteilt. Auf diese Weise gehen allerdings Korrelationen zwischen Parametern, die nicht die gemeinsame Diagonale besetzen, verloren (Abb. 8.12 a), was u. a. zur Folge hat, daß Konvergenz der iterativen Verfeinerung wesentlich langsamer erreicht wird. Die Verfahrensweise ist unter der Bezeichnung Block-Diagonal-Least-Squares (BD-LS) eingeführt und wird aufgrund des geringeren Hauptspeicherbedarfs mit entsprechenden Vor- und Nachteilen sowohl zur Bearbeitung normaler Strukturanalysen auf kleineren Rechnern als auch zur Verfeinerung größerer Moleküle angewandt.

Von einem guten Least-Squares-Programm muß erwartet werden, daß unterschiedliche Gewichtungsfunktionen für jede Messung entsprechend ihrer statistischen Genauigkeit berücksichtigt werden können. Zum weiteren sollten alle Parameter in ihren Shifts während der Verfeinerung individuell mit gewis-

a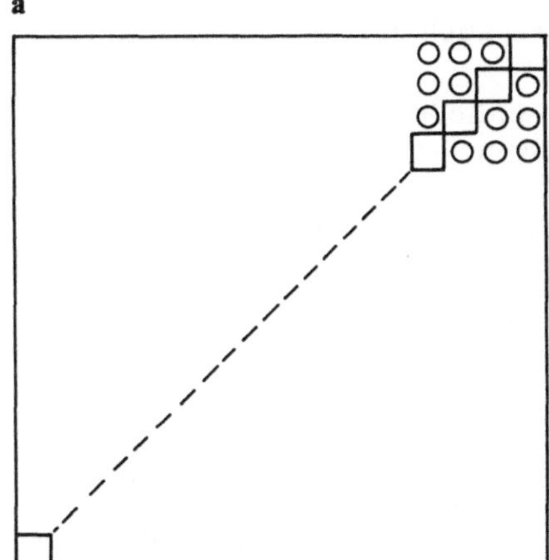 b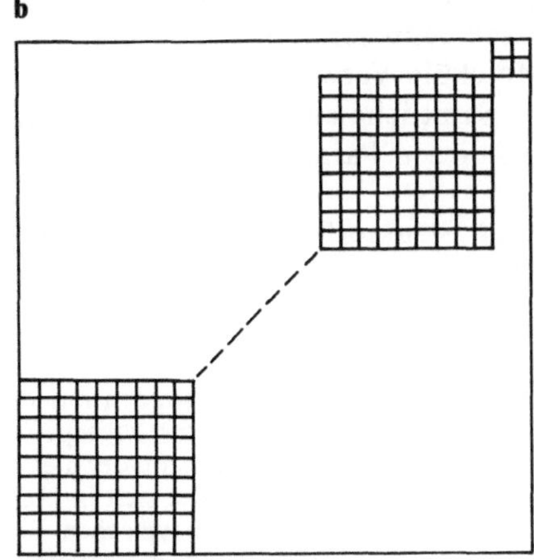

Abb. 8.12. Matrix-Darstellungen für Least-Squares-Verfahren

sen Funktionen gedämpft werden können. Beide zusätzliche Funktionen können gegebenenfalls schneller zur Konvergenz der Verfeinerung führen und auch eine bessere Anpassung des Modelles an die Meßdaten bewirken.

Die Wahl des Einsatzes beider möglichen Verfahren (FM-LS und BD-LS) sollte problemorientiert geschehen. Der Nachteil der FM-Methode ist ein hoher Speicherplatzbedarf*.

(Abhängig von der Parameterzahl n, einschließlich eines mitgeführten Skalierungsfaktors zwischen F_o und F_c, beläuft sich der Speicherbedarf auf $AM = n(n-1)/2$). Die BD-LS-Methode führt dagegen wesentlich langsamer zur Konvergenz. Für FM-Rechnungen sollte daher als Maximalzahl nicht mehr als 300–400 Parameter angesehen werden. Während bei einer niedrigen Parameterzahl ein gleicher Anteil der Rechenzeit zum Berechnen der Ableitungen und der Strukturfaktoren F_c wie auch zum Aufsetzen der Parameter-Matrix benötigt wird, ändern sich diese Verhältnisse sehr schnell bei höherer Parameterzahl zu einem hohen Zeitbedarf zum Aufsetzen der Matrix. Zusätzlich steigt naturgemäß der Rechenaufwand zum Invertieren der Matrix entsprechend.

Im BD-LS-Verfahren ist die zum Aufsetzen der Matrizen benötigte Zeit etwa proportional der Parameterzahl.**

Neben verfeinerten Positionen, Skalierungsfaktoren und thermischen Parametern sowie der verbleibenden Restelektronendichte läßt sich nach jeder Verfeinerung mit LS-Verfahren auch eine Standard-Abweichung der verfeinerten Parameter erhalten.

Diese abgeleiteten Standardabweichungen sind nun, im Gegensatz zum R-Wert, ein direktes Maß für die Güte einer Röntgenstrukturanalyse [12]. Sie werden daher in allen nachfolgenden Programmabläufen der Analyse stets im Zusammenhang mit den entsprechenden zugehörigen Parametern berücksichtigt und weiterverarbeitet. Einige Least-Squares-Programme erlauben die Darstellung und Verfeinerung von idealen chemischen Einheiten (z. B. eines Sechsringes, einer Methylgruppe u. ä.) mit wenigen Parametern (Gruppenverfeinerung) oder auch die Berücksichtigung strukturchemischer Zusammenhänge (constraint refinement).

Auf diese Weise läßt sich die Anzahl der zu verfeinernden Parameter drastisch reduzieren, so daß derartige Programme auch zur Verfeinerung großer Moleküle Verwendung finden [13].

Sämtliche eine Röntgenstrukturanalyse abschließenden Programme greifen auf diesen Parametersatz, der als Beispiel in Abb. 8.13 gezeigt ist, zurück.

8.3.4 Strukturbeschreibung. Unter Berücksichtigung der Elementarzelldaten können aus den endgültig verfeinerten Atomparametern intra- und intermole-

---

* Aus Symmetriegründen werden nur die Diagonalelemente und die durch die Diagonale getrennte Hälfte der Matrix abgespeichert.

** Eine ausführliche Diskussion der hier angeschnittenen Fragen bezüglich Rechenzeitbedarf und Speicherbedarf findet sich in [2c], S. 395 sowie in [10]. Besonders sei auf einen für Least-Squares-Verfahren typischen Bench-Mark-Test hingewiesen [11]. Mit Hilfe dieses Testprogrammes läßt sich die Effizienz des verwendeten Rechners bei seinem Einsatz in LS-Verfahren gut abschätzen.

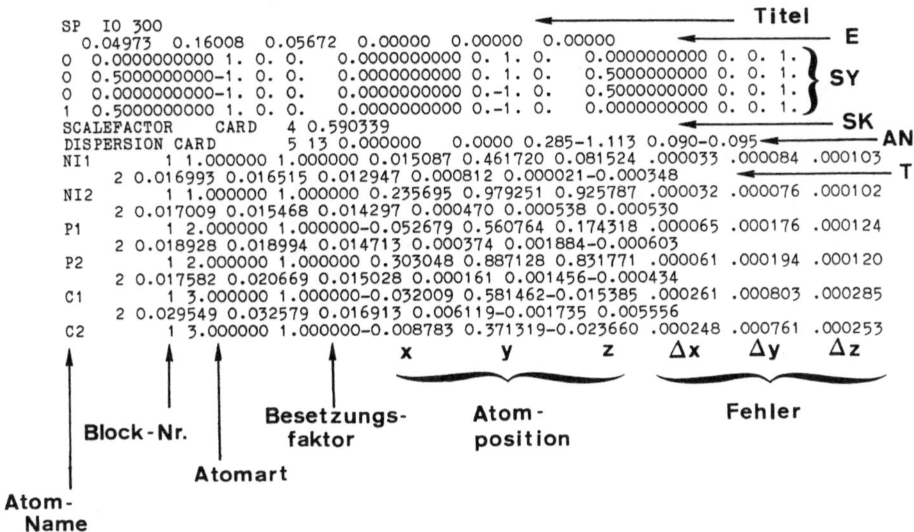

Abb. 8.13. Typischer Atomparameter-Satz (Ausschnitt)

kulare Atomabstände und Bindungswinkel sowie Torsionswinkel [14a] berechnet werden. Die Berechnung bester Ebenen durch Molekülfragmente und die sich ergebenden Interplanarwinkel sind weiterhin zur Interpretation von Bindungsverhältnissen von Bedeutung. In gewissen Fällen empfiehlt sich zudem bei der Berechnung von Abständen und Winkeln die Berücksichtigung des Schwingungsverhaltens der Moleküle im Kristallgitter als einheitliche Körper (rigid body motion) [14b]. Diese molekularen Bewegungen können dabei als Translation oder aber als Gesamtschwingung um einen Fixpunkt betrachtet werden.

Große Bedeutung muß der graphischen Darstellung der erarbeiteten Ergebnisse in Form von Plotter-Zeichnungen oder auch auf graphischen (mehrfarbigen) Displays beigemessen werden. Als leicht abwandelbares Standard-Programm stehen hier Versionen von C. K. JOHNSONS ORTEP zur allgemeinen Verfügung [15]. Beispiele der vielfältigen Darstellungsmöglichkeiten unter Zugrundelegung des in Abb. 8.13 teilweise gezeigten Parametersatzes mit Hilfe dieses Programmes sind in den Abb. 8.14 bis 8.18 zusammengestellt.

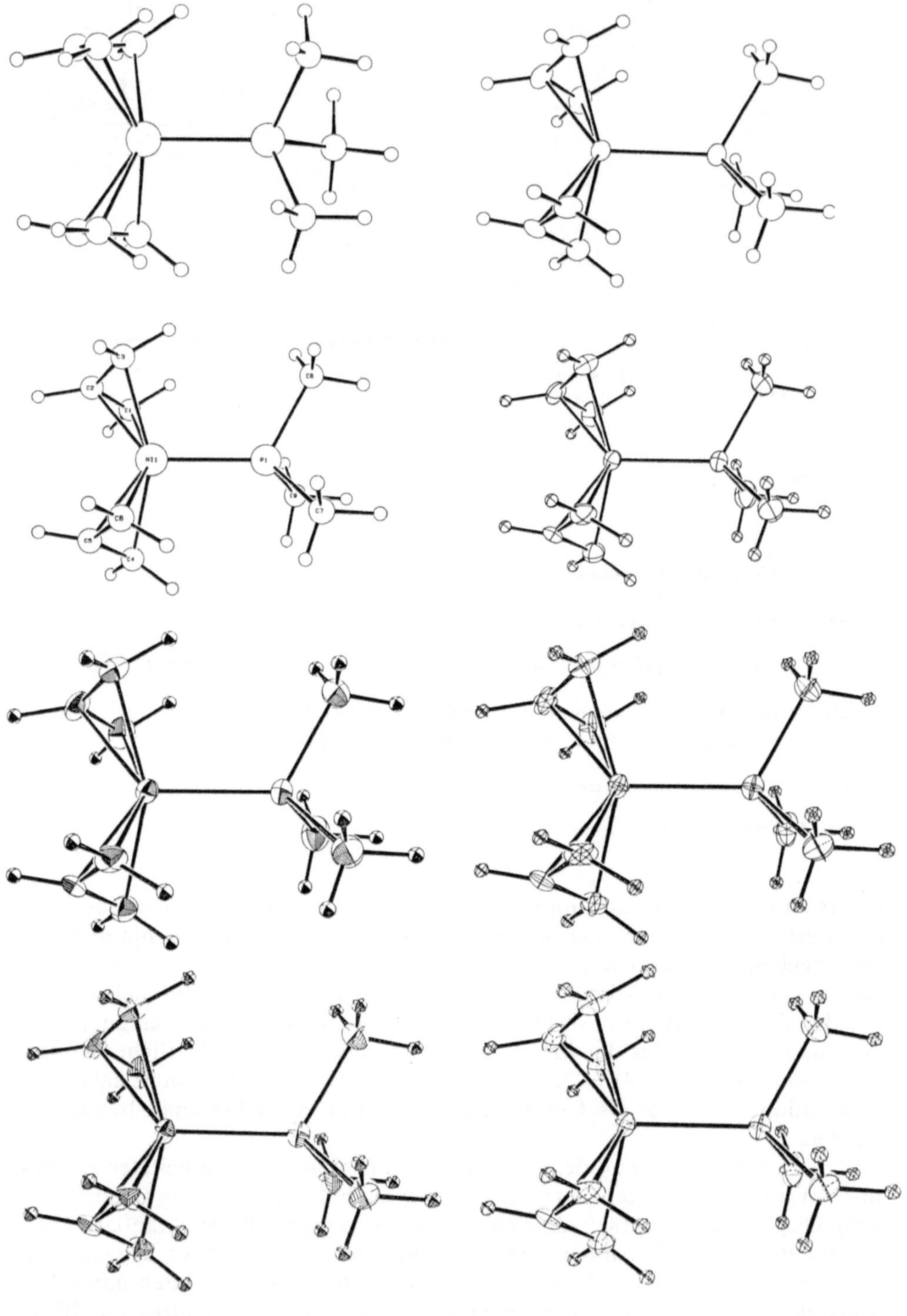

Abb. 8.14–8.18. Beispiele für verschiedene ORTEP-Plots

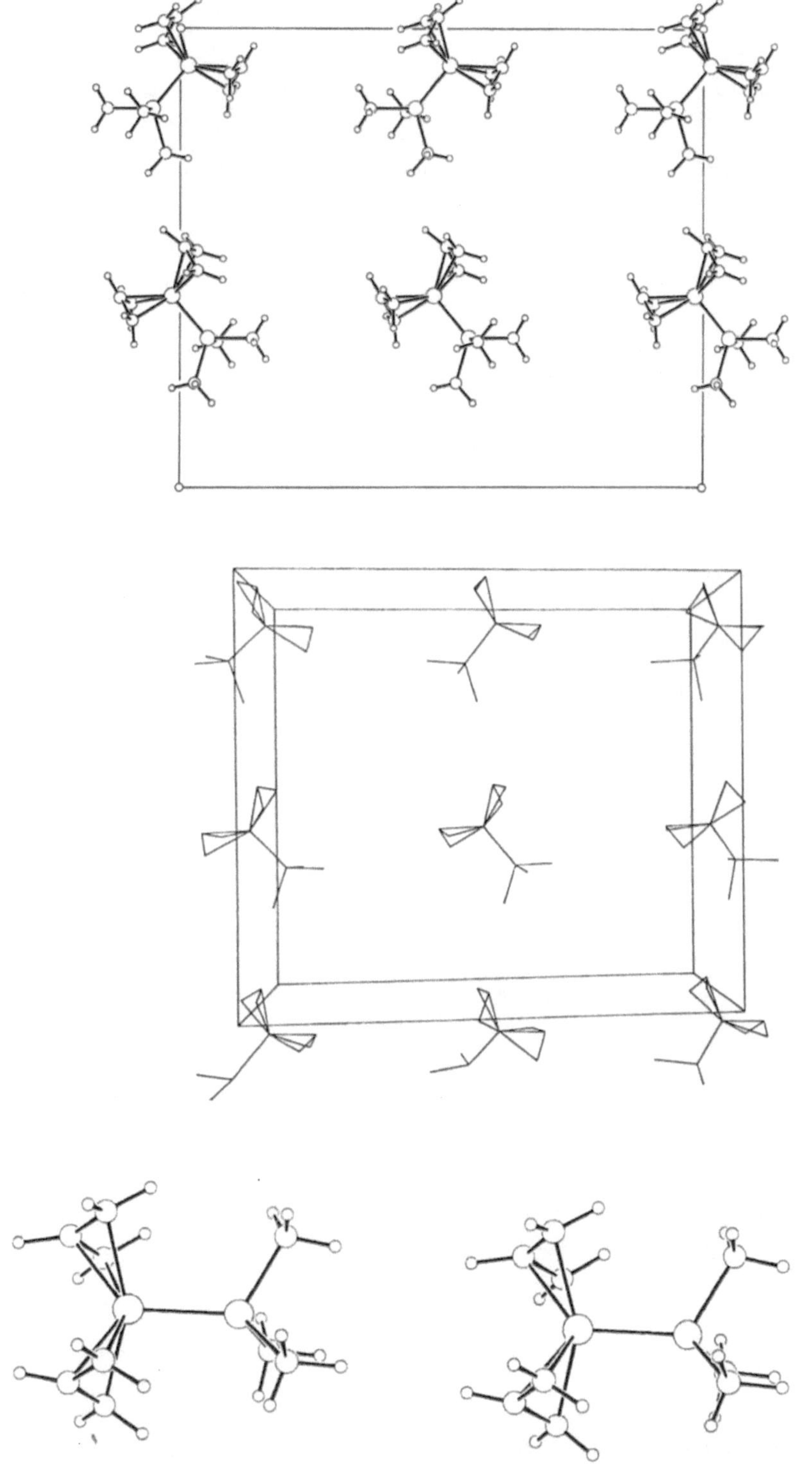

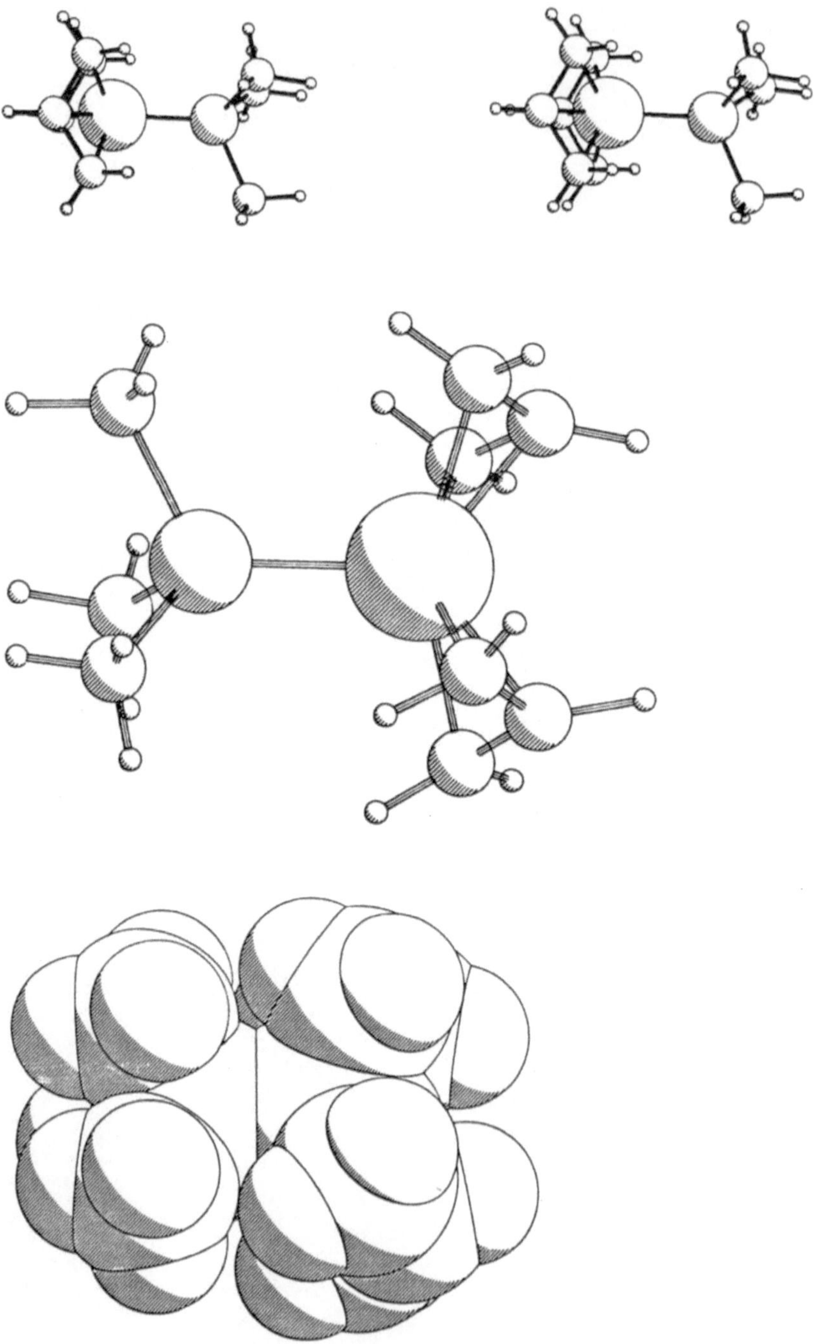

Abb. 8.19–8.21. Beispiele für PLUTO-Plots

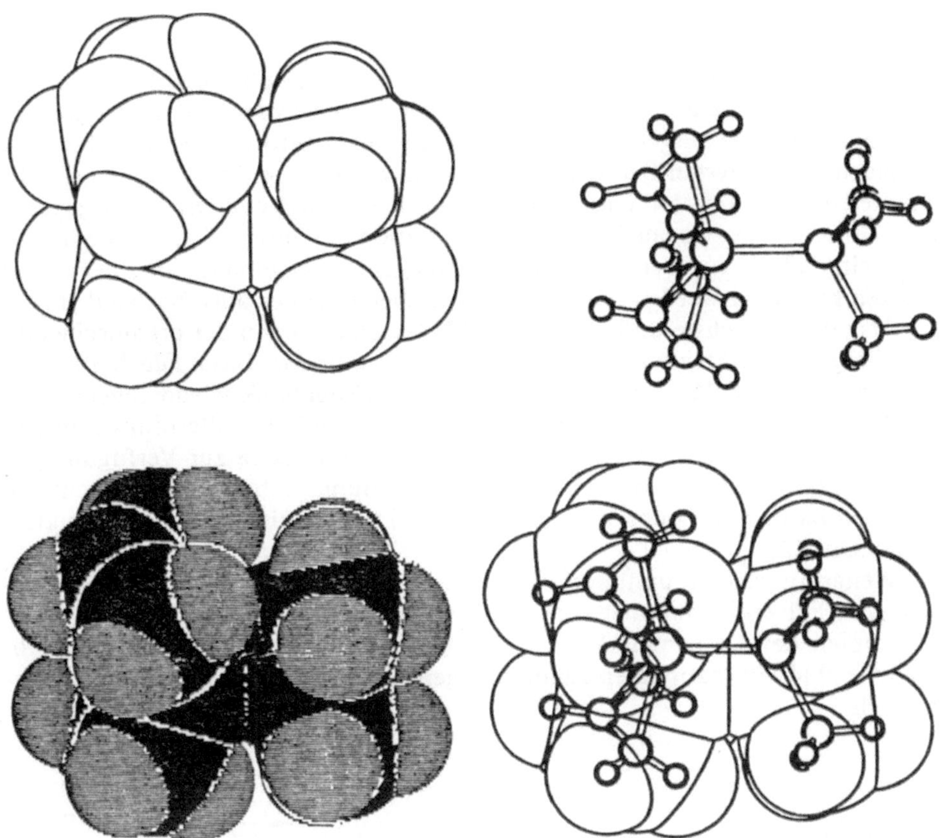

Abb. 8.22–8.25. Beispiele für SCHAKAL-Plots

Ähnliche Darstellungsmöglichkeiten bieten, bei vergleichbarem Rechenaufwand, die Programme PLUTO [16] oder SCHAKAL [17]. Die zuletzt aufgeführten Programme erlauben auch die Darstellung von Molekülen mit Hilfe raumfüllender Kalotten. Sämtliche hier summarisch aufgeführten Programme eignen sich auch, zum Teil allerdings in modifizierter Form, zur Darstellung der Ergebnisse von Großmolekül-Analysen.

Ein kompletter Programmsatz für Röntgenstrukturanalysen sollte es abschließend auch ermöglichen, Strukturparameter wie auch gemessene und berechnete Strukturamplituden in für Datenbänke oder auch für nachfolgende theoretische Berechnungen geeigneten Formaten auf beliebigen Speichermedien abzulegen.

Neben den bereits erwähnten Programmpaketen zur kompletten Strukturbearbeitung auf kleineren Rechnern sollten Systeme für den ausgesprochenen Rechenzentrumsbetrieb (z. B. XRAY und dessen Weiterentwicklung [7 g], sowie das NRC-Paket [7 h]) nicht unerwähnt bleiben.

8.4 Kristallographische Datensammlungen

Für alle gegenwärtig bearbeiteten chemisch-kristallographischen Fragestellungen und Strukturdaten existieren seit einigen Jahren *Datenbanken,* die auf internationaler Basis aufgebaut, unterhalten und auch gefördert werden. Sie sind für jeden interessierten Benutzer relativ leicht zugänglich. So verlangen sämtliche Redaktionen der von nationalen chemischen Gesellschaften herausgegebenen Zeitschriften wie auch die der International Union of Crystallography weltweit, daß die zur Veröffentlichung gelangenden Ergebnisse in einer dieser Banken hinterlegt werden und so jederzeit über Rechner abrufbar sind [18].

Als umfangreichste und aktuellste [19] Datenbank kann der organische und metallorganische Strukturdaten enthaltende *Cambridge Data File* bezeichnet werden. In Abb. 8.26 ist ein Auszug aus dieser Datenbank wiedergegeben.

Zur Bearbeitung der Daten dieser Bank stehen mehrere, allerdings zum Teil maschinenabhängige und unterschiedliche Programmsätze zur Verfügung [19, 20], weitere befinden sich im Entwicklungsstadium. Neben dieser Datenbank bestehen Banken für Anorganische Strukturen [21], sowie eine Proteinstruktur-Datenbank [22].

Weiterhin ist eine umfangreiche, maschinengerecht aufgearbeitete Sammlung von Pulverdiffraktometerdaten [23] zugänglich.

Kopien der Datenbanken wie auch der zur Auswertung benötigten Programme sind von nationalen Zentren gegen Erstattung gewisser Gebühren erhältlich.

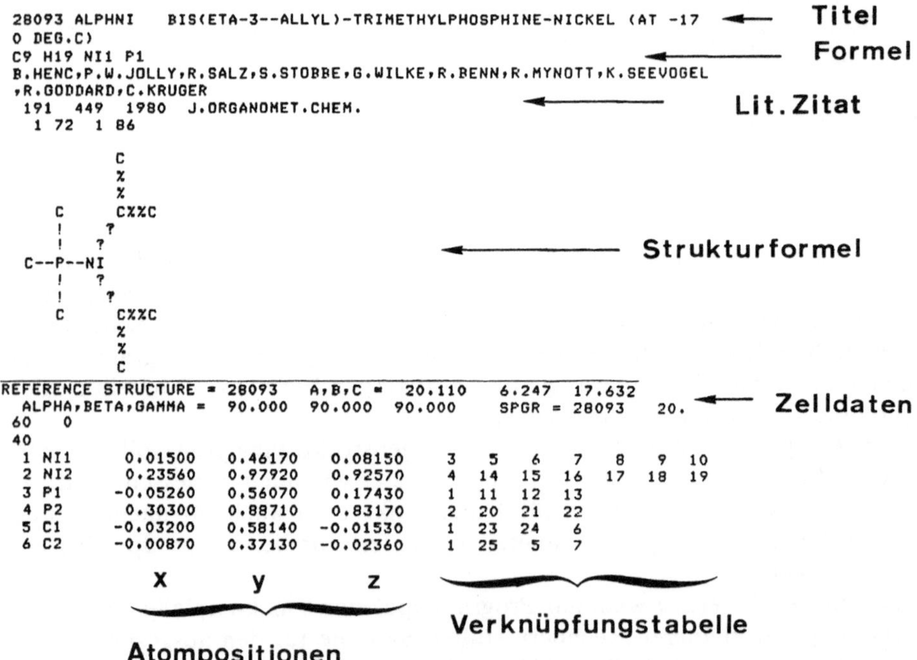

Abb. 8.26. Auszug aus der Cambridge-Datenbank

Der große Bedarf an Externspeicherplatz (Magnetplatte), zumindest des Cambridge Data Files, erlaubt bisher nicht die Bearbeitung mit Kleinrechnern.

Bezüglich der umfangreichen Auswerteprogramme wird auf die Handbücher der Datenzentren verwiesen [19, 20].

Aktualisierungen der Datenbanken erfolgen in einem etwa vierteljährlichen Turnus bei Auswertung aller gängigen chemischen und kristallographischen Zeitschriften.

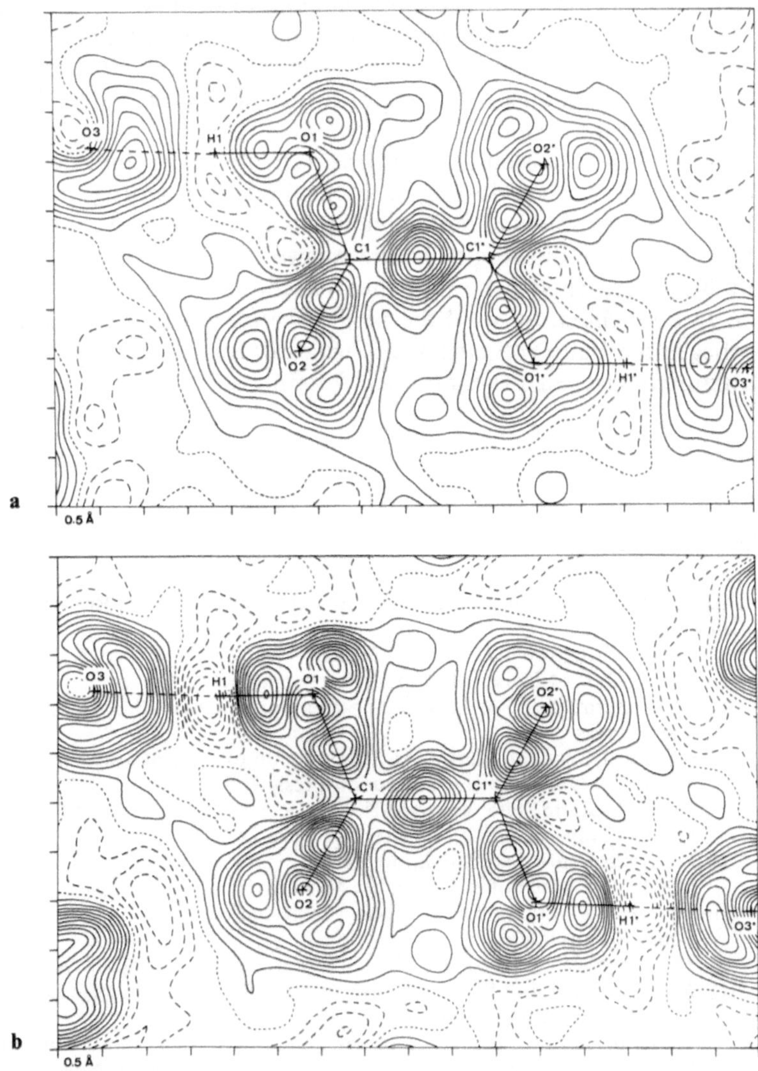

Abb. 8.27. Elektronendichte-Verteilung in Oxalsäure-Dihydrat (24 b)
a X-X-Methode (nur Röntgendaten)
b X-N-Methode (Röntgen- und Neutronendaten)

8.5 Ausblick

Die weitere Entwicklung der Röntgenstrukturanalyse mag unter mehreren unterschiedlichen Gesichtspunkten gesehen werden. So wird der zunehmend mehr verbreitete Einsatz preisgünstiger 32-bit-Rechner eine Umstellung der bisher benutzten Hardware ankündigen. Parallel hierzu könnte die Entwicklung neuer Zähltechniken (Flächenzähler) mit hoher Auflösung die Datensammlung für besonders große Strukturprobleme wesentlich beschleunigen. Als Ergänzung hierzu dürfte eine Erhöhung der Auflösung der Messungen (Tieftemperaturdaten, sowie die Kombination von Neutronen- mit Röntgendaten) neue Einblicke in molekulare Bindungsfragen erlauben, die wiederum der Ergänzung durch bessere theoretische Rechnungen bedürfen. Ein Beispiel dieser neuen Methode ist in Abb. 8.27 in der hochaufgelösten Struktur des Oxalsäurehydrats dargestellt [24].

Weitgehend abgeschlossen erscheint heute das Gebiet der Entwicklung von Software zur Strukturlösung und Strukturverfeinerung (mit Ausnahme der Großmolekülproblematiken) zu sein. Als neues und interessantes Forschungsobjekt ist jedoch die vergleichende Auswertung der vorhandenen Datenbanken mit Bezug auf chemische und theoretische Gesichtspunkte und Fragestellungen zu betrachten. So wird die vergleichende Bearbeitung [25] der in Zukunft vorliegenden Fülle von einzelnen Strukturinformationen sicher zu völlig neuen strukturchemischen Erkenntnissen führen.

8.6 Literatur

1. Als Einführung in die Methoden der Strukturanalyse mittels Röntgenstrahlen haben sich bewährt:
   a) Crystal Structure Analysis: A Primer. Pickworth Glusker, J. and Trueblood, K. N. (1972). Oxford University Press, New York
   b) The Determination of Molecular Structure. Wheatley, P. J. (1959). Oxford at the Clarendon Press
2. a) Chemical Crystallography. An Introduction to Optical and X-ray Methods. Bunn, C. W. (1961). Oxford at the Clarendon Press, 2nd edition
   b) The Crystalline State. Volume III. The Determination of Crystal Structures. Lipson, H. and Cochran, W. (1966). G. Bell and Sons Ltd., London
   c) X-ray Structure Determination. A Practical Guide. Stout, G. H. and Jensen, L. H. (1968). The Macmillan Company, New York
   d) Theorie und Praxis der Röntgenstrukturanalyse. Wölfel, E. R. (1975). F. Vieweg + Sohn, Braunschweig
   e) Modern X-ray Analysis on Single Crystals. Luger, P. (1980). W. de Gruyter, Berlin
   f) X-ray Analysis and Structure of Organic Molecules. Dunitz, J. D. (1979). Cornell University Press, Ithaca, London
3. The Use of X-ray Diffraction in the Study of Protein and Nucleid Acid Structure. Holmes, K. C. and Blow, D. M. (1966), John Wiley + Sons, New York
4. Azaroff, L. V. und Buerger, M. J. (1958). The Powder Method in X-ray Crystallography. McGraw-Hill, New York
5. Sämtliche im Text erwähnten Computer-technischen Problemstellungen einer Röntgen- oder Neutronenstrukturanalyse werden ausführlich dargestellt in:

a) Crystallographic Computing: Hrsgb. von Ahmed, F. R. et. al. (1970). Munksgaard, Copenhagen

b) Crystallographic Computing Techniques. Hrsgb. von Ahmed, F. R. et. al. (1976). Munksgaard, Copenhagen

c) Computing in Crystallography. Diamond, R. D. et. al. (1982). Indian Acad. of Sciences, Bangalore, India

d) Computational Crystallography. Sayre, D. (1982). Oxford University Press

e) Mathematical Techniques in Crystallography and Materials Science. Prince, E. (1982). Springer Verlag Berlin

f) Computational Needs and Resources in Crystallography (1973). National Academy of Sciences, Washington, USA

g) Computational Methodology in Crystallography. *Evalution and Extension*. Hrsgb. von Templeton, D. and Johnson, C. (1978). National Resource for Computation in Chemistry, University of California, Lawrence Berkeley Laboratory

h) Neutron Diffraction, Monographs on the Physics and Chemistry of Materials. Bacon, G. E. (1962). Oxford at the Clarendon Press, 2nd edition

i) Neutron Diffraction. Topics in Current Physics. Edt. by Dachs, H. (1978). Springer-Verlag, Berlin

6. a) The Reduced Cell and its Crystallographic Applications. USAEC-Reports IS-1141 (1965). Lawton, S. L. and Jacobson, R. A.

7. Komplette Systeme zur Bearbeitung von Röntgenstrukturanalysen auf der Basis von 16-bit-Rechnern werden von folgenden Firmen angeboten:
Enraf-Nonius, Delft: System SDP

a) Structure Determination Package. First Edt. by Okaya, Y. (1975)

b) Computing in Crystallography. Frenz, B. A., Hrsgb. von Schenk, H., Olthof-Hazekamp, R., Van Koningsveld, H., and Bassi, G. C. (1978) pp. 64–71. Delft University Press

Das System SDP liegt zum Einsatz auf 32-bit-Rechnern der VAX-Familie ebenfalls vor.
Nicolet (Syntex): XTL sowie SHELXTL

c) Syntex. XTL Structure Determination System (1976). Syntex Analytical Instruments. Cupertino, California

d) SHELXTL. Sheldrick, G. M. (1978). Universität Göttingen, W-Germany

e) Siemens: Diffraktometer Control Program of the Siemens STOE AED 2 (Benutzer-Handbuch, siehe auch 2d)

f) Weitere, nicht-kommerziell erhältliche Programm-Systeme sind unter anderem bekannt unter dem Namen CRYSTAN (Burzlaff et. al., 1977, Universität Erlangen) und NRC-PDP-11-Crystal-Structure-System (Gabe, E. J. und Lee, F. L., National Research Council of Canada, Ottawa. Acta Crystallogr. A *37,* C 339 (1981), sowie für ein 32-bit-Microcomputer System 32/37 (Laboratory Crystal Structure Computing System. Gilmore, C. J., Mallinson, P. R., Muir, K. W., and White, D. N. J., University of Glasgow, UK. Acta Crystallogr. A *37,* C 340 (1981))
CRYSTALS (Chemical Crystallography Laboratory, Oxford University, Oxford (1982)

g) Stewart, J. M., Machin, P. A., Dickinson, C., Ammon, H. L., Heck, H. und Flack, H. (1976). The XRAY 76 system. Tech. Rep. TR-446. Computer Science Center, University of Maryland, USA

h) NRC Crystallographic Programs for the IBM/360 System. Pippy, M. E. und Ahmed, F. R., National Research Council of Canada, Ottawa 7

i) XTAL: New Concepts in Program System Design. Hall, S. R., Steward, J. M. and Munn, R. J., Acta Crystallogr. A *36,* 979 (1980)

j) Weiterhin sind Programmpakete für 12-bit-Rechner (z. B. der PDP-8 Serie) in Anwendung

8. Programm MULTAN

a) MULTAN. Germain, G., Main, P. und Woolfson, M. M. Acta Crystallogr. A *27,* 368 (1971)

b) MULTAN 78. Main, P., Hull, S. E., Lessinger, L., Germain, G., Declercq, J. P. and Woolfson, M. M. (1978). University of York, England and Louvain, Belgium.

c) MULTAN 80. Main, P., Hull, S. E., Lessinger, L., Germain, G., Declercq, J. P. and Woolfson, M. M. (1980). University of York, England and Louvain, Belgium

9. Programm SHELX
SHELX. Sheldrick, G. M. (1976). University of Cambridge, England
SHELX 84 (in Vorbereitung). Sheldrick, G. M. (1983), Universität Göttingen

10. Least-Squares Tutorial of the American Crystallographic Association, Berkeley, California (1974)

11. Sheldrick, G. M.: Summer School on Crystallographic Computing, Ottawa (1981) (siehe auch 5 d)

12. Critical Evaluation of Chemical and Physical Structural Information. National Academy of Sciences, Washington (1974)

13. a) Scheringer, C., Acta Crystallogr. *16*, 546 (1963)
b) La Placa, S. J. und Ibers, J. A., Acta Crystallogr. *18*, 511 (1965)
c) Waser, J., Acta Crystallogr. *16*, 1091 (1963). Rees, D. C. und Lewis, M., Acta Crystallogr. A *39*, 94 (1983)

14. a) Zur Definition von Torsionswinkeln s. Dunitz, J. in: Perspectives in Structural Chemistry, Vol. II, S. 8. Dunitz, J. D. und Ibers, J. A. (1968). J. Wiley and Son, New York
b) Schomaker, V. und Trueblood, K. N., Acta Crystallogr. B *24*, 63 (1968)

15. ORTEP
a) ORTEP. Report ORNL-3794. Johnson, C. K. (1965). Oak Ridge National Laboratory, Tennessee
b) ORTEP II. Report ORNL-3794, revised. Johnson, C. K. (1971). Oak Ridge National Laboratory, Tennessee
c) ORTEP II. Report ORNL-5138. Johnson, C. K. (1976). Oak Ridge National Laboratory, Tennessee

16. PLUTO
Motherwell, W. D. S. (1976). University of Cambridge, England

17. SCHAKAL
Ein Fortran-Programm für die graphische Darstellung von Molekülmodellen. Keller, E. Chemie in unserer Zeit *14*, 56 (1980)

18. In Deutschland erfolgt die Sammlung und Bearbeitung sämtlicher zur Veröffentlichung gelangender Strukturdaten sowie die Weitergabe an die die Datenbänke unterhaltenden Institutionen durch das Fachinformationszentrum Energie Physik Mathematik (7514 Eggenstein-Leopoldshafen 2). Der hierzu verwendete Fragebogen ist im Anhang wiedergegeben. Anfragen zur Literaturbearbeitung können an diese Adresse gestellt werden

19. Cambridge Crystallographic Database.
Kennard, O. et. al., Univ. Chem. Lab., Cambridge, England, Acta Crystallogr. B *35*, 2331 (1979)

20. CSSR: Crystal Structure Search Retrieval Program, Daresbury Laboratory, Warrington, England

21. Feldmann, R. J., NIH, Bethesda, Maryland USA, Computational Representation and Manipulation of Chemical Information

22. Protein Data Bank. Bernstein, F. C., Koetzle, T. F., Williames, G. I. B., Meyer, E. F., Price, M. D., Rodgers, I. R., Kennard, O., Shimanoudu, T. and Tatsumi, M., J. Mol. Biol. *112*, 535 (1977)

23. JCPDS (International Centre for Powder Diffraction Data) vergl. Acta Crystallogr. A *37*, C 344 (1981)

24. a) Electron Distributions and the Chemical Bond. Hrsgb.: Coppens, P., Hall, M. B., Plenum Press 1982
b) Commission on Charge, Spin and Momentum Density Project on Comparison of Structural Parameters and Electron Density Maps of Oxalic Acid Dihydrate. Coppens, P. et. al., Acta Crystallogr. 1983

25. a) Bürgi, H. B., Angew. Chem. *87*, 461 (1975)
b) Murray-Rust, P., Bürgi, H. B. und Dunitz, J. D., Acta Crystallogr. B *34*, 1787 (1978)

Kapitel 9. Syntheseplanung

J. Gasteiger

Organisch-Chemisches Institut, Technische Universität München, Lichtenbergstr. 4,
D-8046 Garching

9.1 Die Problemstellung

Die Synthese von Verbindungen ist die zentrale Aufgabe der organischen Chemie. Die Problemstellungen und damit auch die verwendeten Methoden überstreichen ein breites Spektrum: von der Synthese kleiner Substanzmengen im
Labor, um physikalische oder biologische Eigenschaften von Verbindungen zu
untersuchen, bis hin zu großtechnischen Verfahren zur Herstellung von Produkten in Tausenden von Jahrestonnen.

Ein Großteil dieser Synthesen entstammt systematischer Planung, denn die
Zeiten, in denen ein kommerzieller Farbstoff wie Mauvein aus dem Zusam-
menmischen von – noch dazu verunreinigten – Substanzen hervorging, dürften
unwiderruflich vorbei sein. Organische Synthesen umspannen ein weites Feld;
entsprechend muß auch die Planung von Synthesen eine Vielfalt von Gesichtspunkten berücksichtigen, denen je nach Anwendungsgebiet ganz unterschiedliches Gewicht zukommen kann.

Bei der Synthese im Forschungslabor stehen Wirtschaftlichkeitserwägun-
gen eher im Hintergrund. So sind hier durchaus Synthesen von 20 und mehr
Stufen anzutreffen. Typische Fragestellungen beschäftigen sich z. B. damit, ob
ein bestimmtes Syntheseziel überhaupt erreichbar ist, oder wie breit eine bestimmte Synthesereaktion anwendbar ist. Die Problemstellungen sind dabei
mit der Entwicklung der organischen Chemie durchaus Wandlungen und Mo-
detrends unterworfen. Die unabhängige Synthese einer Substanz als Mittel der
Strukturaufklärung war früher sehr wichtig, ist aber durch das Aufkommen
spektroskopischer Methoden praktisch bedeutungslos geworden. Standen in

den letzten 20 Jahren energiereiche Syntheseziele, wie z. B. gespannte Kohlenwasserstoffe, hoch im Kurs, so hat sich mittlerweile die Zielsetzung wieder mehr auf die Synthese von Naturstoffen konzentriert.

Bei der Planung industrieller Synthesen spielen ökonomische Gesichtspunkte natürlich eine große Rolle. Dabei geht es nicht nur um die Kosten für Ausgangsverbindungen und Energie, sondern auch die Verwertung und Beseitigung von Nebenprodukten und deren Toxizität gewinnen an Bedeutung.

Es ist klar, daß bei der Vielfalt an Synthesezielen und an den zu betrachtenden Gesichtspunkten sowie durch die wechselnde Bedeutung der einzelnen Kriterien keine uniforme Vorgehensweise bei der Planung von Synthesen eingeschlagen werden kann. Doch gibt es einige allgemein gültige Grundprinzipien, die immer wieder einzuhalten sind. Von herausragender Bedeutung ist dabei die retrosynthetische Vorgehensweise: *Von dem Syntheseziel wird auf mögliche Vorstufen geschlossen,* die in direkter Reaktion zum Ziel führen. Wie dieses retrosynthetische Vorgehen traditionellerweise von Chemikern durchgeführt wird, soll gleich ein Beispiel illustrieren.

Angenommen, das Syntheseziel sei die Verbindung mit der Struktur 1, (Abb. 9.1). Ein organischer Chemiker wird darin schnell das Vorliegen einer Alkoholfunktion in β-Stellung zu einer Carbonylgruppe, also die Substruktur 2, erkennen und er wird damit aus seinem Wissen über organisch-chemische Reaktionen abrufen, daß eine derartige Gruppierung durch eine Aldolkondensation aus den Vorstufen 3a und 3b erzeugt werden kann. Im konkreten Fall also, wenn die Transformation 2 ⇒ 3a + 3b auf die Formel 1 angewendet wird, schließt man auf die Verbindung 4 als Vorstufe zur Synthese von 1. Halten wir

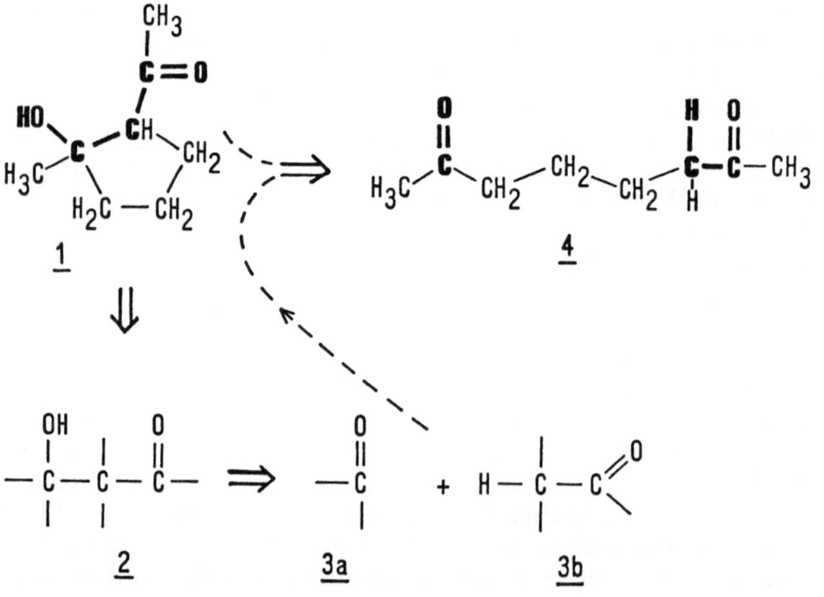

Abb. 9.1. Retrosynthetisches Ableiten der Aldolkondensation

fest, was zu dieser Vorgehensweise notwendig ist, da diese Erkenntnis später nochmals gebraucht wird:

1. Erkennen von Substrukturen mit bestimmten Mustern,
2. Speicherung bestimmter, als bedeutungsvoll angesehener Substrukturen,
3. Wissen über Reaktionen, die diese Substrukturen zu erzeugen gestatten,
4. Anwendung der diesen Reaktionen zugrundeliegenden Transformationen auf die konkrete Zielverbindung.

Im allgemeinen Fall wird die erschlossene synthetische Vorstufe noch nicht direkt erhältlich sein, so daß diese Vorstufe ihrerseits einer retrosynthetischen Analyse unterworfen wird, und das Verfahren so lange fortgesetzt wird, bis man bei käuflichen Ausgangsmaterialien angelangt ist.

Dieses stufenweise retrosynthetische Vorgehen ist nicht die einzige Methode zur Syntheseplanung. Der Mensch ist der beste Mustererkenner und kann aus vorgegebenen Zielverbindungen auf Vorstufen und Ausgangsmaterialien schließen, die viele Reaktionsschritte vom Zielmolekül entfernt liegen. So wird ein organischer Chemiker sofort das Vorliegen eines Indolringes in einer Strukturformel der Lysergsäure 5 erkennen – und auch darauf schließen, zur Synthese von Lysergsäure von einem Indolderivat auszugehen.

Dieser Schluß umfaßt, in einem Schritt, eine strukturelle Veränderung, die viele retrosynthetische Einzelstufen überspringt. Grundlage für die Durchführung eines solchen Sprunges ist eine *Substrukturerkennung gekoppelt mit einem Wissen über erhältliche Ausgangsmaterialien.* Die einzelnen synthetischen Reaktionen können nun, in einer Vorwärtsstrategie, vom gewählten Ausgangsmaterial aus, also z. B. einem Indol-Derivat im Falle der Lysergsäure, stufenweise erschlossen werden. Die synthetischen Reaktionen ergeben sich demnach in umgekehrter Weise als beim retrosynthetischen Vorgehen.

Welches dieser beiden Verfahren der Syntheseplanung, stufenweise retrosynthetische Analyse, oder Sprung über viele Stufen hinweg direkt auf ein Ausgangsmaterial mit anschließender Vorwärtsentwicklung, für ein bestimmtes Syntheseziel besser geeignet ist, kann sicher nicht eindeutig festgelegt werden. Für kleinere Moleküle kann mit dem stufenweisen retrosynthetischen Vorgehen die Suche in breiterer Form betrieben werden, so daß man eher sicher sein kann, die „beste" Synthese zu finden. Für komplexere organische Moleküle bedeutet eine stufenweise retrosynthetische Analyse das Bearbeiten eines umfangreichen Entscheidungsraumes, so daß der direkte Sprung auf ein Ausgangsmaterial die Problemstellung stark vereinfachen kann. Man muß sich aber dann bewußt sein, daß man den Lösungsvorschlag von Anfang an stark in eine bestimmte Richtung gedrängt hat: im genannten Beispiel verwirft man alle Synthesewege zur Lysergsäure, die nicht von Indolderivaten ausgehen.

In der Praxis werden meist beide Methoden der Syntheseplanung nebeneinander ablaufen. Der Sprung muß nicht vom Syntheseziel bis zum Ausgangsmaterial erfolgen, sondern kann auch von einer Synthesevorstufe zu einer einfacheren Synthesevorstufe erfolgen. Weiterhin muß der Sprung nicht eine Vielzahl von Synthesevorstufen umfassen, sondern kann auch nur über zwei, drei Reaktionen erfolgen. Und außerdem kann die „Lücke" an synthetischen Reaktionen und Stufen, die sich durch einen derartigen Sprung öffnet, sowohl retrosynthetisch, als auch in Vorwärtsstrategie geschlossen werden.

Es ist hier auch nötig, sich Gedanken zu machen, welche *Strategien* der Chemiker einsetzt, um eine Konkretisierung eines Syntheseplans zu erreichen. Ein Syntheseplan wird praktisch nie vom Syntheseziel hin zu den Ausgangsmaterialien in einem Zug vom Chemiker entworfen werden. Vielmehr läuft ein Prozeß ab, der ein Ineinandergreifen der Entwicklung von Einfällen, Literaturrecherchen, Abwandeln oder Verwerfen der ursprünglichen Ideen und Wiederaufnahme dieses Vorganges auf einer anderen Stufe umfaßt. Ein Chemiker wird einen neu gewonnenen Einfall über einen potentiellen Zugang zu einem Syntheseziel, egal ob es sich um einen einzelnen Syntheseschritt oder um einen Sprung über viele Synthesestufen handelt, zunächst anhand von Vergleichen mit Literaturbeispielen überprüfen. Aufgrund des Literaturstudiums wird dieser Einfall verworfen, modifiziert oder konkretisiert. Die Weiterführung des Plans verlangt dann nach neuen Ideen, die wiederum der Überprüfung unterworfen werden müssen. Dieser Prozeß der Entwicklung eines Syntheseplans kann sich über Tage, Wochen, ja Monate hinziehen. Dies muß man sich vor Augen halten, um von Anfang an den richtigen Erwartungshorizont für den Einsatz von Computern in der Syntheseplanung zu haben. Man kann nicht erwarten, daß die Planung der Synthese einer organischen Verbindung mit einem einzigen Lauf eines Computerprogrammes abgetan sein wird. Noch viel weniger kann man erwarten, dies mit einer einzigen Sitzung vor dem Bildschirm durchführen zu können, denn bekanntermaßen sinkt nach einer Stunde vor einem Bildschirm die Aufnahmefähigkeit des Menschen stark ab. Es wäre eine Verkennung der geistigen Leistung des Chemikers – und auch ein Unterschätzen der Komplexität des Entscheidungsraumes – wenn man die übertriebene Hoffnung hat, ein komplexes Syntheseproblem mit einem einzigen Programmlauf zu lösen. Ich möchte dies betonen, obwohl ich selbst aktiv an der Erstellung eines Computerprogrammes zur Syntheseplanung arbeite, die großen Fortschritte, die auf diesem Gebiet erzielt wurden, erkenne und überzeugt bin, daß in den nächsten Jahren – auch von unserer Gruppe – entscheidende Durchbrüche erzielt werden.

Computerprogramme zur Syntheseplanung sind als Hilfsmittel oder Werkzeuge zu sehen, die den Chemiker in dem oben skizzierten Prozeß der Erkenntnisgewinnung durch Ideenentwicklung und in deren Überprüfung und Bewertung unterstützen. In dieser Hinsicht lassen sich solche Programme mit Spektrometern vergleichen. Dieser Vergleich läßt sich auch weiter treiben: Genauso wie je nach analytischer Problemstellung unterschiedliche spektroskopische Methoden die besten Informationen liefern, so wird auch je nach Art des synthetischen Problems der Einsatz unterschiedlicher Computerprogramme am geeignetsten sein. Und so wie die Strukturaufklärung in der organischen Chemie durch das Aufkommen spektroskopischer Methoden revolutioniert wurde, so wird die Syntheseplanung durch den Einsatz von Computern auf eine ganz neue Basis gestellt werden.

Welche Eigenschaften machen nun den Computer für den Einsatz in der Syntheseplanung so geeignet?

- Schnelle Rechenoperationen
  Dies ist wahrscheinlich die bekannteste Eigenschaft eines Computers („Rechenmaschine") und hat zu vielen Anwendungen in der Chemie geführt. In der Planung von Synthesen können Berechnungen zur Bewertung von Molekülen, Reaktionen und Synthesewegen (Abschnitt 9.6) durchgeführt werden.
- Großer Speicherplatz
  In der Chemie wird hiervon insbesondere in der Dokumentation und Informationsabfrage Gebrauch gemacht. Zur Syntheseplanung lassen sich Dateien über Moleküle und Reaktionen erstellen und daraus Informationen verwerten.
- Logische Operationen
  Diese Fähigkeiten von Computern werden in der Chemie noch recht wenig ausgenützt. Aber im Grunde arbeitet ein Computer auf dem Bit-Niveau, ist also ideal zur Durchführung von ja/nein-Entscheidungen und von logischen Operationen geeignet. Logische Entscheidungen zu fällen ist einer der Kernpunkte der Syntheseplanung. Es gilt, verschiedene Synthesereaktionen und -pfade zu entwickeln und dann zu entscheiden, welche davon die günstigsten sind.

Andere Einsatzgebiete von Computern, bei denen logische Operationen große Bedeutung haben, sind die verschiedensten Simulationssysteme, zu denen beispielsweise auch die Programme zur Simulation von Schachspielen zählen. In der Tat haben Syntheseplanung und Schachspiel eine Reihe von Charakteristika gemeinsam. Abb. 9.2 gibt eine Gegenüberstellung korrespondierender Aspekte. Dabei wird gleichzeitig auch gezeigt, daß Syntheseplanung bedeutend komplizierter als Schachspiel ist.

Das fängt bereits beim Problemraum an, der beim Schachspiel ein zweidimensionales Brett aus 8×8 Feldern ist, in der Syntheseplanung ist er eine vieldimensionale Energiehyperfläche, die durch die Koordinaten der Atome der an der Synthese beteiligten Moleküle aufgespannt wird.

Noch kritischer ist der nächste Punkt: Die Regeln, denen die Bewegung der Figuren im Schachspiel unterworfen sind, sind exakt definiert. Die Bewegungen, die durch Verschieben von Atomen auf der vieldimensionalen Energiehyperfläche Moleküle ineinander überführen, sind chemische Reaktionen. Und deren Regeln sind weitgehend nicht bekannt oder fließend. Es gibt keine umfassende Theorie der chemischen Reaktivität, die für praktische Probleme in

	SCHACHSPIEL	SYNTHESEPLANUNG
Raum	8 x 8 Brett	vieldimensionale Energiehyperfläche
Objekte	Figuren	Atome
Anordnungen	Stellungen	Verbindungen
Bewegungen	Züge	Reaktionen
Regeln	streng definiert	keine allg. Theorie der chemischen Reaktivität
Planung	vorwärts	rückwärts
Erfolg	schachmatt	alle Ausgangsstoffe käuflich

Abb. 9.2. Gegenüberstellung von Schachspiel und Syntheseplanung

allgemeiner Weise anwendbar ist. Um organisch-chemische Reaktionen zu erklären, bedient sich der Chemiker qualitativer oder heuristischer Konzepte. Quantitative Ansätze haben meist nur einen recht engen Gültigkeitsbereich. Hier liegt das zentrale Problem der computer-unterstützen Syntheseplanung: Wie kann ein Wissensgebiet durch Algorithmen simuliert werden, also ein Programmsystem erstellt werden, *wenn der Erkenntnisstand dieses Wissensgebietes selbst noch unvollständig ist?* Die Problematik der chemischen Reaktivität gewinnt früher oder später in der Entwicklung jedes Computerprogrammsystems zur Syntheseplanung an Bedeutung. Die Entscheidung zwischen verschiedenen Synthesewegen verlangt u. a. nach einem Verständnis der chemischen Reaktivität. Daher gilt es, Modelle zur chemischen Reaktivität zu erstellen und in Algorithmen zu fassen. Dies ist einer der Punkte, der die Entwicklung eines Syntheseplanungsprogrammes über das bloße Erstellen eines in der Praxis einsetzbaren Instruments heraushebt und zu einem Forschungsprojekt zur Gewinnung neuer Einblicke in die organische Chemie macht. Ein neues Forschungsgebiet entwickelt sich in der Überlappung von organischer Chemie und Informatik. Hier wird gerade nach dem Chemiker gefragt, der einen breiten Überblick über die organische Chemie besitzt, zum abstrahierenden Denken und der Suche nach Gesetzmäßigkeiten bereit ist und die Logik der Erstellung von Algorithmen und deren Übersetzung in eine Programmiersprache erlernt hat.

Um mit dem Vergleich der Abb. 9.2 weiterzufahren. Die Planung der Züge beim Schachspiel erfolgt in der Weise, in der sie dann durchgeführt werden, während bei der *retrosynthetischen Vorgehensweise Reaktionen in Rückwärtsrichtung,* also umgekehrt zur späteren tatsächlichen Ausführung, entwickelt werden. Auch dies ist nicht ganz unproblematisch, da der Chemiker durch seine Ausbildung mehr auf das Betrachten von Reaktionen in Vorwärtsrichtung trainiert wird. Das Ziel im Schachspiel ist es, für den Gegner eine Schachmatt-Situation herbeizuführen. In der Syntheseplanung muß ein vollständiger

Syntheseweg, der üblicherweise verzweigt ist, entwickelt werden, für den an allen Anfangspunkten, also an den Spitzen der Zweige, erhältliche Ausgangsmaterialien sich befinden, denn nur dann ist der gesamte Syntheseweg durchführbar. Fehlt ein Ausgangsmaterial, ist die ganze Synthese nicht realisierbar. Hier klingt bereits an, daß in der Syntheseplanung eine Reihe von Querverweisen und Beziehungen zwischen Molekülen („Synthesebaum"; Abschnitt 9.3) verfolgt werden muß.

Bekanntermaßen hat es ziemlich lange gedauert, bis Computerprogramme zur Simulation von Schachspielen entwickelt waren, deren Leistungsstand hoch genug war, um gegen Schachexperten bestehen zu können. Es darf daher nicht überraschen, daß Computerprogramme zur Syntheseplanung, aufgrund der eben gezeigten größeren Komplexität der Syntheseplanung im Vergleich zum Schachspiel, einen hohen Aufwand an Entwicklungs- und Programmierarbeit erfordern.

Es geht auch nicht so sehr darum, einen guten Chemiker bei der Planung von Synthesen zu „schlagen", sondern *Chemiker und Computer sollen sich gegenseitig ergänzen*. Dazu bringen Computer noch eine Reihe ausgezeichneter Voraussetzungen mit: sie arbeiten zuverlässig, unvoreingenommen und ermüden nicht. Der Chemiker hingegen hat einen ganz individuellen Wissensstand, mit dem er ein Problem zu lösen versucht. Er wird dabei eine Fragestellung nicht immer in genügender Breite analysieren und eine unvoreingenommene Bewertung vornehmen, sondern unter Erfolgsdruck auf eine nicht unbedingt optimale Teillösung zusteuern. Andererseits erkennt der Mensch globale Zusammenhänge überraschend schnell. Demgegenüber eignen sich Computerprogramme besonders zur detaillierten, erschöpfenden Analyse von lokalen Problemen. Ein Beispiel: Der Mensch erfaßt aus der Strukturformel des Cubans, $\underline{6}$, rasch das Vorliegen von sechs Vierringen. Dies mit Hilfe eines Computerprogrammes zu erreichen, erfordert kompliziert aufgebaute und abzuarbeitende Algorithmen (Abschnitt 9.2).

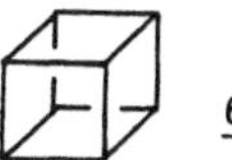

$\underline{6}$

Solche Algorithmen können dann aber auch benutzt werden, um sämtliche Ringe in einem System zu ermitteln. Im Falle des Cubans sind dies noch 16 Sechsringe und sechs Achtringe. Für den Menschen besteht die Gefahr, daß er bei der Erstellung aller Ringe einzelne Ringe übersieht.

Diese Anmerkungen zum Wechselspiel der Fähigkeiten von Mensch und Maschine mögen genügen. Hier werden unter dem Schlagwort „Künstliche Intelligenz" interessante Forschungsergebnisse zu erwarten sein.

Diese einführenden Bemerkungen waren notwendig, da mit diesem Kapitel ein mehrfacher Zweck erfüllt werden soll: Es wird versucht,

1. Einen Überblick zu geben über die verschiedenen Syntheseplanungsprogramme und deren Entwicklungsstand.

2. Ein Schema zu erstellen, in das die Syntheseplanungsprogramme eingeordnet werden können. Anhand dieses Ordnungsschemas sollen dann Trends in der Weiterentwicklung der Programme aufgezeigt werden.
3. Darzulegen, daß die Entwicklung von Computerprogrammen zur Syntheseplanung ein Forschungsgebiet darstellt, das einerseits neue Fragen aufwirft, andererseits aber neue Einblicke in die organische Chemie ermöglicht.

Noch eine Anmerkung zur zitierten Literatur: Die Entwicklung eines Syntheseplanungsprogrammes verlangt die Lösung vieler Problemstellungen. Dementsprechend ist zu den einzelnen Programmsystemen auch eine Reihe von Veröffentlichungen erschienen. Eine ausführliche Würdigung der einzelnen Systeme – bei den zum Teil immensen bereits geleisteten Arbeiten – ist jedoch in dem hier gebotenen Rahmen nicht möglich. Meist wird zu jedem System nur eine der jüngsten Literaturstellen zitiert, die dann zu den übrigen Arbeiten hinführen kann. Weitere Überblicke schaffen Sammelreferate [1–4], insbesondere ein kürzlich erschienenes Buch [5].

9.2 Die Repräsentation von Molekülen: Dokumentation, Substruktursuche, Strukturaufklärung

Jede Anwendung von Computern in der Chemie, die strukturelle Information verarbeitet, muß sich mit dem Problem der computerinternen Darstellung von Molekülen befassen. Der Aufbau der Moleküle ist bestimmt durch die dreidimensionalen Koordinaten der Atomrümpfe und durch die Elektronenverteilung. Angaben hierzu können durch Röntgen- und Neutronenbeugung gewonnen werden und sie sind auch die Eingabeparameter für quantenmechanische Rechenverfahren.

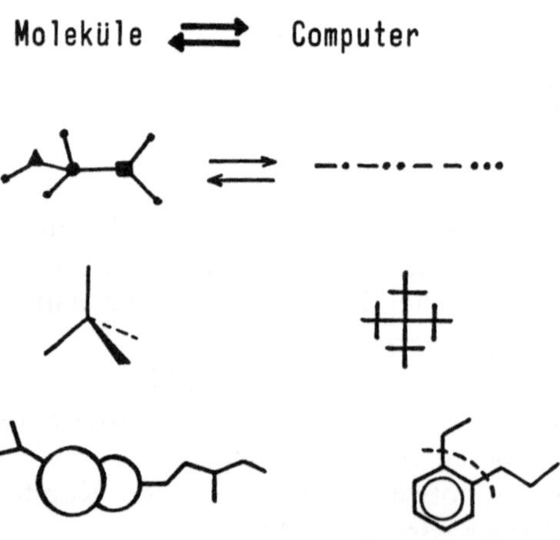

Abb. 9.3. Formale Probleme bei der Verarbeitung struktureller Information über Moleküle durch Computer: Ein- und Ausgabe, Codierung, Stereochemie, Symmetrie, Ringerkennung, Substruktursuche

In der organischen Chemie hat es sich aber bewährt, Moleküle durch Strukturformeln zu beschreiben, die im mathematischen Sinne ungerichtete, gewichtete Graphen sind, wobei die Knoten Atome und die Kanten Bindungen darstellen. Darüber hinaus können Strukturformeln noch stereochemische Angaben enthalten. Für viele Anwendungen von Computern in der organischen Chemie, so auch in der Syntheseplanung, besteht die Aufgabe, die in den Strukturformeln enthaltene Information in eine computerinterne Darstellung überzuführen.

Die dabei zu lösenden Probleme sind in Abb. 9.3 graphisch zusammengestellt. Es handelt sich um die Ein- und Ausgabe von Molekülen, um die Erzeugung eines eindeutigen Codes für ein Molekül, um die Behandlung der Stereochemie, um die Erkennung von lokalen und globalen Symmetrien in Molekülen, um die Identifizierung von Ringen, sowie um Substruktursuche.

Außer in der Syntheseplanung treten diese Aufgabenstellungen auch auf in der Chemie-Dokumentation, bei automatischen Substrukturvergleichen, bei Programmen zur Strukturaufklärung aus spektroskopischen Daten und zum Teil auch bei der automatischen Analyse quantitativer Struktur-Wirkungsbeziehungen (QSAR).

Diese Problemstellungen werden durch die Arbeitskreise, die zu obigen Gebieten Programme entwickeln, in oft jahrelanger, paralleler Arbeit unabhängig gelöst. Bereitschaft und Einrichtung von Verfahren zum Programmaustausch könnten hier unnötige Doppelarbeit vermeiden lassen. Auf der anderen Seite muß betont werden, daß die Lösung dieser Aufgaben Teil eines neuen Forschungsgebietes ist, dessen Methoden nicht festgelegt sind, sondern bei dem nach den besten Verfahren gesucht wird. Daß eine Optimierung der Algorithmen z. B. zur Codierung von Molekülen oder zur Ringerkennung sehr wichtig ist, beruht darauf, daß diese Programme zum einen richtige Lösungen erzeugen müssen, zum anderen auch sehr häufig aufgerufen werden. So sind z. B. im Chemical Registry File des Chemical Abstracts Service bereits mehr als 5 Mill. Verbindungen enthalten, für die alle ein eindeutiger Code erzeugt werden muß, und die mit diesem Code auch wieder abrufbar sein müssen. Bei der Entwicklung der Algorithmen muß man daher immer zwei Gesichtspunkte vor Augen haben: Vollständigkeit (also kein Versagen bei bestimmten Verbindungen) und Schnelligkeit.

Ein- und Ausgabe. Die Verfahren zur Ein- und Ausgabe von Molekülen hängen stark von der zur Verfügung stehenden „hardware" ab und erfordern einen hohen Aufwand bei der Entwicklung der entsprechenden „software". Wie bereits erwähnt, ist die zweidimensionale Strukturformel, evtl. ergänzt durch stereochemische Angaben, für den Chemiker das gängige Vehikel zur Wiedergabe der *Struktur organischer Moleküle*. So sollte im Idealfall die Kommunikation zwischen Chemiker und Computer in dieser Form erfolgen. Dazu sind graphische Ein- und Ausgabegeräte erforderlich. Durch technische Fortschritte und Preisreduktion werden diese Geräte immer attraktiver und breiter verfügbar.

Dennoch sind sie nicht an jedem Computer vorhanden, so daß hier auch auf andere Eingabemethoden eingegangen werden soll. Auf jeden Fall steht ein Kartenleser oder ein ihm äquivalentes Gerät wie z. B. ein alphanumerischer Bildschirm zur Verfügung. Bei diesen Geräten erfolgt die Aufnahme der Daten in linearer Weise, als eine Aufeinanderfolge von Zeichen. Es muß also die in einer Strukturfomel enthaltene zwei- oder dreidimensionale Information linearisiert werden. Hierzu wurde schon früh, gerade auf dem Gebiet der Dokumentation, eine Reihe von Verfahren entwickelt [6]. Diese Codierungsverfahren legten besonderen Wert auf die Erzielung eines möglichst komprimierten Codes, da dieser dann auch im Computer abgespeichert wurde, und Speicherplatz war ursprünglich recht teuer. Die Entwicklungen in der Computertechnologie haben hier große Umwälzungen gebracht. Je billiger Speicherplatz wurde um so mehr konnte die Forderung nach möglichst einfachen Codierungsregeln in den Vordergrund treten. Danach muß die weit verbreitete Wiswesser Line Notation (WLN), deren Regeln ein Buch [7] mit mehreren hundert Seiten umfassen, als überholt betrachtet werden. Im Grunde soll es nicht Aufgabe des Chemikers sein, einen möglichst computergerechten Code zu liefern, sondern die Erzeugung eines Codes, der für die interne Manipulation besonders geeignet ist, sollte von *Programmen* übernommen werden. Sofern keine graphischen Eingabemedien zur Verfügung stehen, erscheint es am bequemsten, einfach die Art der Atome, die Zahl der freien Elektronen und die Bindungen eines Moleküls, sowie, falls erforderlich, stereochemische Deskriptoren (cis-trans, R-S, etc.) anzugeben. Durch Standardannahmen können Möglichkeiten geschaffen werden, den Umfang der Eingabedaten zu reduzieren.

Zur graphischen Eingabe bieten sich eine Reihe von Geräten an. Vor allem der Preis, den man zu zahlen gewillt ist, diktiert das Ausmaß an Benutzkomfort, den man erhält. Es gibt Zeichentafeln, auf die mit einem Schreibstift Strukturformeln eingetragen werden und die daraufhin elektrische Signale übertragen. Am verbreitetsten sind graphische Bildschirme, bei denen Punkte auf den Bildschirm mit einem Lichtgriffel oder einem beweglichen Fadenkreuz angesteuert werden können.

Auch bei der Ausgabe von strukturellen Informationen über Moleküle eröffnet sich ein weites Spektrum an Möglichkeiten, die hauptsächlich von der hardware-Konfiguration bestimmt werden.

Praktisch an jedem Rechenzentrum ist ein Schnelldrucker vorhanden und seine Verwendung als Ausgabemedium verlangt demnach keine zusätzlichen Investitionen und garantiert leichte Implementierung eines Programms auf verschiedenen Computersystemen. Im einfachsten Fall kann die intern gewählte Molekülrepräsentation mit dem Zeilendrucker direkt ausgegeben werden. Dann wird aber dem Benutzer die Aufgabe übertragen den internen Code in die ihm geläufige Strukturdarstellung zu übertragen.

Dies mag, gerade in den frühen Jahren des Einsatzes von Computern in der Chemie, den Experten noch zumutbar gewesen sein, für eine breite Benutzung von Programmsystemen durch den Chemiker ist dies untragbar. Man kann nicht vom Chemiker erwarten, daß er all die notwendigen Regeln lernt um zu erkennen, daß der WLN Code T6NJ BVQFG für 6-Chlorpyridin-2-carbonsäure steht. Und es ist recht zeitraubend, nachfolgende Listen über Atome und

**Bindungen Schritt für Schritt in eine Strukturformel des Cyclopropanon 7 um-
zusetzen.**

Atom-Nummer	1	2	3	4	5	6	7	8
Ordnungszahl	8	6	6	6	1	1	1	1
Bindungs-Nummer	1	2	3	4	5	6	7	8
1.Atom	1	2	2	3	3	3	4	4
2.Atom	2	3	4	4	5	6	7	8
Bindungsordnung	2	1	1	1	1	1	1	1

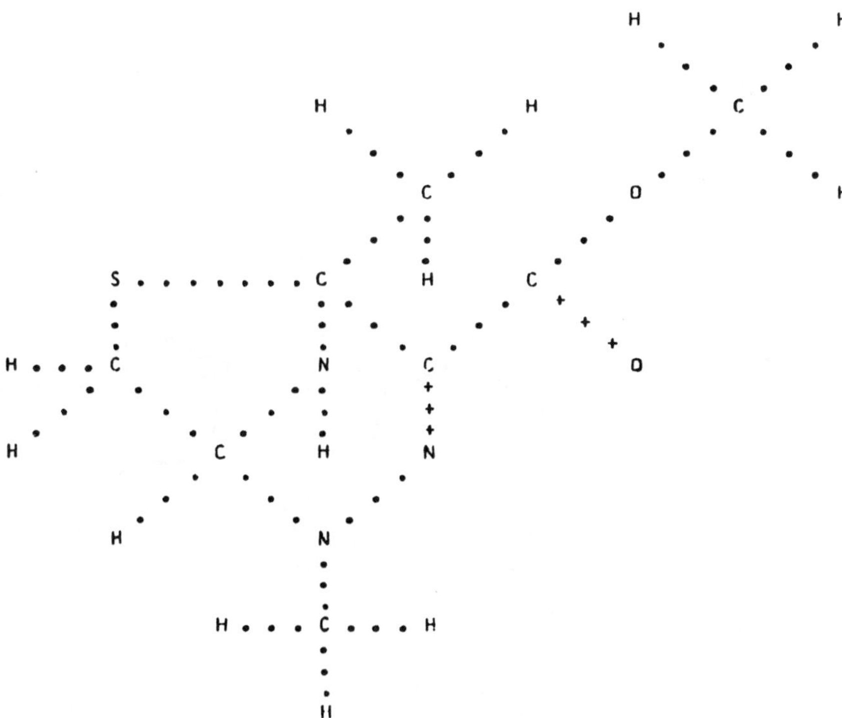

Abb. 9.4. Strukturformel, die von einem Zeilendrucker ausgegeben wurde (• Einfachbindun-
gen; + Doppelbindungen)

Die Umsetzung einer Bindungsliste in eine Strukturformel zur Ausgabe auf einem *Zeilendrucker* leidet unter den geringen graphischen Möglichkeiten eines Zeilendruckers und ist keine leichte Aufgabe. Wir haben dazu ein Programm erstellt, das allein fast 2000 Anweisungen umfaßt, und das für einen großen Prozentsatz an Verbindungen passable Strukturformeln erzeugt (Abb. 9.4) [8].

Ansprechendere Strukturformeln verlangen nach einem graphischen Ausgabemedium. Die nächste Stufe stellt ein X, Y-Schreiber (plotter) dar, der bedeutend bessere Möglichkeiten bietet. Abb. 9.5 gibt die Strukturformel von Lysergsäure 5 wieder, die ausgehend von einer Bindungsliste erzeugt wurde [9]. Stehen dreidimensionale Koordinaten zur Verfügung, so können die in der Röntgenstrukturanalyse üblichen Programme wie z. B. ORTEP eingesetzt werden.

Noch bessere graphische Möglichkeiten bieten *Bildschirme*. Das volle Potential von Bildschirmen wird besonders bei der Darstellung dreidimensionaler Molekülmodelle ausgeschöpft. Rotation um Achsen ergibt einen guten Einblick in die dreidimensionale Struktur. Werden Moleküle in den Benutzerprogrammen in Form dreidimensionaler Atomkoordinaten manipuliert, so brauchen nur diese auf den Bildschirm übertragen werden. Aber selbst aus einer Bindungsliste heraus lassen sich dreidimensionale Atomkoordinaten erzeugen. Dazu arbeitet man mit Standardannahmen über Bindungslängen, Bindungs- und Torsionswinkel. Eine Verfeinerung des Molekülmodells kann durch eine

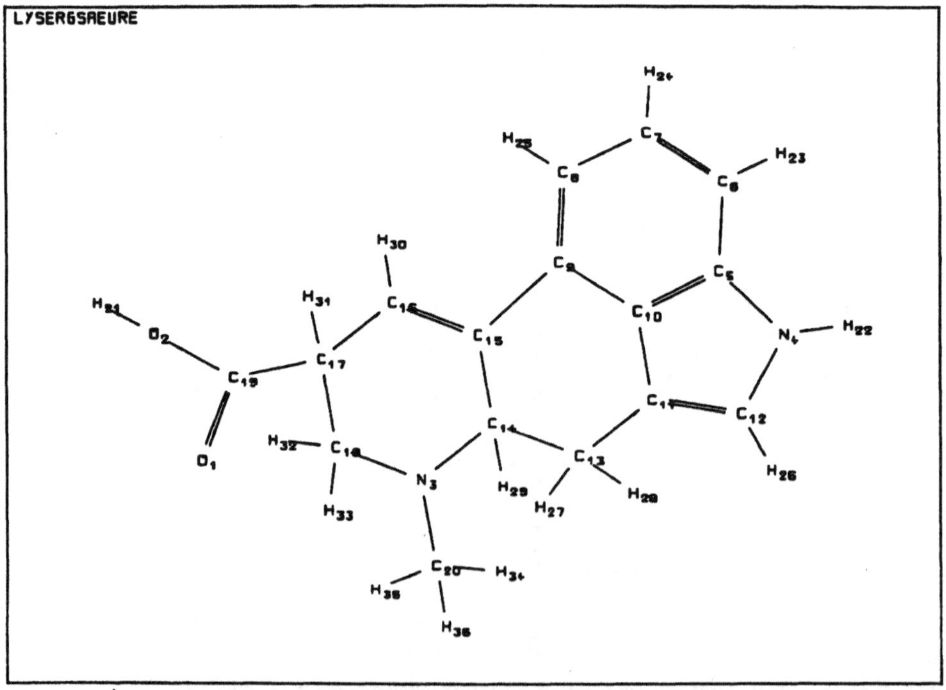

Abb. 9.5. Strukturformel, die auf einem Plotter ausgegeben wurde

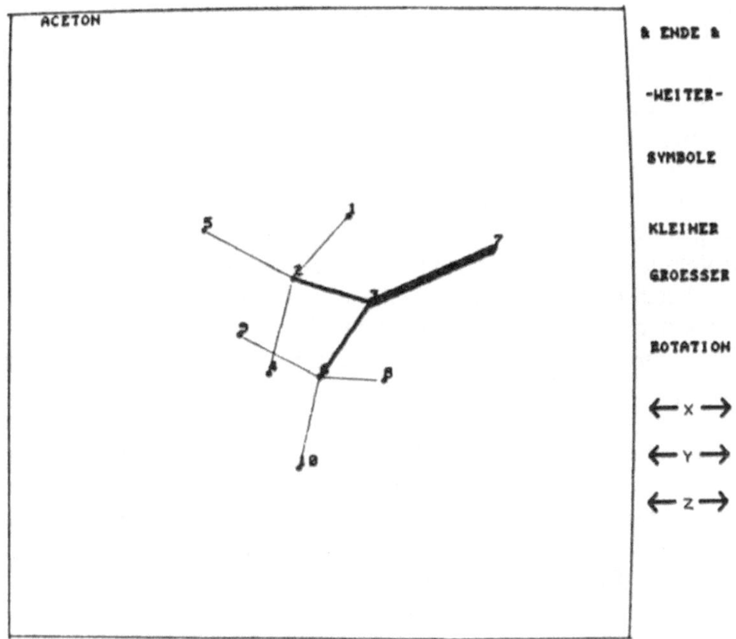

Abb. 9.6. Strukturformel auf einem graphischen Bildschirm

Kraftfeldrechnung erreicht werden. Abb. 9.6 gibt ein Beispiel für ein so erzeugtes Bild [8].

Die Ein- und Ausgabe von Molekülen wurde hier ziemlich ausführlich behandelt, weil sie eine wichtige Schnittstelle zwischen Mensch und Maschine bildet. Ihr kommt deshalb auch eine besondere Bedeutung im Abbau psychologischer Schranken in der Benutzung von Computerprogrammen durch den Chemiker zu. Sobald Computer die Sprache des Chemikers, die Strukturformel, „verstehen" und „sprechen", wird der Chemiker zur Benutzung des Computers angeregt. Die graphische Ein- und Ausgabe ist hierbei ein wichtiges Hilfsmittel. Auf der anderen Seite darf nicht verkannt werden, daß die Graphik nur der Kommunikation dient und noch nichts über die Qualität derjenigen Programme, die chemische Sachverhalte behandeln sollen, aussagt. Gerade in der Syntheseplanung ist das eigentliche Problem die Aufgabe, chemische Realität im Computer nachzumodellieren.

Eindeutige Codierung von Molekülen. Wichtiger als die Gestaltung der Ein- und Ausgabesysteme ist die interne Codierung von Molekülen. Eine ungünstig gewählte Repräsentation von Molekülen kann Entwicklungen für die Zukunft ein für alle Mal verbauen. Ein Kernstück der Syntheseplanung ist die Wiedergabe von Reaktionen. Da Reaktionen durch das Brechen und Knüpfen von Bindungen und das Verschieben freier Elektronen ablaufen, erscheint ein direkter Zugang zu allen Bindungen eines Moleküls und den freien Elektronen der Atome eine unabdingbare Forderung. Deshalb sind kompaktere Darstellungen, die Gruppen von Atomen und Bindungen zu einem Symbol zusammenfassen wie z. B. WLN, für die Manipulation von Molekülen in Reaktionen ungeeignet. In der Tat wurde für alle Systeme, die Syntheseplanung auf allgemeiner Basis angehen und nicht auf bestimmte Substanz- und Reaktionsklassen beschränkt sind, eine Darstellung gewählt, die direkten Zugang zu allen Atomen und Bindungen eines Moleküls gewährt.

Dies können *Listen von Atomen und Bindungen* sein, wobei viele Realisierungsmöglichkeiten denkbar sind. Diese Listen geben die Konstitution eines Moleküls wieder; sie werden oft auch als topologische Darstellungen bezeichnet. Letzten Endes stellen solche Konnektivitätslisten eine Valenzbondschreibweise dar und sind damit deren Nachteilen unterworfen. So sind metallorganische Komplexe wie z. B. Ferrocen, nur unzulänglich durch Bindungslisten wiederzugeben. Für konjugierte π-Systeme, v. a. für Aromaten, lassen sich für bestimmte Anwendungszwecke geeignetere Schreibweisen formulieren [10]. Von dem früher üblichen Brauch, Bindungen zu Wasserstoffatomen nicht explizit anzugeben ist abzuraten, da in Reaktionen häufig auch Bindungen zu Wasserstoffatomen gebrochen werden (Speicherplatz ist billiger geworden!). Außerdem sollten auch die freien Elektronen mitgeführt werden, da dann, zusammen mit den Bindungselektronen, allen Valenzelektronen Rechnung getragen wird.

Für die *Wiedergabe stereochemischer Merkmale* wurde eine Reihe von Formulierungen entwickelt. Für die meisten organischen Moleküle – die Zentralatome mit bis zu vier Liganden enthalten – läßt sich die Stereochemie durch eine Paritätsschreibweise wiedergeben (cis-trans, R-S, erythro-threo etc.: also $+1, -1$) [11]. Bei Zentralatomen mit fünf und mehr Liganden muß die volle Permutationsgruppe betrachtet werden.

Für verschiedene Anwendungen muß eine *eindeutige Codierung* von Molekülen gefordert werden. Dies ist eine notwendige Voraussetzung in der chemischen Dokumentation, die aber auch in der Syntheseplanung von Bedeutung ist, so z. B. bei der Überprüfung, ob ein Molekül schon an anderer Stelle im Synthesebaum existiert, oder ob eine erzeugte Verbindung in der Datei der Ausgangsmaterialien enthalten ist. Wie entscheidend eine eindeutige Codierung ist illustriert folgende Betrachtung: Bei der Codierung eines Moleküls durch eine Bindungsliste lassen sich n Atome eines Moleküls auf $n!$ verschiedene Weisen beziffern, so daß dieses Molekül durch $n!$ Bindungslisten, die, sofern das Molekül keine Symmetrien enthält, alle verschieden sind, wiedergegeben werden kann. Zur Prüfung, ob zwei Bindungslisten dasselbe Molekül darstellen, müßten maximal $n!$ Möglichkeiten durchgespielt werden. Und dies würde rasch zu untragbaren Verhältnissen führen, denn schon für ein Molekül mit 10 Atomen gäbe es dann $10! \approx 3{,}6$ Millionen verschiedene Möglichkeiten. Um einen eindeutigen Code zu erzielen, müssen daher Regeln und Algorithmen entwickelt werden, die aus all diesen Möglichkeiten eine einzige Bezifferungsweise der Atome zur Codierung von Molekülen festlegen. Dazu wurden [12] und werden immer noch verschiedene Verfahren vorgeschlagen. Wie bei vielen Problemen dieses Abschnittes sind dabei die beiden Forderungen nach Vollständigkeit (jedes Molekül muß eindeutig codierbar sein) und Schnelligkeit des Algorithmus im Widerstreit. Die Aufgabe, beide Forderungen gleichzeitig bestmöglich zu lösen, regt immer wieder zu neuen Lösungswegen an [13].

Symmetrieerkennung. Durch die Abreaktion äquivalenter Bindungen würden gleiche Moleküle erzeugt. So genügt es z. B. eine der drei C—H-Bindungen der CH_3-Gruppe des Acetaldehyds der Aldolkondensation zu unterwerfen. Um also nicht die gleiche Reaktion mehrfach zu erzeugen, müssen äquivalente Bindungen erkannt werden. Wechselseitige Äquivalenz der Atome zweier Bindungen ist eine notwendige, aber keine hinreichende Bedingung für die Äquivalenz zweier Bindungen. So sind z. B. im Tricyclo[4.2.0.0.^{2,5}]octan $\underline{8}$ die Atome 1, 2, 5 und 6 alle äquivalent,

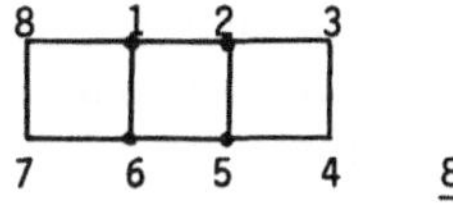

dennoch sind die Bindungen 1–2 und 2–5 nicht äquivalent. Die Algorithmen zur Symmetrieerkennung müssen dies feststellen. Wird in einer Reaktion jeweils nur eine Bindung gebrochen, so genügt es, aus einem Satz äquivalenter Bindungen eine einzige Bindung zu entnehmen (z. B. eine C—H-Bindung aus den drei C—H-Bindungen der CH_3-Gruppe des Acetaldehyds). Beim Brechen zweier Bindungen eines Moleküls reicht es allerdings nicht immer aus, aus den Sätzen äquivalenter Bindungen jeweils nur eine Bindung zu entnehmen. Dies gilt zwar noch für das 1.2-di-substituierte Ethanderivat $\underline{9}$ (sofern die Stereochemie nicht berücksichtigt wird),

nicht aber für das p-di-substituierte Benzolderivat $\underline{10}$,

denn dort sind zwei Möglichkeiten zu behandeln. Auch diese Situationen müssen von den Algorithmen zur Symmetrieerkennung erfaßt und berücksichtigt werden. Es sei nur nebenbei bemerkt, daß derartige Algorithmen auch andere Anwendungsmöglichkeiten in der Chemie finden können. So können sie z. B. zur Festlegung des Spektrentyps in ^{1}H-NMR-Spektren herangezogen werden. Die Symmetriegegebenheiten, die bei $\underline{10}$ verlangen, daß zwei Möglichkeiten der Disubstitution zu berücksichtigen sind, drücken sich auch darin aus, daß die zwei Gruppen chemisch äquivalenter Protonen magnetisch nicht äquivalent sind, daß also ein AA'BB'-Spektrentyp vorliegt.

Ringerkennung. Das Vorkommen von Ringen in Molekülen hat oft tiefgreifende Konsequenzen für die physikalischen und chemischen Eigenschaften dieser Verbindungen (Aromatizität, Spannungsenergie, synthetischer Zugang). Daher ist das Auffinden von Ringen aus der internen Darstellung von Molekülen (z. B. Bindungsliste) sehr wichtig. Entsprechend wurden auch von den einzelnen Arbeitsgruppen, wiederum unter dem Diktat der Forderung nach Vollständigkeit und Schnelligkeit, jeweils eigene Algorithmen entwickelt. Hinzu kommt, daß ein geeigneter Satz an Ringen festgelegt werden muß. Denn das Mitführen sämtlicher Ringe eines Moleküls kann zu Speicherproblemen führen (in Cuban, $\underline{6}$, gibt es insgesamt 28 Ringe) und ist auch chemisch nicht sinnvoll (der umhüllende Neunring im Indol ist kaum von chemischer Bedeutung). Die Mindestanzahl an Ringen (smallest set, SS), die zur Beschreibung eines Ringsystems nötig ist, kann leicht durch folgende Gleichung angegeben werden:

$$\text{Zahl der Ringe} = \text{Zahl der Bindungen} - \text{Zahl der Atome} + 1.$$

Für Cuban z. B. sind dies $20 - 16 + 1 = 5$ (der sechste Vierring ergibt sich aus den fünf anderen Vierringen). Dem trägt auch die Nomenklatur Rechnung: *Penta*cyclo[4.2.0.0^{2,5}.0^{3,8}.0^{4,7}]octan.

Die hierzu ausgewählten Ringe müssen das Ringsystem vollständig beschreiben; sie müssen eine Vektorbasis darstellen (Fundamentalsatz). Vorzugsweise wählt man dazu die kleinsten Ringe aus (smallest rings; SR); dieser Satz an Ringen wird deshalb auch mit SSSR bezeichnet [14]. Jeder weitere Ring des Systems läßt sich daraus durch Linearkombination erzeugen.

Die Effizienz der Algorithmen zur eindeutigen Codierung, Symmetrieerkennung und Ringerfassung ist deshalb so wichtig, weil diese Aufgaben für jedes einzelne zu behandelnde Molekül durchgeführt werden müssen. Vorzugsweise sind diese Aufgaben aus einem einheitlichen Ansatz heraus zu lösen. Denn im Grunde verlangen sie alle nach einem vollständigen Absuchen der Strukturformel eines Moleküls und werden durch Umwandlung des Graphen der Strukturformel in einem Baum (spanning tree) angegangen.

9.3 Die Repräsentation von Reaktionen: Reaktionsvorhersage, Syntheseplanung, Synthesebaum

Syntheseplanung erfordert die Suche nach chemischen *Reaktionen,* die Moleküle ineinander umwandeln. Daher muß sich Syntheseplanung auch dem Problem der computerinternen Codierung von chemischen Reaktionen stellen. So weit auch die Dokumentation chemischer Verbindungen durch Computer bereits fortgeschritten ist, die Dokumentation chemischer Reaktionen ist dabei ziemlich vernachlässigt worden. Hier ist nicht der Raum, detailliert auf die dabei zu lösenden Probleme einzugehen. Eines ist klar, die Beschreibung chemischer Reaktionen durch Angabe von Ausgangs- und Endstoffen ohne genauere

Berücksichtigung der dabei ablaufenden Vorgänge ist unbefriedigend und kann nicht die Grundlage eines Dokumentationssystems liefern, das auf die Dauer genügt. So ist die Aussage, daß Arylamine aus Nitroaromaten synthetisiert werden können, zwar richtig und wichtig, sie kann aber in dieser Form

$$ArNH_2 \Rightarrow ArNO_2$$

nicht zur Dokumentation chemischer Reaktionen (oder zum Aufbau einer Reaktionsdatei zur Syntheseplanung) ausreichen. Denn diese Reaktion kann entweder durch Reduktion der Nitrogruppe oder durch nucleophile Substitution der Nitrogruppe (bei elektronenarmen Aromaten) erzielt werden. Der entscheidende Unterschied wird sofort klar, wenn ein ^{15}N markiertes Anilin synthetisiert werden soll.

Wichtig in der Dokumentation chemischer Reaktionen sind daher Angaben über die eigentlichen Abläufe, also Informationen über gebrochene und geknüpfte Bindungen sowie Verschiebungen in den freien Elektronen. Systematische Ansätze zur Behandlung chemischer Reaktionen sind erkennbar und dienten auch bereits als Grundlage zur Entwicklung eines Computerprogrammsystems zur Reaktionsdokumentation [15].

Es zeichnet sich ab, daß Syntheseplanungsprogramme, die mit einer Datei an Reaktionen arbeiten, insbesondere wenn die Datei eine größere Zahl an Reaktionen umfaßt wie beim CASP-System (Abschnitt 9.4), im täglichen Gebrauch häufig zur Reaktionsrecherche benutzt werden. Es darf dabei aber nicht übersehen werden, daß diese Systeme ursprünglich nicht zur Reaktionsdokumentation angelegt wurden. Reaktionsdokumentation stellt andere Anforderungen als Syntheseplanung. Für ein Dokumentationssystem ist eine möglichst erschöpfende Speicherung aller Reaktionen das Hauptanliegen; in der Syntheseplanung ist zusätzlich die Bewertung von Reaktionspfaden und die Entwicklung von Strategien von ausschlaggebender Bedeutung.

In der Syntheseplanung werden, bei retrosynthetischer Vorgehensweise, chemische Reaktionen in ihrer Umkehrrichtung entwickelt, um Ausgangsmaterialien zu finden, die letztlich zu einem gegebenen Reaktionsprodukt, dem Syntheseziel führen. Oft steht man aber in der organischen Chemie vor dem Problem, daß man bei vorgegebenen Ausgangsmaterialien das Reaktionsprodukt vorhersagen möchte. Für diese *Reaktionsvorhersage* müssen Reaktionen in der Richtung, in der sie ablaufen, in einer Vorwärtsstrategie, entwickelt werden. Formal haben Reaktionsvorhersage und Syntheseplanung eine Reihe von Gemeinsamkeiten (Abb. 9.7); man muß alternative Reaktionswege erstellen und bewerten, den synthetischen Vorstufen S entsprechen die Reaktionszwischenstufen I.

Die gemeinsamen Aspekte von Reaktionsvorhersage und Syntheseplanung gestatten es, Syntheseplanungsprogramme zu entwickeln, die bei entsprechend modularem Aufbau und mit zusätzlichen Einrichtungen auch zur Reaktionsvorhersage eingesetzt werden können. Dazu ist bei Systemen, die Reaktionen aus einer Datei entnehmen (Abschnitt 9.4), neben einer Datei von Retroreaktionen eine zusätzliche Datei von Vorwärtsreaktionen einzubauen. Werden hingegen Reaktionen durch formale Reaktionsschemata erhalten (Abschnitt 9.5), so lassen sich diese direkt auch für die Vorwärtsstrategie einsetzen. Die Unter-

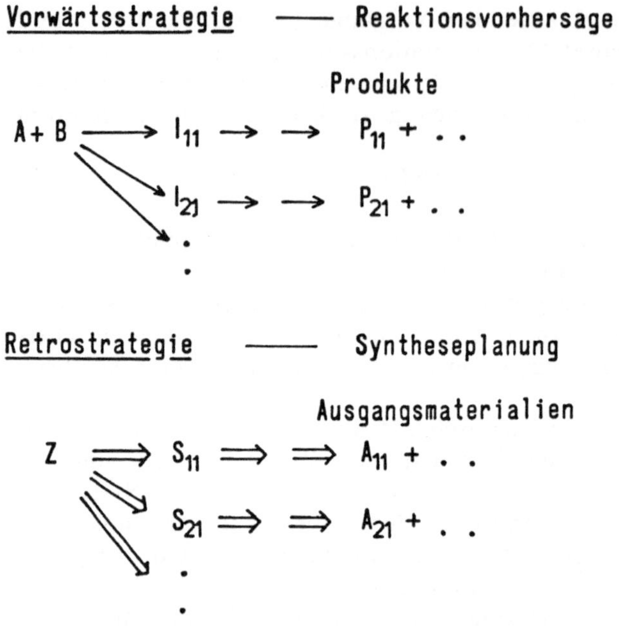

Vorwärtsstrategie ——— Reaktionsvorhersage

Produkte

$$A + B \longrightarrow I_{11} \rightarrow \rightarrow P_{11} + ..$$
$$\searrow I_{21} \rightarrow \rightarrow P_{21} + ..$$

Retrostrategie ——— Syntheseplanung

Ausgangsmaterialien

$$Z \Longrightarrow S_{11} \Longrightarrow \Longrightarrow A_{11} + ..$$
$$\searrow S_{21} \Longrightarrow \Longrightarrow A_{21} + ..$$

Abb. 9.7. Reaktionsvorhersage und Syntheseplanung

schiede für die beiden Typen an Strategien (Abb. 9.7) liegen dann nicht in der Reaktionserzeugung, sondern in der Bewertung der Reaktionen (Abschnitt 9.6 und 9.7).

Eine genauere Betrachtung der Bewertungsaufgabe lehrt, daß Syntheseplanung bedeutend mehr Parameter berücksichtigen muß, also eine komplexere Aufgabe darstellt, als die Reaktionsvorhersage. Denn der Ablauf einer chemischen Reaktion hat seine Basis in den vorgegebenen *Reaktionsbedingungen* und wird durch mechanistische (physikochemische) Kriterien determiniert. Diese erlauben meist nur einen oder wenige (Nebenreaktionen!) Pfade, die auf ein oder wenige Produkte hinsteuern. Um diese Reaktionen aufzufinden, sind Modelle zur mechanistischen Bewertung und Auswahl einzusetzen.

Zur Synthese einer Verbindung läßt sich eine große Anzahl von Möglichkeiten erdenken, von denen durchaus auch eine größere Zahl mechanistisch realisierbar sein kann. Dieser Sachverhalt bietet ja auch die Grundlage für die Entwicklung immer neuer Synthesen für ein und dasselbe Zielmolekül. Als Endpunkte der Syntheseplanung, also Ausgangspunkte für eine Synthese, bietet sich eine recht große Palette an Ausgangsmaterialien an, ganz im Gegensatz zu den relativ wenigen Produkten einer Reaktion. Hinzu kommt, daß Reaktionen normalerweise nur über wenige Stufen hinweg ablaufen, während Synthesen durchaus über 15–25 Stufen durchgeführt werden. Da in der Syntheseplanung die mechanistische Bewertung von Reaktionen immer noch eine Vielzahl an Realisierungsmöglichkeiten offen läßt, müssen darüber hinaus noch ökonomische Betrachtungen unter Berücksichtigung strategischer Erwägungen angestellt werden (Abschnitt 9.7).

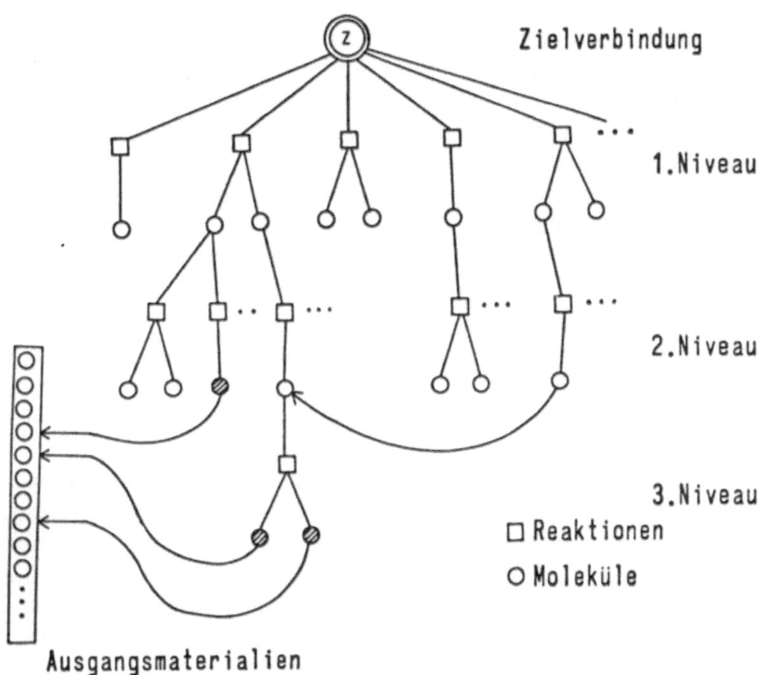

Abb. 9.8. Synthesebaum

Die Mechanik der Planung einer Synthese, bei retrosynthetischer Vorgehensweise, läßt sich durch den sog. *Synthesebaum* darstellen. Dieser ist, stark
vereinfacht, in Abb. 9.8 wiedergegeben.

Er ergibt sich durch die Erzeugung retrosynthetischer Schritte (gleichgültig
ob formal oder aus einer Reaktionsdatei erhalten) vom Zielmolekül ausgehend,
über die synthetischen Vorstufen fortsetzend bis man bei Ausgangsmaterialien
angelangt ist. Auf dem Synthesebaum spielen sich die Bewertungen von Synthesen ab und sind logische Kombinationen zu verfolgen. Er kann sowohl erst
in die Breite (breadth-first) oder zuerst in die Tiefe (depth-first) aufgebaut und
abgearbeitet werden.

Zum leichteren Verständnis soll hier die breadth-first-Suche erläutert werden. Die Anwendung der Reaktionstransformationen auf das Zielmolekül liefert ein erstes Niveau synthetischer Vorstufen, d. h. Verbindungen die direkt in
das Syntheseziel umgewandelt werden können. Da zur Durchführung einer Reaktion meist mehr als eine Verbindung benötigt werden, treten von den Reaktionen aus auch Verzweigungen zu den Molekülen hin auf. Nach der Entwicklung des ersten Niveaus an synthetischen Vorstufen sind diese (und die zugehörigen Reaktionen) einer Bewertung zu unterwerfen, die also mechanistische,
ökonomische und strategische Gesichtspunkte umfassen soll. Die am günstig-

sten befundenen Vorstufen sind dann erneut durch Reaktionstransformationen in das nächste Niveau an synthetischen Vorstufen überzuführen.

Im Synthesebaum sind nun eine Reihe von Verweisen zu beachten. Ein Zweig kann beendet werden, wenn das entsprechende Molekül in der Datei erhältlicher Ausgangsmaterialien gefunden wird. Für diesen Vergleich ist die eindeutige Codierung von Molekülen (Abschnitt 9.2) entscheidend. Außerdem kann mit Hilfe der eindeutigen Codierung auch festgestellt werden, ob ein Molekül bereits an anderer Stelle im Synthesebaum enthalten ist. In diesem Falle kann die dort bereits durchgeführte Weiterentwicklung übernommen werden. Weiterhin ist zu beachten, daß, wenn in einer Reaktion eine Verzweigung zu zwei Molekülen auftritt, beide Moleküle weiter entwickelt werden, da die entsprechende Reaktion nur dann durchgeführt werden kann, wenn eben beide Moleküle auch aus Ausgangsmaterialien dargestellt werden können. Eine vollständige Synthese ist also im allgemeinen Fall ein mehrfach verzweigter Teilbaum aus dem Synthesebaum. Die automatische Erzeugung und Abarbeitung des Synthesebaumes erfordert demnach die sorgfältige Beachtung komplexer Zusammenhänge.

An dieser Stelle soll auch kurz auf die Problematik *Dialog- oder Batchprogramm* eingegangen werden, da sich deren Unterschiede hauptsächlich in der Bearbeitung des Synthesebaumes zeigen. In einem Batchprogramm (Stapelverarbeitung), das mit den Eingabeinformationen auszukommen hat, muß die Erzeugung und Behandlung des Synthesebaumes automatisch ablaufen. In einem Dialogprogramm hat der Benutzer die Gelegenheit, den Programmablauf zu beeinflussen, kann also z. B. gewisse, vom Programm erzeugte synthetische Vorstufen bevorzugen und deren Weiterentwicklung erzwingen, oder auch entscheiden, daß mit bestimmten Molekülen ein Zweig abgebrochen werden soll. Ein Batchprogramm kann, sofern das Betriebssystem des verwendeten Rechners Voraussetzungen für Programmunterbrechungen bietet, leicht in ein Dialogprogramm umgewandelt werden, indem Entscheidungen, die normalerweise vom Programm übernommen werden, dem Benutzer überlassen werden. Die Umwandlung eines Dialogprogrammes in ein Batchsystem erfordert, dadurch daß Entscheidungen, die der Benutzer gefällt hat, nun vom Programm auszuführen sind, tiefergreifende Vorbereitungen in der Programmlogik und Arbeiten am Programmcode.

Im Zusammenhang mit Syntheseplanungsprogrammen ist recht Gegensätzliches über Dialog- und Batchprogramme gesagt worden: „In der Regel sind Dialogprogramme zeitaufwendiger und weniger effektiv als Batchprogramme". Oder: „Bisher haben nur interaktive Dialogverfahren eine wirkliche Verwendung in der Praxis finden können". Diese Aussagen sind natürlich recht persönlich gefärbt und können so nicht aufrecht erhalten werden.

Kurz die Vor- und Nachteile beider Verfahren im Rahmen der Syntheseplanung: Bei einem *Dialogprogramm* wird der Benutzer aktiv in den Entscheidungsprozeß miteinbezogen. Ein derartiges Syntheseplanungsprogramm kann daher das Wissen des Chemikers über Moleküle und Reaktionen heranziehen. Damit erhält ein solches System, ohne daß chemische Erfahrung programmiert werden muß, Zugang zu wertvoller chemischer Information. Im Extremfall könnte ein Dialogsystem nur den Rahmen zur formalen Behandlung von Molekülen und Reaktionen liefern, sämtliche chemischen Kenntnisse könnten vom Benutzer abverlangt werden. Nicht zu unterschätzen ist die psychologische Wirkung eines Dialogprogrammes. Dadurch, daß der Chemiker aktiv vom System zur Mitarbeit herangezogen wird, werden traditionelle Hemmnisse, den Computer zu benützen, abgebaut und eine Art von Vertrauensverhältnis zwischen Mensch und Maschine geschaffen. Andererseits wird die Problemlösung stark von der Qualität des chemischen Wissenstandes des individuellen Benutzers abhängig. Hinzu kommt, daß der Benutzer generell dazu tendieren wird, Reaktionen auszuwählen, die ihm vertraut sind. Durch diese Hinneigung zu bekannter Chemie wird die Offenheit für neuartige Lösungsmöglichkeiten bereits im Ansatz verloren gehen.

Ein *Batchsystem* verlangt, daß chemisches Know-how im Programm enthalten ist. Dies erfordert große Vorarbeiten zur logischen Aufarbeitung chemischen Wissens und zu dessen Überführung in Programmbausteine. Bevor sinnvolle Chemie betrieben werden kann, haben Batchprogramme einen weiten Entwicklungsweg zurückzulegen. Mühselig wie dieser Weg sein mag, er bringt auch Früchte. Der Zwang, chemisches Wissen in Algorithmen überzuführen, erfordert eine Suche nach Gesetzmäßigkeiten und Regeln in der Chemie, und dieses Durchdenken gewährt neue Einblicke in die Grundlagen der Chemie (Abschnitt 9.6). Werden die so entwickelten Modelle allgemein genug gefaßt, so lassen sie sich zur Beurteilung bekannter und auch neuartiger Reaktionen heranziehen.

9.4 Stufe 1: Datei bekannter Reaktionen

Die vorherrschende Strategie des Chemikers bei der Syntheseplanung dürfte die retrosynthetische Vorgehensweise sein, wobei Kenntnisse über bekannte Reaktionen eingesetzt werden (vgl. Abb. 9.1). Es ist daher nicht überraschend, daß die ersten Ansätze zur Entwicklung von Computerprogrammen zur Syntheseplanung diese Vorgehensweise des Chemikers nachzuvollziehen versuchten und auch später weitere Ansätze daraufhin angelegt wurden. Abb. 9.9 gibt die Grundzüge des dazu notwendigen Programmaufbaus wieder.

Die größte Bedeutung kommt dabei der sog. *Reaktionsbibliothek* zu, die eine Datei zur Abspeicherung bekannter synthetischer Reaktionen in ihrer Umkehrrichtung (auch Transforms genannt) darstellt. Die Struktur der eingegebenen Zielverbindung wird auf das Vorkommen bestimmter Partialstrukturen hin analysiert. Wird eine derartige Substruktur aufgefunden, so erfolgt damit ein Verweis auf die entsprechende Synthesereaktion in der Reaktionsdatei. Dort sind die zur Durchführung einer (Retro) Reaktion notwendigen strukturellen Änderungen enthalten. Werden diese auf die konkrete Molekülstruktur angewandt, so erhält man die Strukturen der synthetischen Vorstufen. Dieser Vorgang ist also ganz analog dem in Abb. 9.1 skizzierten Verfahren: Die Umwandlung 2 ⇒ 3a + 3b müßte dazu als Aldol-Transform in der Reaktionsdatei enthalten sein. Anwendung dieser Vorschrift auf 1 würde zu 4 führen.

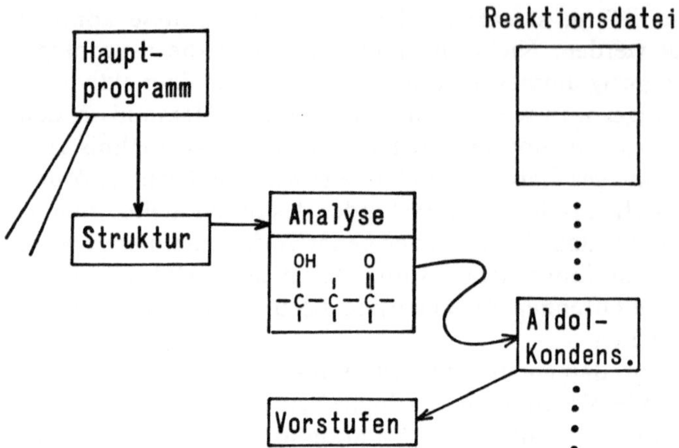

Abb. 9.9. Syntheseplanungsprogramm mit Reaktionsbibliothek

Im folgenden werden die Hauptsysteme erwähnt, die sich zum Ziel gemacht haben aufgrund dieser Verfahrensweise Syntheseplanung auf breiter Basis, also nicht auf bestimmte Verbindungsklassen beschränkt, anzugehen.

LHASA. Aufbauend auf einer Analyse der Prinzipien zur Entwicklung eines Syntheseplans [16] wurde von COREY und WIPKE das System OCSS (*O*rganic *C*hemical *S*imulation of *S*ynthesis) erstellt [17]. Die nächste Generation des Harvardprogramms, die auf den damit gemachten Erfahrungen aufbaute, wurde LHASA (*L*ogic and *H*euristic *A*pplied to *S*ynthetic *A*nalysis) genannt und dürfte gegenwärtig etwa 60 Mannjahre Arbeit und 50000 Zeilen an Code umfassen. Das System arbeitet im Dialogbetrieb.

Moleküle werden als dreidimensionale Gebilde erkannt, die Stereochemie also berücksichtigt. Die in der Reaktionsdatei enthaltenen Transforms werden danach eingeteilt, ob sie eine oder zwei funktionelle Gruppen bilden oder Ringe modifizieren. Interessanterweise gibt es auch Transforms, die weitere funktionelle Gruppen einführen (FGA = functional group addition), also synthetische Vorstufen mit erhöhter Komplexität erzeugen. Dies geschieht v. a. dazu, um in einem nächsten Schritt eine gewünschte Synthesetransform erst anwenden zu können, z. B.

Diese Vorgehensweise beinhaltet letztlich bereits strategische Erwägungen (Abschnitt 9.7). In den Codes für die Transforms sind heuristische Bewertungen enthalten (Abschnitt 9.6).

Die Transform-Datei ist in einer speziell entwickelten Sprache (CHMTRN) geschrieben, die es dem Chemiker erlaubt, chemische Sachverhalte leichter als mit einer üblichen Programmiersprache auszudrücken, z. B.

EXCHANGE THE GROUP FOR AN AMINE
IF THERE IS NOT AN ETHER ON THE SPECIFIED ATOM THEN
RETURN FAIL

Die zunächst behandelten und abgespeicherten Reaktionen spiegelten klar die im Arbeitskreis Corey durchgeführte experimentelle Chemie wieder. Sie konzentrierten sich stark auf den Aufbau von Kohlenstoffskeletten, v. a. von Ringverbindungen. Besondere Sorgfalt wurde daher auf die Codierung der Aldolkondensation, Diels-Alder-Reaktion, Robinson-Annellierung und Halolactonisierung verwendet [18]. In der Zwischenzeit ist das Spektrum an Reaktionen bedeutend erweitert worden.

SECS. Auch SECS (*S*imulation and *E*valuation of *C*hemical *S*ynthesis) hat seine Wurzeln in OCSS, ist aber das Produkt einer völligen Neuentwicklung durch WIPKE und Mitarbeiter. Von Anfang an berücksichtigte SECS Stereochemie (die in LHASA erst später eingebaut wurde) und dazu wurde viel Sorgfalt auf die Entwicklung graphischer Ein- und Ausgabesysteme verwendet [19]. Historisch gesehen hat SECS dadurch sehr zum Abbau traditioneller Schranken beigetragen und viele organische Chemiker an die computer-unterstützte Syntheseplanung herangeführt. Dies wurde noch verstärkt durch den Dialogbetrieb, der die aktive Teilnahme des Chemikers zur Problemlösung verlangt.

Auch in SECS sind die Transforms in einer speziellen Sprache, ALCHEM (mit ähnlicher Syntax wie CHMTRN) codiert. Dabei wurde die Trennung von gespeichertem chemischem Wissen (in der Reaktionsdatei) und vom System, das Strukturen analysiert und manipuliert, besonders klar vollzogen. Damit wurde die Grundlage geschaffen, daß leicht andere Versionen, die sich im Gehalt an chemischem Wissen in der Reaktionsbibliothek unterscheiden, entwikkelt werden können. Das CASP-System ist solch ein Abkömmling; auch für phosphororganische Verbindungen gibt es eine eigene Weiterentwicklung [20].

CASP. Ein Konsortium deutscher und schweizer chemischer Großindustrien entwickelt seit 1976 – 1980 verstärkt durch weitere Beitritte – ausgehend von einer SECS-Version ein gemeinsames System zur *C*omputer-*A*ssistierten *S*ynthese*p*lanung: CASP. Die Arbeit besteht dabei hauptsächlich im Ausbau der Reaktionsbibliothek, wobei Teile allen Partnern zugänglich sind, andere firmenintern bleiben. Zur Zeit umfaßt die Datei etwa 4000 Transforms.

SYNCHEM. Im Unterschied zu allen anderen Syntheseplanungsprogrammen, die federführend von organischen Chemikern entwickelt werden, entsteht SYNCHEM (SYNthetic CHEMistry) an einem Department für Computer Science unter Beteiligung von Chemikern [21]. GELERNTER entwickelte vorher ein Programm zum Beweisen von Theoremen aus der Geometrie und erkannte, daß Syntheseplanung ein vielversprechendes Feld zur Anwendung von Methoden der künstlichen Intelligenz (artifical intelligence) ist. Auch hier findet man das Phänomen, daß die gegenwärtige Version (SYNCHEM 2) das Resultat eines kompletten Neuentwurfes nach Erfahrungen mit einer Anfangsversion ist.

Eine interessante Analyse der Gründe, die zur Aufgabe der ersten Version zugunsten einer Neuentwicklung führten, ist erschienen [21]. So wurde die in der ersten Version verwendete Codierung in WLN im Neuansatz fallen gelassen. Wie LHASA und SECS enthält SYNCHEM eine Datei bekannter Reaktionen, zum Unterschied zu diesen beiden Systemen ist es aber ein Batchprogramm, erzeugt also den Synthesebaum automatisch.

Diskussion. Auf einige weitere Systeme kann hier nur verwiesen werden [22–25]. Stattdessen sollen die Vor- und Nachteile einer Reaktionsbibliothek diskutiert werden.

Das offensichtlichste Problem ist natürlich die Frage, wieviele Reaktionen in der Datei zu speichern sind. Beschränkt man sich auf bestimmte Verbindungsklassen, so kann man mit recht wenigen Reaktionen auskommen (z. B. Peptidsynthesen von Aminosäuren). Ja selbst wenn man die Betrachtung auf ein so weites Gebiet wie den Aufbau des Kohlenstoffgerüstes nichtaromatischer Verbindungen ausdehnt, so überstreichen wenige, recht leistungsfähige Synthesereaktionen (Aldolkondensation, Diels-Alder-Reaktion etc.) die wichtigsten Synthesen. Dies konnte mit LHASA gezeigt werden. Wird aber ein System angestrebt, das auf das Gesamtgebiet der organischen Chemie anwendbar ist, so muß man rasch der Tatsache ins Auge sehen, daß die Zahl der organischen Synthesereaktionen enorm groß ist, ja daß es dafür sogar keine einigermaßen gestützte Größenabschätzung gibt; sie dürfte aber mehrere Hunderttausende umfassen. Und jede Woche kommen neue hinzu. Auf dem Gebiet der aromatischen Heterocyclen haben viele Systeme ganz spezifische Synthesen, die kaum auf andere Heterocyclen übertragbar sind (z. B. Pyridinsynthesen). Großindustrielle Prozesse sind oft so spezifisch, daß sie nur auf eine einzige Verbindung angewandt werden können, z. B. dient der SOHIO-Prozeß nur zur Darstellung von Acrylnitril; er läßt sich nicht auf andere Nitrile erweitern.

$$CH_2{=}CH{-}CH_3 + NH_3 + 1{,}5\,O_2 \rightarrow CH_2{=}CH{-}CN + 3\,H_2O$$

Dieses eine Darstellungsverfahren würde also nach einer eigenen Eintragung in der Reaktionsdatei verlangen.

So ist es nicht erstaunlich, daß unter dem massiven Aufwand des CASP-Projektes die Zahl der Transforms in der Reaktionsbibliothek bereits auf über 4000 angewachsen ist. Es besteht aber immer noch keine Abschätzung für einen anstrebbaren Grenzwert. Die Problematik mit der Zahl der Reaktionen in der Reaktionsbibliothek wird recht gut beleuchtet durch ein Gemeinschaftsprojekt der UdSSR und DDR: Das System SYNKL/SYNPLAN soll direkt ein Reaktionsdokumentationssystem (SPRESI) verwenden, in dem bereits 1977 mehr als 130 000 Reaktionen gespeichert waren und dessen jährlicher Zuwachs auf 60 000 Reaktionen projektiert war [26]. Wahrlich ein gigantisches Unterfangen, das so recht die große Komplexität der Thematik Syntheseplanung unterstreicht. Es macht aber auch klar, daß diese immense Zahl an Einzelreaktionen danach verlangt Gemeinsamkeiten herauszuarbeiten und als Ordnungsprinzipien zu verwenden.

Der Aufbau umfangreicher Reaktionsbibliotheken erfordert einen enormen Aufwand an Arbeit, der von vielen Chemikern zu leisten ist. Dieser Aufwand und auch die Handhabung einer größeren Zahl von Reaktionen sind nicht das einzige Problem. Viel kritischer ist, daß der Bewertung der Reaktionen (Abschnitt 9.6) immer mehr Bedeutung zukommen muß. Je mehr Reaktionen in der Datei vorhanden sind, desto mehr Alternativen an Synthesemöglichkeiten werden für einen konkreten Fall erhalten. Der Synthesebaum wird komplexer, Entscheidungen zwischen Reaktionen werden häufiger notwendig und müssen feiner ausbalanciert sein. Oder um das Problem anders zu formulieren, wie kann für ein bestimmtes Molekül die Güte der Reaktion A, die vom Chemiker M in Firma X codiert wurde, abgewogen werden gegen die Qualität der Reaktion B, die von Chemiker N in Firma Y codiert wurde? Auch Syntheseplanungsprogramme auf der Basis einer Reaktionsdatei verlangen daher mit zunehmendem Entwicklungsgrad immer mehr nach allgemeinen Modellen zur Durchführung der Bewertung von Molekülen, Reaktionen und Synthesepfaden.

Schließlich können in der Datei sinnvollerweise nur bekannte Reaktionen abgespeichert werden. Ein Syntheseplanungsprogramm auf der Basis einer Reaktionsbibliothek kann zwar diese bekannten Reaktionen auf neue Beispiele anwenden bzw. bekannte Reaktionen in neuartiger Weise miteinander verknüpfen, es kann aber prinzipiell keine neuen synthetischen Reaktionen auffinden. Dies kann nur gelingen, wenn eine abstraktere Darstellungsform für Reaktionen gewählt wird.

9.5 Stufe 2: Formale Reaktionsschemata

Die Beschränkung auf bekannte Reaktionen kann nur dann aufgehoben werden, wenn die Reaktionen aufgrund eines formalen Schemas, eines formalen Modells der organischen Chemie, erzeugt werden. Zwei derartige Modelle, von UGI [27] und von HENDRICKSON [28], dienten bisher als Ausgangspunkte zur Entwicklung von Syntheseplanungsprogrammen.

In UGI's Modell [27] der konstitutionellen Chemie werden Moleküle durch BE- (*B*indungs- und *E*lektronen)Matrizen, Reaktionen durch R-Matrizen dargestellt. In den BE-Matrizen sind die Zeilen- und Spaltenindizes den einzelnen Atomen eines Moleküls zugeordnet. Eintragungen b_{ij} geben die Bindungsordnung zwischen den Atomen A_i und A_j an, während auf der Diagonale, b_{ii}, die Zahl der freien Elektronen geführt wird. Die Eintragungen r_{ij} geben Veränderungen in den Bindungen im Zuge einer Reaktion, Eintragungen r_{ii} Umverteilungen in den freien Elektronen wieder. Abb. 9.10 zeigt dies für die Bildung des Cyanhydrins des Formaldehyds.

BE- und R-Matrizen haben eine Reihe interessanter mathematischer Eigenschaften, die zum Teil direkt chemische Sachverhalte ausdrücken. Besonders wichtig für die Zwecke der Syntheseplanung ist, daß Reaktionen nicht phänomenologisch durch Ausgangs- und Endstoffe beschrieben werden, sondern durch explizite Angabe der Veränderungen in der Verteilung der Valenzelektronen: durch die gebrochenen und geknüpften Bindungen und die Ver-

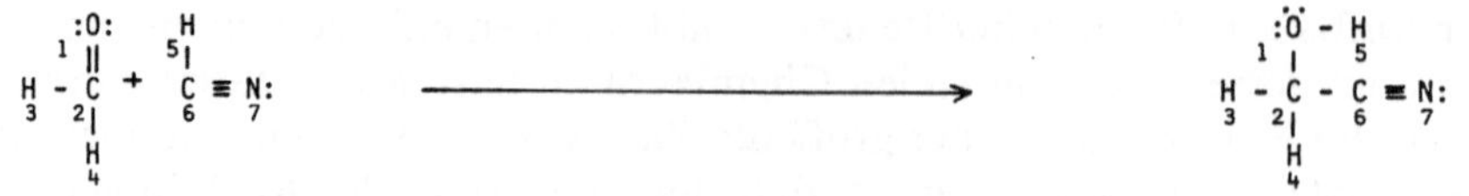

The BE matrix, R matrix and resulting BE matrix for the formation of the cyanhydrin of formaldehyde (zero entries omitted). Atom numbering: O=1, C=2, H=3, H=4, H=5, C=6, N=7.

BE-Matrix (Edukte):

	1 O	2 C	3 H	4 H	5 H	6 C	7 N
1 O	4	2					
2 C	2		1	1			
3 H		1					
4 H		1					
5 H						1	
6 C					1		3
7 N						3	2

$+$

R-Matrix:

	1 O	2 C	3 H	4 H	5 H	6 C	7 N
1 O		-1			+1		
2 C	-1					+1	
3 H							
4 H							
5 H	+1					-1	
6 C		+1			-1		
7 N							

$=$

BE-Matrix (Produkt):

	1 O	2 C	3 H	4 H	5 H	6 C	7 N
1 O	4	1			1		
2 C	1		1	1		1	
3 H		1					
4 H		1					
5 H	1						
6 C		1					3
7 N						3	2

Abb. 9.10. Die Bildung des Cyanhydrins des Formaldehyds durch BE- und R-Matrizen dargestellt (Nulleintragungen sind weggelassen)

schiebungen in den freien Elektronen. Zur vollständigen Beschreibung einer Reaktion muß auf beiden Seiten der Reaktionsgleichung das gleiche Sortiment an Atomen vorhanden sein, das sich aus mehreren Molekülen zusammensetzen kann. Reaktionen lassen sich dann auch, unter Erweiterung des Isomeriebegriffes, als Isomerisierungen von Ensembles von Molekülen auffassen. So spielt sich folgende Reaktion

$$HCN + Cl_2 + NH_3 + H_2O \rightarrow H_2NCONH_2 + 2\,HCl$$

als Umverteilung von Bindungen in einem Ensemble von Molekülen mit der Bruttoformel $CH_6Cl_2N_2O$ ab.

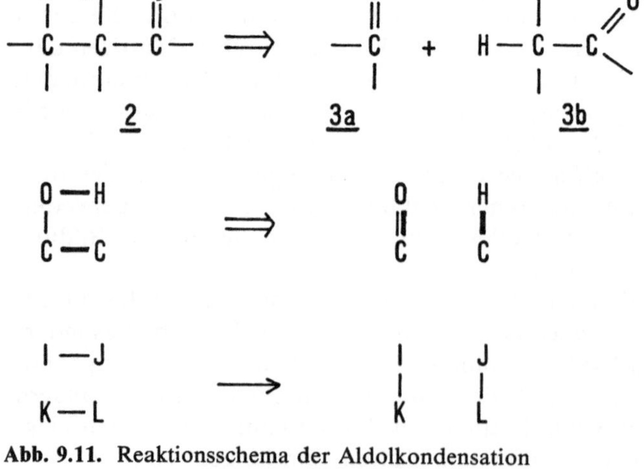

Abb. 9.11. Reaktionsschema der Aldolkondensation

Die Abstraktion, die der formalen Reaktionsbetrachtung zugrundeliegt, ist dem organischen Chemiker eigentlich vertraut; er benutzt sie beim Schreiben von Elektronen- und Bindungsverschiebungspfeilen. Diese Abstraktion soll mit der Aldolkondensation erläutert werden (Abb. 9.11, vgl. Abb. 9.1).

Die essentiellen Änderungen im Zuge einer *Aldolkondensation* (in Retrorichtung) sind das Brechen einer OH und einer CC-Bindung und das Knüpfen einer CO- und einer CH-Bindung. Oder allgemeiner formuliert, zwei Bindungen I—J und K—L werden gebrochen und zwei Bindungen I—K und J—L werden erzeugt.

HENDRICKSON [28] teilt das Problem der Syntheseplanung auf in zwei Unterprobleme: Den Aufbau des Kohlenstoffskeletts und die Einführung der funktionellen Gruppen. Dementsprechend gibt es Aufbaureaktionen (constructions) und Umfunktionalisierungsschritte (refunctionalizations). In einer idealen Synthese haben die Ausgangsmaterialien und Zwischenstufen die korrekten funktionellen Gruppen, so daß nur Aufbauschritte nötig sind. Solche idealen Synthesen sind sehr selten; in der Praxis hat man zu den Aufbaureaktionen meist noch doppelt so viele Umfunktionalisierungsschritte.

Um diese Aufspaltung zu ermöglichen, wird ein Strukturmodell der organischen Chemie zugrundegelegt. Die Liganden bzw. Bindungen eines Kohlenstoffatoms werden in vier Gruppen eingeteilt:

$$
C \begin{cases} H \\ R \\ \Pi \\ Z \end{cases}
\quad
\begin{aligned}
&\text{Zahl der} \\
&h = \text{H- oder elektropositiven Atome} \\
&\sigma = \sigma\text{-Bindungen zu C-Atomen} \\
&\pi = \pi\text{-Bindungen zu C-Atomen} \\
&z = \sigma\text{- oder } \pi\text{-Bindungen zu elektronegativen Atomen}
\end{aligned}
$$

Die Funktionalität eines C-Atoms wird definiert als:

$$f = \pi + z$$

Für ein vierwertiges Kohlenstoffatom gilt offensichtlich:

$$\sigma + f = 4 - h$$

Die Oxidationsstufe x eines Atoms ist:

$$x = z - h$$

Jedes C-Atom wird durch zwei Ziffern, σ, dem Skelettgrad, und f, der Funktionalität, gekennzeichnet. Durch übergesetzte Striche, die π wiedergeben, wird eine weitere Differenzierung erzielt:

Beispiele:

	$CH_3{-}CH_2Cl$	CH_3OH	CHF_3	$H_2C{=}O$	$H_2C{=}CH{-}Cl$	$CH_3{-}C{\equiv}C{-}H$
σf-Wert	10 11	01	03	02	1$\bar{1}$ 1$\bar{2}$	10 2$\bar{\bar{2}}$ 1$\bar{\bar{2}}$

Diese Beschreibung des Zustandes von Kohlenstoffatomen dient als Grundlage für eine Systematisierung organischer Reaktionen. Aufbaureaktionen, die

f-Liste   0   2   0 • 0   0   2   0   2   0 $\bar{1}$ $\bar{1}$ 2

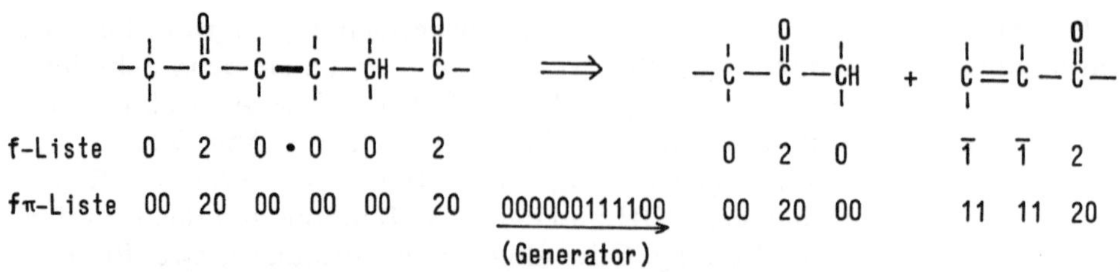

fπ-Liste   00   20   00   00   00   20   000000111100   (Generator)   00   20   00   11   11   20

Abb. 9.12. Wiedergabe einer Michaeladdition durch Hendrickson

eine CC Einfachbindung knüpfen, werden formal in zwei Halbreaktionen aufgespalten. Für jedes der beiden Substrate werden die *f*-Werte bis maximal 3 C-Atome von der Verknüpfungsstelle entfernt angegeben. Meist sind Aufbaureaktionen auch mit Umfunktionalisierungen verbunden. Die Notation sei mit einer Michael-Addition illustriert (Abb. 9.12).

Ein Punkt steht an der Stelle der geknüpften CC Bindung, er separiert also die Halbreaktionen. Um der Überstreichung Rechnung zu tragen, wird für jedes C-Atom ein zusammengesetzter *f*π-Wert angegeben. Das Konzept der Halbreaktionen kann zu einer systematischen Klassifizierung von Reaktionen herangezogen werden. Und aufgrund dieser Systematik lassen sich organische Reaktionen auch formal erzeugen.

Eine systematische, formale Behandlung organisch-chemischer Reaktionen erlaubt es Computerprogramme zur Syntheseplanung zu erstellen, die ohne einer Datei bekannter Reaktionen auskommen. Dazu müssen in das Programmsystem allgemeine Vorschriften zur Verschiebung von Bindungen und Elektronen bzw. zur Änderung von Funktionalitäten eingebaut werden. Wendet man diese Vorschriften (Reaktionsgenerator) auf individuelle Bindungen, Elektronen oder Atome eines Moleküls an, so erhält man dadurch direkt die Vorstufen (Abb. 9.13).

Der große Vorteil ist, daß es damit möglich wird nicht nur bekannte, sondern auch neue Reaktionen zu formulieren. Denn durch formales Brechen und

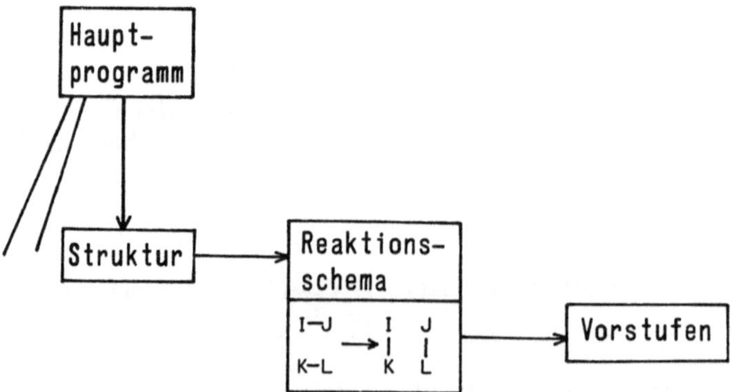

Abb. 9.13. Syntheseplanungsprogramm mit formaler Reaktionserzeugung

Knüpfen von Bindungen und das Umverteilen von Elektronen können, ausgehend von der Struktur eines Moleküls, sämtliche Reaktionsmöglichkeiten und – bei Berücksichtigung von Reaktionsbeiprodukten – auch alle Synthesereaktionen, die zu diesem Molekül führen, erzeugt werden.

CICLOPS. Als erstes Programmsystem, das auf dem Modell von UGI basierte, wurde CICLOPS (*C*omputers *in C*hemistry, *L*ogic *O*riented *P*lanning of *S*yntheses) erstellt [29]. Da BE- und R-Matrizen viele Nulleintragungen enthalten, wurden programmintern kompaktere Speicherformen gewählt. Als chemische Systeme wurden nur Verbindungen mit gepaarten Elektronen zugelassen, die Stereochemie wurde nicht berücksichtigt.

Ein mathematisch vollständiger Satz von 38 Reaktionsschemata wurde verwendet und in Gruppen, die ein, zwei oder drei Bindungen brechen, eingeteilt. Die Reaktionsgeneratoren, die eine Bindung brechen, sind folgende (Angaben über Ladungen sind weggelassen):

(1) $I{-}J$ $\rightarrow I + J{:}$ (heterolytischer Bindungsbruch)
(2) $I{-}J + Y$ $\rightarrow I + J{-}Y$ (elektrophile Substitution)
(3) $I{-}J + X{:}$ $\rightarrow I{:} + J{-}X$ (nucleophile Substitution)
(4) $I{-}J + X{:}$ $\rightarrow I{-}X{-}J$ (Insertion)
(5) $I{-}J + X{:} + Y \rightarrow I{-}X + J{-}Y$

Durch Vertauschen von I und J ergeben sich noch weitere Möglichkeiten. Eine Tabelle von Valenzschemata wurde benutzt um festzustellen, ob bestimmte Valenzänderungen erlaubt sind. So kann z. B. für X in Reaktion (4) nicht ein normales, dreifach gebundenes Stickstoffatom eingesetzt werden, da dann ein fünfbindiges N-Atom erzeugt würde.

Die Bedeutung des Prototypsprogramms CICLOPS liegt darin, daß nachgewiesen werden konnte, daß mit einem erträglichen Aufwand an Kernspeicher und Rechenzeit ein Batchsystem zur Syntheseplanung auf der Basis formaler Reaktionserzeugung verwirklicht werden kann.

AHMOS. Angeregt durch UGI's Modell wurde von WEISE das System AHMOS (*A*utomatisierte *h*euristische *M*odellierung *o*rganisch-chemischer *S*ynthesen) aufgebaut [30]. Es arbeitet in Vorwärtsrichtung (Reaktionsvorhersage) und ist ein Batchprogramm. Zur Reaktionserzeugung werden die Elementarschritte heterolytischer (polarer) Einzentrenreaktionen verwendet.

$$I + {:}J \quad \rightarrow I^{-}{-}J^{+}$$
$$I{-}J + {:}X \rightarrow I{-}X^{+} + J{:}^{-}$$
$$I{-}J \quad \rightarrow I^{+} + J^{-}$$
$$I{-}X{-}Y \rightarrow X^{+}{-}Y^{-}{-}I$$
$${:}X{-}Y \quad \rightarrow X{=}Y^{-}$$
$$I{-}J + Y \rightarrow I{-}Y^{-} + J^{+}$$

Die Atome I, J, X, Y wurden dabei Restriktionen unterworfen, je nachdem ob sie als elektrophile oder nucleophile Angriffs- oder Abgangszentren fungieren können, oder Sextett- bzw. H-Atome sind. Die Stereochemie wurde nicht berücksichtigt.

EROS. Die in CICLOPS verwendeten Reaktionsschemata umfaßten sowohl mechanistische Teilschritte als auch vollständige organische Reaktionen. Ferner wurden Elektronenumordnungen vollzogen; für die sich in der organischen Chemie nur wenige Beispiele auffinden lassen.

Im Entwurf von EROS (*E*rzeugung von *R*eaktionen für die *o*rganische *S*ynthese) wurde deshalb eine drastische Reduktion der Reaktionsschemata vorgenommen [31]. Zunächst wurden nur solche Reaktionstypen gewählt, die vollständigen organischen Reaktionen entsprechen, da man in der Syntheseplanung an isolierbaren Verbindungen und nicht an reaktiven Zwischenstufen interessiert ist. Außerdem sollten im Bewertungsverfahren (Abschnitt 9.6) nicht mechanistische Teilschritte mit vollständigen Reaktionen verglichen werden müssen. Eine weitere Reduktion der Zahl der Reaktionsschemata wurde nach einer sorgfältigen Analyse organisch-chemischer Synthesereaktionen vorgenommen [32]. Diese Analyse zeigte, daß einige wenige Schemata von überragender Bedeutung sind. So läßt sich das allgemeine Schema aus der Abb. 9.11 in einer Vielzahl organischer Reaktionen wiederfinden die üblicherweise phä-

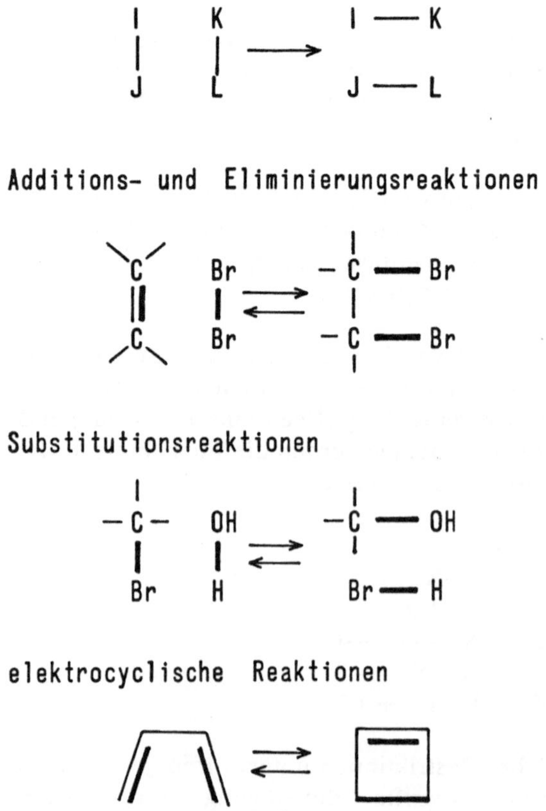

Additions- und Eliminierungsreaktionen

Substitutionsreaktionen

elektrocyclische Reaktionen

Abb. 9.14. Reaktionstypen, die durch Brechen und Knüpfen von jeweils zwei Bindungen ablaufen

nomenologisch in ganz verschiedenen Reaktionstypen klassifiziert werden (Abb. 9.14)

Die zunächst für EROS ausgewählten Reaktionsschemata umfaßten

(1) $I—J + X:$ $\rightarrow I—X—J$ (Redoxreaktion)
(2) $I—J + K—L$ $\rightarrow I—K + J—L$ (Abb. 14)
(3) $I—J + K—L + M—N \rightarrow N—I + J—K + L—M$ (z. B. Diels-Alder-Reaktion, Halolactonisierung)

Es muß betont werden, daß diese Schemata nur die Bruttoveränderungen wiedergeben, also nichts über den zeitlichen Ablauf (stufenweise oder synchron) aussagen. Es wird geschätzt, daß diese drei Schemata mindestens 90% aller bekannten organischen Reaktionen erfassen (siehe weiter unten und [33]) und mit einer ähnlichen statistischen Quote auch neuen, noch zu entdeckenden Reaktionen zugrundeliegen werden.

Von Anfang an war geplant, weitere Reaktionsschemata hinzuzufügen, sobald obige Kategorien in ihrer chemischen Tragweite durch Bewertung (Abschnitt 9.6) erfaßt worden sind. So wurde in neuerer Zeit das Schema (4), das der 1.3-dipolaren Cycloaddition zugrundeliegt, eingebaut.

$$(4) \qquad \begin{array}{c} I \diagup^{J} \\ \\ K—L \end{array} \;\; :X \;\rightarrow\; \begin{array}{c} I \overset{J}{\diagdown} \quad X \\ \diagdown \quad \diagup \\ K \;\; L \end{array}$$

EROS ist ein Batchprogramm und ist so angelegt, daß es sowohl für eine Vorwärtsstrategie (Reaktionsvorhersage), als auch eine retrosynthetische Strategie (Syntheseplanung) eingesetzt werden kann (vgl. Abb. 9.7), denn die formalen Reaktionsgeneratoren sagen nichts über die Richtung einer Reaktion aus. So ist z. B. der Reaktionsgenerator (2) formal völlig reversibel, auf beiden Seiten der Reaktionsgleichung stehen zwei Bindungen. Die Unterscheidung, welcher Art das zu behandelnde Problem ist (Vorwärts- oder Retrostrategie), liegt nicht in der Reaktionserzeugung, sondern in der Bewertung der Reaktionen (Abschnitt 9.6).

ASSOR. Anstelle vollständiger Reaktionen benutzt ASSOR (*A*llgemeines *Si*mulations-*S*ystem *o*rganischer *R*eaktionen) mechanistische Teilschritte [34]. Nach Ausschluß radikalischer Prozesse kann mit folgenden beiden Basisreaktionen gearbeitet werden:

$$I:^{-} + J^{+} \rightarrow I^{+} + J:^{-} \qquad \text{Redoxprozeß}$$
$$I:^{-} + J^{+} \rightarrow I—J \qquad \text{Heterolyse bzw. -apsis}$$

Aus diesen beiden Elementarschritten können alle nichtradikalischen Reaktionen aufgebaut werden. Für die Reaktion $I—J + K—L \rightarrow I—K + J—L$ benötigt man dann vier Teilschritte, also vier Niveaus im Synthesebaum. Das System kann zur Vorwärts- und retrosynthetischen Strategie eingesetzt werden und ist interaktiv angelegt.

MASSO und HENDRICKSON. Auf der Grundlage der Halbreaktion-Notation von HENDRICKSON hat MOREAU ein Syntheseplanungsprogramm erstellt [35]. Das Projekt wird aber zur Zeit von MOREAU nicht mehr weiterentwickelt.

Nachdem HENDRICKSON jahrelang eine Fülle interessanter Ideen zur formalen Behandlung von Molekülen, Reaktionen und Synthesewegen publiziert hat, ist er in den letzten Jahren auch zu deren Verwirklichung auf dem Computer übergegangen. Zur Zeit existieren erst einzelne Programmbausteine [36].

CAMEO. Das in jüngster Zeit erstellte System CAMEO (*C*omputer *a*ssisted *m*echanistic *e*valuation of *o*rganic reactions) ist ein interaktives System, das synthetische Einzelreaktionen in Vorwärtsrichtung formuliert [37]. Es beginnt mit mechanistischen Teilschritten, die aber auf einem so frühen Niveau chemischen Einschränkungen unterworfen werden, daß sie auf bekannte Reaktionstypen reduziert werden.

Diskussion. Wie bereits erwähnt, können durch formale Reaktionsgeneratoren alle denkbaren Reaktionen erhalten werden, bekannte wie auch völlig neuartige. Damit wird die Voraussetzung zur Entdeckung neuer synthetischer Reaktionen geschaffen. Weiterhin läßt sich damit leicht eine Vorwärts- und eine retrosynthetische Strategie verwirklichen.

Der Preis, der dafür bezahlt werden muß, ist aber hoch, denn die Zahl der möglichen Reaktionen kann schnell extrem groß werden. Nicht umsonst wurde von einer kombinatorischen Explosion gesprochen. Drei Faktoren tragen dazu bei:

1. Zahl der Reaktionsschemata

Wählt man mechanistische Teilschritte, so ist deren Zahl relativ klein, dafür tritt Punkt 3 (Zahl der Niveaus) stärker in Erscheinung. Benutzt man Reaktionsschemata, die vollständige Reaktionen repräsentieren, so wächst deren Zahl mit der Zahl der betrachteten Bindungen rasch an [32]. Ausgehend von zwei Bindungen gibt es, selbst wenn man nur gepaarte Elektronen zuläßt, 14 Möglichkeiten diese zwei Elektronenpaare (aus den Bindungen) zwischen den vier Atomen zu verteilen.
z. B.

$$I—J + K—L \;\longrightarrow\; \begin{array}{l} I: + J—K + L \\ I—K + J—L \\ etc. \end{array}$$

Ausgehend von

$$I—J + K—L + M—N \qquad \longrightarrow \qquad 364 \text{ Möglichkeiten}$$
$$\text{und } I—J + K—L + M—N + O—P \longrightarrow 13\,258 \text{ Möglichkeiten}$$

Im Entwurf von EROS wurde daher eine drastische Auswahl vorgenommen, dergestalt, daß nur solche Schemata gewählt wurden, für die viele Vertreter unter bekannten Reaktionen zu finden sind. Diese Auswahl wird auch gestützt durch eine statistische Analyse von 1900 synthetischen Reaktionen

[33]. Hinzukommt, daß weitere dort erwähnte Reaktionsschemata durch konsekutive Anwendung der drei ursprünglich gewählten Schemata erhalten werden.

2. Zahl der Bindungen

Die Reaktionsgeneratoren sind auf Elektronen und Bindungen eines Moleküls anzuwenden. Liegt ein Molekül mit 50 Bindungen vor, und soll ein Reaktionsschema eingesetzt werden, das eine Bindung bricht, so erhält man bereits 50 Reaktionen. Für ein Reaktionsschema, das zwei Bindungen bricht, gibt es $\binom{50}{2} = 1225$ Reaktionen. Die Wahl der zu brechenden Bindungen wird damit zu einem kritischen Problem. Diese Selektion könnte von Hand vorgenommen werden, idealer ist es aber Programme zu entwickeln, die automatisch aufgrund von Bewertungen, sowohl mechanistischer als auch strategischer Art, die zu brechenden Bindungen festlegen. Mit anderen Worten, es muß nach dem Reaktionsort gesucht werden. Dies ist für den Organiker die interessanteste Aufgabenstellung bei der Entwicklung von Syntheseplanungsprogrammen. Sie verlangt, daß die organische Chemie in Modellen im Computer dargestellt wird (Abschnitt 9.6 und 9.7).

3. Zahl der Niveaus

Werden in einem Niveau des Synthesebaumes 100 Reaktionen erzeugt (diese Zahl ist mit formalen Reaktionsgeneratoren rasch erreicht) und alle diese Reaktionen weiterentwickelt, so hat man es nach drei Niveaus bereits mit $100^3 = 10^6$ Reaktionen zu tun. Je kleiner die Schritte der Reaktionsschemata sind (z. B. mechanistische Teilschritte), um so mehr Niveaus muß man betrachten (und die Zahl der Niveaus geht in den Exponenten!). Damit die Komplexität des Synthesebaumes nicht ausufert, ist jedes Niveau an Reaktionen und Vorstufen einer sorgfältigen Bewertung zu unterwerfen; für das jeweils nächste Niveau sind dann nur wenige, für gut befundene Vorstufen weiter zu entwickeln.

Die formale Reaktionsbetrachtung zeigt also recht deutlich, daß bei der Syntheseplanung der Auswahl und Bewertung von Reaktionen und Vorstufen eine zentrale Bedeutung zukommt. Diese Aufgabe ist bei formalen Reaktionsschemata von Anfang an kritisch: Es gilt die chemisch sinnvollen Reaktionen in der Fülle der formal denkbaren Reaktionen aufzufinden. Aber auch bei Systemen, die sich auf eine Datei bekannter Reaktionen stützen, wird die Auswahl und Bewertung, gerade bei Anwachsen der Reaktionsbibliothek, immer wichtiger werden.

Nach diesen entmutigenden Ausflügen in die Kombinatorik ist es vielleicht angebracht, wieder etwas aufzumuntern und zu zeigen, daß ein Syntheseplanungsprogramm, das mit formalen Reaktionsschemata arbeitet, nicht in einer kombinatorischen Explosion ersticken muß, sondern *brauchbare Ergebnisse* liefern kann. Dies soll mit dem Beispiel einer EROS-Studie zur Synthese des Corey-Aldehyds, <u>11</u>, einem wichtigen Zwischenprodukt von Prostaglandin-Synthesen, geschehen (Abb. 9.15). Dieses Beispiel soll auch gleich, in Vorbereitung zum nächsten Abschnitt, als Warnung vor zu starker manueller Auswahl synthetischer Vorstufen (z. B. in einem Dialogprogramm) dienen.

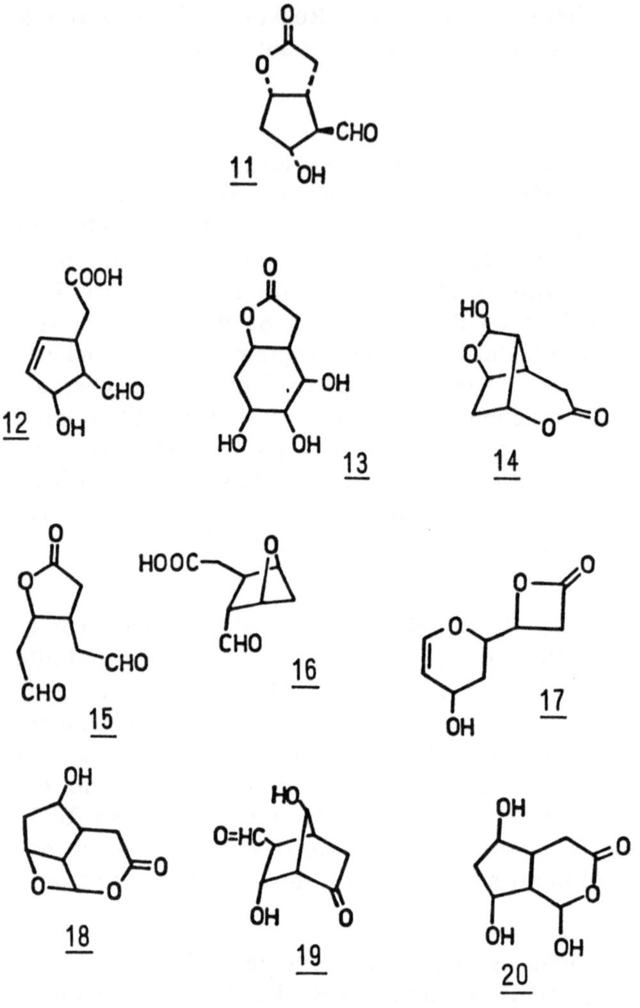

Abb. 9.15. EROS-Studie zur Synthese des Corey-Aldehyds 11

Die hier aufgeführten synthetischen Vorstufen des ersten Niveaus wurden
von EROS mit nur zwei Reaktionsschemata erhalten, durch Brechen und
Knüpfen von jeweils zwei Bindungen bzw. von jeweils drei Bindungen. Die
Vielfalt an 'Strukturen zeigt die Fülle an Anregungen, die aus einer solchen
Synthesestudie erhalten werden können. Zugegebenermaßen sind einige der
aufgeführten Strukturen recht unwahrscheinliche oder unattraktive Vorstufen.
Aber man soll dabei keine zu vorschnellen Urteile fällen. Denn würde ein organischer Chemiker, der nicht Experte auf dem Prostaglandin-Gebiet ist, ge-
zwungen, rasch zu entscheiden, (z. B. interaktiv am Bildschirm), welche der
Vorstufen 12–20 günstige Vorstufen des Corey-Aldehyds sind, die dann weiter
entwickelt werden sollen, so würde er wahrscheinlich die Vorstufe 12 (Halolac-

tonisierung) und $\underline{15}$ (Aldolkondensation) wählen. In Wirklichkeit sind aber Synthesen von $\underline{11}$ bzw. seinen Derivaten ausgehend von $\underline{12}$, $\underline{13}$ und $\underline{14}$ bzw. Derivaten hierzu bekannt. Dabei ist die Art der Strukturumwandlung, die abläuft, wenn man von $\underline{13}$ und $\underline{14}$ ausgeht, nicht gleich offensichtlich. Interessante und neuartige Reaktionen wird der Benutzer oft erst nach intensiverem Studium der Ausgabe finden. Daher wird für gedruckten Output plädiert, der vom Chemiker später öfters durchgearbeitet werden kann. Außerdem sollte dieses Beispiel zeigen, daß der Chemiker der Versuchung ausgesetzt ist, zu leicht nach ihm bekannten Reaktionen zu suchen, und neuartige Wege, gerade weil sie ihm unvertraut sind, zurückweist. Dies ist einer der Gründe, weshalb wir die Auswahl durch das Programm selbst aufgrund chemischer Modelle vornehmen lassen wollen.

9.6 Stufe 3: Mechanistische Bewertung von Molekülen und Reaktionen

Wie bereits erwähnt, wird der programminternen Bewertung von Reaktionen eine zentrale Bedeutung in der Entwicklung von Syntheseplanungsprogrammen zugeordnet. Dies gilt nicht nur für Systeme mit formalen Reaktionsschemata, wo das Problem auf einer sehr frühen Stufe auftritt, sondern auch bei Programmen, die mit einer Reaktionsbibliothek arbeiten (Abb. 9.16). (Von manueller Auswahl durch den Benutzer sei dabei, da es hier um die Perspektiven der Entwicklung leistungsfähiger Systeme geht, abgesehen.)

Programme mit formalen Reaktionsschemata liefern eine Vielzahl denkbarer Reaktionsmöglichkeiten. Die Notwendigkeit zur Auswahl der chemisch sinnvollen Reaktionen drängt sich hier sofort auf. Dazu muß die Chemie in Modelle gefaßt werden, die zur Bewertung von Reaktionen herangezogen werden können und aufgrund derer eine Selektion vorgenommen werden kann. Zunehmende Programmentwicklung gilt dabei vor allem der Verbesserung der Auswahl, einer Konvergenz auf realisierbare (und gute) Synthesereaktionen.

Mit einem System, das mit einer Datei bekannter Reaktionen arbeitet, kann bereits mit einer einzigen Reaktion, innerhalb des Gültigkeitsbereiches dieser Reaktion, sinnvolle Chemie reproduziert werden. Zunehmende Programmentwicklung wird sich zunächst auf die Vergrößerung der Reaktionsdatei konzentrieren. Damit geht einher, daß für ein Syntheseziel immer mehr Synthesereaktionen gefunden werden, so daß das Problem der Bewertung und Auswahl der Reaktionen immer stärker in den Vordergrund rückt.

In diesem Abschnitt sollen nur die Faktoren, die den Ablauf chemischer Reaktionen beeinflussen, behandelt werden (auf ökonomische und strategische Erwägungen wird im nächsten Abschnitt eingegangen). Es gilt letztlich hier die Triebkräfte organisch-chemischer Reaktionen, die sich im mechanistischen Ablauf ausdrücken, zu erfassen. Diese Zielsetzung gibt den Entwicklungsarbeiten an Syntheseplanungsprogrammen eine Bedeutung, die weit über die ursprüngliche Intention, leistungsfähige Programme zu erhalten, hinausgeht. Diese Ar-

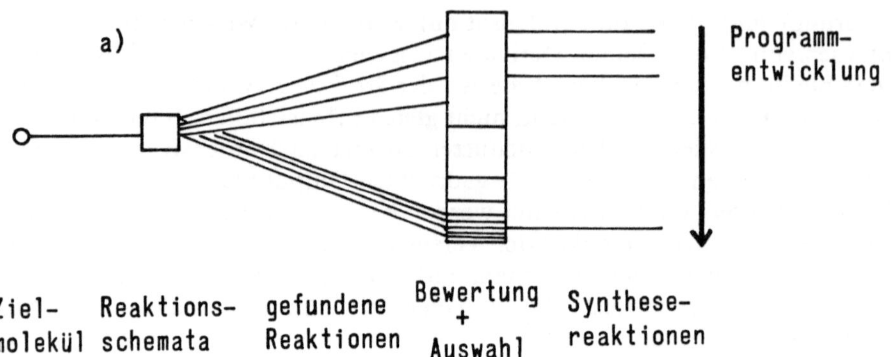

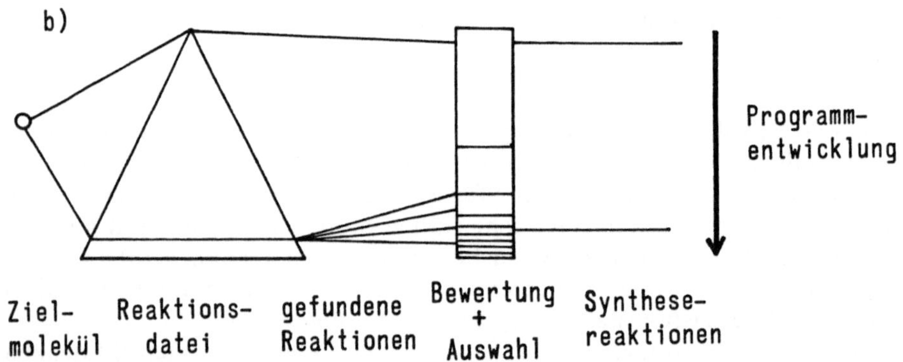

Abb. 9.16. Die Bedeutung der Bewertung als Auswahlfilter in der Syntheseplanung
a) mit formalem Reaktionsschemata: die Programmentwicklung verbessert die Bewertung
und verfeinert dadurch die Auswahl
b) mit einer Reaktionsdatei: die Programmentwicklung vergrößert die Reaktionsdatei wo-
durch eine Bewertung und Auswahl immer dringender wird

beiten dienen dazu unser Verständnis der organischen Chemie, insbesondere
über chemische Reaktionen, zu fördern.

Der Verlauf chemischer Reaktionen wird entscheidend durch die Energien
von Edukten, Produkten, Zwischenstufen und Übergangszuständen geprägt.
Diese Energien können prinzipiell alle durch quantenmechanische Rechnungen erhalten werden. Doch deren Aufwand ist enorm und für Zwecke der Syntheseplanung nicht zu vertreten; man denke nur an die vielen Moleküle und
Reaktionen im Synthesebaum. Selbst semiempirische Verfahren werden in naher Zukunft kaum einen Platz in Systemen zur Syntheseplanung finden.

Der theoretische Zugang zur Reaktivität ist also nicht praktikabel; am anderen Ende des Spektrum steht der organische Chemiker, der die Reaktionen
eines Moleküls aus den vorhandenen funktionellen Gruppen abzuleiten
sucht.

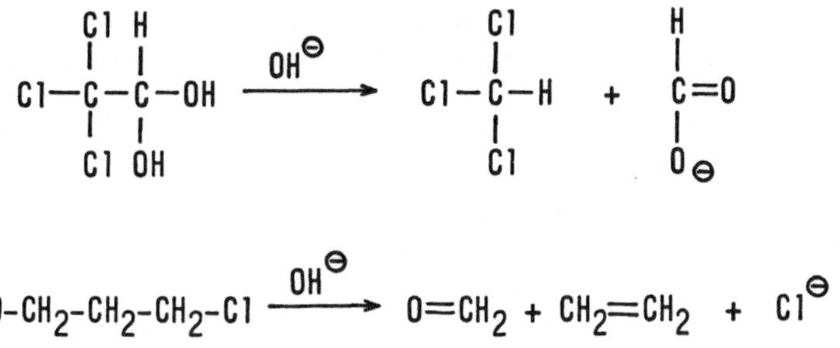

$$Cl_3C-CH(OH)-OH \xrightarrow{\ OH^{\ominus}\ } Cl_3CH + O=CH-O^{\ominus}$$

$$H-O-CH_2-CH_2-CH_2-Cl \xrightarrow{\ OH^{\ominus}\ } O=CH_2 + CH_2=CH_2 + Cl^{\ominus}$$

Abb. 9.17. Reaktionen, die nicht aus den vorhandenen funktionellen Gruppen abgeleitet werden können

Es darf dabei aber nicht vergessen werden, daß das Konzept der funktionellen Gruppen eigentlich nur ein Ordnungsprinzip zur Klassifizierung von Reaktionen ist. Wir sind versucht zu glauben, mit dem Auffinden bestimmter funktioneller Gruppen und dem Aufsagen ihrer Reaktionsmöglichkeiten die Reaktivität dieses Moleküls erkannt zu haben. Aber im Grunde hat dieses phänomenologische Vorgehen den organischen Chemiker nur häufig daran gehindert nach tieferen Gesetzmäßigkeiten, nach allgemeinen Modellen der Reaktivität, zu suchen.

Allein aus den funktionellen Gruppen lassen sich nicht für jedes Molekül dessen Reaktionen ableiten. Chloralhydrat reagiert mit Base weder wie ein Aldehydhydrat, noch wie ein Alkylhalogenid; und auch beim 3-Chlorpropanol wird unter dem Einfluß von Base eine CC-Einfachbindung reaktiv (Abb. 9.17).

Von den funktionellen Gruppen kann auch kein Zugang zu einer umfassenden Bewertung von Reaktionen gefunden werden, denn die Bewertung ist letztlich eine quantitative Fragestellung. Verschiedene Reaktionsmöglichkeiten können nur aufgrund von Zahlen, die den einzelnen Reaktionen zugeordnet werden, gegeneinander abgewogen werden. Und diese Zahlen sollten nicht individuelle Schätzwerte sein, sondern sich mit physikalischen oder chemischen Daten überprüfen lassen.

Diese Punkte werden hier besonders betont, weil viele Syntheseplanungsprogramme nach funktionellen Gruppen suchen und sich damit Reaktionen erschließen. Es wird dann zwar die Notwendigkeit von Maßzahlen zur Bewertung erkannt, aber die Zahlen beruhen auf persönlichen Schätzwerten des Chemikers, der die Reaktionen codiert, nämlich auf einem Grundwert für eine Reaktion (PRIORITY 50) und eine Reihe von Modifikationswerten (z.B. IF BOND 2 IS INRING OF SIZE 5–6 THEN ADD 20). Um das Dilemma zu illustrieren: In einem größeren System mit 1000 Reaktionen stecken dann 5000–10 000 solcher Schätzwerte, eingetragen von einer Vielzahl von Chemikern. Es gibt dann aber keine Möglichkeit diese Zahlen objektiv zu überprüfen. Die Folge ist, daß der Endbeurteilung einzelner Reaktionen kaum Bedeutung beigemessen werden kann und diese auch kaum zur Auswahl herangezogen wird.

Eine große Chance bleibt bei solchem Vorgehen ungenützt: Der Computer ist ein ausgezeichnetes Instrument, um allgemeine Modelle zur chemischen Reaktivität zu entwickeln und zu überprüfen. Voraussetzung dafür ist eine exakte Definition des Modelles, um überhaupt einen Algorithmus für ein Programm erstellen zu können. Das bedeutet, daß mehr oder minder intuitive Vorstellungen des Chemikers logisch durchdrungen und in ihrem Bedeutungsinhalt genau festgelegt werden müssen.

Ein Beispiel: Will man die Inhalte, die dem Konzept der *Reaktivitätsumpolung* [38] innewohnen, für Zwecke der computer-unterstützten Syntheseplanung heranziehen, so wird man feststellen, daß zwischen zwei Grundtypen von Aussagen zu unterscheiden ist. Zum einen muß man die umgepolte Reaktivität behandeln, die durch die Elektronenstruktur der Moleküle gegeben ist: Ein mechanistisches Problem. Zum anderen muß man die Notwendigkeit zur Ausführung einer Reaktivitätsumpolung erkennen: Dies ist eine strategische Erwägung. Jede Aussage ist dann entweder in die mechanistische oder in die strategische Kategorie einzuordnen oder in entsprechende Teilaussagen zu separieren. Heteroatome bewirken an einem längeren, gesättigten Kohlenstoffgerüst nicht (mechanistisch) eine alternative Donor-Acceptor-Reaktivität, sondern man hat (strategisch) die Bausteine zur Synthese so zu wählen, daß sie an den entsprechenden Stellen Donor- oder Acceptor-Reaktivität mitbringen.

Neben der exakten logischen Durchdringung zieht man noch einen weiteren Gewinn, wenn man ein Modell in einen Algorithmus überführt. Denn, hat man erst einmal ein Programm erstellt, so kann man ein Modell in einem sonst nicht durchführbaren Maße auf Güte, Anwendungsbreite und Grenzen testen. Ein Computerprogramm führt dies erschöpfend aus, gedanklich oder mit Bleistift und Papier kann es recht ermüdend sein. Das Testverfahren kann darüber hinaus rasch zu Modifikationen und Verbesserungen des Modells und des Programms führen.

Woraus erhält man nun Anregungen für die Erstellung von Modellen zur organischen Reaktivität? Besinnen wir uns auf die Fülle von Begriffen, die der Chemiker – meist nur in qualitativer Weise – zur Diskussion von Reaktionsmechanismen heranzieht. Hier öffnet sich ein weites Feld: Bindungsenergien, Ladungsverteilungen, Elektronegativität, Polarisierbarkeit, induktiver Effekt, Resonanzeffekt, Allopolarisierungsprinzip, Umpolung, Nucleophilie, Elektrophilie, harte- und weiche Säuren und Basen, sterische Effekte, Lösungsmitteleffekte usw. In diesen Begriffen hat sich jahrzehntelange, kritische Analyse organisch-chemischer Reaktionen niedergeschlagen; sie stellen einen wertvollen Erfahrungsschatz dar. Und die Anwendung dieser Begriffe ist nicht auf wenige Reaktionen beschränkt, sondern überstreicht weite Bereiche organisch-chemischer Reaktionen.

Gelingt es, diese Begriffe, die häufig, in Ermangelung geeigneter Verfahren, nur in qualitativer Weise verwendet werden, *in quantitative Werte umzusetzen,* so wird die Basis geschaffen für eine umfassende mechanistische Bewertung organisch-chemischer Reaktionen. Das Ziel ist hoch gesteckt: Eine globale Behandlung der chemischen Reaktivität; doch wir haben auch ein gutes Instrument: den Computer. Wie kann man hier – ohne die Methoden der Quantenmechanik – weiterkommen? Eine Menge Information ist in den Atomeigenschaften und der Bindungsstruktur von Molekülen enthalten. Durchwandern der Bindungen eines Moleküls unter Berücksichtigung von Atomeigenschaften

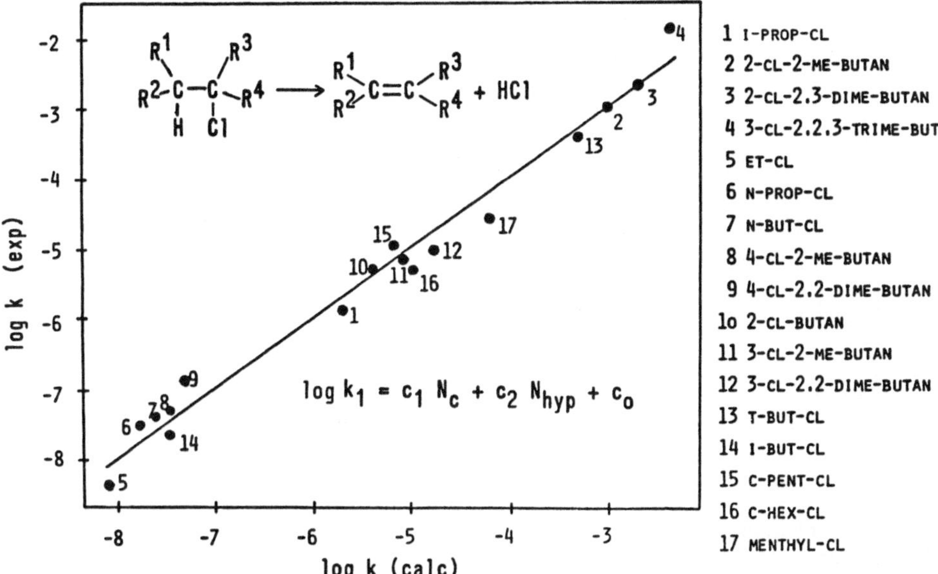

Abb. 9.18. Lineare Gleichung zur Berechnung der Geschwindigkeitskonstanten der Eliminierung von HCl aus Alkylchloriden in der Gasphase

kann zu wertvollen Daten führen. Dies wurde z. B. mit der Berechnung von Reaktionsenthalpien [39] und von Ladungsverteilungen [40] gezeigt. Abb. 9.18 zeigt wie berechnete Werte von effektiven Polarisierbarkeiten (N_c) und Hyperkonjugationsparameter (N_{hyp}) zur Vorhersage von Geschwindigkeitskonstanten von Gasphasen-Eliminierungen eingesetzt werden können [41].

Für die Behandlung von Reaktionen ist wichtig, daß die Reaktivität aller Bindungen eines Moleküls bestimmt wird; die Beispiele Haloform-Reaktion und Fragmentierung (Abb. 9.17) unterstreichen dies.

Bei dieser Diskussion quantitativer Ansätze zur Behandlung der chemischen Reaktivität dürfen natürlich lineare Freie Enthalpie-Beziehungen (LFER) wie Hammett- oder Taft-Gleichung nicht unerwähnt bleiben. Reaktivitäts- und Substituentenkonstanten werden ihren Platz in Programmen zur Syntheseplanung finden. Doch die Fülle verschiedener Tabellen von Substituentenkonstanten lehrt, daß der Gültigkeitsbereich bestimmter Werte relativ begrenzt ist. In den einzelnen Reaktionen greifen die verschiedensten Beiträge in unterschiedlichem Maße ein und können daher nicht mit einem universellen Satz an Substituentenkonstanten beschrieben werden. Auf die störungstheoretische Behandlung der Reaktivität und die Grenzorbitalmethode sei nur hingewiesen; sie dürften sich für die Syntheseplanung als recht brauchbar erweisen.

In der Diskussion der chemischen Reaktivität wurde bis jetzt nicht zwischen Vorwärtsstrategie und retrosynthetischem Vorgehen differenziert. Der Grund ist, daß die hier behandelten Faktoren Reaktionen in beiden Richtungen beeinflussen – viele Reaktionen führen zu einem Gleichgewicht. Für die beiden

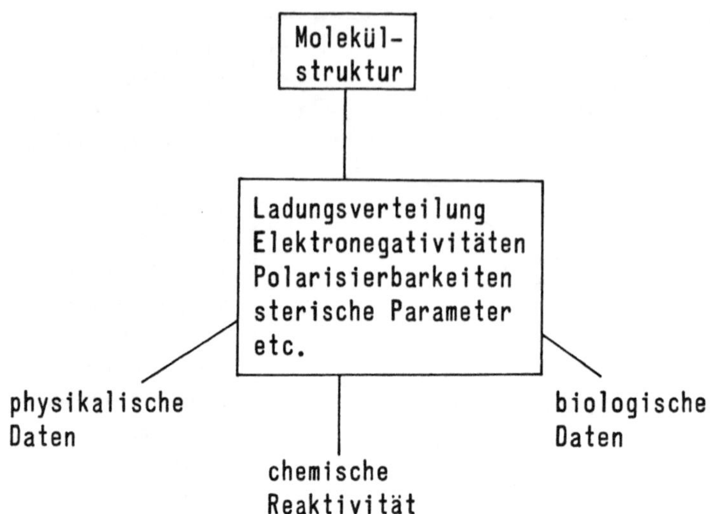

Abb. 9.19. Ableitung physikalischer, chemischer und biologischer Eigenschaften aus der Molekülstruktur

Typen von Strategien ist natürlich die Lage des Gleichgewichts entscheidend und daher werden die einzelnen Faktoren mit unterschiedlichem Gewicht zu berücksichtigen sein, je nachdem ob man Reaktionsvorhersage oder Syntheseplanung betreiben möchte.

Wird, wie hier vorgeschlagen, das reaktive Verhalten von Molekülen auf Grund von Modellen zur quantitativen Vorhersage einzelner Faktoren angegangen, so gewinnt man noch weitere Vorteile. Da man letztlich dadurch Moleküle genauer beschreibt, kann man über sie auch andere Aussagen machen, z. B. deren *physikalische Eigenschaften vorhersagen*. Dies konnte für Dipolmomente [42], ^{1}H- und ^{13}C-NMR-Verschiebungen [43], IR-Daten, ESCA-Verschiebungen [40] usw. gezeigt werden. Diese Verfahren können damit auch zur computerunterstützten Strukturaufklärung herangezogen werden. Darüber hinaus hat man auch eine gute Ausgangsbasis für die Ermittlung quantitativer *Struktur-Wirkungs-Beziehungen* (QSAR). Denn letztlich unterliegen die Wechselwirkungen zwischen Wirkstoff und Rezeptor denselben Faktoren wie die Wechselwirkungen zwischen Substrat und Reagens.

Der Grundgedanke hinter dieser Vorgehensweise ist, daß viele physikalische, chemische und biologische Eigenschaften von Verbindungen von der Molekülstruktur abhängen (das makroskopische Verhalten wird von der mikroskopischen Ordnung bestimmt). Um diese Abhängigkeit numerisch zu fassen, müssen die einzelnen Faktoren quantitativ festgelegt werden (Abb. 9.19).

Damit eröffnet sich für die fernere Zukunft Zugang zu einer neuen Generation an Syntheseplanungsprogrammen. Bisher wird die computer-unterstützte Syntheseplanung immer nur als Suche nach Reaktionen zur Synthese von Molekülen, von Strukturen gesehen. Bei vielen Problemstellungen ist man aber eigentlich nicht primär an einer bestimmten Struktur, sondern an einer bestimmten (physikalischen, chemischen, biologischen) Eigenschaft interessiert. Gelingt es, diese Eigenschaft in Beziehung zu der Molekülstruktur zu setzen, *so kann man direkt von der Eigenschaft aus mit der Planung der Synthese beginnen.* Doch bis dorthin ist noch ein weiter Weg zu gehen.

Es sollte hier gezeigt werden, daß die Arbeiten an der Entwicklung von Syntheseplanungsprogrammen zu einer tieferen Besinnung über die Triebkräfte organisch-chemischer Reaktionen anregen. Dieses neue Forschungsgebiet wird neue Einblicke in die organische Chemie liefern.

Folgende physikalisch-chemische Modelle werden in den einzelnen Syntheseplanungsprogrammen benutzt: SECS: HMO-Lokalisierungsenergien, sterische Hinderung des nucleophilen Angriffs an Carbonylverbindungen [44]; LHASA: Konformationsanalyse sechsgliedriger Ringe [45]; AHMOS: Reaktivitätskennwerte [30]; EROS: Reaktionsenthalpie [39], Ladungsverteilung und Elektronegativität [40], Polarisierbarkeit, Hyperkonjugation; ASSOR: Ladungsverteilung; CAMEO: pK_s-Werte.

9.7 Stufe 4: Mechanistische, ökonomische und strategische Bewertung von Synthesen

Während für die Reaktionsvorhersage die mechanistische Bewertung von Reaktionen ausreicht – der Reaktionsverlauf ist durch den Mechanismus festgelegt –, müssen bei der Syntheseplanung auch ökonomische und strategische Faktoren berücksichtigt werden, um aus den mechanistisch möglichen Synthesen die günstigsten auszuwählen. Die verschiedenen Typen von Bewertungen fallen, je nach Anwendungsgebiet, unterschiedlich ins Gewicht: Für eine industrielle Synthese sind ökonomische Faktoren stärker von Bedeutung als für eine Synthese im Forschungslabor. Für ein flexibles System zur Syntheseplanung ist daher zu fordern, daß die verschiedenen Typen von Bewertungen so weit wie möglich getrennt werden, um für den konkreten Einzelfall eine optimale Bewertung zu erreichen. Als weitere Untergliederung wird vorgeschlagen, die Faktoren danach aufzuspalten, ob sie sich auf Verbindungen, Reaktionen

| | BEWERTUNG | | |
	mechanistisch	ökonomisch	strategisch
Verbindungen	Stabilität	Preis	Ringkomplexität
Reaktionen	Ausbeute	Energiekosten	Schutzgruppen
Synthesen	Gesamtausbeute	Zahl der Stufen	Chemische Distanz

Abb. 9.20. Schema der Bewertungskriterien in der Syntheseplanung

oder ganze Synthesewege beziehen. Abb. 9.20 nennt jeweils ein Beispiel für die verschiedenen Arten von Bewertungskriterien.

Mechanistische Bewertung

Diese wurde im vorhergehenden Abschnitt behandelt. Am besten wäre es, wenn es gelänge, diese Bewertungen zu einer Abschätzung einer Reaktionsausbeute zusammenzufassen, doch dies ist kein leichtes Unterfangen.

Ökonomische Bewertung

Hier spielen der Preis der Ausgangsmaterialien, Energiekosten, Berücksichtigung von Abfallstoffen, Toxizität der Verbindungen, apparativer Aufwand usw. herein.

Strategische Bewertung

Für dieses Gebiet läßt sich noch keine einheitliche, globale Behandlung angeben. Dazu ist es zu komplex; viele formal schwierig definierbare Faktoren sind zu berücksichtigen. Wegen der großen Bedeutung von Synthesestrategien ist dieser Bereich in intensiver Bearbeitung, und er wird gerade durch den Zwang zur Formalisierung, der durch die Entwicklung von Algorithmen zur Syntheseplanung auferlegt wird, an Klarheit gewinnen. Im folgenden werden einige Punkte kurz herausgehoben.

Der Verzweigungsgrad eines Syntheseplans (Abb. 9.21) ist ein wichtiges strategisches Bewertungskriterium; er beeinflußt unmittelbar die Ausbeute einer Synthese.

Bei gleicher Zahl an synthetischen Reaktionsstufen und gleicher Ausbeute jeder Reaktion wird die höchste Gesamtausbeute mit einem vollständig konvergenten Syntheseschema erzielt. Bei der Synthese von Peptiden aus den Aminosäuren oder von Nucleinsäuren aus den Mononucleotiden ist die Mindestanzahl an Verknüpfungsschritten durch die Problemstellung vorgegeben. Hierdurch wird die Suche nach einer möglichst konvergenten Synthese zum dominierenden Bewertungskriterium. Programme zur Lösung dieser Teilprobleme wurden entwickelt: Polypeptide [46], Deoxyribonucleinsäuren [47].

Der direkte Schluß des Chemikers von der Zielverbindung über mehrere Reaktionsstufen hinweg auf geeignete Ausgangsverbindungen ist ein recht effi-

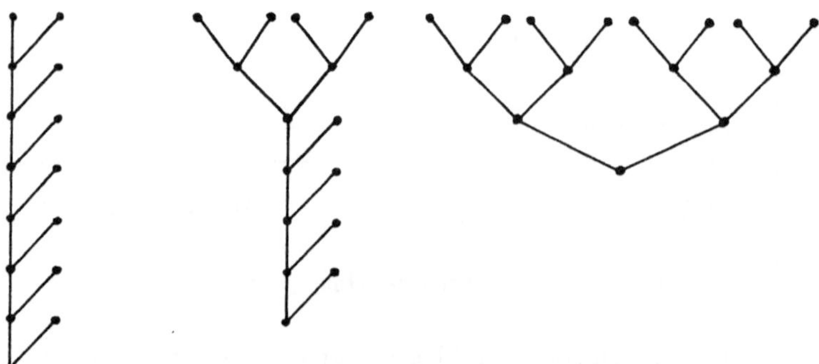

Abb. 9.21. Lineare, teilweise und vollständig konvergente Synthese

zientes Vorgehen in der Syntheseplanung. Dementsprechend besteht großes Interesse an einer Formalisierung der dabei ablaufenden Prozesse. Ansatzpunkte hierzu geben *Substrukturvergleiche*. Ein Programm [48], das auf dem Prinzip der minimalen chemischen Distanz basiert, gestattet es, die Mindestanzahl an Bindungen und freien Elektronen zu ermitteln, die verschoben werden müssen, um die Ausgangsmaterialien über eine Reaktionsfolge in die Zielverbindung überzuführen. Damit wird der Gesamtrahmen abgesteckt, innerhalb dessen die einzelnen Reaktionsstufen aufzufinden sind. Eine Erhöhung der Zahl der Reaktionsstufen kann durch den Schutz funktioneller Gruppen notwendig werden. Die Zahl an Schritten zur Einführung und Entfernung von Schutzgruppen sollte aber möglichst klein gehalten werden.

Im Rahmen des LHASA-Projektes werden ausführliche Studien zur Entwicklung von Strategien vorgenommen. Die Situation war hier besonders günstig, weil ursprünglich nur wenige Reaktionen in der Datei vorhanden waren. Davon ausgehend wurden Strategien entwickelt, die es gestatten, möglichst viele Syntheseziele mit diesen wenigen Reaktionen zugänglich zu machen.

Dazu wurden funktionelle Gruppen modifiziert, ja selbst die Einführung weiterer Funktionalität wurde in Kauf genommen, um dann eine synthetische Reaktion anwenden zu können. So wird zwar durch Einführung einer OH-Gruppe in β-Stellung zu einer Carbonylgruppe eine Vorstufe mit mehr Funktionalität, also eigentlich erhöhter Komplexität geschaffen, aber gleichzeitig auch erreicht, daß diese Vorstufe dann durch eine Aldol-Kondensation zugänglich wird.

Allerdings sind diese Strategien doch stark an individuelle Reaktionen gekoppelt.

Es wurde bereits erwähnt, daß das Prinzip der Umpolung [38] auch eine strategische Komponente enthält. Die Entscheidung, die Reaktivität eines Atoms umzupolen und dann einen bestimmten Reaktionsschritt zu ermöglichen, ist strategischer Natur.

Auch physikochemische Bewertungen können zur Entwicklung von Strategien herangezogen werden. Dies soll mit dem Beispiel der Reaktionsenthalpie [39] anhand Abb. 9.22 erläutert werden.

Würde man, ausgehend vom Zielmolekül Z in einer retrosynthetischen Analyse, nur immer die exothermsten Reaktionen wählen (Pfad C), so wäre dies sicher ungünstig, da man bei der Synthese selbst, die in umgekehrter Richtung durchgeführt wird, bei jedem Schritt Energie in das System stecken müßte. Andererseits sollte man bei der retrosynthetischen Analyse nicht zu endotherme

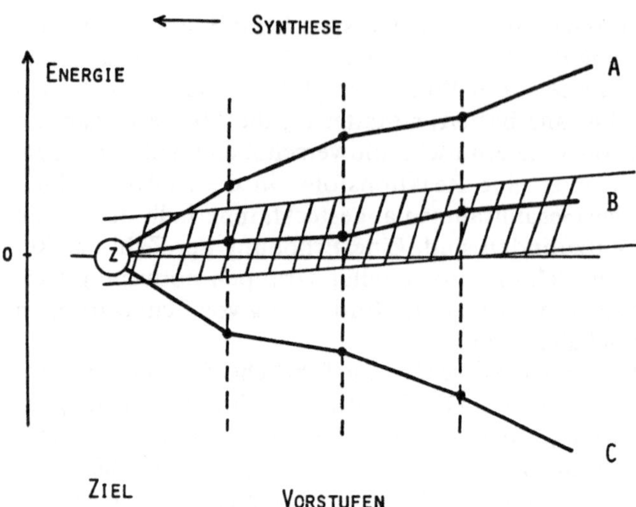

Abb. 9.22. Die Rolle der Reaktionsenthalpie in der Syntheseplanung

Schritte wählen (Pfad *A*). Die Reaktionen würden zwar in synthetischer Richtung günstig unter Freisetzung von Energie ablaufen, aber die Analyse könnte
zu Verbindungen führen, die so energiereich sind (Ausgangspunkt von Pfad *A*),
daß sie gar nicht mehr zugänglich sind. Synthesen spielen sich also zwischen
diesen beiden Extremen innerhalb eines energetischen Bereiches ab (schraffierter Bereich), wobei leicht endotherme Retroreaktionen bevorzugt sein sollten.
Dem wird in EROS durch Vorgabe eines optimalen Wertes für die Reaktionsenthalpie und eines Energiebereiches Rechnung getragen. Mit diesem Konzept
wurde auch die Möglichkeit geschaffen, zwischen Reaktionen im Laboratorium und industriellen Prozessen zu differenzieren. Großtechnische Verfahren
haben einen breiten Bereich an Reaktionsbedingungen zur Verfügung und umfassen meist wenige Stufen. In diesem Fall kann der Energiebereich vergrößert
und auch stärker nach oben (zu endothermen Retroreaktionen) gelegt werden.

Auch an der Struktur des Zielmoleküls bzw. der synthetischen Vorstufen
können verschiedene Bewertungen vorgenommen werden, die als strategisch
klassifiziert werden müssen. So gibt es verschiedene Ansätze, die Komplexität
einer Struktur, insbesondere bei Ringsystemen, zu definieren, Regeln für sog.
strategische Bindungen aufzustellen, nach Symmetrien zu suchen usw. Gerade
das Auffinden von Symmetrien kann zu einer drastischen Vereinfachung der
Problemstellung führen, wenn z.B. erkannt wird, daß eine Struktur aus zwei
gleichen Bausteinen zusammengesetzt werden kann (z.B. Carotin-Synthese).

Bei den strategischen Kriterien findet man kaum Vergleichsmaterial, das es
gestatten würde, den einzelnen Kriterien eindeutige, numerische Werte zuzuordnen. Man wird sich daher mehr auf eine heuristische Vorgehensweise (Austesten von Faustregeln) zur Erprobung strategischer Konzepte verlassen.

Für ein vielseitig einsetzbares System zur Syntheseplanung sollen mechanistische, ökonomische und strategische Bewertungen weitgehend separat im Synthesebaum ablaufen, denn nur dann kann unterschiedlichen Anforderungen und Gewichtsverteilungen Rechnung getragen werden. Denn es wird kaum allgemeines Einverständnis über eine „optimale" Synthese herrschen; sie existiert nur unter individuellen Randbedingungen. Bei dem Erstellen der Mechanismen zur automatischen Bewertung von Synthesen wird man vorteilhaft Methoden der „künstlichen Intelligenz" einsetzen, wie sie z.B. bei der Computer-Simulation von Schachspielen verwendet werden (vgl. Abb. 9.2).

9.8 Die Praxis der Programmbenutzung

Um das bisher Erreichte und die Einsatzmöglichkeiten genauer darzustellen, soll nun die praktische Benutzung zweier Systeme, SECS und EROS, in groben Zügen wiedergegeben werden. Diese beiden Programme wurden ausgewählt, da ihnen ganz unterschiedliche Strategien zugrunde liegen: SECS als Dialogprogramm, das mit einer Datei bekannter Reaktionen arbeitet und bei dessen Benutzung der Chemiker aktiv in den Entscheidungsprozeß miteinbezogen wird; EROS als Batchprogramm, das Reaktionen durch formale Schemata erzeugt und bei dem der Chemiker schon durch die Formulierung der Eingabe zu einem Durchdenken des Problems veranlaßt wird.

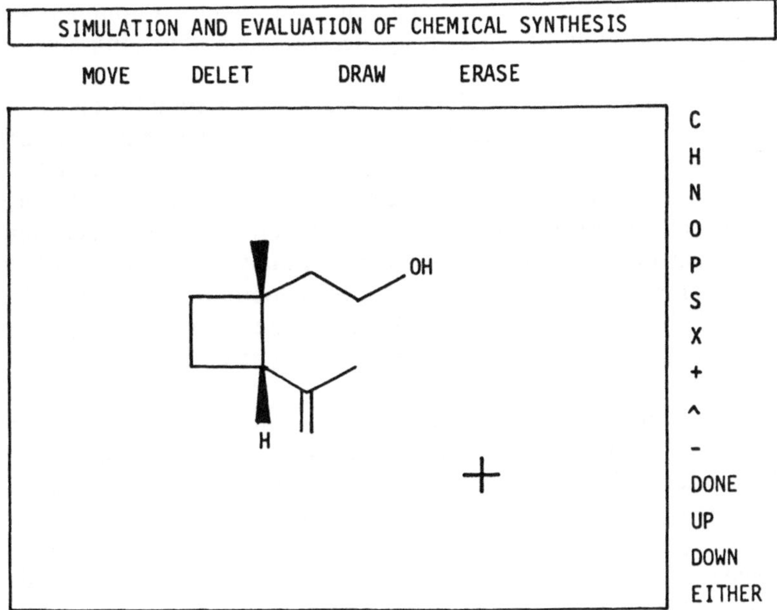

Abb. 9.23. Moleküleingabe bei SECS

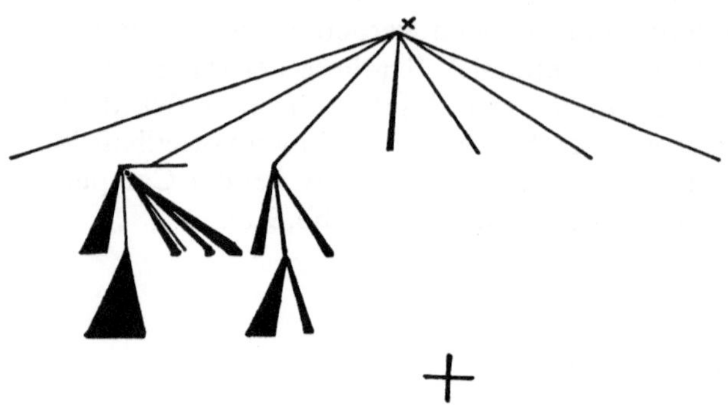

Abb. 9.24. Darstellung des Synthesebaumes bei SECS

SECS. Die Eingabe von Molekülen erfolgt üblicherweise graphisch über einen Bildschirm. Ein ausgefeiltes graphisches Eingabepaket erzeugt hohen Benutzerkomfort. Mit einem Lichtgriffel wird direkt auf den Bildschirm durch Bewegen eines Fadenkreuzes (cursor) die Strukturformel aufgezeichnet. Eine Palette an Symbolen wird angeboten, aus dem Atomtypen entnommen werden können und das auch zur Spezifizierung der Stereochemie eingesetzt werden kann (Abb. 9.23).

Mit den durch die Analyse der Zielstruktur aufgefundenen Substrukturen wird die Reaktionsdatei abgesucht und mit den passenden Transforms (Retroreaktionen) synthetische Vorstufen des ersten Niveaus erzeugt. Diese können dann auf dem Bildschirm ausgegeben werden. Der Chemiker kann entscheiden, welche Vorstufen weiter entwickelt werden sollen, oder man verläßt sich auf die in den jeweiligen Transforms enthaltene phänomenologische Bewertung. Der so erzeugte Synthesebaum wird ebenfalls auf dem Bildschirm gezeigt (Abb. 9.24) und mit dem Fadenkreuz können einzelne Vorstufen zur graphischen Ausgabe oder zur Weiterentwicklung selektiert werden.

EROS. Hier soll das Arbeiten mit der voll unterstützten Version A 3.1 beschrieben werden, deren Konzepte Entwicklungen bis Januar 1978 umfassen [31]. In der Zwischenzeit wurden bedeutende Fortschritte in der Vorhersage der chemischen Reaktivität, insbesondere durch Berücksichtigung elektronischer Effekte, gemacht. Diese Arbeiten wurden bisher nur in Testsystemen, nicht in freigegebenen Versionen, eingebaut. Mit der Version A 3.1 läßt sich aber gut illustrieren, daß EROS als Instrument gedacht ist, das dem Chemiker zur Erforschung seiner Syntheseprobleme dienen soll.

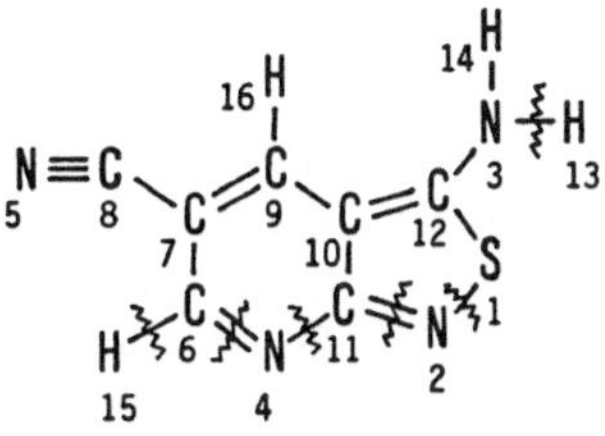

Abb. 9.25. Moleküleingabe bei EROS

Die Eingabe von Molekülen erfolgt durch Angaben über die Art der Atome und über die Bindungen des Moleküls. Dazu sind die Atome eines Moleküls in willkürlicher Weise zu beziffern. Die Eingabe der Atome läßt sich aber besonders kurz fassen, wenn Atome derselben Sorte aufeinanderfolgende Nummern gegeben werden.

Für das Beispiel der Abb. 9.25 lautet die Atomeingabe:

$$1\ S\quad 2\ N\quad 6\ C\quad 13\ H\quad 16\ H$$

Vom Programm wird dann automatisch angenommen, daß auch die Atome 3, 4 und 5 N-Atome sind, usw. Im Grunde gibt man also die Summenformel $S_1N_4C_7H_4$ an. Die Zahl der freien Elektronen wird automatisch ermittelt. Bindungen werden durch Paare von Zahlen, die den Atomnummern entsprechen, angegeben. Bei Doppelbindungen ist zwischen den Zahlen ein D, bei Dreifachbindungen ein T zu setzen. Sollen Bindungen als brechbar angenommen werden (siehe unten: Option 3) so wird ein B nachgestellt. Fehlende Bindungen zu Wasserstoffatomen werden automatisch erzeugt. Die Bindungseingaben für das Beispiel lauten dann z. B.

$$
\begin{array}{llllll}
1\ 2\ B & 2\ D\ 11\ B & 11\ 4\ B & 4\ D\ 6\ B & 6\ 15\ B & 6\ 7 \\
7\ 8 & 8\ T\ 5 & 7\ D\ 9 & 9\ 10 & 10\ 11 & 10\ D\ 12 & 12\ 1 \\
12\ 3 & 3\ 13\ B
\end{array}
$$

Die Regeln der Eingabe von Atomen und Bindungen sind also einfach und schnell zu lernen.

Die formalen Reaktionsschemata würden eine sehr große Zahl an Vorstufen erzeugen. Um die Zahl in erträglichen Grenzen zu halten und vor allem auch um den Programmlauf der eigentlichen Fragestellung des Chemikers anzupassen, werden dem Benutzer eine Reihe von Optionen (z. Zt. 20) angeboten, unter denen er wählen kann. Diese Optionen sind alle mit Vorgabewerten versehen, so daß der Chemiker sie auch unbenutzt lassen kann und somit einen Standardlauf erhält. Es wird aber dringend empfohlen, einige der Optionen (am besten verschiedene in mehreren Läufen) zu benutzen, da damit der Entscheidungsraum (Synthesebaum) von verschiedenen Standpunkten aus ergründet werden kann, und ein tieferer Einblick in das zu studierende Problem gewonnen wird.

Im folgenden werden einige der wichtigsten Optionen und die ihnen zugrundeliegenden Gedanken und Strategien erläutert.

Option 1:   Syntheseplanung oder Reaktionsvorhersage? Hiermit kann also entschieden werden, ob eine retrosynthetische oder eine Vorwärtsstrategie eingeschlagen werden soll. Standard: Syntheseplanung.

Option 3:   Werden brechbare Bindungen im Molekül vorgegeben? Hiermit kann für das Zielmolekül der Reaktionsort eingeschränkt werden. So ist man nur in Ausnahmefällen an der Totalsynthese eines Steroids interessiert. Bei Steroiden ist es meist nur ein bestimmtes Strukturelement oder Substitutionsmuster, das im zu behandelnden Problem von besonderem Interesse ist. Diese Option erlaubt es sich darauf zu konzentrieren. Oder, im obigen Beispiel ist man eher an der Synthese des fünf- oder des sechsgliederigen Ringes oder dem Zugang zum Substitutionsmuster interessiert. Man kann aber auch nach Synthesen, die einen oder beide Ringe aufbauen sollen, suchen. Dies ist mit den oben vorgegebenen brechbaren Bindungen (B) beabsichtigt.

Option 4:   In der Version A 3.1 werden besonders leicht brechbare (bzw. knüpfbare) Bindungen in Form allgemeiner Typen charakterisiert (in Entwicklungsversionen wird die Brechbarkeit einzelner Bindungen v. a. aufgrund elektronischer Effekte ermittelt). Diese Bindungstypen sind: Mehrfachbindungen, Bindungen von Heteroatomen zu Wasserstoff-, Kohlenstoff- bzw. anderen Heteroatomen, sowie Bindungen, die hiervon eine oder zwei Bindungen entfernt sind. Standardmäßig werden all diese Bindungstypen gebrochen; man kann aber auch einzelne Typen daraus auswählen. Diese Bindungstypen werden v. a. bei synthetischen Vorstufen interessant, denn da können ja bei einem Batchprogramm nicht mehr individuelle Bindungen angegeben werden.

Option 16: Hier kann die Größe des Synthesebaumes festgelegt werden: Zahl der Niveaus, Zahl der Reaktionen pro Niveau, wieviele Vorstufen in einem neuen Niveau weiter entwickelt werden sollen usw. Außerdem können die Standardmaßnahmen zur optimalen Reaktionsenthalpie und die Größe des erlaubten Energiebereiches verändert werden (vgl. Abb. 9.22). Damit kann man letztlich entscheiden, ob man eine Synthese im Labormaßstab oder einen großtechnischen Prozeß studieren möchte (Abs. 9.7).

Sämtliche Moleküle des Synthesebaumes werden entweder durch den Zeilendrucker (vgl. Abb. 9.4) oder den Plotter (vgl. Abb. 9.5) ausgegeben. Da man die Moleküle gedruckt auf Papier bekommt, hat man die Möglichkeit in Ruhe und in zeitlichen Intervallen die Programmvorschläge zu studieren und damit das Syntheseproblem durchzuarbeiten.

Es sollte hier klar geworden sein, daß die Konfrontation mit den Optionen den Chemiker zu einem vorbereitenden Durchdenken seiner eigentlichen Problemstellung zwingt. Er kann dabei aber versichert sein, daß er trotz dieser Vorgaben noch genügend überraschende Vorschläge durch den Programmlauf erhält. Unserer Erfahrung nach sind es gerade die überraschenden Anregungen durch das Programm, die den großen Wert einer EROS-Studie ausmachen.

9.9 Ausblick

Es wurde ein Klassifizierungsschema angegeben, in das die Systeme zur Syntheseplanung eingeordnet werden können; auf eine detaillierte Beschreibung der einzelnen Systeme oder die Behandlung technischer Probleme mußte verzichtet werden. Wichtiger erschien vielmehr, Möglichkeiten und Richtungen zukünftiger Entwicklungen aufzuzeigen. Damit sollte klar gemacht werden, daß ein neues Forschungsgebiet im Grenzbereich von organischer Chemie und Informatik entstanden ist.

Der Computer ist ein ausgezeichnetes Instrument um chemische Information zu verarbeiten – nicht nur um Information zu speichern. Die Entwicklung von Algorithmen zwingt zur logischen Durchdringung des Wissensgebietes Chemie und läßt viele intuitive Konzepte des Chemikers in neuem Licht erscheinen. Dies gilt sowohl für die mechanistischen Aspekte chemischer Reaktionen, als auch für Synthesestrategien. Damit regt die Entwicklung von Syntheseplanungsprogrammen zu Forschungsarbeiten an, die zu tieferen Einblikken in die organische Chemie führen werden.

Durch die Formalisierung mechanistischer, ökonomischer und strategischer Konzepte eröffnen Syntheseplanungsprogramme auch neue Möglichkeiten in der Lehre, um die Faktoren, die in der Planung von Synthesen von Bedeutung sind, dem Studenten in systematischer Form nahe zu bringen.

Die große Bedeutung der Synthese innerhalb der organischen Chemie ist natürlich ein starker Antrieb zur Entwicklung von Syntheseplanungsprogrammen. Aufgrund der großen Zahl der dabei zu lösenden Probleme erfordert dies einen enormen Aufwand; die fortgeschrittenen Systeme umfassen 10–50 Mannjahre Arbeit. Die Suche nach Wegen, die Planung von Synthesen effizienter zu gestalten, hat auch das Interesse der *chemischen Industrie* auf die computer-unterstützte Syntheseplanung gelenkt. Einige Programmsysteme sind dort bereits im Einsatz und in der Weiterentwicklung. Für die Anwendung ist zu fordern, daß ein System flexibel genug konzipiert ist, um die Vielfalt der synthetischen Probleme, mit denen der Chemiker konfrontiert ist, studieren zu können.

Dabei sollen auch Brücken zu anderen Einsatzgebieten von Computern in der organischen Chemie, insbesondere zur automatischen Strukturaufklärung aus spektroskopischen Daten und zur Aufstellung quantitativer Struktur-Wirkungs-Beziehungen geschlagen werden. So könnte der Boden bereitet werden für neue Generationen von Syntheseplanungsprogrammen, die direkt von gewünschten Eigenschaften ausgehen, daraus auf erforderliche Strukturen schließen und dann die Synthese dieser Strukturen planen.

Es ist absehbar, daß Computer für die Planung von Synthesen eine ähnliche Bedeutung erlangen werden, wie sie Spektrometer für die Strukturaufklärung gefunden haben. So werden Computerprogramme die Planung von Synthesen nicht dem Chemiker aus der Hand nehmen, sondern ihn als Werkzeuge bei dieser Aufgabe unterstützen.

Mein Dank gilt Herrn Prof. Dr. I. Ugi, dessen Modell mich zu meinen Arbeiten inspirierte. Eine Reihe fähiger Mitarbeiter begleiteten mich auf verschiedenen Stadien des Weges und trugen zum EROS-Projekt bei: B. Christoph, O. Dammer,

E. Diener-Weselski, L. Gann, Dr. M. D. Guillen, K. Hartl, Dr. M. G. Hutchings, P. Jacob, Dr. C. Jochum, Dr. M. Marsili, H. Saller, Dr. I. Suryanarayana und J. Thoma. Finanzielle Unterstützung unserer Arbeiten kam dankenswerterweise von der Deutschen Forschungsgemeinschaft und I.C.I., Plc, England.

9.10 Literatur

1. Wipke, W. T., Heller, S. R., Feldmann, R. J., Hyde, E.: Computer Representation and Manipulation of Chemical Information, Wiley, New York, 1974
2. Bersohn, M., Esack, A.: Chem. Rev. *76*, 269 (1976)
3. Wipke, W. T., Howe, W. J.: Computer-Assisted Organic Synthesis, ACS Symp. Ser., No. 61, Washington, D.C., 1977
4. Hippe, Z.: Data Processing in Chemistry, Elsevier, Amsterdam, 1981
5. Winter, J. H.: Chemische Syntheseplanung, Springer-Verlag, Berlin 1982
6. Davis, C. H., Rush, J. E.: Information Retrieval and Documentation in Chemistry, Greenwood Press, Westport, CN, 1974
7. Smith, E. G., Baker, P. A.: The Wiswesser Line-Formula Chemical Notation, 3rd ed., Chemical Information Management Inc., Cherry Hill, NJ, 1975
8. Gasteiger, J., Schubert, W., Thoma, J.: unveröffentlicht
9. Bauer, J., Brandt, J., Fontain, E., Frank, R. M.: unveröffentlicht
10. Gasteiger, J.: J. Chem. Inf. Comput. Sci. *19*, 111 (1979)
11. Blair, J., Gasteiger, J., Gillespie, C., Gillespie, P. D., Ugi, I.: Tetrahedron *30*, 1845 (1974)
12. Jochum, C., Gasteiger, J.: J. Chem. Inf. Comput. Sci. *17*, 113 (1977); ibid. *19*, 49 (1979)
13. Uchino, M.: J. Chem. Inf. Comput. Sci. *22*, 201 (1982)
14. Gasteiger, J., Jochum, C.: J. Chem. Inf. Comput. Sci. *19*, 43 (1979)
15. Brandt, J., Bauer, J., Frank, R. M., von Scholley, A.: Chemica Scripta *18*, 53 (1981)
16. Corey, E. J.: Pure Appl. Chem. *14*, 19 (1967)
17. Corey, E. J., Wipke, W. T.: Science *166*, 178 (1969)
18. Corey, E. J., Long, A. K., Mulzer, J., Orf, H. W., Johnson, A. P., Hewett, A. P. W.: J. Chem. Inf. Comput. Sci. *20*, 221 (1980)
19. Wipke, W. T., Braun, H., Smith, G., Choplin, F., Sieber, W.: in 3), S. 97
20. Zimmer, M. H., Choplin, F., Bonnet, P., Kaufmann, G.: J. Chem. Inf. Comput. Sci. *19*, 235 (1979)
21. Gelernter, H. L., Sanders, A. F., Larsen, D. L., Agarwal, K. K., Boivie, R. H., Spritzer, G. A., Searleman, J. E.: Science *197*, 1041 (1977)
22. Bersohn, M., Mackay, K.: J. Chem. Inf. Comput. Sci. *19*, 137 (1979)
23. Hippe, Z., Achmatowicz, O. Jr, Hippe, R.: in 4), S. 207
24. Barone, R., Chanon, M., Metzger, J.: Chimia *32*, 216 (1978)
25. Blower, P. E., Whitlock, H. W. Jr.: J. Am. Chem. Soc. *98*, 1499 (1976)
26. Weise, A., Scharnow, H. G.: Z. Chem. *19*, 49 (1979)
27. Dugundji, J., Ugi, I.: Topics Curr. Chem. *39*, 19 (1973)
28. Hendrickson, J. B.: J. Chem. Inf. Comput. Sci. *19*, 129 (1979); J. Am. Chem. Soc. *97*, 5784 (1975); Topics Curr. Chem. *62*, 49 (1976)
29. Blair, J., Gasteiger, J., Gillespie, C., Gillespie, P. D., Ugi, I.: in 1), S. 129
30. Weise, A.: Z. Chem. *15*, 333 (1975)
31. Gasteiger, J., Jochum, C.: Topics Curr. Chem. *74*, 93 (1978)
32. Gasteiger, J.: Habilitation TU München, 1978
33. Garagnani, E., Bart, J. C. J.: Z. Naturforsch. *32b*, 465 (1977)
34. Schubert, W.: MATCH *6*, 213 (1979)
35. Moreau, G.: Nouv. J. Chim. *2*, 187 (1978)
36. Hendrickson, J. B., Braun-Keller, E., Toczko, G. A.: Tetrahedron *37*, Suppl. 1, 359 (1981)
37. Salatin, T. D., Jorgensen, W. L.: J. Org. Chem. *45*, 2043 (1980)

38. Seebach, D.: Angew. Chem. *91*, 259 (1979)
39. Gasteiger, J.: Tetrahedron *35*, 1419 (1979)
40. Gasteiger, J., Marsili, M.: Tetrahedron *36*, 3219 (1980)
41. Gasteiger, J., Hutchings, M. G., Kamm, P.: unveröffentlicht
42. Guillen, M. D., Gasteiger, J.: Tetrahedron, *39*, 1331 (1983)
43. Gasteiger, J., Marsili, M.: Org. Magn. Reson. *15*, 353 (1981)
44. Wipke, W. T., Gund, P. H.: J. Am. Chem. Soc. *98*, 8107 (1976)
45. Corey, E. J., Feiner, N. F.: J. Org. Chem. *45*, 765 (1980)
46. Ugi, I., Kaufhold, G. in Ugi, I.: Rec. Chem. Progr. *30*, 289 (1968)
47. Powers, G. J., Jones, R. L., Randall, G. A., Caruthers, M. H., van de Sande, J. H., Khorana, H. G.: J. Am. Chem. Soc. *97*, 875 (1975)
48. Jochum, C., Gasteiger, J., Ugi, I.: Angew. Chem. *92*, 503 (1980)

Anhang. Verzeichnis von Fachausdrücken

E. Ziegler, E. Zass

Das folgende Verzeichnis enthält kurze Erläuterungen von Begriffen aus der Computerterminologie, ergänzt durch Fachausdrücke, denen im Zusammenhang mit on-line Literaturrecherchen eine besondere, manchmal sehr eng gefaßte Bedeutung zukommt. Es sei darauf hingewiesen, daß ein vom American Standards Institute (ANSI) herausgegebenes ‚Vocabulary for Information Processing' existiert, das sehr genaue, aber häufig recht abstrakte Definitionen enthält.

Adresse
Identifizierung einer Speicherstelle oder eines Registers durch eineindeutige Zuordnung einer Zahl oder eines Namens.

A/D-Wandler
(Analog/Digital-Wandler) Gerät zur Wandlung eines analogen Meßwertes (meist einer elektrischen Spannung) in einen Zahlenwert.

ADC (auch ADU)
Siehe A/D-Wandler.

Akkumulator
Register, in dem das Ergebnis einer arithmetischen oder logischen Operation gebildet oder kurzzeitig gespeichert wird.

ALGOL
(ALGorithmic Oriented Language) Programmiersprache, die sich besonders zur Formulierung mathematischer Algorithmen eignet. Mit ‚ALGOL 60' und ‚ALGOL 68' werden die in den 1960 bzw. 1968 festgelegten Normen enthaltenen Sprachdefinitionen bezeichnet. Durch die Verbreitung von PASCAL hat ALGOL stark an Bedeutung verloren.

Algorithmus
Satz von Regeln oder Vorschriften zur Lösung eines Problems in einer endlichen Zahl von Schritten.

Alphanumerisch
(oft auch ‚alphamerisch') Bezogen auf einen Zeichenvorrat (z. B. eines Terminals), der sowohl Buchstaben als auch Ziffern enthält.

Analogrechner
Ein Rechner, der mit analogen Größen arbeitet, die physikalischen Umformungsprozessen unterworfen werden. Einsatzgebiet: Simulation komplexer Abläufe.

Anschlußzeit

(connect time) Dauer der Verbindung zwischen Terminal und Rechner. (Grundlage der Kostenberechnung für On-line-Recherchen.)

ANSI

(früher ASA, ASI und USASI) Abkürzung für ‚American National Standards Institute', zu dessen Aufgaben der Entwurf von Normen z. B. für Programmiersprachen, oder für Datenverschlüsselungen gehört.

Arbeitsplatzrechner

Rechnersystem ‚vor Ort'. Üblicherweise ein interaktives Ein-Benutzer-Computersystem mit arbeitsplatzspezifischen Peripheriegeräten. Kann als ‚work station' in ein lokales Rechnernetz eingebunden sein.

Archivspeicher

Langzeitspeicher für Daten und Programme, die nicht ständig on-line verfügbar sein müssen. Manche Betriebssysteme besorgen das Archivieren (Auslagern) von Dateien automatisch. Häufigste Archivspeicher sind Magnetbänder.

ASCII

Abkürzung für ‚American Standard Code for Information Interchange', der die computergerechte Verschlüsselung von Zeichensätzen (Buchstaben und Ziffern) festlegt.

Assembler

Hilfsprogramm zum Übersetzen eines in symbolischer ‚Assembler'-Sprache geschriebenen Programms in die Maschinensprache eines Rechners.

Assemblersprache

Symbolische rechnerabhängige Programmiersprache, die auf einer 1:1-Zuordnung, zwischen ‚Assembleranweisung' und binärverschlüsselter Maschineninstruktion beruht.

BASIC

Programmiersprache. Besonders geeignet zur Lösung kleinerer Rechenprobleme im Dialogverfahren. Basic war ursprünglich eine ‚Interpreter'-Sprache; für viele Rechner existieren allerdings auch BASIC-Compiler. Durch die weite Verbreitung von personal computers erfuhr BASIC eine starke Wiederbelebung.

Baud

Maßeinheit der Übertragungsgeschwindigkeit. Anzahl von Bits pro Sekunde. Eine Übertragungsgeschwindigkeit (z. B. auf einer Leitung zwischen Computer und Terminal) von 2400 Baud bedeutet, daß pro Sekunde ca. 240 Zeichen (Bytes) übertragen werden, weil bei der asynchronen Übertragung üblicherweise 10 Bits pro Byte benötigt werden.

Batch

Stapelverarbeitung. Programme werden nacheinander abgearbeitet, eventuell in parallel laufenden ‚Batch-Strömen' (‚multiprogramming Batch'). Keine Kommunikation mit dem ‚Benutzer' während der Programmausführung.

Befehlssatz

Gesamtheit aller in einem bestimmten Computer möglichen Instruktionen.

Befehlszählregister

Rechnerinternes Hardware-Register, das die Adresse der nächsten auszuführenden Instruktion enthält.

Betriebssystem

(‚Operating system‘) Organisationsprogramm, das als Mittler zwischen Benutzer und Maschine den Rechenbetrieb regelt, Benutzereingaben interpretiert, die Zuteilung von Rechenzeit, die Belegung von Hauptspeicherplatz und die Benutzung von peripheren Einheiten für die verschiedenen gleichzeitig aktiven Rechenprogramme organisiert.

Bit

(Abgeleitet von ‚binary digit‘). Kleinste Informationseinheit. Kennzeichnet eine Binärstelle in einer Dualdarstellung.

Blank

(Leerzeichen) Buchstabe, der auf einem Ausgabemedium einen Zwischenraum von einem Buchstaben bewirkt.

Bootstrap

Initialisierung eines Rechners (z. B. nach Einschalten der Netzspannung). Ein aus wenigen (z. B. in einem ‚ROM‘) maschinenresidenten Instruktionen bestehendes ‚Urladeprogramm‘ lädt ein Programm, z. B. das Betriebssystem, von einer Eingabeeinheit (z. B. einem Plattenspeicher) in den noch leeren Hauptspeicher des Rechners.

bpi

(‚bits per inch‘) Aufzeichnungsdichte von Daten auf Datenträgern, z. B. auf Magnetbändern.

Breakpoint

Stelle in einem Programm, an der (zwecks Überprüfung von Zwischenergebnissen) die Ausführung durch ein Überwachungsprogramm oder durch externe Einwirkung unterbrochen werden kann.

Bug

Fehler im Programm.

Bus

Rechnerinterner Leitungsweg zur Datenübertragung in Form von elektronischen Impulsen mit Anschlußmöglichkeit für verschiedene Hardwarekomponenten. Verschiedene Bus-Systeme unterscheiden sich in der Anzahl von parallelen Signalleitungen und im festgelegten ‚Hardware-Protokoll‘ für die Datenübertragung.

Byte

Zusammengefaßte Gruppe von Binärstellen (Bits). Die meisten Byte-orientierten Computer arbeiten mit Bytes von 8 Bit. In einem Byte wird jeweils ein Zeichen (Buchstabe oder Zahl) verschlüsselt. Wort-orientierte Computer verfügen zum Teil über Instruktionen, die das Arbeiten mit Bytes variabler Länge gestatten.

Byte-Instruktionen

Computerinstruktionen, die mit Operanden arbeiten, die in Form von Bytes gespeichert sind.

CAD

(‚Computer Aided Design‘). Computerunterstütztes Konstruieren ist weit verbreitet im Ingenieurbereich.

CAI

(‚Computer Aided Instruction‘). Computerunterstütztes (programmiertes) Lernen im Dialog mit einem Programm. Das Fortschreiten im Lehrstoff, der am Terminal dargeboten wird, wird von den Dialogantworten des Lernenden abhängig gemacht.

Camac
(Abk. für ‚Computer Application to Measurement And Control‘). Vom ESONE-Komitee festgelegte Normen zur Konstruktion von Datenverbindungswegen.

Character
Buchstabe, Zeichen in einem Code.

Chip
Kleines elektronisches Bauteil aus Halbleitermaterial, in dem in der Regel eine größere Anzahl von Schaltkreisen oder Speicherelementen realisiert ist.

Closed-loop-Operation
Experimentelle Parameter einer Versuchsanordnung werden vom Rechner durch Analyse von Meßwerten während der Messung gesteuert.

COBOL
‚COmmon Buisness Oriented Language‘. Weit verbreitete problemorientierte symbolische Programmiersprache für kaufmännische Anwendungen.

Code
(1) Vorschrift zur Verschlüsselung von Daten, z.B. von Zahlen oder Buchstaben.
(2) Instruktionen in einem Programm.

CODEN
Ein eindeutiger Code zur Kennzeichnung von Zeitschriften (5 Zeichen + Prüfzeichen).

Codieren
Schreiben eines Programms.

Compiler
Programm zum Übersetzen eines in einer symbolischen Programmiersprache geschriebenen Programms in die Maschinensprache, wobei in der Regel eine symbolische Anweisung durch eine größere Anzahl von Maschineninstruktionen dargestellt wird. Ein Programm braucht nur einmal compiliert zu werden und kann dann beliebig oft ausgeführt werden.

Computergröße
Grobeinteilung nach Systemwert:

Personal computer	bis ca. DM 25 000
Kleinrechner	bis ca. DM 200 000
Mittlere Rechner	bis ca. DM 2 000 000
Große Rechner	bis ca. DM 8 000 000
Groß-(Regional-)Rechenzentren	über DM 8 000 000.

Wichtige, die Größe eines Computersystems bestimmende Leistungskenngrößen sind Rechengeschwindigkeit, Hauptspeichergröße, Datenkapazität der Externspeicher, Art und Anzahl der Datenübertragungswege.

Computerinstruktionen
Siehe Instruktion.

Computerwort
Siehe Wort.

CPU
Abkürzung für ‚Central Processing Unit‘ (Zentraleinheit), die die einzelnen Instruktionen eines Programms ausführt.

Cross-Compiler

Compiliert ein Programm für die Ausführung auf einem anderen Rechner. Mit dieser Technik kann die Programmentwicklung für Kleinstsysteme und für Mikroprozessoren auf einem größeren Rechner mit komfortablen Hilfsmitteln durchgeführt werden.

Data-logging

Datenaufzeichnung in einer computerlesbaren Form, z. B. auf Magnetband, ohne Datenbearbeitung.

Datei

(File) Zusammenhängender Datenbestand.

Datenbank

(Fakten-Datenbank; non-bibliographic database, factual data base, numeric data base, source database; banque de donnees.)
Maschinenlesbare Sammlung von quantitativen und qualitativen Daten (direkter Zugang zur Primärinformation); z. T. auch mit Zusatzprogrammen zur Manipulation von Daten (gedrucktes Äquivalent: Handbuch, Tabellenwerk, Spektrensammlung).

Datenbankhersteller/Datenbasenhersteller

(data base producer) Hersteller von Datenbasen bzw. Datenbanken; in vielen Fällen identisch mit dem Hersteller der entsprechenden Sekundärliteratur; einige Datenbankhersteller treten auch gleichzeitig als Anbieter auf (z. B. CAS, ISI).

Datenbasenbetreiber (host)/Datenbasenanbieter (vendor)

(Meist kommerziell betriebenes) Rechenzentrum, das Datenbasen (und -banken) auf einem Großrechner (Wirtsrechner, host computer) direkt zugreifbar gespeichert (‚implementiert‘) hat und sie mittels einer ‚Retrievalsprache‘ on-line abfragbar macht.

Datenbasensystem/Datenbanksystem

Überbegriff für die von einem Anbieter/Betreiber angebotenen Datenbanken bzw. Datenbasen und der dazugehörigen ‚Retrievalsprache‘.

Datenbasis

(Literatur-Datenbank; data base, reference database; bibliographic database; base de donnees.)
Maschinenlesbare Sammlung von bibliographischen Angaben (indexierte Literaturzitate, Sekundärinformation), die den Zugang zur entsprechenden Primärinformation erschließen (gedrucktes Äquivalent: Referateorgane).

Datenfeld

(data field) Definierter Teil einer Dokumentationseinheit, der jeweils gleichartige Daten (z. B. Deskriptoren oder Autorennamen) enthält.

Datenpuffer

Zwischenspeicher zur vorübergehenden Ansammlung von Daten. Die Benutzung von Datenpuffern erlaubt ein rationelleres Abarbeiten der Daten. Der Puffereffekt kommt zur Geltung, wenn sich z. B. die Geschwindigkeit der Anlieferung von Daten von der der Abarbeitung unterscheidet.

Datenrate

Transfergeschwindigkeit von Daten, angegeben in Worten, Bytes, Bits, Meßpunkten usw. pro Zeiteinheit.

Datenreduktion
Verminderung des Informationsumfangs von erfaßten Daten auf den für das Problem wesentlichen Informationsgehalt oder auf einen bewältigbaren Umfang.

Datenschutz
Schutz gegen mißbräuchliches Lesen oder Ändern oder Weitergeben von Daten. Gesetzlich geregelt durch das Datenschutzgesetz.

Datensicherung
Periodisches Kopieren von Datensätzen als Sicherung vor unerwünschtem Datenverlust, z. B. durch Hardwareausfälle. Datensicherung erfolgt meist durch Kopieren der Plattenspeicherinhalte auf Magnetbänder.

Datex-P
Von der Bundespost angebotenes Wählleitungsnetz zum Übertragen von Daten entsprechend dem definierten DATEX-P-Übertragungsprotokoll.

D/A-Wandler
Gerät zur Umwandlung eines Zahlenwertes in eine Analoggröße, z. B. in eine elektrische Spannung.

Debugging
Auffinden und Entfernen von Programmfehlern.

Dedicated System
Einzelmethodensystem. Einem einzelnen Meßgerät oder einer bestimmten Aufgabenstellung ist ein eigener Rechner für die Datenerfassung und -verarbeitung zugeordnet.

Deskriptor
Vom Datenbasenhersteller genau definierter und standardisierter (aus einem Thesaurus stammender) Begriff zur Beschreibung eines Sachverhalts bei der Indexierung; z. B. die Registerbegriffe (‚index hading‘) im CA Sachregister (vgl. Identifier).

Diagnostikprogramm
Programm zur Überprüfung der Funktionsfähigkeit der Hardware und zur Diagnose von auftretenden Störungen.

Dialog-Time-Sharing-Betrieb
Time-Sharing-System (s. d.), das den programmierten Dialog zwischen Benutzer und Computer gestattet.

Disk
Magnetplatte zur Speicherung von Daten. Mehrere Magnetplatten können auf einer Achse rotierend zu einem Plattenstapel zusammengefaßt sein. Man unterscheidet Festplatten, bei denen bewegliche Schreib-/Leseköpfe und Speichermedium eine geschlossene festmontierte Einheit bilden (‚Winchester‘-Platten) und Wechselplattenspeicher mit auswechselbaren Datenträgern sowie Festkopfplatten mit einem Schreib-/Lesekopf pro konzentrischer Datenspur.

Diskette
Siehe floppy disk.

Display
Datensichtgerät. Text und/oder Kurven werden auf einem Bildschirm dargestellt.

DMA

(„Direct Memory Access') Methode der direkten Datenübertragung zwischen Peripheriegerät und Hauptspeicher unter Umgehung der Zentraleinheit. Erst wenn eine vorgewählte Anzahl von Datenworten übertragen ist, erfolgt ein Interrupt mit nachfolgender Bearbeitung der Daten.

Dokumentationseinheit

(Zitat; record, unit record.) Gesamtheit der zu einem Primärdokument (in Datenbasen) bzw. zu einem Sachverhalt (in Datenbanken) gespeicherten Information; meist in Datenfelder unterteilt. Der Zugriff zur gespeicherten Dokumentationseinheit erfolgt über eine (eindeutig zugeordnete) ‚accession number'.

DO-Loop

Schleife in einem FORTRAN-Programm. Ein Programmteil, der bei der Ausführung mehrmals durchlaufen werden kann.

Double precision

Doppelt genaue Darstellung von Zahlen durch Verwendung zweier Computerworte. (Mit 64 Bit lassen sich ca. 15-stellige Dezimalzahlen darstellen, mit 32 Bit nur 7-stellige.)

Downtime

Zeitspanne, während der ein Gerät nicht funktionsfähig ist.

Echtzeit

(„Realtime'). Bezogen auf die Zeit, in der ein Vorgang, z.B. eine chemische Reaktion oder eine Messung tatsächlich abläuft.

Echtzeit-Datenerfassung

Der Computer empfängt die Meßdaten (z.B. des Analysengerätes) in Echtzeit, d.h. (von Verzögerungen im Mikrosekunden-Bereich abgesehen) zum Zeitpunkt der Messung.

Echtzeit-Uhr

Zeitgeber (meist ein Oszillator konstanter Frequenz), der dem Computer eine Zeitbasis liefert.

Editor

Siehe Text-Editor.

EDV

‚Elektronische DatenVerarbeitung'. Dieser Begriff wird manchmal auf die Datenverarbeitung im ausschließlich kaufmännischen Bereich bezogen.

End of File

(EOF) Markierung, die das Ende einer Datei kennzeichnet.

Ethernet

Lokales Netzwerk auf Koaxialkabelbasis mit einer Datentransferrate von 10 MBits pro Sekunde. Die (von den Firmen Xerox, Intel und DEC) genau definierten Ethernet-Spezifikationen werden von zahlreichen Herstellern mit entsprechenden Produkten unterstützt.

Failsafe-System

Computersystem, das gegen Ausfälle von Hardware- und Software-Komponenten gesichert ist.

Failsafe-Konzept
Systemkonstruktion, bei der Teilausfälle nicht den Ausfall des Gesamtsystems nach sich ziehen, sondern zumindest noch eine beschränkte Funktionsfähigkeit gegeben ist.

‚false drop‘
Bei einer Recherche gefundenes, im Sinne der gewünschten Information nicht relevantes Zitat.

Feedback
Rückwirkung des Resultats einer Verarbeitung auf die Eingabeparameter der Verarbeitung.

Festkopfplatte
Platte mit je einem Schreib-/Lesekopf für jede konzentrische Spur. Besonders schneller Zugriff, weil keine Köpfe bewegt werden müssen.

Files
(fichier) Gleich strukturierte und abfragbare Untereinheiten (Dateien) einer Datenbasis oder Datenbank; die großen Informationsmengen bei manchen Datenbanken(basen) erfordern eine solche Unterteilung, um die Manipulation zu vereinfachen und die Suchzeit klein zu halten (der Begriff ‚File‘ wird oft synonym mit Datenbasis oder Datenbank verwendet).

Flip-Flop
Schaltkreis oder Gerät, das zu einem beliebigen Zeitpunkt einen von zwei (oder bei ‚3-state Flip-flops‘ auch drei) möglichen Zuständen einnimmt.

Floating Point
Siehe Gleitkomma.

Floppy disk
Flexible Magnetplatte mit ca. 20 cm Durchmesser. Langsamer, aber billiger Speicher für kleine Datenmengen (ca. 500 KBytes) mit Direktzugriff (random access); häufigstes Speichermedium für personal computer. Eignet sich besonders gut für den Transport von Daten.

Flußdiagramm
Schema eines Ablaufes in zeichnerischer Darstellung.

FORTRAN
(FORmula TRANslating system). Weitverbreitete problemorientierte Programmiersprache für den technisch-wissenschaftlichen Bereich. ‚Fortran 77‘ kennzeichnet den Sprachumfang, der 1977/78 in (ANSI-)Normen neu festgelegt wurde.

Freitext-Suche
Recherche mit Identifiern, d.h. frei gewähltem, nicht standardisiertem Vokabular.

Gate
Anordnung (elektronische Schaltung) mit einer Ausgabegröße, deren Zustand durch den Status einer oder mehrerer Eingabegrößen eindeutig bestimmt ist.

Gleitkomma-Darstellung
Zahlendarstellung durch Aufteilung in Exponent und Mantisse konstanter Stellenzahl.

Gleitkomma-Instruktion
Befehle zur Bearbeitung von Daten, die in ‚Gleitkomma-Form‘, d.h. aufgeteilt in Exponent und Mantisse, kodiert sind.

Hardcopy-Ausgabe
Ausgabe von Daten auf Papier in einer unmittelbar lesbaren Form.

Hardware
Physische (mechanische, magnetische, elektrische und elektronische) Bestandteile eines Computersystems.

Hauptspeicher
Von der Zentraleinheit (genauer: von ihren Instruktionen) direkt ansprechbarer (‚adressierbarer‘) Speicher. Besteht in modernen Rechnern aus Halbleiterbauelementen (‚Chips‘); ein einzelner Chip besitzt eine Speicherkapazität von 64 K oder 256 K Bits (mit steigender Tendenz!).

Hauptspeicherresident
Programme oder Programmteile, die zur Aufrechterhaltung des Computersystems unerläßlich sind (z. B. Betriebssystem(teile)), müssen ständig im Hauptspeicher enthalten (resident) sein.

Hexadezimalsystem
Zahlensystem zur Basis sechzehn. Wird als Hilfsmittel von den meisten Byte-orientierten Rechnern benutzt, weil der Inhalt eines Bytes durch eine zweistellige Hexadezimalzahl darstellbar ist.

Hierarchisches System
Computersystem bestehend aus mehreren miteinander verbundenen Rechnern unterschiedlicher Größe, auf die entsprechend der jeweiligen Leistungsfähigkeit die anfallenden Aufgaben verteilt sind.

‚High-level‘-Programmiersprache
Diese erlaubt dem Benutzer, Algorithmen in einer computer-unabhängigen Weise zu formulieren, wie es z. B. bei FORTRAN, COBOL oder PASCAL der Fall ist. Die Beschreibungsweise ist bei ihnen mehr problem- als computer-orientiert.

Hintergrundverarbeitung
Alle in einem Rechner auf höherer Prioritätsebene ablaufende Prozesse (z. B. Datenerfassung, Ablaufüberwachung, evtl. auch Dialogbetrieb) werden als Vordergrund (‚Foreground‘) bezeichnet, alle anderen Aufgaben, z. B. langwierige Rechenaufgaben und Batchbetrieb, dagegen Hintergrundverarbeitung (‚Background‘) genannt.

IC
(‚integrated circuit‘). Integrierte Schaltung: mehrere elektronische Bauelemente sind auf einem Halbleiter-Chip untergebracht. Die IC's kennzeichnen die Mitte der sechziger Jahre entstandene sog. ‚3. Computergeneration‘; vorher diskrete Bauteile mit je einem Element pro Halbleiter-Chip (2. Generation).

Identifier
Nicht standardisierte, meist aus der Primärpublikation übernommene Schlagworte zur Indexierung von Dokumenten; z. B. Schlagworte in den CA Heftregistern (‚keyword index‘) (vgl. Deskriptor).

IEC-Schnittstelle
Normierte Hardwareschnittstelle zum Anschluß von Geräten an Rechner.

Indexregister
Register, dessen Inhalt vor oder während der Ausführung einer Instruktion zur Operanden-Adresse addiert oder davon subtrahiert wird. Durch Modifizieren des Registerinhalts können durch ein und dieselbe Instruktion nacheinander viele Operanden adressiert werden.

Information Retrieval
Wiederfinden bestimmter Informationen aus abgespeicherten Datensätzen.

Instruktion
Spezifikation der auszuführenden Computeroperation und der Werte oder der Adressen der dabei zu verwendenden Operanden.

Integriertes Meßinstrument
Meßinstrument mit ‚eingebautem' Computer, manchmal auch ‚Instrumentenrechner' genannt.

Interface
Anpassungsstück zwischen zwei gekoppelten Einheiten, z. B. zwischen analytischem Meßgerät und Computer.

Interpreter
Ein Programm, das jedes Statement eines in einer symbolischen Programmiersprache (z. B. BASIC) geschriebenen Programms übersetzt *und* ausführt, bevor es das nächste Statement übersetzt und ausführt. Ein in einer Interpretersprache geschriebenes Programm muß bei jeder Ausführung neu ‚interpretiert' werden. (Gegensatz: Compilersprache.)

Interruptsystem
Einrichtung zum kurzzeitigen Unterbrechen von laufenden Rechnungen, z. B. wenn ein Datenwort (oder -Byte) von oder zu peripheren Einheiten (z. B. auch von aktiven Meßgeräten) zu übertragen ist.

invertierte Datei
Enthält die aus einer größeren Stammkartei extrahierten Suchbegriffe in sortierter Form. Mit jedem Suchbegriff sind die Adressen verknüpft, die die Stellen der Stammkartei angeben, die den Suchbegriff enthalten. Damit wird ein schneller Direktzugriff in die Stammkartei (anstelle einer seriellen Suche) ermöglicht.

ISSN
(‚International Standard Serial Number') Achtstelliger Zahlencode zur Identifizierung von Zeitschriften.

Iteration
Wiederholung einer Prozedur oder Vorschrift zur Lösung eines Problems.

Job
Sequenz von Teilaufgaben für den Rechner, die ein Benutzer von seinem Terminal aus (oder früher durch Abgabe eines Lochkartenstapels) initialisiert.

K
Abkürzung für $2^{10} = 1024$ (einer Hauptspeicherkapazität von 32 K Worten (auch: 32 KW) entsprechen also $32*1024 = 32\,768$ Worte). 64 KB = 64 K Bytes.

Kernspeicher
Früher übliche, heute selten gewordene Realisierung des Hauptspeichers. Speicher-Bits werden durch magnetisierbare Ferritkerne dargestellt, die je nach Magnetisierungsrichtung einen von zwei möglichen Zuständen einnehmen können.

Konsole
Gerät, z. B. Bildschirm mit Eingabetastatur, zur Überwachung und Beeinflussung des Rechnerbetriebs durch einen Operateur.

Kontext-Operatoren
(‚proximity‘, ‚full-text‘) Bei der Literaturrecherche bezeichnen solche Operatoren weitere Einschränkungen des logischen ‚AND‘; sie verlangen nicht nur das Vorkommen der verknüpften Begriffe innerhalb der gleichen Dokumentationseinheit, sondern in einem noch engeren räumlichen (und damit auch inhaltlichen) Zusammenhang:
> (F), SAME: im gleichen Datenfeld
> (S), (L), WITH: in der gleichen Phrase
> (W), ADJ: in der angegebenen Reihenfolge unmittelbar
> hintereinander.

LAN
(‚Local Area Network‘). Einzelne Computer, Terminals und Peripheriegeräte, wie Drucker und Plotter, sind über ein örtlich begrenztes (d. h. nicht öffentliches) Netz verbunden. Eine mögliche Realisierung beruht z. B. auf einem Koaxialkabel, worüber der Datenverkehr entsprechend den ‚Ethernet‘-Spezifikationen abgewickelt wird.

Logon
Prozedur mit der sich ein Benutzer von einem Dialogterminal aus im Rechnersystem anmeldet. Er muß sich gewöhnlich durch Angabe seines Namens (oder einer Zahlenkombination) in Verbindung mit einem Paßwort identifizieren.

Magnetband
Flexibles Kunststoffband mit magnetisierbarer Beschichtung. Bevorzugter Einsatz zum Archivieren größerer Datenmengen und zur Datensicherung. Als gut standardisierter Datenträger besonders geeignet zum Datenaustausch zwischen verschiedenen Rechenanlagen. Heute übliche Aufzeichnungsdichten sind 1600 und 6250 bpi (bits per inch) in 9 parallelen Spuren, die Normalbandlänge beträgt 730 m (Kurzbänder: 360 und 90 m).

Magnetplatte
Siehe Disk.

Mainframe
Zentraleinheit eines Großrechners.

Maschineninstruktion
Siehe Instruktion.

Maschinensprache
Programmsprache, die von einem Computer ohne Übersetzung verstanden werden kann.

Memory
Speicher. Meist in Bedeutung von ‚Hauptspeicher‘.

Mikrocomputer
Kleinrechnersystem mit einem Mikroprozessor als Zentraleinheit.

Mikroprogrammierung
Aufbau von Maschineninstruktionen aus einer programmierbaren Folge von elementaren elektronischen Operationen (Mikroinstruktionen).

Mikroprozessor
Zentraleinheit (CPU) mit vollständigem Instruktionssatz auf einen einzigen Halbleiter-Chip. Je nach interner Struktur (Zugriffsbreite) unterscheidet man 4-, 8-, 16- und 32-Bit Mikroprozessoren.

Minicomputer
Kleinrechner. Kaufpreis bis ca. DM 200000.

MIPS
(‚Millions Instructions Per Second‘). Sehr grobes Maß für die Geschwindigkeit einer Zentraleinheit; nur brauchbar für Vergleiche verschiedener Modelle innerhalb einer Rechnerfamilie.

MODEM
MOdulations-DEModulations-Einheit zum Anschluß von Datenstationen an das Telefonnetz und zum Überbrücken größerer Entfernungen.

Modulare Programmierung
Softwareerstellung in Form von einzelnen, auf mehrfache Weise kombinierbaren Programmteilen, mit genau definierten Schnittstellen.

MTBF
‚MeanTime Between Failures‘. Durchschnittliche Zeitspanne zwischen aufeinanderfolgenden Ausfällen.

Multiplexer
Mehrfachumschalter, der benötigt wird, wenn ein Datenweg abwechselnd für mehrere Geräte benutzt wird; beispielsweise sind in analytischen On-line-Systemen Multiplexer gemeinsam benutzten A/D-Wandlern vorgeschaltet.

Multiprocessing
Datenverarbeitung durch ein Computersystem, das aus mehreren miteinander gekoppelten Zentraleinheiten besteht, die einen Teil des Hauptspeichers und der peripheren Einheiten gemeinsam benutzen.

Multiprogramming
Mehrere Programme werden abwechselnd von der Zentraleinheit bedient.

OCR
(‚Optical Character Recognition‘). Maschinelles Lesen von gedruckten Zeichen mit lichtempfindlichen Detektoren.

OEM
Abkürzung für ‚Original Equipment Manufacturer‘. OEM-Abnehmer kaufen Computer zum Einbau in eigene Produkte.

Off-line
(1) Nicht unter direkter Kontrolle einer Zentraleinheit.
(2) Als Gegensatz zu Echtzeit-Aufgaben verstanden.

Oktalsystem
Zahlendarstellung zur Basis acht.

On-line
(1) Unter direkter Kontrolle einer Zentraleinheit.
(2) Verbunden zur Datenübermittlung in Echtzeit.

Op Code
Bit-Kombination, in die eine einzelne Computerinstruktion (z. B. ‚Addiere‘) verschlüsselt ist.

Operating System
Siehe Betriebssystem.

Operatoren

Bezogen auf die Literaturrecherche: ‚logische‘ Operatoren (Boole'sche Logik: OR, AND, NOT) bzw. Kontext-Operatoren (‚proximity‘, ‚full text‘) zur Verfügung von Suchbegriffen (Operanden). Damit sind Sachverhalte suchbar, die nicht durch ein einzelnes Schlagwort oder einen Einwort-Deskriptor beschrieben werden können:
A OR B (die Dokumentationseinheit muß entweder A oder B enthalten);
A AND B (die Dokumentationseinheit muß A und B enthalten);
A NOT B (die Dokumentationseinheit muß A, darf aber nicht B enthalten).

Overhead

Aufwand für interne Systemorganisation und Buchführung.

Overlay

Methode zur besseren Nutzung des verfügbaren oder adressierbaren Hauptspeichers während der Programm-Ausführung. Nicht mehr benötigte Programmteile werden dynamisch durch benötigte ersetzt.

Page

Speicher- (oder Programm-)bereich der Größe 2^n Bytes oder Worte n meist zwischen 8 und 12).

Paging-System

Computersystem, das intern mit Pages arbeitet. Ein Programm wird in mehrere Pages zerlegt, die sich zur Programmausführung nicht gleichzeitig im Hauptspeicher befinden müssen.

PASCAL

Problemorientierte Programmiersprache. Hat besondere Bedeutung im Zusammenhang mit der Technik des strukturierten und ‚GO TO‘-freien Programmierens erlangt. Weit verbreitet im Rahmen der Informatik-Ausbildung.

Peripherie

‚Äußere‘ Bestandteile des Computers wie Platten- und Magnetbandlaufwerke oder Ausgabedrucker.

Personal computer

Siehe ‚Arbeitsplatzrechner‘.

Phrase

In der Literaturrecherche die Gesamtheit aller zur Beschreibung eines Sachverhalts verwendeten Schlagworte (Identifier und/oder Deskriptoren); Teile oder Ganzes eines Datenfeldes; entspricht einer einzelnen vollständigen Registereintragung in der gedruckten Version einer Datenbasis.

PL/1

(Abk. für ‚Programming Language/One‘.) Anwendungsorientierte Programmiersprache, die Eigenschaften von FORTRAN und COBOL in sich vereint. Besonders in der kaufmännischen EDV verbreitet.

Plattenspeicher

Siehe Disk.

Plug Compatible

Direkt anschließbar ohne Änderung von Hardware oder Software. (PCM: Plug Compatible Manufacturer.)

Postings
(Items, Hits) Zahl der in der Datenbasis(bank) auf Grund eines Suchbefehls („Frage') gefundenen Dokumentationseinheiten („Antwort').

Precision
Genauigkeit im Sinne von Unterscheidbarkeit. (Eine 3-ziffrige Dezimalzahl unterscheidet zwischen 1000 Möglichkeiten.)
Bezogen auf die Literaturrecherche: Kriterium zur Bewertung einer Recherche: Zahl der gefundenen relevanten Dokumente / Zahl der insgesamt gefundenen Dokumente.

Problem-orientierte Sprachen
Siehe ‚High-level'-Programmiersprachen.

Program Counter
Befehlszählregister.

Programm
Abfolge von Instruktionen, die sequentiell von der Zentraleinheit ausgeführt werden, um damit ein Problem zu lösen.

Programmierter Dialog
Programmierter Informationsfluß in beiden Richtungen zwischen einem Programm und seinem Benutzer. Dazu wird ein Ein-/Ausgabeterminal benötigt, das interaktives Arbeiten erlaubt. Besonders wirkungsvoll mit Graphik-Displays.

Prozeßrechenanlage
Computer, der zur Überwachung und Steuerung von Versuchsabläufen, Fertigungsprozessen usw. eingesetzt wird.

Quellenprogramm
Lesbare Textform eines Programms, die vor der Ausführung durch den Rechner einen Übersetzungsprozeß durchlaufen muß.

Random Access
Direktes Lesen oder Schreiben von Teilinformationen auf einem Speichermedium ohne sequentielles Absuchen („wahlfreier Zugriff'). Möglich bei Magnetplatten und Hauptspeicher, nicht jedoch bei Magnetbändern, Lochstreifen usw., die sequentiell gelesen oder geschrieben werden müssen.

Realtime
Echtzeit.

Recall
Kriterium zur Bewertung einer Literaturrecherche: Zahl der gefundenen relevanten Dokumente / Zahl der vorhandenen relevanten Dokumente; da die Gesamtzahl der vorhandenen relevanten Dokumente (außer in kleinen Testfiles) nicht bekannt ist, kann der Recall meist nur abgeschätzt werden.

Register
Hardwareteil der Zentraleinheit. Dient zur temporären Speicherung einer bestimmten Anzahl von Bits, z. B. eines Computerworts. Es gibt Register für verschiedene Zwecke, z. B. Indexregister, Befehlszähler, Adressenregister usw.

Relative (virtuelle) Adresse
Laufende Nummer der Speicherzelle (Byte oder Wort), gezählt vom Programmanfang an.

Retrieval
(Wieder)Auffinden von gesuchter Information.

Retrievalsprache
(command language) Auf eine spezielle Anwendung zugeschnittene Kunstsprache aus exakt definierten Befehlen, die zum Dialog mit dem Rechner oder zum Umgang mit einer Datenbasis(bank) dient.

retrospektive Recherche
Recherche über einen vergangenen, meist größeren Zeitraum bis zur Gegenwart (im Gegensatz zur laufenden Überwachung der neuesten Literatur: SDI).

ROM
‚Read Only Memory‘. Speicher, der gelesen, aber dessen Inhalt nicht geändert (geschrieben) werden kann. Abarten davon sind PROM (‚Programmierbarer ROM‘) und EPROM (‚Erasable PROM‘).

Routine
Programmteil, Unterprogramm.

Satellitenrechner
Einem Zentralrechner zur Erledigung von Teilaufgaben zugeordneter (Klein-)Rechner.

Schreib-/Lesekopf
Kleiner Elektromagnet zum Lesen, Schreiben oder Löschen von magnetisch gespeicherter Information, z. B. auf Magnetbändern und -platten.

SDI
(Selective Dissemination of Information; current awareness) Automatische laufende Literaturüberwachung, bei der ein vom Benutzer definiertes Suchprofil jeweils mit der neuesten Literatur (in maschinenlesbarer Form) verglichen und Ergebnisse dem Benutzer zugesandt werden (vgl. retrospektive Recherche).

Software
Gesamtheit der Programme. Man unterscheidet ‚System-Software‘ (zum Betrieb benötigte oder ihn unterstützende Software) und ‚Anwendungs-Software‘ (aufgaben-spezifische Programme).

Speicherschutz
Sicherung von Speicherbereichen vor unerwünschtem Lesen oder Überschreiben; wird gewöhnlich durch entsprechende Hardware realisiert; notwendige Voraussetzung für Multiprogramming-Betrieb.

Statement
Anweisung in einem Programm, gewöhnlich in einer höheren Programmiersprache.

Subroutine
Unterprogramm.

Suchbegriff
Die Fragestellung einer Literaturrecherche wird vom Benutzer durch Suchbegriffe (Schlagworte, CA Registry Nummern, Autorennamen, BIOSIS Codes, usw.) ausgedrückt, die das Programm Zeichen für Zeichen mit der in der Datenbasis/Datenbank gespeicherten Information vergleicht; bei Übereinstimmung wird ein ‚Treffer‘ (item/hit/posting) gemeldet.

Suchprofil
Eingabe des Benutzers am Terminal, d.h. Suchbegriffe, Operatoren zu deren Verknüpfung und die notwendigen Befehle aus der ‚Retrievalsprache‘.

Swapping-Betrieb
Kurzzeitiges Auslagern von Programmen (in Form ihrer Hauptspeicherabbilder) auf einen Plattenspeicher, wenn die Hauptspeicherkapazität nicht ausreicht, um alle gleichzeitig aktiven Programme aufzunehmen.

Teilnehmersystem
Ein Computersystem, das über Terminals vielen Benutzern gleichzeitig den Zugriff zum Rechner ermöglicht.

Terminal
Datenendstation (z. B. Schreibmaschine mit Tastatur, Sichtgerät), die dem Benutzer die Kommunikation mit dem Rechner ermöglicht.

Text-Editor
Hilfsprogramm zum Erstellen und Korrigieren von Programmen, Datensätzen und beliebigen Texten durch Eintippen von einem Terminal aus.

Textverarbeitung
Das Erstellen und Verändern von computergespeicherten Texten sowie deren Druckausgabe in unterschiedlichsten Formaten. Besonders geeignet zur iterativen Erstellung von Manuskripten und zur Erzeugung von Massenkorrespondenz.

Thesaurus
Sammlung von vereinbarten (kontrollierten) Schlagworten (Deskriptoren) und deren Synonyme, die zur Beschreibung von Sachverhalten und zur Indexierung benutzt werden; oft sind Schlagworte hierarchisch geordnet (Beispiel: CA Registerführer, BIOSIS Search Guide, MEDLINE MeSH). In einem Thesaurus sind also die Begriffe nach ihrer inhaltlichen Verwandtschaft und nicht wie in einem Lexikon nur alphabetisch geordnet.

Time-Sharing-System
System, das mehreren Benutzern gleichzeitig das Arbeiten mit dem Computer ermöglicht. Oft synonym zu ‚Dialog-Time-Sharing‘ gebraucht.

Truncation
‚Abschneiden‘ eines Begriffs bis zum Stamm, um mit einem Suchbegriff gleichzeitig verschiedene Schreibweisen, Singular- und Pluralform sowie Synonyme in einer Literaturrecherche zu erfassen (meist vom rechten, in einigen Datenbasensystemen auch vom linken Wortende her).

Turnaround-Zeit
Zeitintervall zwischen Ablieferung eines Auftrags und Erhalt des Ergebnisses.

Unterprogramm
Programmteil zur Ausführung einer bestimmten Aufgabe. Kann von verschiedenen anderen Programmteilen oder Unterprogrammen aufgerufen werden.

Uptime
Zeit, in der das Computersystem funktionsfähig ist.

Verknüpfungstabelle
(connection table, connectivity table) Vollständige topologische Beschreibung einer Struktur (Graph) durch eine Liste aller Atome und der von ihnen ausgehenden Bindungen. Die stereochemische Information zu dieser zweidimensionalen Strukturbeschreibung erfolgt durch zusätzliche Deskriptoren.

VLSI
(,Very Large Scale Integration'). Auf hochintegrierten Halbleiterchips basierende Technologie.

Vordergrundverarbeitung
Siehe Hintergrundverarbeitung.

Wechselpuffer-Technik
Methode der rationellen Abarbeitung oder Aufbereitung von Ein- oder Ausgabedaten. Während das Programm einen Puffer bearbeitet, füllt oder leert das periphere Gerät den anderen.

,Workstation'
Siehe Arbeitsplatzrechner.

Wort
Eine Folge von Bits oder Buchstaben, die vom Computer als Einheit behandelt und in einer Speicherstelle gespeichert werden kann.

Wortlänge
Anzahl von Bits pro Wort.

Zentraleinheit
(,Central Processing Unit', CPU) Steuerwerk des Computers, das die Elektronik zur Interpretation und Ausführung von Instruktionen enthält.

Zugriffsmöglichkeiten
(access points) Teil der gespeicherten Information (Datenfelder), der suchbar ist; kann bei gleichen Datenbasen(banken) verschiedener Anbieter unterschiedlich sein.

Zugriffszeit
Zeitintervall, das für das Lesen (oder Schreiben) einer Information im Speicher benötigt wird. Bei Plattenspeichern setzt sich die Zugriffszeit zusammen aus der Zeit, die auf die Bewegung der Köpfe auf die richtige Spur entfällt und der Zeit, die gebraucht wird, bis die gewünschte Stelle der Spur gelesen werden kann. Während die Hauptspeicherzugriffszeiten meist zwischen ca. 20 (für extrem schnelle Rechner) und ca. 500 Nanosekunden liegen, betragen typische mittlere Zugriffszeiten für Plattenspeicher ca. 30 Millisekunden.

Zwischenspeicher
Speichermedium zur temporären Abspeicherung von Daten, die später weiterverarbeitet werden.

Zylinder
Gesamtheit der Spuren, die auf einem Plattenspeicher ohne Bewegen der Schreib-/Leseköpfe gelesen oder geschrieben werden können. (In einem Plattenstapel die direkt übereinanderliegenden Spuren verschiedener Oberflächen.)

Namen- und Sachverzeichnis

(Nicht erfaßt sind die im Anhang erläuterten Fachausdrücke.)

J. H. Winter

Chemische Syntheseplanung

in Forschung und Industrie

Hochschultext

1982. 43 Abbildungen. X, 215 Seiten
Broschiert DM 24,–
ISBN 3-540-11463-7

Inhaltsübersicht:

Einleitung: Syntheseplanung als Ergebnis von Intuition, Zufallsbefunden und bewußt logischer Ableitung. – Grundlagen: Allgemeines. Information und Dokumentation. Beschreibung und Klassifikation von Reaktionen. – Planungen: Die systematische Planung vorwiegend einstufiger Synthesen. Planung der Synthesewege. Besondere Probleme. Erweiterte Syntheseplanung. Industrielle Syntheseplanung. Planungsskizzen. – Ergänzungen: Spezielle Syntheseplanungssysteme mittels Computer. Die Struktur- und Reaktionschemische Argumentation bei der Syntheseplanung. – Anhang.

Springer-Verlag
Berlin
Heidelberg
New York
Tokyo

Analytiker-Taschenbuch

Band 4

Herausgeber: **W. Fresenius, H. Günzler,
W. Huber, I. Lüderwald, G. Tölg**

1984. 106 Abbildungen, zahlreiche Tabellen.
X, 478 Seiten
Gebunden DM 98,–
ISBN 3-540-12801-8

Inhaltsübersicht:

Grundlagen: Taschenrechner – Einführung.
Programmierbare Taschenrechner in der
Analytik. Mikroprozessoren – Einführung.
Forensische Analytik – Einführung. –
Methoden: Thermogravimetrie – Differenz-
thermoanalyse. Mikrokalorimetrie. Fluori-
metrie und Phosphorimetrie. ESCA: Eine
Methode zur Bestimmung von Elementen
und ihren Bindungszuständen in der Ober-
fläche von Festkörpern. Elektronen-Spin-
Resonanz – Anwendungen und Verfahrens-
weisen. Infrarot-Spektroskopie. Protonenin-
duzierte Röntgen-Emissions-Spektrometrie
(PIXE) – Analytische Anwendungen. Kapil-
lar-Gas-Chromatographie. Gas-Chromatographie von Aminosäuren. – Anwendungen:
Analyse kosmetischer Präparate (II) –
Grundstoffe und Hilfsmittel kosmetischer
Präparate. Gel-Permeations-Chromato-
graphie von Polymeren. Spurenanalytik des
Thalliums. – Sachverzeichnis. – Autorenregister.

Springer-Verlag
Berlin
Heidelberg
NewYork
Tokyo